华 章 图 书

一本打开的书，一扇开启的门，

通向科学殿堂的阶梯，托起一流人才的基石。

www.hzbook.com

RocketMQ 技术内幕

RocketMQ架构设计与实现原理

第2版

丁威 张登 周继锋◎著

RocketMQ Internals: *Architecture, Design and Principle*

机械工业出版社
China Machine Press

图书在版编目（CIP）数据

RocketMQ 技术内幕：RocketMQ 架构设计与实现原理 / 丁威，张登，周继锋著 .--2 版 .-- 北京：机械工业出版社，2021.9（2021.12 重印）
ISBN 978-7-111-69092-4

I. ①R… II. ①丁… ②张… ③周… III. ①计算机网络 – 软件工具 IV. ①TP393.07

中国版本图书馆 CIP 数据核字（2021）第 184558 号

RocketMQ 技术内幕

RocketMQ 架构设计与实现原理 第 2 版

出版发行：机械工业出版社（北京市西城区百万庄大街 22 号 邮政编码：100037）

责任编辑：韩 蕊
责任校对：殷 虹
印 刷：北京诚信伟业印刷有限公司
版 次：2021 年 12 月第 2 版第 2 次印刷
开 本：186mm × 240mm 1/16
印 张：28.5
书 号：ISBN 978-7-111-69092-4
定 价：109.00 元

客服电话：（010）88361066 88379833 68326294
投稿热线：（010）88379604
华章网站：www.hzbook.com
读者信箱：hzjsj@hzbook.com

版权所有 · 侵权必究
封底无防伪标均为盗版
本书法律顾问：北京大成律师事务所 韩光 / 邹晓东

Foreword 序

当前，全球商业正面临着产业、组织和价值观三大重构。首先，数字技术重新定义了商业模式，颠覆了原有的产业组织。许多行业中的领头羊，不是被行业内部的追赶者取代，就是因技术更新受到挑战。技术变革影响行业竞争格局的速度和深度都发生了数量级上的变化。其次，企业的组织也需要重构，过去的中心、多中心式组织结构已经不能适应数字时代的需要，新时代的组织要向分布式升级。最后，价值观也在重构，数字经济体奉行的价值观是开放、分享、透明和责任，这和传统企业的价值观大相径庭。在这一全新价值观的驱动下，企业为了更好地推进自身组织结构升级，提高产能，已经将目光逐渐转向开放技术，尤其是云计算领域。而开放、生态、标准恰恰是云计算三个最为典型的特征。在这一领域，Red Hat 无疑是冲在了最前头，一直致力于开源的开发模式。Red Hat 还推出了原创的系列视频节目《开源故事》，旨在弘扬开源价值（如英才培养、社区构建、透明文化），展现这一价值对我们的工作与生活所产生的影响。从教育领域到制造社区，再到慈善组织和环保事业，这些开源故事无不充分体现了开源的价值，以及拥抱这一理念的个人如何推动开放文化成为 21 世纪创新的新模式。

人的本性是崇尚自由、希望共享的。隐私只是我们个人生活的一小部分，而我们的社会团体生活中，开放却是促进整个集体进步的重要因素。当我们分清楚什么不能公开和什么该公开，并很好地平衡这两者而非抑制其中一方的时候，我们的生活就会更加美好。开源技术不但不会使公开者蒙受损失，反而会引起人们更多的兴趣和热情，使得相关技术的发展进入良性循环并稳步前进的状态。

RocketMQ 的开源正是源于对这种开源文化的认同，开放是为了更好的协同创新，并将这一技术推向新的高度。在经历了阿里巴巴集团内部多年“双 11”堪比工业级场景的交易核心链路的验证后，2016 年 11 月，团队将 RocketMQ 捐献给在全球享有盛誉的 Apache 软件基金会，正式成为孵化项目。自此，RocketMQ 开启了迈向全球顶级开源软件的新征程。团队与社区协作，经过半年多的开放式创新，2017 年 9 月 25 日，Apache 软件基金会宣布，分布式消息引擎 RocketMQ 正式毕业，成为与 Apache Spark“同款”的顶级项目（TLP）。时至今日，我个人以顾问的身份也帮助成功孵化了包括 Apache Dubbo、Apache ShardingSphere、Apache APISIX 等在内的国内外众多开源顶级项目。近些年，随着中国的开源氛围越来越好，许多优秀的本土开源软件不断涌现，它们纷纷入驻 Apache 基金会。Apache 优秀的社区理念驱动着更多立志打造世界级品牌的团队不断发展，也促使其生态更加健康和活跃。

在过去的几年里，RocketMQ 在第 10 届、第 16 届中北亚开源高峰论坛以及 2017 年工信部开源峰会的开源软件评比中，都代表中国水平最高的开源技术，获得了傲人的开源大奖。此外，据不完全统计，众多国内主流云厂商也都上线了 RocketMQ 托管云服务，为千万家正在数字化转型的企业提供支持。在这里，请允许我代表 RocketMQ 社区，衷心地感谢大家这些年对 RocketMQ 的支持与厚爱。开源不仅是一种开发软件的方式，它的核心理念在于不受限制地制造各种各样的创新，组建没有界限的新型社区。

社区的发展更是离不开大家的参与与贡献。丁威同学是活跃在 RocketMQ 社区的知名布道师，2019 年他荣获社区颁发的“优秀布道师”称号。他的博客专栏深入浅出地对 RocketMQ 的源码进行了分析。我很高兴看到他能将多年的积累整理成书，帮助大家更好地理解 RocketMQ，进而能够参与到 RocketMQ 社区贡献中来。目前，RocketMQ 团队与社区正在构建下一代 RocketMQ 以及领域标准 OpenMessaging、OpenConnect，我们希望它是云原生编程范式下首选的金融级高可靠、高性能数据消息计算平台，也非常欢迎大家能够加入社区建设中来。

人类的生活正在因为开源软件而变得更加美好，让我们一起来构筑美好的未来吧！

冯嘉

阿里巴巴资深技术专家

Messaging 开放技术负责人

Apache RocketMQ 创始人

Linux OpenMessaging 创始人、主席

Preface 前 言

为什么要写这本书

随着互联网技术的蓬勃发展和微服务架构的普遍应用，加上大数据分析及高并发流量场景的复杂度越来越高，系统架构开始追求小型化、轻量化，为此我们也需要拥有高性能、高可用、低延迟、支持顺序、支持容错、支持事务等功能的消息中间件来支撑互联网高速发展。目前，RPC、服务治理、分布式、消息中间件已经成为互联网架构的标配。

引入消息中间件后，服务之间就可以通过可靠的异步调用来降低系统之间的耦合度，提高系统的可用性。消息中间件具有高效的消息处理能力，可以让系统承接大数据量的并发及流量脉冲而不被击垮，在保证性能的同时改善了用户体验。此外，消息中间件还可以解决系统之间数据的一致性（最终一致性）问题。

RocketMQ 作为阿里开源的一款高性能、高吞吐量的消息中间件，承载了阿里“双 11”的大部分业务，可以说是一名久经战场的“精英”、值得信任的“伙伴”。它采用 Java 作为开发语言，自然而然得到了广大互联网架构师的青睐，并成为互联网行业首选的消息中间件。

初次接触 RocketMQ 是在听到它被阿里巴巴正式捐献给 Apache 基金会，成为 Apache 的顶级开源项目时。这意味着承载阿里“双 11”巨大流量的消息中间件完全开源，对广大 Java 开发者来说无疑是一个巨大的利好，让我们有机会一睹高性能消息中间件 RocketMQ 的“真容”。作为一名阿里技术崇拜者，我内心异常激动，于是不假思索地在 CSDN 上开通了专栏“源码研究 RocketMQ”，并受到了广大技术爱好者的支持。

RocketMQ 作为一款高性能消息中间件，其核心优势是可靠的消息存储、高性能且低延迟的消息发送、强大的消息堆积能力与消息处理能力、严格的顺序消息模式等。RocketMQ 的另一个核心优势是懂得取舍。软件设计不可能做到面面俱到，消息中间件的理想状态是一条消息能且只能被消费一次，要做到这一点，必然需要牺牲性能。RocketMQ 的设计者解决这一难题的办法是不去解决，即保证消息至少被消费一次，但不承诺消息不会被消费者多次消费，其消费的幂等由消费者实现，从而极大地简化了实现内核，提高了 RocketMQ 的整体性能。

RocketMQ 被捐献给 Apache 基金会后一直在快速发展，相关 OpenMessaging 的标准也已经发布。本书的写作目的是与各位读者探讨 RocketMQ 的实现原理，帮助读者更好地在实际项目中应用 RocketMQ。

读者对象

本书的读者对象如下：

- ❑ RocketMQ 的用户和爱好者；
- ❑ RocketMQ 代码开发志愿者；
- ❑ Java 中高级开发工程师；
- ❑ Java 架构师；
- ❑ Java 开源相关技术人员。

本书特色

本书从源码的角度对 RocketMQ 的实现原理进行详细剖析。作为一本源码阅读类图书，本书的讲解切入点并不是组成 RocketMQ 的一个个源码包，而是功能模块（如 topic 路由中心、消息发送、消息存储、消息消费、事务消息），这样更加贴近实战需求。

如何阅读本书

本书从逻辑上分为三部分。

第一部分为准备篇（第 1 章），简单介绍了 RocketMQ 的设计理念与目标，并介绍了在开发工具中如何对 RocketMQ 进行代码调试。

第二部分为实现篇（第 2～9 章），重点讲解了 RocketMQ 各个功能模块的实现原理，包括 NameServer、消息发送、消息存储、消息消费、ACL 功能、主从同步、消息轨迹、主从切换等。

第三部分为实例篇（第 10～11 章），先介绍了 RocketMQ 监控，然后通过示例展示了 RocketMQ 的使用技巧。

本书在最后的附录中给出了 RocketMQ 的主要参数列表及含义，增加了各版本概述和升级建议，供读者参考。

本书的行文思路主要是根据消息发送的全流程进行展开，从路由管理到消息发送、消息存储、消息消费，再到顺序消息、事务消息，从而实现消息链路的闭环。建议读者按照该思路带着问题来阅读，这样或许会事半功倍。

勘误和支持

由于作者水平有限，编写时间仓促，书中难免会出现一些错误或者不准确的地方，恳请读者批评指正。大家可以在 CSDN 博客专栏（https://blog.csdn.net/prestigeding/article/details/85233529）中留言反馈。书中的全部源文件可以从 GitHub RocketMQ 官方仓库中下载，我们也会将相应的功能及时进行更新。如果你有更多的宝贵意见，请通过如下渠道向我们反馈：（1）发送邮件至 dw19871218pmz@126.com；（2）添加作者微信号 dingwpmz 进行交流；（3）关注微信公众号“中间件兴趣圈”并给作者留言。我们在公众号中分享了本书的学习指南，回复“学习指南”即可获取。期待能够得到你的真挚反馈。

致谢

首先要感谢 Mycat 开源社区负责人周继锋对我的提携与指导，感谢你为我的职业发展指明前进的方向。

感谢刘建刚、刘树东、叶长军、郭雪磊、庄辉煌、徐建、陈凌祺、马志彬、李平、李江明、黄勇发、刘玄等朋友对本书提供了宝贵的校正意见。也要感谢 RocketMQ 联盟中每一位充满创意和活力的朋友——肖文科、王辉、杨忠儒以及名单之外的很多朋友，感谢你们对我的支持与帮助。

感谢机械工业出版社华章公司杨福川老师的引荐，是你的努力才促成了本书的出版。感谢韩蕊编辑在这一年多的时间中始终支持我写作，你的鼓励和帮助引导我顺利完成了写作。

感谢校稿者梁勇为提高本书质量付出的辛勤工作，感谢陈鹏飞在我写作过程中提供了大力支持。

最后感谢我的爸爸、妈妈、爷爷、奶奶，感谢你们将我培养成人，并时时刻刻给予我信心和力量！感谢我的老婆、女儿，你们是我持续努力的最大动力。

谨以此书献给我最亲爱的家人，以及众多热爱 RocketMQ 的朋友们！

丁威　公众号“中间件兴趣圈”维护者

感谢同事王盟禹、李国文、李任在我写作过程中提出的建议，有时为了一句描述我们会反复进行讨论和优化。

感谢机械工业出版社华章公司杨福川编辑对本书出版工作的支持，感谢韩蕊编辑加班对书稿进行审核。

感谢 RocketMQ 团队以及使用过 RocketMQ 并支持开源社区的朋友们！

最后感谢家人的默默支持。

谨以此书献给众多使用过 RocketMQ 的朋友们！

张登　公众号“IT 巅峰技术”维护者

感谢 RocketMQ 团队，有了你们的付出，才有这么好的产品。同时感谢杨福川编辑对本书出版工作的支持。

谨以此书献给我最亲爱的家人和同事，帮助过、关注过我的人，以及使用、学习过 RocketMQ 的朋友们！

周继锋

Contents 目录

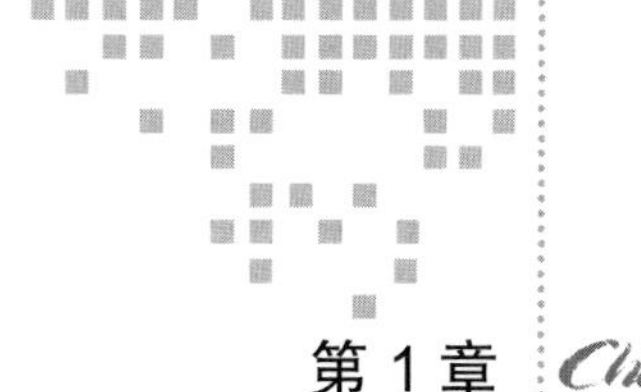

第 1 章 Chapter 1

阅读源码前的准备

研究一款开源中间件，首先需要了解它的整体架构以及如何在开发环境调试源码。从代码入手可以快速熟悉项目，进而透彻理解项目的设计思想和实现原理。本章将重点介绍 RocketMQ 的整体设计理念以及调试方法，为后续源码阅读打下扎实的基础。

本章重点内容如下。

- ❑ 获取和调试 RocketMQ 源码。
- ❑ RocketMQ 源码的目录结构。
- ❑ RocketMQ 的设计理念和设计目标。

1.1 获取和调试 RocketMQ 的源码

RocketMQ 最早是阿里巴巴内部使用的消息中间件，于 2016 年提交到 Apache 基金会，成为 Apache 基金会的顶级开源项目㊀。在 GitHub 网站上搜索 RocketMQ，主页如图 1-1 所示。

1.1.1 Eclipse 获取 RocketMQ 源码

下面介绍 Eclipse 获取 RocketMQ 源码的方法。

第一步：单击右键，从菜单中选择 Import Git，弹出如图 1-2 所示的界面。

㊀ GitHub 代码库链接：https://github.com/apache/rocketmq.git。

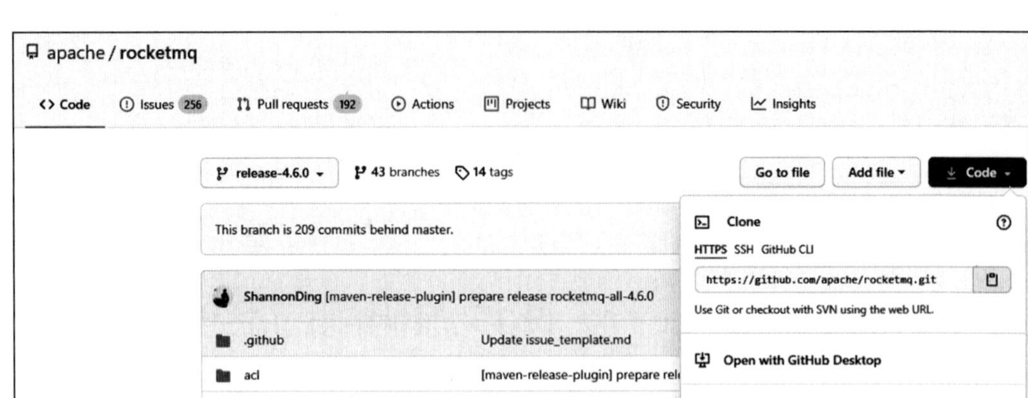

图 1-1 GitHub RocketMQ 搜索界面

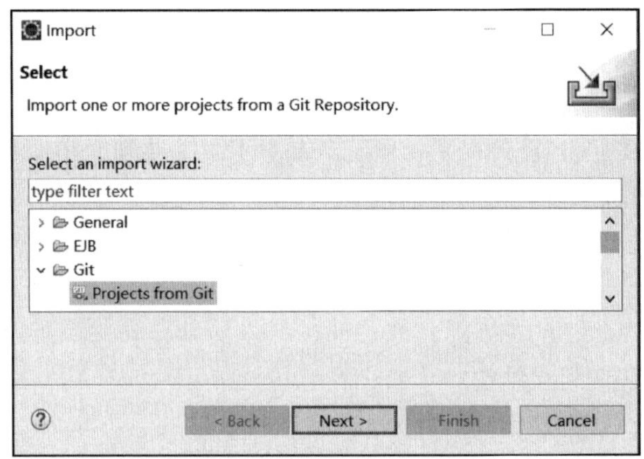

图 1-2 Import 界面

第二步：单击 Next 按钮，弹出 Import Projects from Git 界面，如图 1-3 所示。

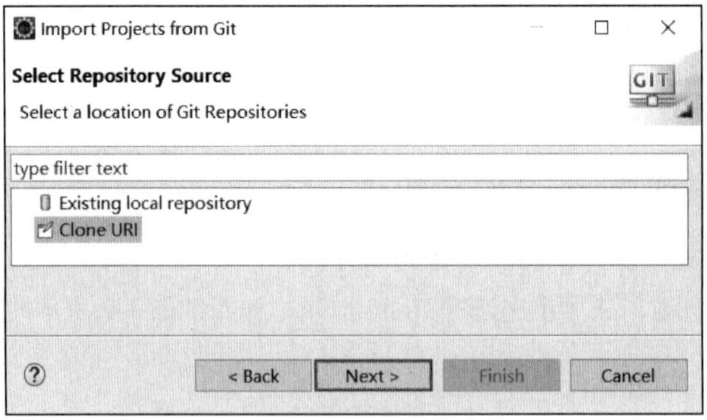

图 1-3 Import Projects from Git 界面

第三步：单击 Next 按钮，选择 Clone URI，得到的界面如图 1-4 所示。

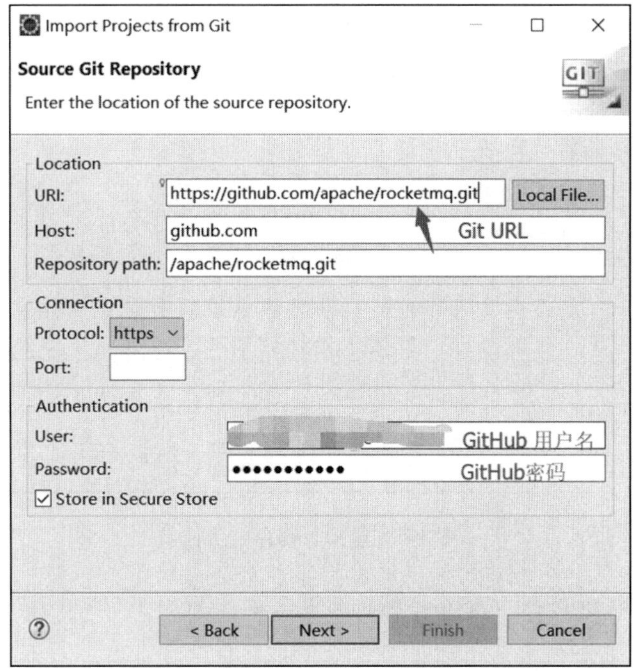

图 1-4　选择 Clone URI 后得到的界面

第四步：继续单击 Next 按钮进入下一步，选择代码分支，如图 1-5 所示。

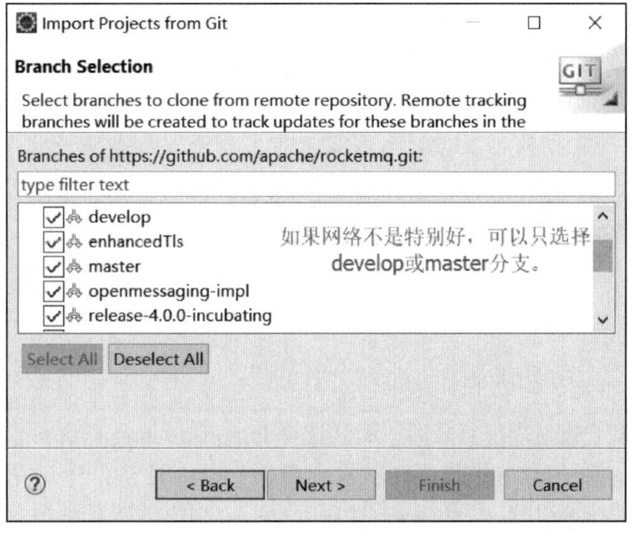

图 1-5　Import Projects from Git 选择分支

第五步：选择需要的分支后单击 Next 按钮，进入代码存放目录，如图 1-6 所示。

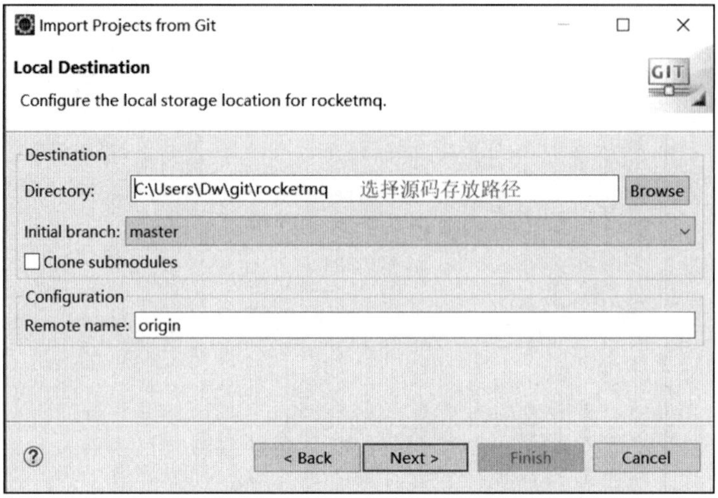

图 1-6　选择源码存放路径

第六步：单击 Next 按钮，Eclipse 将从远程仓库下载代码，如图 1-7 所示。

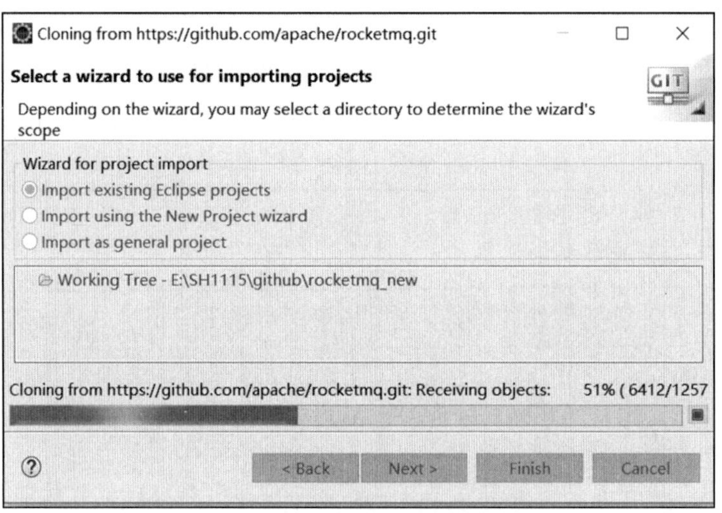

图 1-7　Cloning from git 界面

第七步：将代码下载到指定目录后，默认选择 Import existing Eclipse projects（单分支），这里手动选择 Import as general project（多分支），单击 Finish 按钮，导入成功，如图 1-8 所示。

第八步：代码导入成功后，需要将项目转换成 Maven 项目。导入成功后的效果如图 1-9 所示。

第九步：单击鼠标右键，从菜单中选择 rocketmq_new（文件下载目录名）→ Configure →

Configure and Detect Nested Projects...，将项目转换成 Maven 项目，如图 1-10 所示。

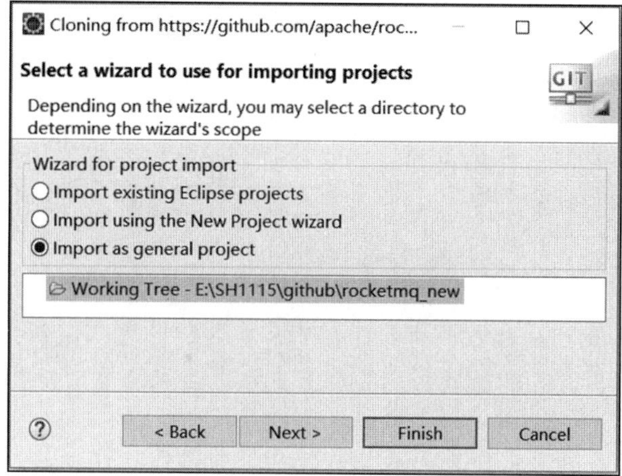

图 1-8　Cloning from git 界面

图 1-9　导入项目初始状态

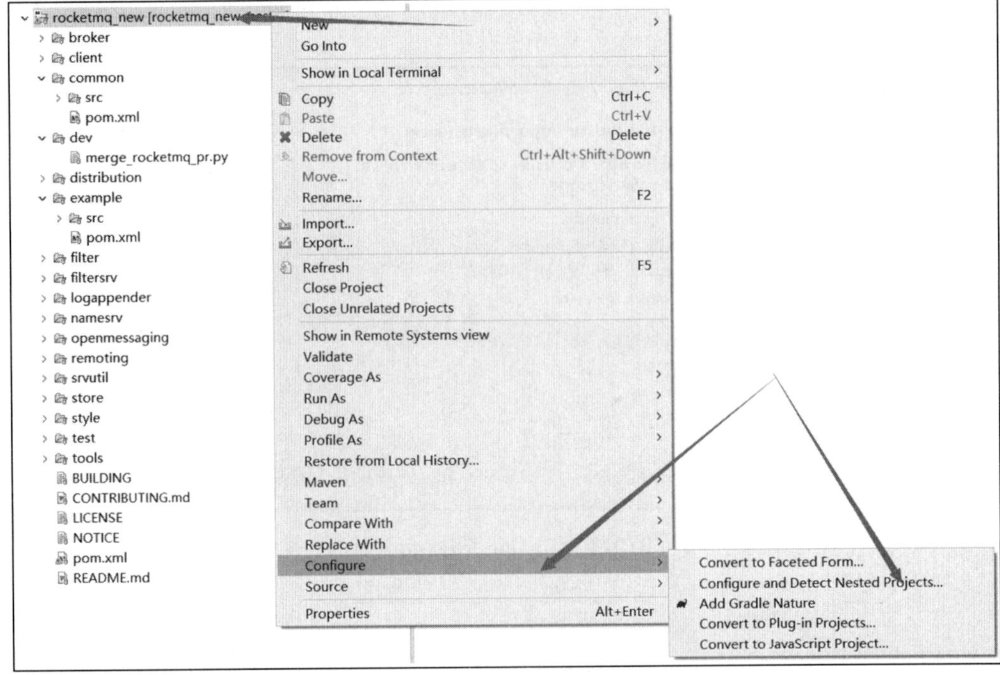

图 1-10　转换 Maven 项目

第十步：单击 Finish 按钮，执行 Maven 项目转换，完成 RocketMQ 的导入，如图 1-11 所示。

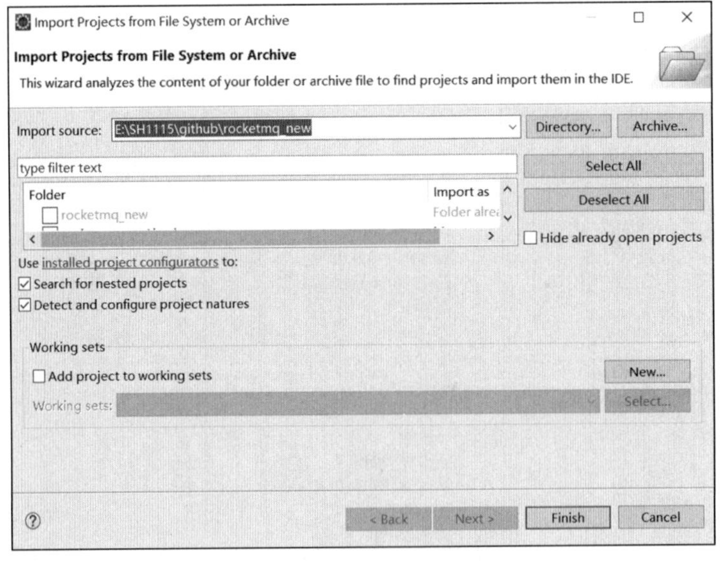

图 1-11　完成 RocketMQ 的导入

转换过程中可能会弹出如图 1-12 所示提示框。

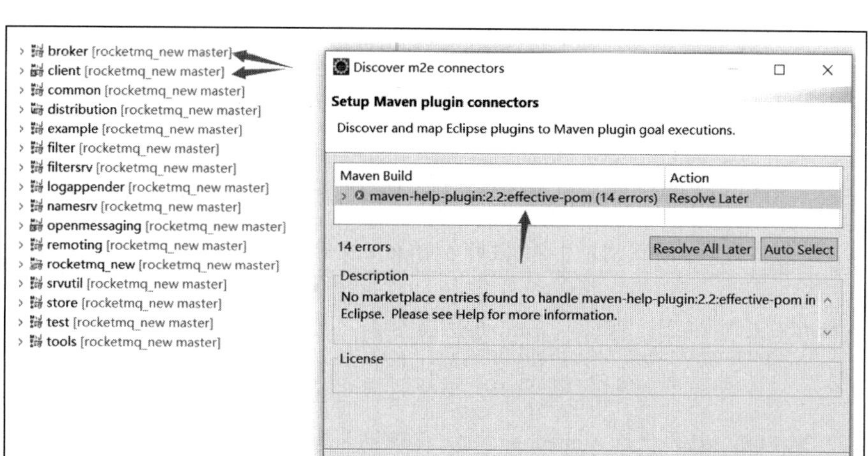

图 1-12　转换 Maven 项目过程中弹出的提示框

解决办法有 3 种。

1）修改根 pom.xml 文件，找到如代码清单 1-1 所示的条目，加上注释。

代码清单 1-1　修改根 pom.xml 文件

```
<!--
    <plugin>
        <artifactId>maven-help-plugin</artifactId>
        <version>2.2</version>
        <executions>
            <execution>
                <id>generate-effective-dependencies-pom</id>
                <phase>generate-resources</phase>
                <goals>
                    <goal>effective-pom</goal>
                </goals>
                <configuration>

                <output>${project.build.directory}/effective-pom/effective-depende
                    ncies.xml</output>
            </configuration>
        </execution>
    </executions>
</plugin>
-->
<!--
    <plugin>
        <artifactId>maven-surefire-plugin</artifactId>
        <version>2.19.1</version>
        <configuration>
            <forkCount>1</forkCount>
```

```
            <reuseForks>true</reuseForks>
        </configuration>
    </plugin>
-->
```

2）注释 remoting 模块下 pom.xml 文件中的部分代码，如代码清单 1-2 所示。

代码清单 1-2　注释 pom.xml 文件的部分代码

```
<!--
    <dependency>
        <groupId>io.netty</groupId>
        <artifactId>netty-tcnative</artifactId>
        <version>1.1.33.Fork22</version>
        <classifier>${os.detected.classifier}</classifier>
    </dependency>
-->
```

3）单击右键，选中一个项目，Maven → Update Project...，如图 1-13 所示。

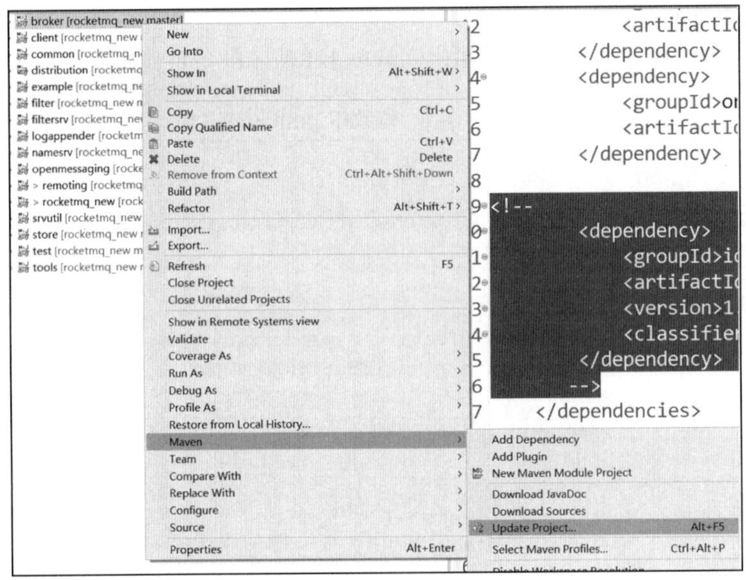

图 1-13　更新 Maven 项目

1.1.2　Eclipse 调试 RocketMQ 源码

本节将展示如何在 Eclipse 中启动 NameServer、Broker，并运行消息发送与消息消费示例程序。

1. 启动 NameServer

第一步：展开 namesrv 模块，右键选中 NamesrvStartup.java，将其拖曳到 Debug As，

选中 Debug Configurations，这时会弹出 Debug Configurations 界面，如图 1-14 所示。

第二步：选中 Java Application 条目并单击右键，选择 New，弹出 Debug Configurations 界面，如图 1-15 所示。

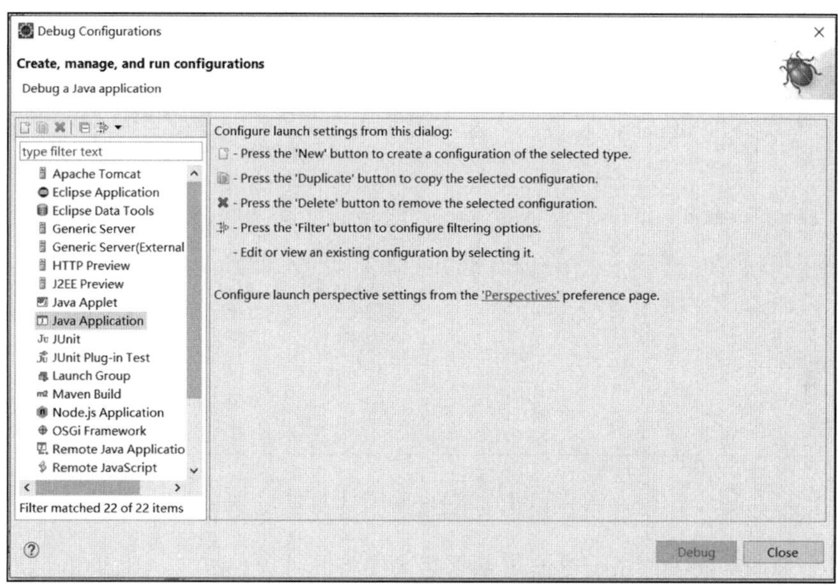

图 1-14　选择 Debug Configurations 界面

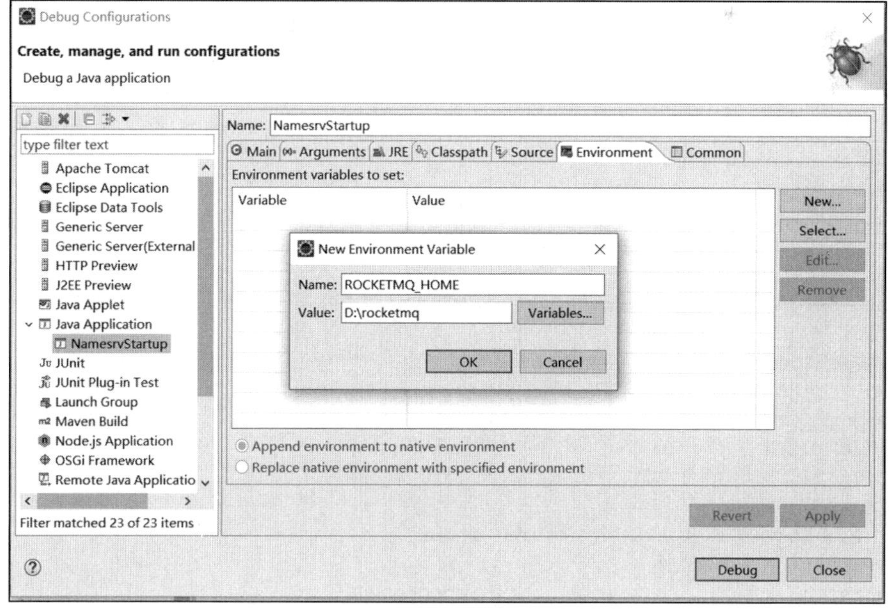

图 1-15　设置环境变量

第三步：设置 RocketMQ 运行主目录。选择 Environment 选项卡，添加环境变量 ROCKETMQ_HOME。

第四步：在 RocketMQ 运行主目录中创建 conf、store、logs 三个文件夹，如图 1-16 所示。

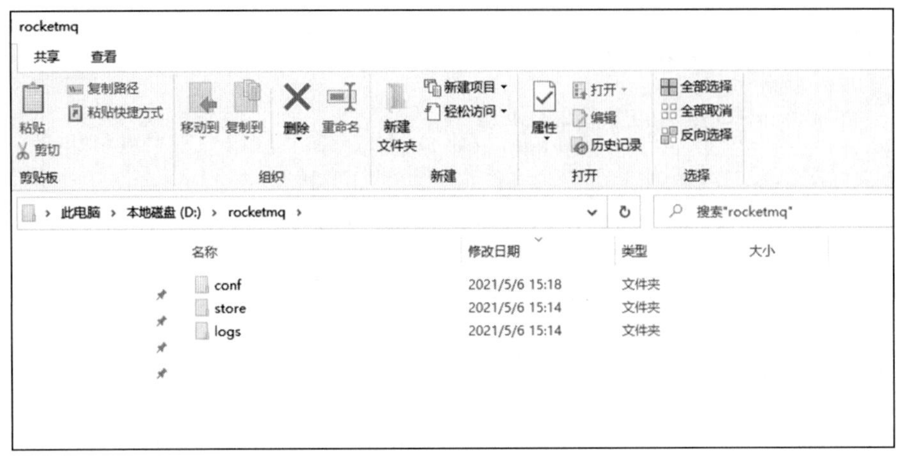

图 1-16　RocketMQ 主目录

第五步：从 RocketMQ distribution 部署目录中将 broker.conf、logback_broker.xml 文件复制到 conf 目录中，logback_namesrv.xml 文件只须修改日志文件的目录，broker.conf 文件内容如代码清单 1-3 所示。

代码清单 1-3　broker.conf 文件

```
brokerClusterName=DefaultCluster
brokerName=broker-a
brokerId=0
#nameServer 地址，分号分割
namesrvAddr=127.0.0.1:9876
deleteWhen=04
fileReservedTime=48
brokerRole=ASYNC_MASTER
flushDiskType=ASYNC_FLUSH
# 存储路径
storePathRootDir=D:\\rocketmq\\store
#CommitLog 存储路径
storePathCommitLog=D:\\rocketmq\\store\\commitlog
# 消费队列存储路径
storePathConsumeQueue=D:\\rocketmq\\store\\consumequeue
# 消息索引存储路径
storePathIndex=D:\\rocketmq\\store\\index
#Checkpoint 文件存储路径
storeCheckpoint=D:\\rocketmq\\store\\checkpoint
#abort 文件存储路径
abortFile=D:\\rocketmq\\store\\abort
```

第六步：在 Eclipse Debug 中运行 NamesrvStartup，输出"The Name Server boot success. Serializetype=JSON"。

2. 启动 Broker

第一步：展开 Broker 模块，右键选中 BrokerStartup.java，将其拖曳到 Debug As，选中 Debug Configurations，弹出如图 1-17 所示的界面，选择 Arguments 选项卡，配置 -c 属性，指定 broker 配置文件路径。

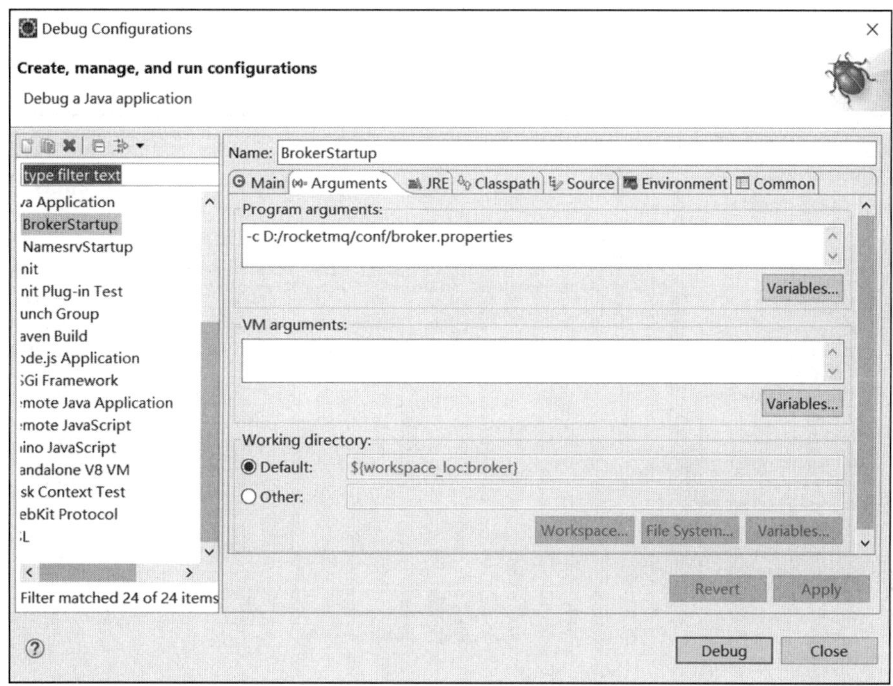

图 1-17　Arguments 选项卡配置

第二步：切换选项卡 Environment，配置 RocketMQ 主目录，如图 1-18 所示。

第三步：以 Debug 模式运行 BrokerStartup.java，查看 ${ROCKET_HOME}/logs/broker.log 文件。未报错则表示启动成功，如代码清单 1-4 所示。

代码清单 1-4　Broker 启动日志截图

```
2021-05-01 20:47:29 INFO main - register broker to name server 127.0.0.1:9876 OK
2021-05-01 20:47:29 INFO main - The broker[broker-a, 192.168.1.3:10911] boot
    success. serializeType=JSON and name server is 127.0.0.1:9876
2021-05-01 20:47:38 INFO BrokerControllerScheduledThread1 - dispatch behind
    commit log 0 bytes
2021-05-01 20:47:38 INFO BrokerControllerScheduledThread1 - Slave fall behind
    master: 0 bytes
```

```
2021-05-01 20:47:39 INFO BrokerControllerScheduledThread1 - register broker to
    name server 127.0.0.1:9876 OK
2021-05-01 20:48:09 INFO BrokerControllerScheduledThread1 - register broker to
    name server 127.0.0.1:9876 OK
2021-05-01 20:48:37 INFO BrokerControllerScheduledThread1 - dispatch behind
    commit log 0 bytes
2021-05-01 20:48:37 INFO BrokerControllerScheduledThread1 - Slave fall behind
    master: 0 bytes
2021v-05-01 20:48:39 INFO BrokerControllerScheduledThread1 - register broker to
name server 127.0.0.1:9876 OK
2021-05-01 20:49:09 INFO BrokerControllerScheduledThread1 - register broker to
    name server 127.0.0.1:9876 OK
```

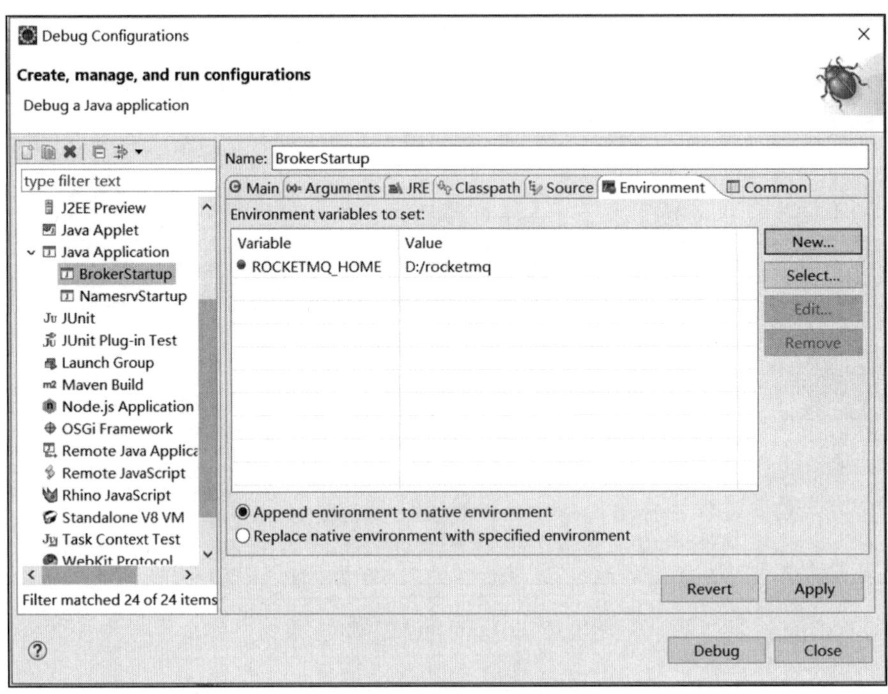

图 1-18 Environment 选项卡配置

3. 使用 RocketMQ 提供的实例验证消息发送与消息消费

第一步：修改 org.apache.rocketmq.example.quickstart.Producer 示例程序，设置消息生产者 NameServer 的地址，如代码清单 1-5 所示。

代码清单 1-5 消息发送示例程序

```
public class Producer {
    public static void main(String[] args) throws MQClientException,
                    InterruptedException {
        DefaultMQProducer producer = new
```

```
                DefaultMQProducer("please_rename_unique_group_name");
        producer.setNamesrvAddr("127.0.0.1:9876");
        producer.start();
        for (int i = 0; i < 1; i++) { try
            {
                Message msg = new Message("TopicTest"/* Topic */,"TagA"/* Tag */,
                    ("Hello RocketMQ " + i).getBytes
                        (RemotingHelper.DEFAULT_CHARSET)/* Message body */
                    );
                SendResult sendResult = producer.send(msg);
                System.out.printf("%s%n", sendResult);
            } catch (Exception e)
                { e.printStackTrace()
                ;
                Thread.sleep(1000);
            }
        }
        producer.shutdown();
    }
}
```

第二步：运行该示例程序，查看运行结果。如果输出代码清单 1-6 所示的结果，则表示消息发送成功。

代码清单 1-6　消息发送结果

```
SendResult [sendStatus=SEND_OK, msgId=C0A8010325B46D06D69C70A211400000,
offsetMsgId=C0A8010300002A9F0000000000000000, messageQueue=MessageQueue
[topic=TopicTest, brokerName=broker-a, queueId=0], queueOffset=0]
```

第三步：修改 org.apache.rocketmq.example.quickstart.Consumer 示例程序，设置消息消费者 NameServer 的地址，如代码清单 1-7 所示。

代码清单 1-7　消息消费示例程序

```
public class Consumer {
    public static void main(String[] args) throws InterruptedException,
            MQClientException {
        DefaultMQPushConsumer consumer = new
            DefaultMQPushConsumer("please_rename_unique_group_name_4");
        consumer.setNamesrvAddr("127.0.0.1:9876");
        consumer.setConsumeFromWhere(ConsumeFromWhere.CONSUME_FROM_FIRST_OFFSET);
        consumer.subscribe("TopicTest", "*");
        consumer.registerMessageListener(new MessageListenerConcurrently() {
            public ConsumeConcurrentlyStatus consumeMessage(List<MessageExt> msgs,
                    ConsumeConcurrentlyContext context) {
                System.out.printf("%s Receive New Messages: %s %n",
                    Thread.currentThread().getName(), msgs);
                return ConsumeConcurrentlyStatus.CONSUME_SUCCESS;
        }
```

```
    });
    consumer.start();
    System.out.printf("Consumer Started.%n");
    }
}
```

第四步：运行消息消费者程序，如果输出如代码清单 1-8 所示的结果，则表示消息消费成功。

代码清单 1-8 消息消费结果

```
Consumer Started.
ConsumeMessageThread_1 Receive New Messages: [MessageExt [queueId=0,
storeSize=178, queueOffset=0, sysFlag=0, bornTimestamp=1521723269443,
bornHost=/192.168.1.3:57034, storeTimestamp=1521723269510,
storeHost=/192.168.1.3:10911, msgId=C0A8010300002A9F0000000000000000,
commitLogOffset=0, bodyCRC=613185359, reconsumeTimes=0, preparedTransactionOffset=0,
toString()=Message [topic=TopicTest, flag=0, properties={MIN_OFFSET=0, MAX_OFFSET=1,
CONSUME_START_TIME=1521723841419, UNIQ_KEY=C0A8010325B46D06D69C70A211400000,
WAIT=true, TAGS=TagA}, body=16]]]
```

消息发送与消息消费都成功，说明 RocketMQ 调试环境已经搭建成功，可以直接调试源码，探知 RocketMQ 的奥秘了。

1.1.3 IntelliJ IDEA 获取 RocketMQ 源码

第一步：在 IntelliJ IDEA VCS 菜单中选择 Get from Version Control...，如图 1-19 所示。

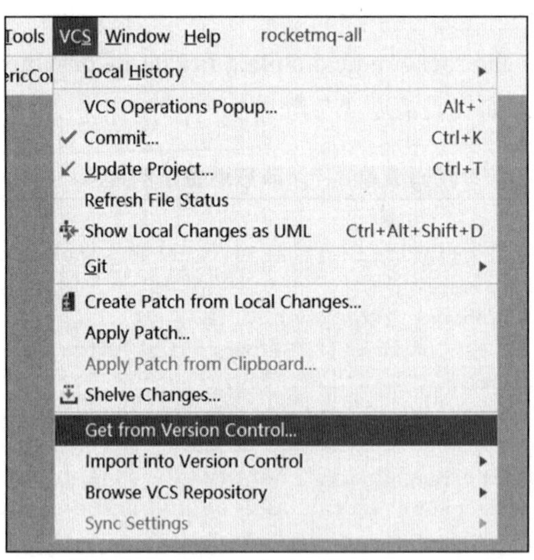

图 1-19 VCS 菜单

第二步：在弹出的对话框中输入 RocketMQ 源码地址，选择保存的本地路径，单击

Clone 按钮，如图 1-20 所示。

Get from Version Control
Repository URL
GitHub
No accounts
GitHub Enterprise
No accounts
Version control: Git
URL: https://github.com/apache/rocketmq.git
Directory: D:\pro\opensource\rocketmq
Clone　Cancel

图 1-20　Version Control 界面

状态栏有代码下载的进度，如图 1-21 所示。

图 1-21　RocketMQ Cloning 进度条

第三步：源码导入成功后，效果如图 1-22 所示。

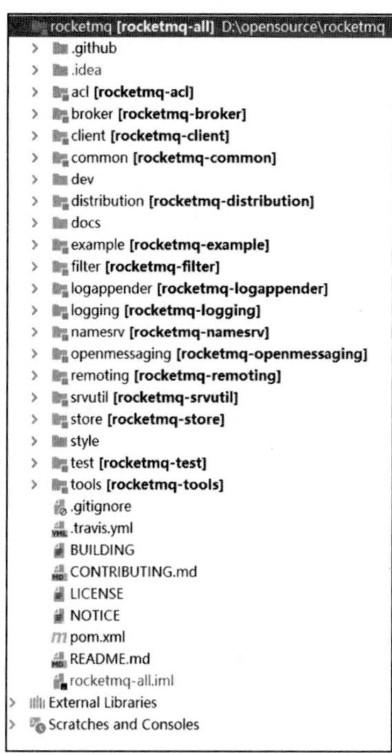

图 1-22　RocketMQ 项目结构

第四步：执行 Maven 命令 clean install，下载并编译依赖，可以看到控制台显示 BUILD SUCCESS 的提示信息，如图 1-23 所示。

```
[INFO] ------------------------------------------------------------------------
[INFO] Reactor Summary for Apache RocketMQ 4.6.0 4.6.0:
[INFO]
[INFO] Apache RocketMQ 4.6.0 .............................. SUCCESS [  3.278 s]
[INFO] rocketmq-logging 4.6.0 ............................. SUCCESS [  1.807 s]
[INFO] rocketmq-remoting 4.6.0 ............................ SUCCESS [  0.804 s]
[INFO] rocketmq-common 4.6.0 .............................. SUCCESS [  1.111 s]
[INFO] rocketmq-client 4.6.0 .............................. SUCCESS [  1.096 s]
[INFO] rocketmq-store 4.6.0 ............................... SUCCESS [  0.736 s]
[INFO] rocketmq-srvutil 4.6.0 ............................. SUCCESS [  0.350 s]
[INFO] rocketmq-filter 4.6.0 .............................. SUCCESS [  0.561 s]
[INFO] rocketmq-acl 4.6.0 ................................. SUCCESS [  0.581 s]
[INFO] rocketmq-broker 4.6.0 .............................. SUCCESS [  0.981 s]
[INFO] rocketmq-tools 4.6.0 ............................... SUCCESS [  0.994 s]
[INFO] rocketmq-namesrv 4.6.0 ............................. SUCCESS [  0.464 s]
[INFO] rocketmq-logappender 4.6.0 ......................... SUCCESS [  1.680 s]
[INFO] rocketmq-openmessaging 4.6.0 ....................... SUCCESS [  1.345 s]
[INFO] rocketmq-example 4.6.0 ............................. SUCCESS [  1.276 s]
[INFO] rocketmq-test 4.6.0 ................................ SUCCESS [  2.354 s]
[INFO] rocketmq-distribution 4.6.0 ........................ SUCCESS [  0.110 s]
[INFO] ------------------------------------------------------------------------
[INFO] BUILD SUCCESS
[INFO] ------------------------------------------------------------------------
[INFO] Total time:  19.820 s
[INFO] Finished at: 2021-07-01T11:08:30+08:00
[INFO] ------------------------------------------------------------------------
```

图 1-23　提示信息

1.1.4　IntelliJ IDEA 调试 RocketMQ 源码

本节将展示如何在 IntelliJ IDEA 中启动 NameServer、Broker，并编写一个消息发送与消息消费示例程序。

1. 启动 NameServer

第一步：展开 namesrv 模块，鼠标右键选中 NamesrvStartup.java，将其拖曳到 Debug As，选中 Debug 'NamesrvStartup.java.main()'，弹出如图 1-24、图 1-25 所示的界面。

第二步：单击 Environment variables 后面的按钮，弹出 Environment Variables 界面，如图 1-26 所示。

第三步：单击“+”，在 Name 输入框中输入 ROCKETMQ_HOME，在 Value 输入框中输入源码的保存路径。单击 OK 按钮，回到 Debug Configuration 界面。再单击 OK 按钮，如图 1-27 所示。

第四步：在 RocketMQ 运行主目录中创建 conf、logs、store 文件夹。

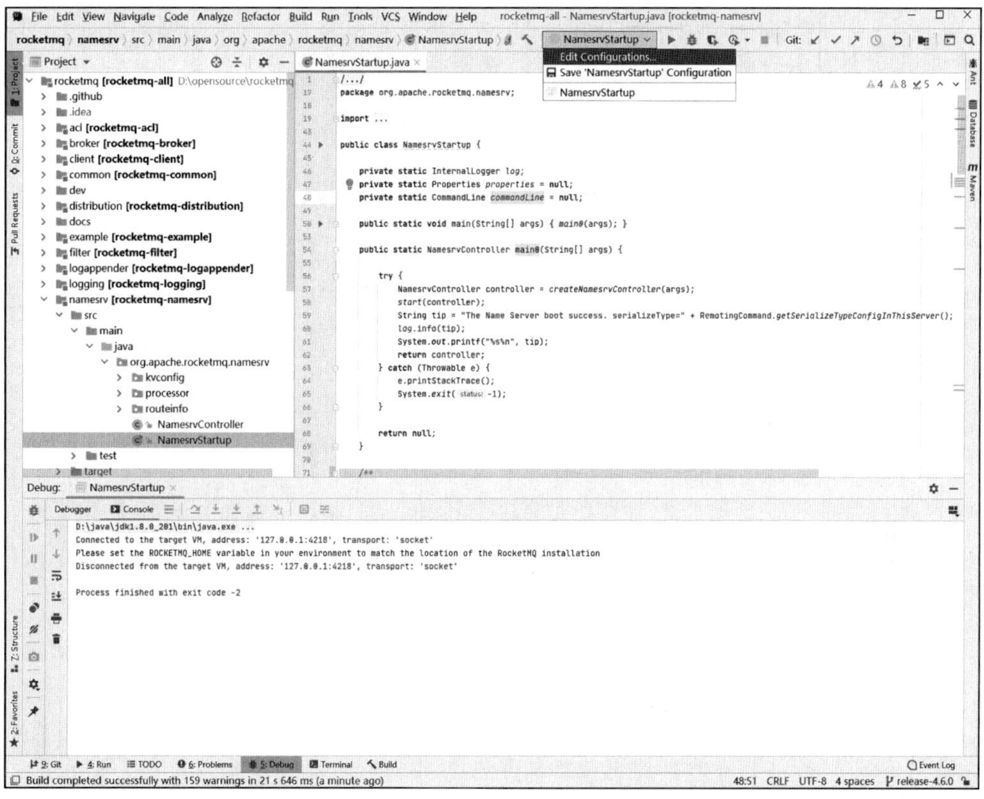

图 1-24　NamesrvStartup Debug 界面

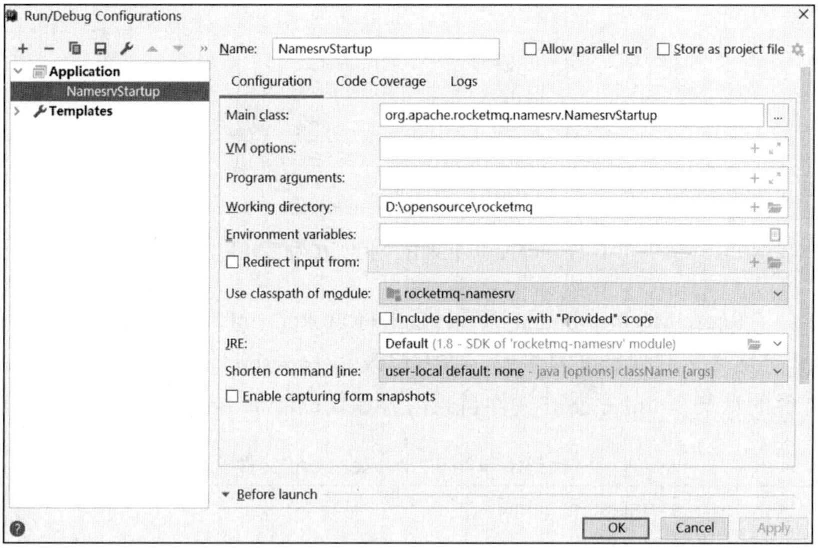

Run/Debug Configurations

Application

NamesrvStartup

Templates

Name: NamesrvStartup　Allow parallel run　Store as project file

Configuration　Code Coverage　Logs

Main class: org.apache.rocketmq.namesrv.NamesrvStartup

VM options:

Program arguments:

Working directory: D:\opensource\rocketmq

Environment variables:

Redirect input from:

Use classpath of module: rocketmq-namesrv

Include dependencies with "Provided" scope

JRE: Default (1.8 - SDK of 'rocketmq-namesrv' module)

Shorten command line: user-local default: none - java [options] className [args]

Enable capturing form snapshots

Before launch

OK　Cancel　Apply

图 1-25　NamesrvStartup Debug Configuration 界面

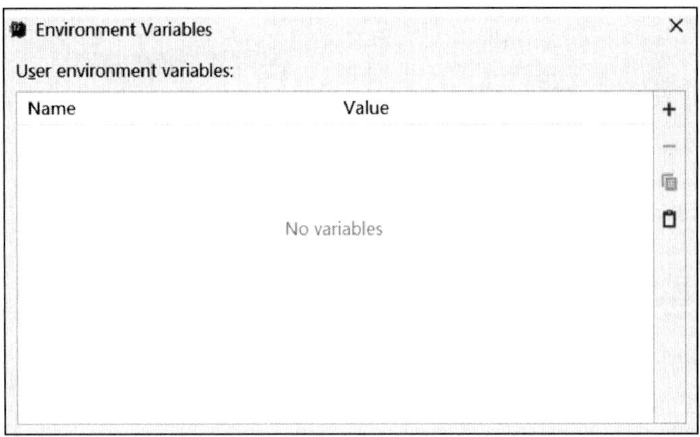

图 1-26　Environment Variables 列表

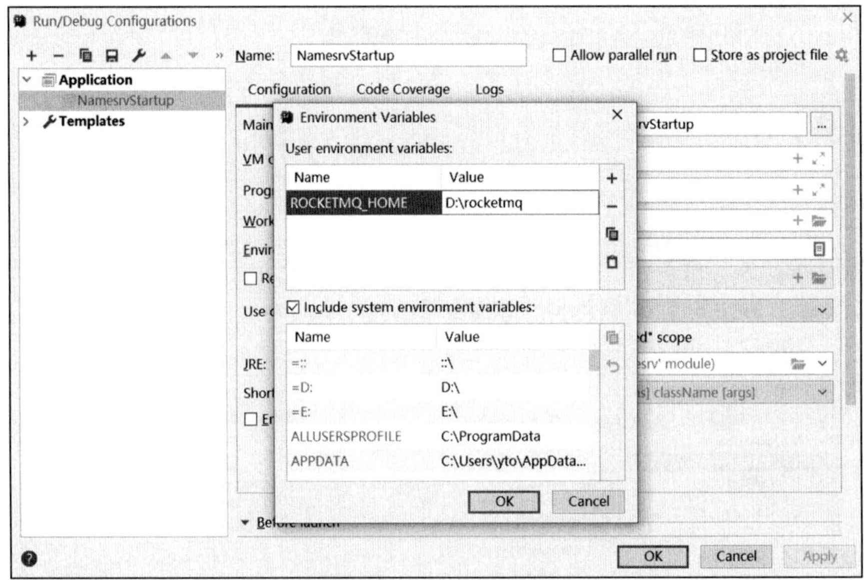

图 1-27　增加 ROCKETMQ_HOME 环境变量

第五步：从 RocketMQ distribution 部署目录中将 broker.conf、logback_broker.xml、logback_namesrv.xml 等文件复制到 conf 目录中，按需修改 logback_broker.xml、logback_namesrv.xml 文件中日志文件的目录，broker.conf 文件目录内容如代码清单 1-9 所示。

代码清单 1-9　broker.conf 文件

```
brokerClusterName=DefaultCluster
brokerName=broker-a
brokerId=0
#nameServer 地址，分号分割
```

```
namesrvAddr=127.0.0.1:9876
deleteWhen=04
fileReservedTime=48
brokerRole=ASYNC_MASTER
flushDiskType=ASYNC_FLUSH
# 存储路径
storePathRootDir=D:\\rocketmq\\store
#CommitLog 存储路径
storePathCommitLog=D:\\rocketmq\\store\\commitlog
# 消费队列存储路径
storePathConsumeQueue=D:\\rocketmq\\store\\consumequeue
# 消息索引存储路径
storePathIndex=D:\\rocketmq\\store\\index
#checkpoint 文件存储路径
storeCheckpoint=D:\\rocketmq\\store\\checkpoint
#abort 文件存储路径
abortFile=D:\\rocketmq\\store\\abort
```

第六步：在 IntelliJ IDEA Debug 中运行 NamesrvStartup，并输出“The Name Server boot success. Serializetype=JSON”。

2. 启动 Broker

第一步：展开 Broker 模块，鼠标右键执行 BrokerStartup.java，会提示需要配置 ROCKETMQ_HOME。在 idea 右上角选中 Debug Configurations，在弹出的界面中选择 arguments 选项卡，配置 -c 属性，指定 broker 配置文件的路径，如图 1-28 所示。

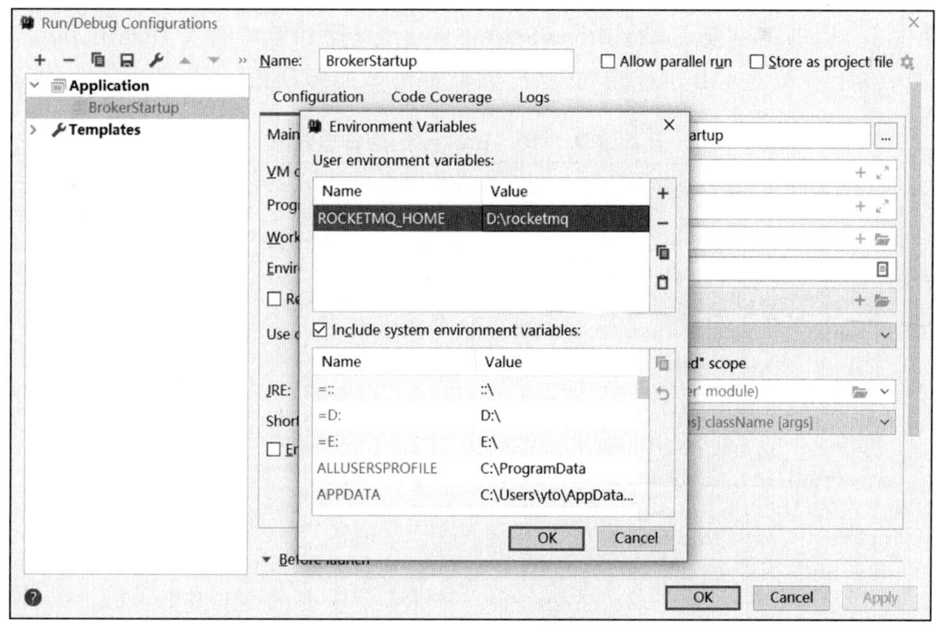

图 1-28　设置环境变量

第二步：切换选项卡 Environment，配置 RocketMQ 主目录和 broker 配置文件，如图 1-29 所示。

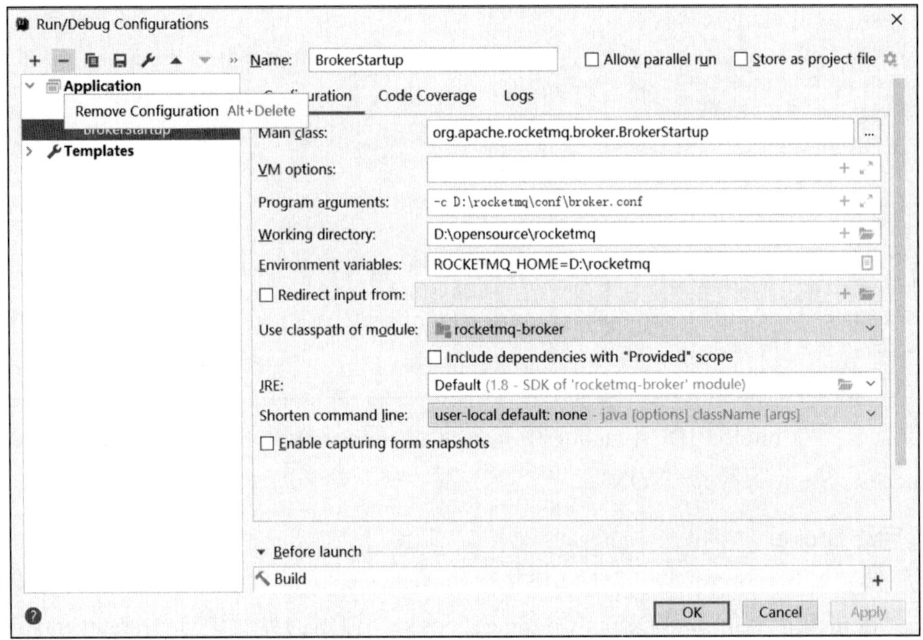

图 1-29　运行或调试运行时的环境设置

第三步：以 Debug 模式运行 BrokerStartup.java，查看 ${ROCKET_HOME}/logs/broker.log 文件，未报错则表示 Broker 启动成功，如代码清单 1-10 所示。

代码清单 1-10　Broker 启动日志截图

```
2021-05-01 17:14:27 INFO PullRequestHoldService - PullRequestHoldService service
    started
2021-05-01 17:14:28 INFO main - register broker to name server 127.0.0.1:9876 OK
2021-05-01 17:14:28 INFO main - The broker[broker-a, 192.168.41.1:10911] boot
    success. serializeType=JSON and name server is 127.0.0.1:9876
2021-05-01 17:14:37 INFO BrokerControllerScheduledThread1 - dispatch behind
    commit log 0 bytes
2021-05-01 17:14:37 INFO BrokerControllerScheduledThread1 - Slave fall behind master: 534
    bytes
2021-05-01 17:14:38 INFO BrokerControllerScheduledThread1 - register broker to name
    server 127.0.0.1:9876 OK
2021-05-01 17:14:41 INFO ClientManageThread_1 - new consumer connected,
    group: please_rename_unique_group_name_4 CONSUME_PASSIVELY CLUSTERING
    channel: ClientChannelInfo [channel=[id: 0x5babb0b1, L:/192.168.41.1:10911 -
    R:/192.168.41.1:50635], clientId=192.168.41.1@15140, language=JAVA, version=253,
    lastUpdateTimestamp=1529054081078]
2021-05-01 17:14:41 INFO ClientManageThread_1 - subscription changed, add
```

```
    new topic, group: please_rename_unique_group_name_4 SubscriptionData
    [classFilterMode=false,  topic=%RETRY%please_rename_unique_group_
    name_4, subString=*, tagsSet=[], codeSet=[], subVersion=1529053720311,
    expressionType=null]
2021-05-01 17:14:41 INFO ClientManageThread_1 - subscription changed, add
    new topic, group: please_rename_unique_group_name_4 SubscriptionData
    [classFilterMode=false, topic=TopicTest, subString=*, tagsSet=[], codeSet=[],
    subVersion=1529053720326, expressionType=null]
2021-05-01 17:14:41 INFO ClientManageThread_1 - registerConsumer info
    changed  ConsumerData [groupName=please_rename_unique_group_
    name_4, consumeType=CONSUME_PASSIVELY, messageModel=CLUSTERING,
    consumeFromWhere=CONSUME_FROM_FIRST_OFFSET, unitMode=false, subscriptio
    nDataSet=[SubscriptionData [classFilterMode=false, topic=%RETRY%please_
    rename_unique_group_name_4, subString=*, tagsSet=[], codeSet=[],
    subVersion=1529053720311, expressionType=null], SubscriptionData
    [classFilterMode=false, topic=TopicTest, subString=*, tagsSet=[], codeSet=[],
    subVersion=1529053720326, expressionType=null]]] 192.168.41.1:50635
2021-05-01 17:14:41 INFO ClientManageThread_1 - new producer connected, group:
    CLIENT_INNER_PRODUCER channel: ClientChannelInfo [channel=[id: 0x5babb0b1,
    L:/192.168.41.1:10911 - R:/192.168.41.1:50635], clientId=192.168.41.1@15140,
    language=JAVA, version=253, lastUpdateTimestamp=1529054081079]
```

3. 使用 RocketMQ 提供的实例验证消息发送与消息消费

第一步：修改 org.apache.rocketmq.example.quickstart.Producer 示例程序，设置消息生产者的 NameServer 地址，如代码清单 1-11 所示。

代码清单 1-11　消息发送示例程序

```
public class Producer {
    public static void main(String[] args) throws MQClientException,
                InterruptedException {
        DefaultMQProducer producer = new
                DefaultMQProducer("please_rename_unique_group_name");
        producer.setNamesrvAddr("127.0.0.1:9876");
        producer.start();
        for (int i = 0; i < 1; i++) { try
            {
                Message msg = new Message("TopicTest" /* Topic */,"TagA" /* Tag */,
                    ("Hello RocketMQ " + i).getBytes
                        (RemotingHelper.DEFAULT_CHARSET)/* Message body */
                    );
                SendResult sendResult = producer.send(msg);
                System.out.printf("%s%n", sendResult);
            } catch (Exception e) {
                e.printStackTrace();
                Thread.sleep(1000);
            }
        }
        producer.shutdown();
```

```
    }
}
```

第二步：运行示例程序，查看运行结果，如果输出结果如代码清单 1-12 所示，则表示消息发送成功。

代码清单 1-12　消息发送结果

```
SendResult [sendStatus=SEND_OK, msgId=C0A8006606EC18B4AAC24BC584450000,
offsetMsgId=C0A8290100002A9F00000000000000B2, messageQueue=MessageQueue
[topic=TopicTest, brokerName=broker-a, queueId=3], queueOffset=0]
```

第三步：修改 org.apache.rocketmq.example.quickstart.Consumer 示例程序，设置消息消费者的 NameServer 地址，如代码清单 1-13 所示。

代码清单 1-13　消息消费示例程序

```
public class Consumer {
    public static void main(String[] args) throws InterruptedException,
            MQClientException {
        DefaultMQPushConsumer consumer = new
                DefaultMQPushConsumer("please_rename_unique_group_name_4");
        consumer.setNamesrvAddr("127.0.0.1:9876");
        consumer.setConsumeFromWhere(ConsumeFromWhere.CONSUME_FROM_FIRST_OFFSET);
        consumer.subscribe("TopicTest", "*");
        consumer.registerMessageListener(new MessageListenerConcurrently() {
            public ConsumeConcurrentlyStatus consumeMessage(List<MessageExt> msgs,
                    ConsumeConcurrentlyContext context) {
                System.out.printf("%s Receive New Messages: %s %n",
                    Thread.currentThread().getName(), msgs);
                return ConsumeConcurrentlyStatus.CONSUME_SUCCESS;
            }
        });
        consumer.start();
        System.out.printf("Consumer Started.%n");
    }
}
```

第四步：运行消息消费者程序，如果输出如代码清单 1-14 所示消息，则表示消息消费成功。

代码清单 1-14　消息消费结果

```
Consumer Started.
ConsumeMessageThread_1 Receive New Messages: [MessageExt [queueId=0,
storeSize=178, queueOffset=1, sysFlag=0, bornTimestamp=1529053736201,
bornHost=/192.168.41.1:50331, storeTimestamp=1529053736210,
storeHost=/192.168.41.1:10911, msgId=C0A8290100002A9F0000000000000164,
commitLogOffset=356, bodyCRC=613185359, reconsumeTimes=0,
preparedTransactionOffset=0, toString()=Message [topic=TopicTest, flag=0,
```

```
properties={MIN_OFFSET=0, MAX_OFFSET=2, CONSUME_START_TIME=1529053736226,
UNIQ_KEY=C0A800662C8C18B4AAC24BC70D080000, WAIT=true, TAGS=TagA}, body=16]]]
```

消息发送与消息消费都成功，说明 RocketMQ 调试环境已搭建成功。

1.2 RocketMQ 源码的目录结构

RocketMQ 源码组织方式基于 Maven 模块组织，如图 1-30 所示。

RocketMQ 核心目录说明如下。

1）acl：权限控制模块。

2）broker：broker 模块（broker 启动进程）。

3）client：消息客户端，包含消息生产者和消息消费者相关类。

4）common：公共包。

5）dev：开发者信息（非源码）。

6）distribution：打包分发目录（非源码）。

7）example：RocketMQ 示例代码。

8）filter：消息过滤相关基础类。

9）logappender：日志实现相关类。

10）logging：自主实现日志相关类。

11）namesrv：NameServer 实现相关类（NameServer 启动进程）。

12）openmessaging：消息开放标准，已发布。

13）remoting：远程通信模块，基于 Netty。

14）srvutil：服务器工具类。

15）store：消息存储实现相关类。

16）style：checkstyle 相关实现。

17）test：测试相关类。

18）tools：工具类，监控命令相关实现类。

```
rocketmq [rocketmq-all] D:\opensource\rocketmq
  > .github
  > .idea
  > acl [rocketmq-acl]
  > broker [rocketmq-broker]
  > client [rocketmq-client]
  > common [rocketmq-common]
  > dev
  > distribution [rocketmq-distribution]
  > docs
  > example [rocketmq-example]
  > filter [rocketmq-filter]
  > logappender [rocketmq-logappender]
  > logging [rocketmq-logging]
  > namesrv [rocketmq-namesrv]
  > openmessaging [rocketmq-openmessaging]
  > remoting [rocketmq-remoting]
  > srvutil [rocketmq-srvutil]
  > store [rocketmq-store]
  > style
  > test [rocketmq-test]
  > tools [rocketmq-tools]
    .gitignore
    .travis.yml
    BUILDING
    CONTRIBUTING.md
    LICENSE
    NOTICE
    pom.xml
    README.md
    rocketmq-all.iml
> External Libraries
> Scratches and Consoles
```

图 1-30 RocketMQ 源码目录结构

1.3 RocketMQ 的设计理念和设计目标

1.3.1 设计理念

RocketMQ 设计基于主题的发布与订阅模式，其核心功能包括消息发送、消息存储和消息消费，整体设计追求简单和性能高效，主要体现在如下 3 个方面。

首先，NameServer 的设计极其简单，摒弃了业界常用的将 ZooKeeper 作为信息管理的“注册中心”，而是自研 NameServer 实现元数据的管理（topic 路由信息等）。从实际需求出发，topic 路由信息无须在集群之间保持强一致，而是追求最终一致性，并且能容忍分钟级的不一致。正是基于这种特性，RocketMQ 的 NameServer 集群之间互不通信，这样极大地降低了 NameServer 实现的复杂度，对网络的要求也降低了不少，性能相比较 ZooKeeper 还有了极大的提升。

其次是高效的 I/O 存储机制。RocketMQ 追求消息发送的高吞吐量，RocketMQ 的消息存储文件被设计成文件组的概念，组内单个文件大小固定，方便引入内存映射机制，所有主题的消息存储按顺序编写，极大地提升了消息的写性能。同时为了兼顾消息消费与消息查找，引入了消息消费队列文件与索引文件。

最后是容忍存在设计缺陷，适当将某些工作下放给 RocketMQ 使用者。消息中间件的实现者经常会遇到一个难题：如何保证消息一定能被消息消费者消费，并且只消费一次？

RocketMQ 的设计者给出的解决办法是不解决这个难题，而是退而求其次，只保证消息被消费者消费，在设计上允许消息被重复消费。这样极大地简化了消息中间件的内核，使得实现消息发送高可用变得非常简单和高效，消息重复问题由消费者在消息消费时实现幂等。

1.3.2 设计目标

作为一款消息中间件，RocketMQ 需要解决如下问题。

1. 架构模式

RocketMQ 与大部分消息中间件一样，采用发布订阅模式，主要参与组件包括：消息发送者、消息服务器（消息存储）、消息消费和路由发现。

2. 顺序消息

所谓顺序消息，就是消息消费者按照消息达到消息存储服务器的顺序消费。RocketMQ 可以严格保证消息有序。

3. 消息过滤

消息过滤是指在消息消费时，消息消费者可以对同一主题下的消息按照规则只消费自己感兴趣的消息。RocketMQ 消息过滤是由服务端和消费端共同完成的。

4. 消息存储

消息中间件的一个核心实现是消息的存储，对于消息存储一般有如下两个维度的考量：消息堆积能力和消息存储性能。RocketMQ 追求消息存储的高性能，引入内存映射机制，所有主题的消息按顺序存储在同一个文件中。同时为了避免消息在消息存储服务器中无限地累积，引入了消息文件过期机制与文件存储空间报警机制。

5. 消息高可用性

通常影响消息可靠性的有以下几种情况。

1）Broker 异常崩溃。

2）操作系统崩溃。

3）机器断电，但是能立即恢复供电。

4）机器无法开机（可能是 CPU、主板、内存等关键设备损坏）。

5）磁盘设备损坏。

对于前 3 种情况，RocketMQ 在同步刷盘模式下可以确保不丢失消息，在异步刷盘模式下，会丢失少量消息。后 2 种情况属于单点故障，一旦发生，该节点上的消息会全部丢失。如果开启了异步复制机制，RoketMQ 能保证只丢失少量消息。

6. 消息到达（消费）低延迟

RocketMQ 在消息不发生堆积时，以长轮询模式实现准实时的消息推送模式。

7. 确保消息必须被消费一次

RocketMQ 通过消息消费确认机制（ACK）确保消息至少被消费一次，因为 ACK 消息有可能出现丢失等情况，RocketMQ 无法做到消息只被消费一次，所以有重复消费的可能。

8. 回溯消息

回溯消息是指消息消费端已经消费成功，根据业务要求，需要重新消费消息。RocketMQ 支持按时间向前或向后回溯消息，时间维度可精确到毫秒。

9. 消息堆积

消息中间件的主要功能是异步解耦，必须能应对前端的数据洪峰，提高后端系统的可用性，这必然要求消息中间件具备一定的消息堆积能力。RocketMQ 使用磁盘文件存储消息（内存映射机制），并且在物理布局上为多个大小相等的文件组成逻辑文件组，可以无限循环使用。RocketMQ 消息存储文件并不是永久存储在消息服务器端的，而是提供了过期机制，默认保留 3 天。

10. 定时消息

定时消息是指消息发送到 Broker 后，不能被消息消费端立即消费，而是要到特定的时间点或者等待特定的时间后才能被消费。因为如果要支持任意精度的定时消息消费，就必须在消息服务端对消息进行排序，这势必带来很大的性能损耗，所以 RocketMQ 不支持任意进度的定时消息，只支持特定延迟级别。

11. 消息重试机制

RocketMQ 支持消息重试机制。消息重试是指在消息消费时如果发生异常，消息中间件支持消息重新投递。

1.4 本章小结

本章重点讲解了如何获取和调试 RocketMQ 源码，调试源码可以帮助我们准确地分析源码。然后介绍了 RocketMQ 源代码的目录结构，使我们对源码结构分层有一个初步的认识。最后我们了解了 RocketMQ 的设计理念和目标，这有助于我们在分析源码之前有一个清晰的思路。

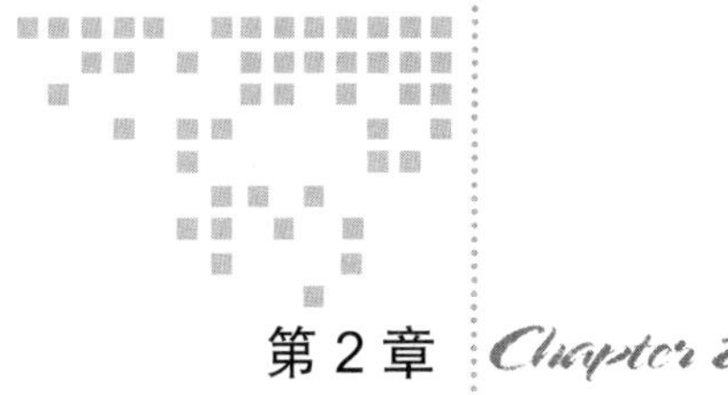

第 2 章 Chapter 2

RocketMQ 路由中心 NameServer

本章主要介绍 RocketMQ 路由管理、服务注册及服务发现机制。NameServer 是整个 RocketMQ 的“大脑”，相信大家对“服务发现”这个词并不陌生，分布式服务 SOA 架构体系的服务注册中心主要提供服务调用的解析服务，指引服务调用方（消费者）找到“远方”的服务提供者，完成网络通信，那么 RocketMQ 的路由中心存储的是什么数据呢？作为一款高性能的消息中间件，如何避免 NameServer 的单点故障，提供高可用性呢？让我们带着这些疑问，一起进入 RocketMQ NameServer 的精彩世界。

本章重点内容如下。

- NameServer 的整体架构设计。
- NameServer 动态路由发现与剔除机制。

2.1 NameServer 架构设计

消息中间件的设计思路一般是基于主题的订阅发布机制，消息生产者（Producer）发送某一主题的消息到消息服务器，消息服务器负责该消息的持久化存储，消息消费者（Consumer）订阅感兴趣的主题，消息服务器根据订阅信息（路由信息）将消息推送给消费者（推模式）或者消息消费者主动向消息服务器拉取消息（拉模式），从而实现消息生产者与消息消费者的解耦。为了避免因消息服务器的单点故障导致的整个系统瘫痪，通常会部署多台消息服务器共同承担消息的存储。那么消息生产者如何知道消息要发往哪台消息服务器呢？如果某一台消息服务器宕机了，生产者如何在不重启服务的情况下感知呢？

NameServer 就是为了解决上述问题而设计的，RocketMQ 的逻辑部署如图 2-1 所示。

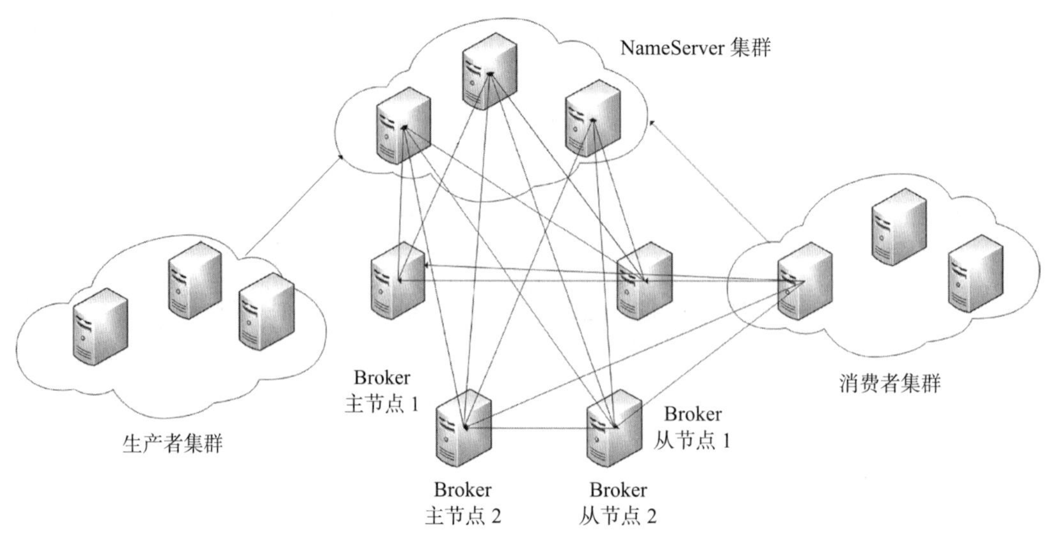

图 2-1 RocketMQ 物理部署图

Broker 消息服务器在启动时向所有 NameServer 注册，消息生产者在发送消息之前先从 NameServer 获取 Broker 服务器的地址列表，然后根据负载算法从列表中选择一台消息服务器发送消息。NameServer 与每台 Broker 服务器保持长连接，并间隔 10s 检测 Broker 是否存活，如果检测到 Broker 宕机，则从路由注册表中将其移除，但是路由变化不会马上通知消息生产者。为什么要这样设计呢？这是为了降低 NameServer 实现的复杂性，因此需要在消息发送端提供容错机制来保证消息发送的高可用性，这部分在 3.4 节会有详细的描述。

NameServer 本身的高可用性可通过部署多台 NameServer 服务器来实现，但彼此之间互不通信。虽然 NameServer 服务器之间在某一时刻的数据并不会完全相同，但对消息发送不会造成重大影响，无非就是短暂造成消息发送不均衡，这也是 RocketMQ NameServer 设计的一个亮点。

NameServer 核心架构设计如图 2-2 所示。

消息客户端与 NameServer、Broker 的交互设计要点如下。

1）Broker 每隔 30s 向 NameServer 集群的每一台机器发送心跳包，包含自身创建的 topic 路由等信息。

2）消息客户端每隔 30s 向 NameServer 更新对应 topic 的路由信息。

3）NameServer 收到 Broker 发送的心跳包时会记录时间戳。

4）NameServer 每隔 10s 会扫描一次 brokerLiveTable（存放心跳包的时间戳信息），如果在 120s 内没有收到心跳包，则认为 Broker 失效，更新 topic 的路由信息，将失效的 Broker 信息移除。

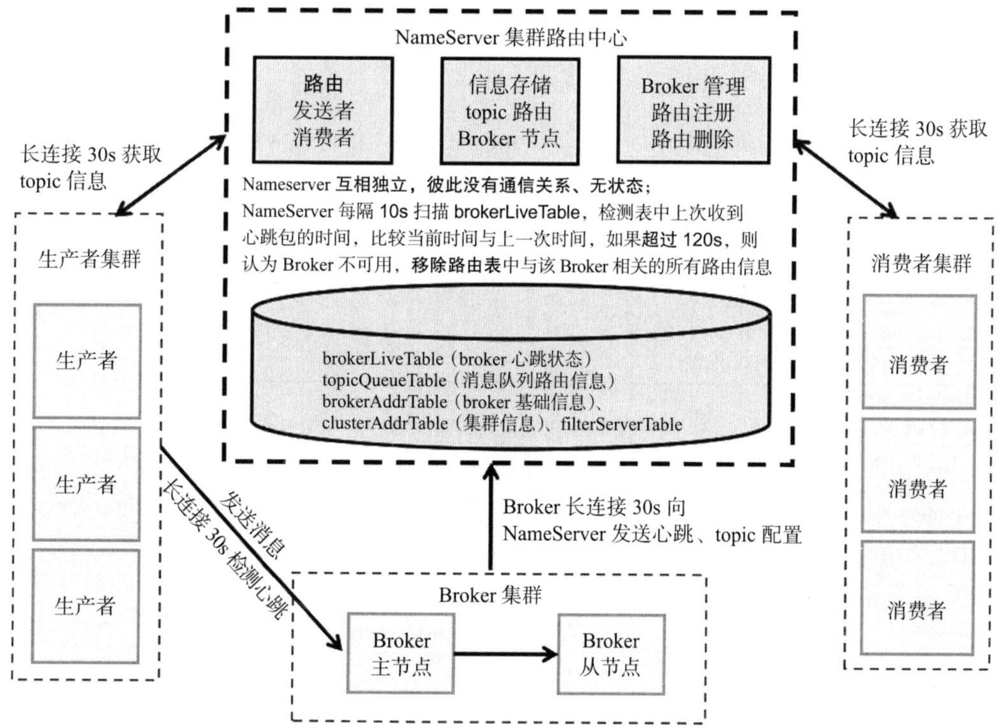

图 2-2 NameServer 架构设计

2.2 NameServer 启动流程

NameServer 启动类是 org.apache.rocketmq.namesrv.NamesrvStartup，下面我们从源码角度分析 NameServer 的启动流程，重点关注 NameServer 相关启动参数。

第一步：首先来解析配置文件，需要填充 NamesrvConfig、NettyServerConfig 属性值，如代码清单 2-1 所示。

代码清单 2-1 NameServer 加载配置文件

```
final NamesrvConfig namesrvConfig = new NamesrvConfig();
final NettyServerConfig nettyServerConfig = new NettyServerConfig();
nettyServerConfig.setListenPort(9876);
if (commandLine.hasOption('c')) {
    String file = commandLine.getOptionValue('c');
    if (file != null) {
        InputStream in = new BufferedInputStream(new FileInputStream(file));
        properties = new Properties();
        properties.load(in); MixAll.properties2Object(properties,
```

```
            namesrvConfig); MixAll.properties2Object(properties,
            nettyServerConfig);
            namesrvConfig.setConfigStorePath(file);
            System.out.printf("load config properties file OK, " + file + "%n");
            in.close();
        }
    }
    if (commandLine.hasOption('p'))
        { MixAll.printObjectProperties(null, namesrvConfig);
        MixAll.printObjectProperties(null, nettyServerConfig);
        System.exit(0);
    }
    MixAll.properties2Object(ServerUtil.commandLine2Properties(commandLine),
                namesrvConfig);
```

代码清单 2-1 中，先创建 NamesrvConfig（NameServer 业务参数）、NettyServerConfig（NameServer 网络参数），然后在解析启动时把指定的配置文件或启动命令中的选项值填充到 NamesrvConfig、NettyServerConfig 对象中。参数来源有如下两种方式，NamesrvConfig 属性如代码清单 2-2 所示，NettyServerConfig 属性如代码清单 2-3 所示。

1）-c configFile 通过 -c 命令指定配置文件的路径。

2）使用“-- 属性名 属性值”命令，例如 --listenPort 9876。

代码清单 2-2　NamesrvConfig 属性

```
private String rocketmqHome = System.getProperty(MixAll.ROCKETMQ_HOME_PROPERTY,
        System.getenv(MixAll.ROCKETMQ_HOME_ENV));
private String kvConfigPath = System.getProperty("user.home") + File.separator
        + "namesrv" + File.separator + "kvConfig.json";
private String configStorePath = System.getProperty("user.home") +
    File.separator + "namesrv" + File.separator +
        "namesrv.properties";
private String productEnvName = "center";
private boolean clusterTest = false;
private boolean orderMessageEnable = false;
```

1）rocketmqhome：RocketMQ 主目录，通过 -Drocketmq.home.dir=path 或设置环境变量 ROCKETMQ_HOME 可以配置 RocketMQ 的主目录。

2）kvConfigPath：NameServer 存储 KV 配置属性的持久化路径。

3）configStorePath：NameServer 默认配置文件路径。NameServer 启动时如果要通过配置文件配置 NameServer 启动属性，请使用 -c 选项。

4）orderMessageEnable：是否支持顺序消息，默认是不支持。

代码清单 2-3　NettyServerConfig 属性

```
private int listenPort = 8888; private
int serverWorkerThreads = 8;
private int serverCallbackExecutorThreads = 0;
```

```
private int serverSelectorThreads = 3;
private int serverOnewaySemaphoreValue = 256;
private int serverAsyncSemaphoreValue = 64; private
int serverChannelMaxIdleTimeSeconds = 120;
private int serverSocketSndBufSize = NettySystemConfig.socketSndbufSize;
private int serverSocketRcvBufSize = NettySystemConfig.socketRcvbufSize;
private boolean serverPooledByteBufAllocatorEnable = true;
private boolean useEpollNativeSelector = false;
```

1）listenPort：NameServer 监听端口，该值默认会被初始化为 9876。

2）serverWorkerThreads：Netty 业务线程池线程个数。

3）serverCallbackExecutorThreads：Netty public 任务线程池线程个数。Netty 网络会根据业务类型创建不同的线程池，比如处理消息发送、消息消费、心跳检测等。如果该业务类型（RequestCode）未注册线程池，则由 public 线程池执行。

4）serverSelectorThreads：I/O 线程池线程个数，主要是 NameServer、Broker 端解析请求、返回相应的线程个数。这类线程主要用于处理网络请求，先解析请求包，然后转发到各个业务线程池完成具体的业务操作，最后将结果返回给调用方。

5）serverOnewaySemaphoreValue：send oneway 消息请求的并发度（Broker 端参数）。

6）serverAsyncSemaphoreValue：异步消息发送的最大并发度（Broker 端参数）。

7）serverChannelMaxIdleTimeSeconds：网络连接最大空闲时间，默认为 120s。如果连接空闲时间超过该参数设置的值，连接将被关闭。

8）serverSocketSndBufSize：网络 socket 发送缓存区大小，默认为 64KB。

9）serverSocketRcvBufSize：网络 socket 接收缓存区大小，默认为 64KB。

10）serverPooledByteBufAllocatorEnable：ByteBuffer 是否开启缓存，建议开启。

11）useEpollNativeSelector：是否启用 Epoll I/O 模型，Linux 环境下建议开启。

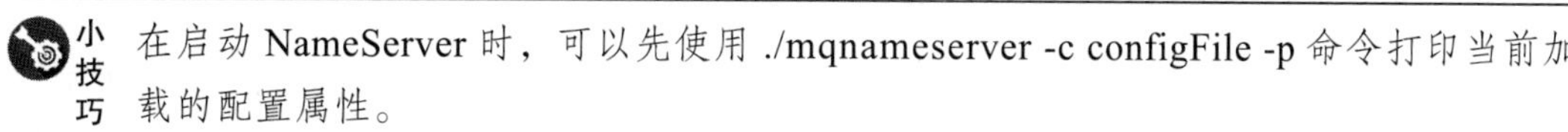

小技巧 在启动 NameServer 时，可以先使用 ./mqnameserver -c configFile -p 命令打印当前加载的配置属性。

第二步：根据启动属性创建 NamesrvController 实例并初始化，NameServerController 实例为 NameServer 核心控制器，如代码清单 2-4 所示。

代码清单 2-4 NamesrvController#Initialize 代码片段

```
public boolean initialize()
    { this.kvConfigManager.load();
    this.remotingServer = new NettyRemotingServer(this.nettyServerConfig,
            this.brokerHousekeepingService);
    this.remotingExecutor =
        Executors.newFixedThreadPool(nettyServerConfig.getServerWorkerThreads(),
        new ThreadFactoryImpl("RemotingExecutorThread_"));
    this.registerProcessor();
    this.scheduledExecutorService.scheduleAtFixedRate(new Runnable() {
```

```
            public void run()
                { NamesrvController.this.routeInfoManager.scanNotActiveBroker();
            }
        }, 5, 10, TimeUnit.SECONDS);

    this.scheduledExecutorService.scheduleAtFixedRate(new Runnable()
            { public void run() {
                NamesrvController.this.kvConfigManager.printAllPeriodically();
        }
    }, 1, 10, TimeUnit.MINUTES);

    return true;
}
```

加载 KV 配置，先创建 NettyServer 网络处理对象，然后开启两个定时任务，在 RocketMQ 中此类定时任务统称为心跳检测。

1）定时任务 1：NameServer 每隔 10s 扫描一次 Broker，移除处于未激活状态的 Broker。

2）定时任务 2：NameServer 每隔 10min 打印一次 KV 配置。

第三步：注册 JVM 钩子函数并启动服务器，以便监听 Broker、消息生产者的网络请求，如代码清单 2-5 所示。

代码清单 2-5 注册 JVM 钩子函数

```
Runtime.getRuntime().addShutdownHook(new ShutdownHookThread(log, new
    Callable<Void>() {
        public Void call() throws Exception
            { controller.shutdown();
            return null;
        }
    }));
    controller.start();
```

这里主要是向读者展示一种常用的编程技巧，如果代码中使用了线程池，一种优雅停机的方式就是注册一个 JVM 钩子函数，在 JVM 进程关闭之前，先将线程池关闭，及时释放资源。

2.3 NameServer 路由注册、故障剔除

NameServer 的主要作用是为消息生产者和消息消费者提供关于 topic 的路由信息，那么 NameServer 就需要存储路由的基础信息，并且能够管理 Broker 节点，包括路由注册、路由删除等功能。

2.3.1 路由元信息

NameServer 的路由实现类是 org.apache.rocketmq.namesrv.routeinfo.RouteInfoManager。

在了解路由注册之前，我们先看一下 NameServer 到底存储了哪些信息，如代码清单 2-6 所示。

代码清单 2-6 RouteInfoManager 路由元数据

```
private final HashMap<String/* topic */, List<QueueData>> topicQueueTable;
private final HashMap<String/* brokerName */, BrokerData> brokerAddrTable;
private final HashMap<String/* clusterName */, Set<String/* brokerName */>>
    clusterAddrTable;
private final HashMap<String/* brokerAddr */, BrokerLiveInfo> brokerLiveTable;
private final HashMap<String/* brokerAddr */, List<String>/* Filter Server */>
    filterServerTable;
```

1）topicQueueTable：topic 消息队列的路由信息，消息发送时根据路由表进行负载均衡。

2）brokerAddrTable：Broker 基础信息，包含 brokerName、所属集群名称、主备 Broker 地址。

3）clusterAddrTable：Broker 集群信息，存储集群中所有 Broker 的名称。

4）brokerLiveTable：Broker 状态信息，NameServer 每次收到心跳包时会替换该信息。

5）filterServerTable：Broker 上的 FilterServer 列表，用于类模式消息过滤。类模式过滤机制在 4.4 及以后版本被废弃。

QueueData、BrokerData、BrokerLiveInfo 类图如图 2-3 所示。

> **注意** RocketMQ 基于订阅发布机制，一个 topic 拥有多个消息队列，一个 Broker 默认为每一主题创建 4 个读队列和 4 个写队列。多个 Broker 组成一个集群，BrokerName 由相同的多台 Broker 组成主从架构，brokerId=0 代表主节点，brokerId>0 表示从节点。BrokerLiveInfo 中的 lastUpdateTimestamp 存储上次收到 Broker 心跳包的时间。

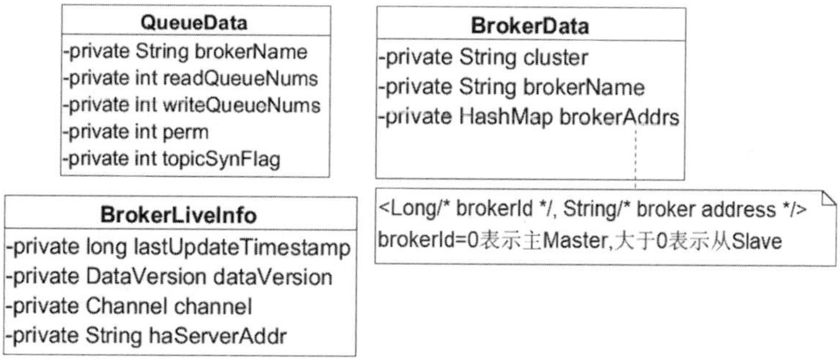

图 2-3　路由元数据类图

RocketMQ 2 主 2 从数据结构如图 2-4 所示。

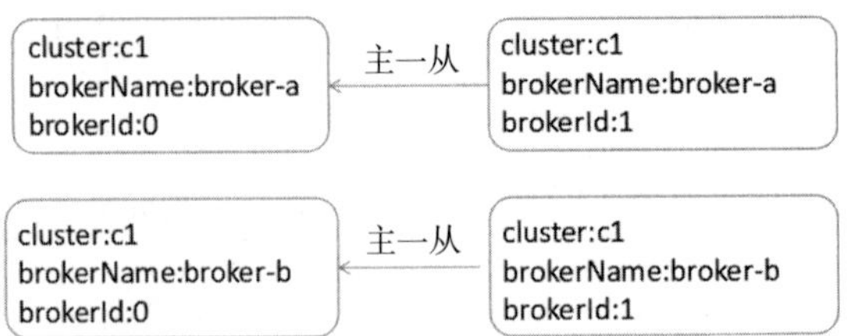

图 2-4 RocketMQ 2 主 2 从数据结构展示图

对应运行时的内存结构如图 2-5、图 2-6 所示。

```
topicQueueTable:{
    "topic1":[
        {
            "brokerName":"broker-a",
            "readQueueNums":4,
            "readQueueNums":4,
            "perm":6,   // 读写权限
            "topicSynFlag":0 // topic同步标记
        },
        {
            "brokerName":"broker-b",
            "readQueueNums":4,
            "readQueueNums":4,
            "perm":6,   // 读写权限
            "topicSynFlag":0 // topic同步标记
        }
    ],
    "topic other":[]
}
```

```
brokerAddrTable:{
    "broker-a": {
        "cluster":"c1",
        "brokerName":"broker-a",
        "brokerAddrs":{
            0:"192.168.56.1:10000",
            1:"192.168.56.2:10000",
        }
    },
    "broker-b": {
        "cluster":"c1",
        "brokerAddrs":{
            0:"192.168.56.3:10000",
            1:"192.168.56.4:10000"
        }
    }
}
```

图 2-5 topicQueueTable、brokerAddrTable 运行时内存结构

```
brokerLiveTable : {
    "192.168.56.1:10000" : {
        "lastUpdateTimestamp":1518270318980,
        "dataVersion":versionObl,
        "channel":channelObj,
        "haServerAddr":"192.168.56.2:10000"
    },
    "192.168.56.2:10000" : {
        "lastUpdateTimestamp":1518270318980,
        "dataVersion":versionObl,
        "channel":channelObj,
        "haServerAddr":""
    },
    "192.168.56.3:10000" : {
        "lastUpdateTimestamp":1518270318980,
        "dataVersion":versionObl,
        "channel":channelObj,
        "haServerAddr":"192.168.56.4:10000"
    },
    "192.168.56.4:10000" : {
        "lastUpdateTimestamp":1518270318980,
        "dataVersion":versionObl,
        "channel":channelObj,
        "haServerAddr":""
    },
}
```

```
clusterAddrTable: {
    "c1" : [{"broker-a", "broker-b"}]
}
```

图 2-6 brokerLiveTable、clusterAddrTable 运行时内存结构

2.3.2 路由注册

RocketMQ 路由注册是通过 Broker 与 NameServer 的心跳功能实现的。Broker 启动时向集群中所有的 NameServer 发送心跳语句，每隔 30s 向集群中所有的 NameServer 发送心跳包，NameServer 收到 Broker 心跳包时会先更新 brokerLiveTable 缓存中 BrokerLiveInfo 的 lastUpdateTimestamp，然后每隔 10s 扫描一次 brokerLiveTable，如果连续 120s 没有收到心跳包，NameServer 将移除该 Broker 的路由信息，同时关闭 Socket 连接。

1.Broker 发送心跳包

Broker 发送心跳包的核心代码如代码清单 2-7、代码清单 2-8 所示。

代码清单 2-7　Broker 发送心跳包（BrokerController#start）

```
this.scheduledExecutorService.scheduleAtFixedRate(new Runnable() {
        public void run() {
            try {
                BrokerController.this.registerBrokerAll(true, false);
            } catch (Throwable e)
                { log.error("registerBrokerAll Exception", e);
            }
        }
    }, 1000 * 10, 1000 * 30, TimeUnit.MILLISECONDS);
```

代码清单 2-8　Broker 发送心跳包（BrokerOuterAPI#registerBrokerAll）

```
List<String> nameServerAddressList =
this.remotingClient.getNameServerAddressList();
if (nameServerAddressList != null) {
    for (String namesrvAddr : nameServerAddressList) {// 遍历所有 NameServer 列表
        try {
            RegisterBrokerResult result = this.registerBroker(namesrvAddr,
                clusterName, brokerAddr, brokerName, brokerId, haServerAddr,
                topicConfigWrapper, filterServerList, oneway, timeoutMills);
                // 向 NameServer 注册
            if (result != null)
                { registerBrokerResult = result;
            }
            log.info("register broker to name server {} OK", namesrvAddr);
        } catch (Exception e) {
            log.warn("registerBroker Exception, {}", namesrvAddr, e);
        }
    }
}
```

该方法遍历 NameServer 列表，Broker 消息服务器依次向 NameServer 发送心跳包，如代码清单 2-9 所示。

代码清单 2-9　BrokerOuterAPI#registerBroker（网络发送代码）

```
RegisterBrokerRequestHeader requestHeader = new RegisterBrokerRequestHeader();
requestHeader.setBrokerAddr(brokerAddr);
requestHeader.setBrokerId(brokerId);
requestHeader.setBrokerName(brokerName);
requestHeader.setClusterName(clusterName);
requestHeader.setHaServerAddr(haServerAddr);
RemotingCommand request = RemotingCommand.createRequestCommand(
              RequestCode.REGISTER_BROKER, requestHeader);
RegisterBrokerBody requestBody = new RegisterBrokerBody();
requestBody.setTopicConfigSerializeWrapper(topicConfigWrapper);
requestBody.setFilterServerList(filterServerList);
request.setBody(requestBody.encode());
if (oneway)
    { try {
           this.remotingClient.invokeOneway(namesrvAddr, request, timeoutMills);
    } catch (RemotingTooMuchRequestException e) {
           // 忽略
    }
    return null;
    }
RemotingCommand response = this.remotingClient.invokeSync(namesrvAddr, request,
        timeoutMills);
```

下面分析发送心跳包的具体逻辑，首先封装请求包头（Header）。

1）brokerAddr：broker 地址。

2）brokerId：brokerId=0 表示主节点，brokerId > 0 表示从节点。

3）brokerName：broker 名称。

4）clusterName：集群名称。

5）haServerAddr：主节点地址，初次请求时该值为空，从节点向 NameServer 注册后返回。

6）requestBody：

- topicConfigWrapper，主题配置，topicConfigWrapper 内部封装的是 TopicConfigManager 中的 topicConfigTable，内部存储的是 Broker 启动时默认的一些 topic，如 MixAll.SELF_TEST_TOPIC、MixAll.DEFAULT_TOPIC（AutoCreateTopicEnable=true）、MixAll.BENCHMARK_TOPIC、MixAll.OFFSET_MOVED_ EVENT、BrokerConfig#brokerClusterName、BrokerConfig#brokerName。Broker 中 topic 默认存储在 ${Rocket_Home}/store/confg/topics.json 中。
- filterServerList，消息过滤服务器列表。

注意　RocketMQ 网络传输基于 Netty，本书不具体剖析网络实现细节，在这里介绍一下网络跟踪方法。对于每一个请求，RocketMQ 都会定义一个 RequestCode。在服务端会有相应的网络处理器（processor 包中），只须整库搜索 RequestCode，即可找到相应的处理逻辑。对 Netty 感兴趣的读者，可以参考笔者发布的文章（https://blog.csdn.net/prestigeding/article/details/53977445）。

2.NameServer 处理心跳包

org.apache.rocketmq.namesrv.processor.DefaultRequestProcessor 是网络处理器解析请求类型，如果请求类型为 RequestCode.REGISTER_BROKER，则请求最终转发到 RouteInfoManager#registerBroker。

第一步：路由注册需要加写锁，防止并发修改 RouteInfoManager 中的路由表。首先判断 Broker 所属集群是否存在，如果不存在，则创建集群，然后将 broker 名加入集群 Broker 集合，如代码清单 2-10 所示。

代码清单 2-10　RouteInfoManager#registerBroker clusterAddrTable 的维护

```
this.lock.writeLock().lockInterruptibly();
Set<String> brokerNames = this.clusterAddrTable.get(clusterName);
if (null == brokerNames) {
    brokerNames = new HashSet<String>();
    this.clusterAddrTable.put(clusterName, brokerNames);
}
brokerNames.add(brokerName);
```

第二步：维护 BrokerData 信息，首先从 brokerAddrTable 中根据 broker 名尝试获取 Broker 信息，如果不存在，则新建 BrokerData 并放入 brokerAddrTable，registerFirst 设置为 true；如果存在，直接替换原先的 Broker 信息，registerFirst 设置为 false, 表示非第一次注册，如代码清单 2-11 所示。

代码清单 2-11　RouteInfoManager#registerBroker brokerAddrTable 的维护

```
BrokerData brokerData = this.brokerAddrTable.get(brokerName);
if (null == brokerData) {
        registerFirst = true;
        brokerData = new BrokerData(clusterName, brokerName, new HashMap<Long,
            String>());
        this.brokerAddrTable.put(brokerName, brokerData);
    }
String oldAddr = brokerData.getBrokerAddrs().put(brokerId, brokerAddr);
registerFirst = registerFirst || (null == oldAddr);
```

第三步：如果 Broker 为主节点，并且 Broker 的 topic 配置信息发生变化或者是初次注册，则需要创建或更新 topic 路由元数据，并填充 topicQueueTable，其实就是为默认主题自动注册路由信息，其中包含 MixAll.DEFAULT_TOPIC 的路由信息。当消息生产者发送主题时，如果该主题未创建，并且 BrokerConfig 的 autoCreateTopicEnable 为 true，则返回 MixAll.DEFAULT_TOPIC 的路由信息，如代码清单 2-12 所示。

代码清单 2-12 RouteInfoManager#registerBroker topicQueueTable 的维护

```
if (null != topicConfigWrapper && MixAll.MASTER_ID == brokerId) {
    if (this.isBrokerTopicConfigChanged(brokerAddr,
            topicConfigWrapper.getDataVersion()) || registerFirst) {
        ConcurrentMap<String, TopicConfig> tcTable =
                topicConfigWrapper.getTopicConfigTable();
        if (tcTable != null) {
            for (Map.Entry<String, TopicConfig> entry : tcTable.entrySet()) {
                this.createAndUpdateQueueData(brokerName, entry.getValue());
            }
        }
    }
}
```

根据 topicConfig 创建 QueueData 数据结构，然后更新 topicQueueTable，如代码清单 2-13 所示。

代码清单 2-13 RouteInfoManager#createAndUpdateQueueData

```
private void createAndUpdateQueueData(final String brokerName, final TopicConfig
topicConfig) {
    QueueData queueData = new QueueData();
    queueData.setBrokerName(brokerName);
    queueData.setWriteQueueNums(topicConfig.getWriteQueueNums());
    queueData.setReadQueueNums(topicConfig.getReadQueueNums());
    queueData.setPerm(topicConfig.getPerm());
    queueData.setTopicSynFlag(topicConfig.getTopicSysFlag());
    List<QueueData> queueDataList =
                this.topicQueueTable.get(topicConfig.getTopicName());
    if (null == queueDataList) {
        queueDataList = new LinkedList<QueueData>();
        queueDataList.add(queueData);
        this.topicQueueTable.put(topicConfig.getTopicName(),
            queueDataList);
        log.info("new topic registerd, {} {}", topicConfig.getTopicName(),
            queueData);
    } else {
        boolean addNewOne = true;
        Iterator<QueueData> it = queueDataList.iterator();
        while (it.hasNext()) {
            QueueData qd = it.next();
            if (qd.getBrokerName().equals(brokerName))
                { if (qd.equals(queueData)) {
                    addNewOne = false;
                } else {
                    log.info("topic changed, {} OLD: {} NEW: {}",
                        topicConfig.getTopicName(), qd, queueData);
                    it.remove();
                }
```

```
                }
            }
            if (addNewOne)
                { queueDataList.add(queueData);
            }
        }
    }
```

第四步：更新 BrokerLiveInfo，存储状态正常的 Broker 信息表，BrokeLiveInfo 是执行路由删除操作的重要依据，如代码清单 2-14 所示。

代码清单 2-14　RouteInfoManager#registerBroker

```
BrokerLiveInfo prevBrokerLiveInfo = this.brokerLiveTable.put(brokerAddr,
    new BrokerLiveInfo(System.currentTimeMillis(),
        topicConfigWrapper.getDataVersion(),
        channel,
        haServerAddr));
if (null == prevBrokerLiveInfo) {
    log.info("new broker registerd, {} HAServer: {}", brokerAddr, haServerAddr);
}
```

第五步：注册 Broker 的过滤器 Server 地址列表，一个 Broker 上会关联多个 FilterServer 消息过滤服务器，此部分内容将在第 6 章详细介绍。如果此 Broker 为从节点，则需要查找该 Broker 的主节点信息，并更新对应的 masterAddr 属性，如代码清单 2-15 所示。

代码清单 2-15　RouteInfoManager#registerBroker

```
if (filterServerList != null) {
    if (filterServerList.isEmpty())
            { this.filterServerTable.remove(brokerAddr);
    } else {
            this.filterServerTable.put(brokerAddr, filterServerList);
    }
}
if (MixAll.MASTER_ID != brokerId) {
    String masterAddr = brokerData.getBrokerAddrs().get(MixAll.MASTER_ID);
    if (masterAddr != null) {
        BrokerLiveInfo brokerLiveInfo = this.brokerLiveTable.get(masterAddr);
        if (brokerLiveInfo != null) {
            result.setHaServerAddr(brokerLiveInfo.getHaServerAddr());
            result.setMasterAddr(masterAddr);
        }
    }
}
```

设计亮点：NameServer 与 Broker 保持长连接，Broker 的状态信息存储在 brokerLiveTable 中，NameServer 每收到一个心跳包，将更新 brokerLiveTable 中关于 Broker 的状

态信息以及路由表（topicQueueTable、brokerAddrTable、brokerLiveTable、filterServer-Table）。更新上述路由表（HashTable）使用了锁粒度较少的读写锁，允许多个消息发送者并发读操作，保证消息发送时的高并发。同一时刻 NameServer 只处理一个 Broker 心跳包，多个心跳包请求串行执行。这也是读写锁经典的使用场景，更多关于读写锁的信息，可以参考笔者的博文：http://blog.csdn.net/prestigeding/article/details/53286756。

2.3.3 路由删除

根据上文所述，Broker 每隔 30s 向 NameServer 发送一个心跳包，心跳包中包含 BrokerId、Broker 地址、Broker 名称、Broker 所属集群名称。如果 Broker 宕机，NameServer 无法收到心跳包，此时 NameServer 如何剔除失效的 Broker 呢？

NameServer 会每隔 10s 扫描一次 brokerLiveTable 状态表，如果 BrokerLive 的 lastUpdate-Timestamp 时间戳距当前时间超过 120s，则认为 Broker 失效，移除该 Broker，关闭与 Broker 的连接，同时更新 topicQueueTable、brokerAddrTable、brokerLiveTable、filterServerTable。

RocketMQ 有两个触发点来触发路由删除操作。

1）NameServer 定时扫描 brokerLiveTable，检测上次心跳包与当前系统时间的时间戳，如果时间戳大于 120s，则需要移除该 Broker 信息。

2）Broker 在正常关闭的情况下，会执行 unregisterBroker 指令。

因为不管是何种方式触发的路由删除，删除方法是一样的，都是从 topicQueueTable、brokerAddrTable、brokerLiveTable、filterServerTable 中删除与该 Broker 相关的信息，所以 RocketMQ 用这两种方式维护路由信息时会抽取公共代码，本节将以第一种方式为例展开分析。

我们知道 scanNotActiveBroker 在 NameServer 中每 10s 执行一次。逻辑也很简单，先遍历 brokerLiveInfo 路由表（HashMap），检测 BrokerLiveInfo 的 LastUpdateTimestamp 上次收到心跳包的时间，如果超过 120s，则认为该 Broker 已不可用，然后将它移除并关闭连接，最后删除与该 Broker 相关的路由信息，如代码清单 2-16 所示。

代码清单 2-16　RouteInfoManager#scanNotActiveBroker

```
public void scanNotActiveBroker()
    { Iterator<Entry<String, BrokerLiveInfo>> it =
              this.brokerLiveTable.entrySet().iterator();
    while (it.hasNext()) {
        Entry<String, BrokerLiveInfo> next = it.next();
        long last = next.getValue().getLastUpdateTimestamp();
        if ((last + BROKER_CHANNEL_EXPIRED_TIME) < System.currentTimeMillis())
            { RemotingUtil.closeChannel(next.getValue().getChannel());
            it.remove();
            log.warn("The broker channel expired, {} {}ms", next.getKey(),
                    BROKER_CHANNEL_EXPIRED_TIME);
```

```
            this.onChannelDestroy(next.getKey(), next.getValue().getChannel());
        }
    }
}
```

第一步：申请写锁。根据 brokerAddress 从 brokerLiveTable、filterServerTable 中移除 Broker 相关的信息，如代码清单 2-17 所示。

代码清单 2-17　RouteInfoManager#onChannelDestroy

```
this.lock.writeLock().lockInterruptibly();
this.brokerLiveTable.remove(brokerAddrFound);
this.filterServerTable.remove(brokerAddrFound);
```

第二步：维护 brokerAddrTable。遍历 HashMap<String/* brokerName */, BrokerData> brokerAddrTable，从 BrokerData 的 HashMap<Long/* brokerId */, String/* broker address */> brokerAddrs 中，找到具体的 Broker，从 BrokerData 中将其移除。如果移除后在 BrokerData 中不再包含其他 Broker，则在 brokerAddrTable 中移除该 brokerName 对应的条目，如代码清单 2-18 所示。

代码清单 2-18　RouteInfoManager#onChannelDestroy

```
String brokerNameFound = null;
boolean removeBrokerName = false;
Iterator<Entry<String, BrokerData>> itBrokerAddrTable =
    this.brokerAddrTable.entrySet().iterator();
while (itBrokerAddrTable.hasNext() && (null == brokerNameFound)) {
    BrokerData brokerData = itBrokerAddrTable.next().getValue();
    Iterator<Entry<Long, String>> it =
        brokerData.getBrokerAddrs().entrySet().iterator();
    while (it.hasNext()) {
        Entry<Long, String> entry = it.next();
        Long brokerId =  entry.getKey();
        String brokerAddr = entry.getValue();
        if (brokerAddr.equals(brokerAddrFound)) {
            brokerNameFound = brokerData.getBrokerName();
            it.remove();
            log.info("remove brokerAddr[{}, {}] from brokerAddrTable,
                because channel destroyed",
                brokerId, brokerAddr);
            break;
        }
    }
    if (brokerData.getBrokerAddrs().isEmpty()) {
        removeBrokerName = true;
        itBrokerAddrTable.remove();
        log.info("remove brokerName[{}] from brokerAddrTable, because channel
            destroyed",brokerData.getBrokerName());
    }
}
```

第三步：根据BrokerName，从clusterAddrTable中找到Broker并将其从集群中移除。如果移除后，集群中不包含任何Broker，则将该集群从clusterAddrTable中移除，如代码清单2-19所示。

代码清单2-19　RouteInfoManager#onChannelDestroy

```
if (brokerNameFound != null && removeBrokerName) {
    Iterator<Entry<String, Set<String>>> it =
            this.clusterAddrTable.entrySet().iterator();
    while (it.hasNext()) {
        Entry<String, Set<String>> entry = it.next();
        String clusterName = entry.getKey();
        Set<String> brokerNames = entry.getValue();
        boolean removed = brokerNames.remove(brokerNameFound);
        if (removed) {
            log.info("remove brokerName[{}], clusterName[{}] from
                                 clusterAddrTable, because channel destroyed",
                                brokerNameFound, clusterName);

            if (brokerNames.isEmpty()) {
                log.info("remove the clusterName[{}] from clusterAddrTable, because
                    channel destroyed and no broker in this cluster",
                            clusterName);
                it.remove();
            }
            break;
        }
    }
}
```

第四步：根据BrokerName，遍历所有主题的队列，如果队列中包含当前Broker的队列，则移除，如果topic只包含待移除Broker的队列，从路由表中删除该topic，如代码清单2-20所示。

代码清单2-20　RouteInfoManager#onChannelDestroy

```
if (removeBrokerName) {
    Iterator<Entry<String, List<QueueData>>> itTopicQueueTable =
            this.topicQueueTable.entrySet().iterator();
    while (itTopicQueueTable.hasNext()) {
        Entry<String, List<QueueData>> entry = itTopicQueueTable.next();
        String topic = entry.getKey();
        List<QueueData> queueDataList = entry.getValue();
        Iterator<QueueData> itQueueData = queueDataList.iterator();
        while (itQueueData.hasNext()) {
            QueueData queueData = itQueueData.next();
            if (queueData.getBrokerName().equals(brokerNameFound)) {
                itQueueData.remove();
                log.info("remove topic[{} {}], from topicQueueTable, because
```

```
                    channel destroyed",topic, queueData);
            }
        }

        if (queueDataList.isEmpty()) {
            itTopicQueueTable.remove();
            log.info("remove topic[{}] all queue, from topicQueueTable, because
                channel destroyed",topic);
        }
    }
}
```

第五步：释放锁，完成路由删除，如代码清单 2-21 所示。

代码清单 2-21 RouteInfoManager#onChannelDestroy

```
finally {
    this.lock.writeLock().unlock();
}
```

2.3.4 路由发现

RocketMQ 路由发现是非实时的，当 topic 路由出现变化后，NameServer 不主动推送给客户端，而是由客户端定时拉取主题最新的路由。根据主题名称拉取路由信息的命令编码为 GET_ROUTEINTO_BY_TOPIC。RocketMQ 路由结果如图 2-7 所示。

TopicRouteData
-private String orderTopicConf
-private List queueDatas
-private List brokerDatas
-private HashMap filterServerTable

图 2-7 RocketMQ 路由结果实体

- orderTopicConf：顺序消息配置内容，来自 kvConfig。
- List queueDatas：topic 队列元数据。
- List brokerDatas：topic 分布的 broker 元数据。
- HashMap filterServerTable：Broker 上过滤服务器的地址列表。

NameServer 路由发现实现类为 DefaultRequestProcessor#getRouteInfoByTopic，如代码清单 2-22 所示。

代码清单 2-22 DefaultRequestProcessor#getRouteInfoByTopic

```
public RemotingCommand getRouteInfoByTopic(ChannelHandlerContext ctx,
            RemotingCommand request) throws RemotingCommandException {
    final RemotingCommand response = RemotingCommand.createResponseCommand(null);
    final GetRouteInfoRequestHeader requestHeader =(GetRouteInfoRequestHeader)
        request.decodeCommandCustomHeader(GetRouteInfoRequestHeader.class);
    TopicRouteData topicRouteData = this.namesrvController.
        getRouteInfoManager().pickupTopicRouteData(requestHeader.getTopic());
        if (topicRouteData != null) {
            if(this.namesrvController.getNamesrvConfig().isOrderMessageEnable()) {
                String orderTopicConf =this.namesrvController.getKvConfigManager()
```

```
                    .getKVConfig(NamesrvUtil.NAMESPACE_ORDER_TOPIC_CONFIG,
                    requestHeader.getTopic());
                topicRouteData.setOrderTopicConf(orderTopicConf);
            }
            byte[] content = topicRouteData.encode();
            response.setBody(content);
            response.setCode(ResponseCode.SUCCESS);
            response.setRemark(null);
            return response;
        }
        response.setCode(ResponseCode.TOPIC_NOT_EXIST);
        response.setRemark("No topic route info in name server for the topic: "
                + requestHeader.getTopic()
                + FAQUrl.suggestTodo(FAQUrl.APPLY_TOPIC_URL));
        return response;
    }
```

第一步：调用 RouterInfoManager 的方法，从路由表 topicQueueTable、brokerAddrTable、filterServerTable 中分别填充 TopicRouteData 中的 List<QueueData>、List<BrokerData> 和 filterServer 地址表。

第二步：如果找到主题对应的路由信息并且该主题为顺序消息，则从 NameServer KVConfig 中获取关于顺序消息相关的配置填充路由信息。如果找不到路由信息 Code，则使用 TOPIC_NOT_EXISTS，表示没有找到对应的路由。

2.4 本章小结

本章主要介绍了 NameServer 路由功能，包含路由元数据、路由注册与发现机制。为了加强读者对本章的理解，我们将路由发现机制用图 2-8 进行解释。

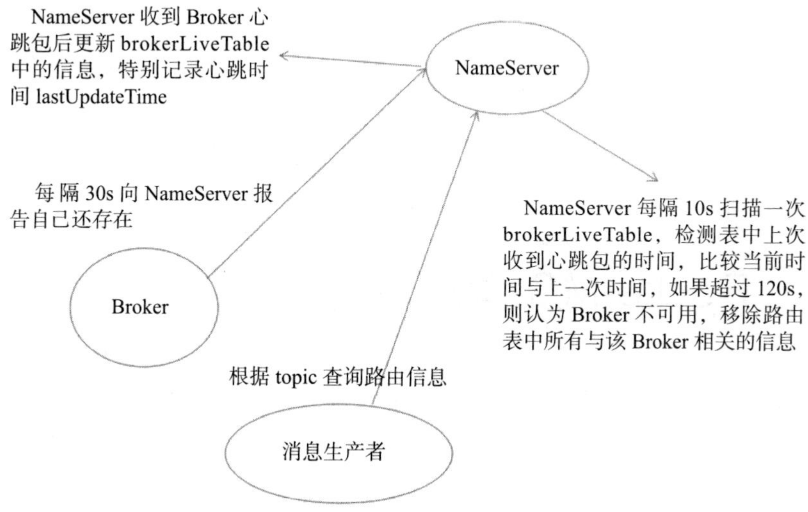

图 2-8　NameServer 路由注册、删除机制

NameServer 路由发现与删除机制就介绍到这里了，我们会发现这种设计存在这样一种情况：NameServer 需要等 Broker 失效至少 120s 才能将该 Broker 从路由表中移除，如果在 Broker 故障期间，消息生产者根据主题获取到的路由信息包含已经宕机的 Broker，就会导致消息发送失败。那么这种情况怎么办，岂不是消息发送不是高可用的？让我们带着这个疑问进入 RocketMQ 消息发送的学习。

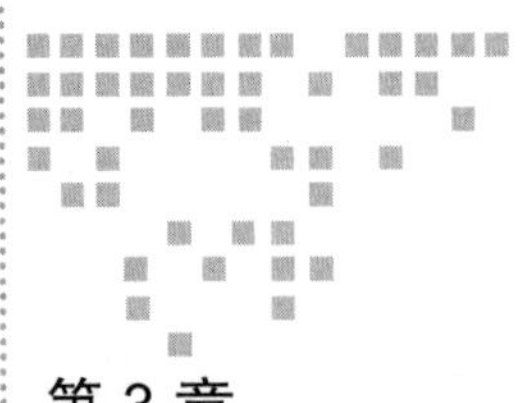

Chapter 3 第 3 章

RocketMQ 消息发送

RocketMQ 发送普通消息有 3 种实现方式：可靠同步发送、可靠异步发送和单向发送。本章主要介绍 RocketMQ 如何发送消息，然后从消息的数据结构开始，逐步介绍生产者启动和消息发送的流程，最后详细阐述批量消息发送。

本章重点内容如下。

- ❑ RocketMQ 消息结构。
- ❑ 消息生产者启动流程。
- ❑ 消息发送过程。
- ❑ 批量消息发送。

3.1 漫谈 RocketMQ 消息发送

RocketMQ 支持 3 种消息发送方式：同步（sync）、异步（async）和单向（one way）。

1）同步：发送者向 RocketMQ 执行发送消息 API 时，同步等待，直到消息服务器返回发送结果。

2）异步：发送者向 RocketMQ 执行发送消息 API 时，指定消息发送成功后的回调函数，调用消息发送 API 后，立即返回，消息发送者线程不阻塞，直到运行结束，消息发送成功或失败的回调任务在一个新的线程中执行。

3）单向：消息发送者向 RocketMQ 执行发送消息 API 时，直接返回，不等待消息服务器的结果，也不注册回调函数。简单地说，就是只管发，不在乎消息是否成功存储在消息服务器上。

RocketMQ 消息发送需要考虑以下 3 个问题。

1）消息队列如何进行负载？

2）消息发送如何实现高可用？

3）批量消息发送如何实现一致性？

3.1.1　topic 路由机制

消息发送者向某一个 topic 发送消息时，需要查询 topic 的路由信息。初次发送时会根据 topic 的名称向 NameServer 集群查询 topic 的路由信息，然后将其存储在本地内存缓存中，并且每隔 30s 依次遍历缓存中的 topic，向 NameServer 查询最新的路由信息。如果成功查询到路由信息，会将这些信息更新至本地缓存，实现 topic 路由信息的动态感知。

RocketMQ 提供了自动创建主题（topic）的机制，消息发送者向一个不存在的主题发送消息时，向 NameServer 查询该主题的路由信息会先返回空，如果开启了自动创建主题机制，会使用一个默认的主题名再次从 NameServer 查询路由信息，然后消息发送者会使用默认主题的路由信息进行负载均衡，但不会直接使用默认路由信息为新主题创建对应的路由信息。使用默认主题创建路由信息的流程如图 3-1 所示。

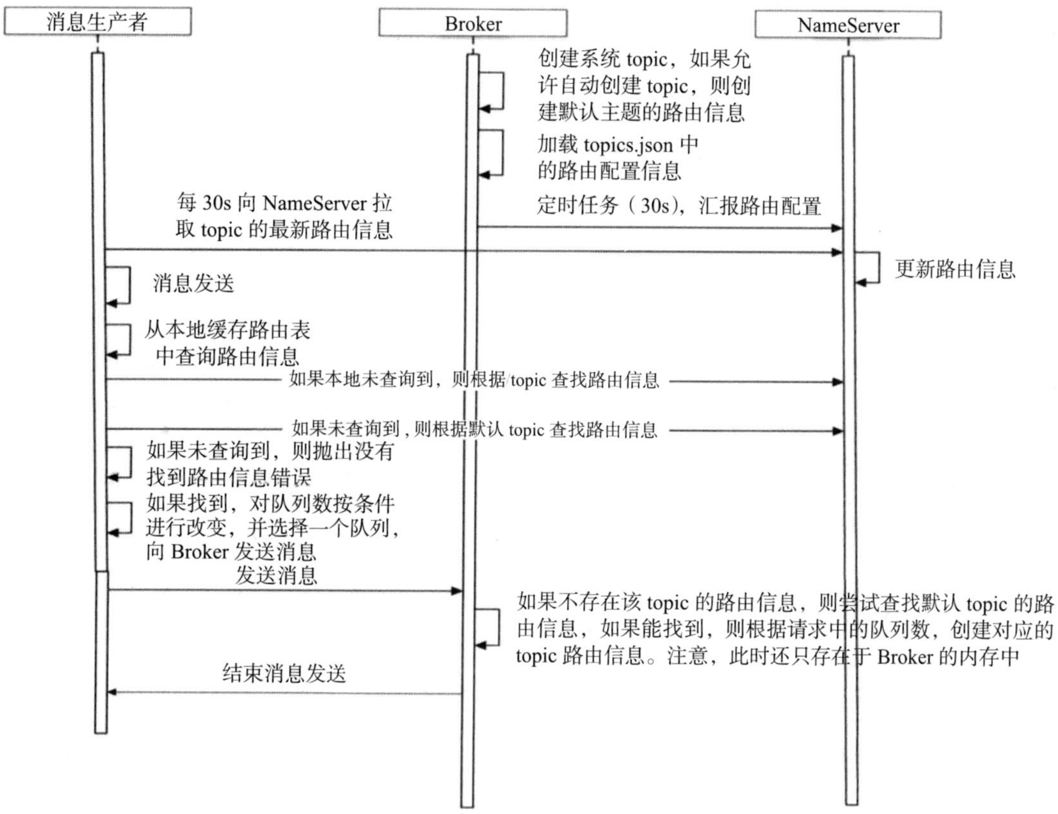

图 3-1　使用默认主题创建路由信息的流程

注意 RocketMQ中的路由消息是持久化在Broker中的，NameServer中的路由信息来自Broker的心跳包并存储在内存中。

3.1.2 消息发送高可用设计

发送端在自动发现主题的路由信息后，RocketMQ默认使用轮询算法进行路由的负载均衡。RocketMQ在消息发送时支持自定义的队列负载算法，需要特别注意的是，使用自定义的路由负载算法后，RocketMQ的重试机制将失效。

RocketMQ为了实现消息发送高可用，引入了两个非常重要的特性。

1）消息发送重试机制

RocketMQ在消息发送时如果出现失败，默认会重试两次。

2）故障规避机制

当消息第一次发送失败时，如果下一次消息还是发送到刚刚失败的Broker上，其消息发送大概率还是会失败，因此为了保证重试的可靠性，在重试时会尽量避开刚刚接收失败的Broker，而是选择其他Broker上的队列进行发送，从而提高消息发送的成功率。

消息发送的高可用性设计如图3-2所示。

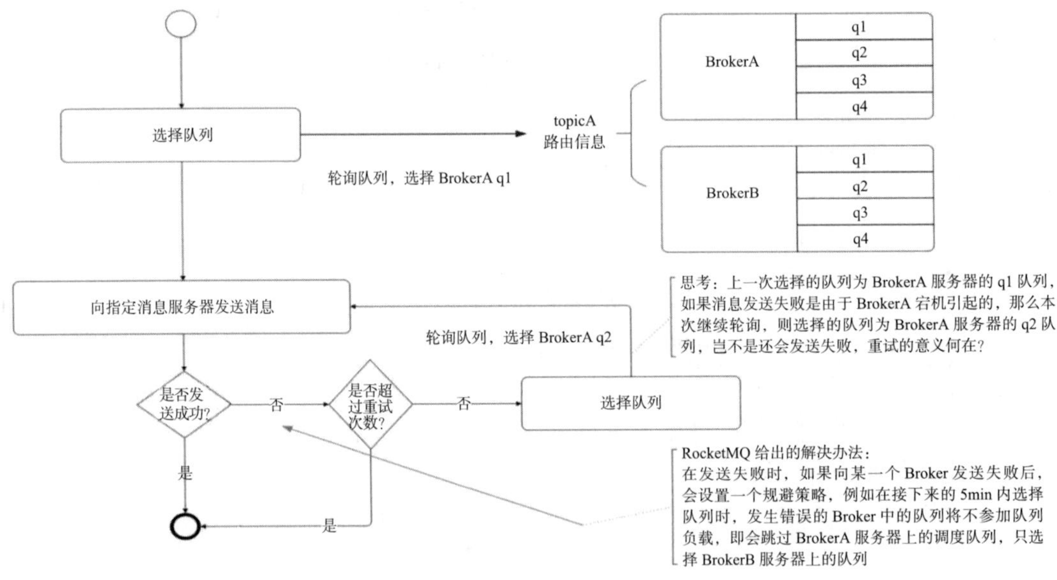

图3-2 消息发送的高可用性设计

在开始消息发送、消息存储、消息消费之前，我们整体了解一下消息发送的流程，如图3-3所示。

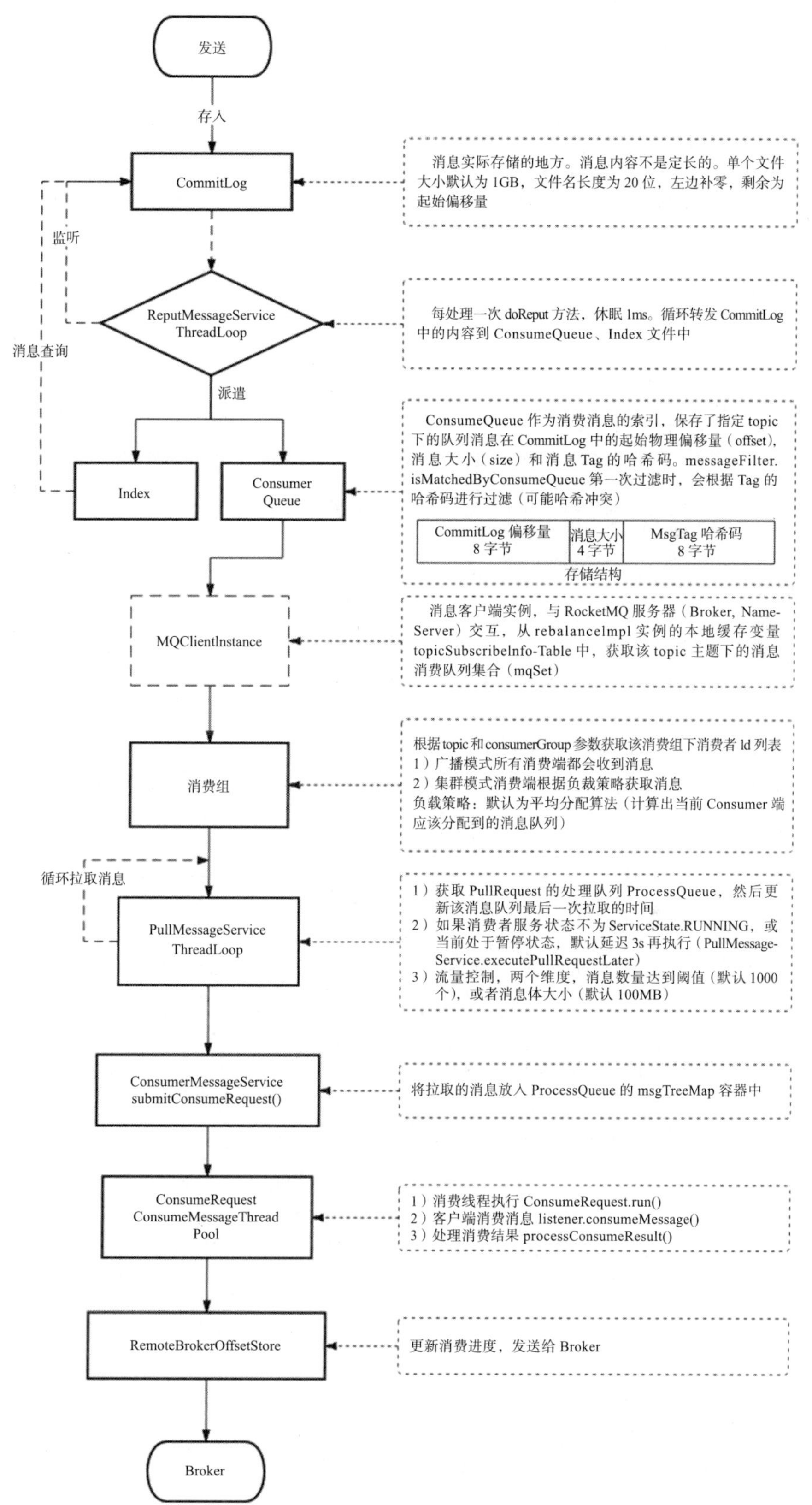

发送
存入
CommitLog
消息实际存储的地方。消息内容不是定长的。单个文件大小默认为1GB，文件名长度为20位，左边补零，剩余为起始偏移量
监听
ReputMessageService
ThreadLoop
每处理一次doReput方法，休眠1ms。循环转发CommitLog中的内容到ConsumeQueue、Index文件中
消息查询
派遣
Index
Consumer
Queue
ConsumeQueue作为消费消息的索引，保存了指定topic下的队列消息在CommitLog中的起始物理偏移量（offset)，消息大小（size）和消息Tag的哈希码。messageFilter.isMatchedByConsumeQueue第一次过滤时，会根据Tag的哈希码进行过滤（可能哈希冲突）
CommitLog偏移量
8字节
消息大小
4字节
MsgTag哈希码
8字节
存储结构
MQClientInstance
消息客户端实例，与RocketMQ服务器（Broker, Name-Server）交互，从rebalanceImpl实例的本地缓存变量topicSubscribeInfo-Table中，获取该topic主题下的消息消费队列集合（mqSet）
消费组
根据topic和consumerGroup参数获取该消费组下消费者Id列表
1）广播模式所有消费端都会收到消息
2）集群模式消费端根据负载策略获取消息
负载策略：默认为平均分配算法（计算出当前Consumer端应该分配到的消息队列）
循环拉取消息
PullMessageService
ThreadLoop
1）获取PullRequest的处理队列ProcessQueue，然后更新该消息队列最后一次拉取的时间
2）如果消费者服务状态不为ServiceState.RUNNING，或当前处于暂停状态，默认延迟3s再执行（PullMessage-Service.executePullRequestLater）
3）流量控制，两个维度，消息数量达到阈值（默认1000个），或者消息体大小（默认100MB）
ConsumerMessageService
submitConsumeRequest()
将拉取的消息放入ProcessQueue的msgTreeMap容器中
ConsumeRequest
ConsumeMessageThread
Pool
1）消费线程执行ConsumeRequest.run()
2）客户端消费消息listener.consumeMessage()
3）处理消费结果processConsumeResult()
RemoteBrokerOffsetStore
更新消费进度，发送给Broker
Broker

图3-3　消息发送的流程

3.2 认识 RocketMQ 消息

RocketMQ 消息封装类是 org.apache.rocketmq.common.message.Message。RocketMQ 消息类设计如图 3-4 所示。

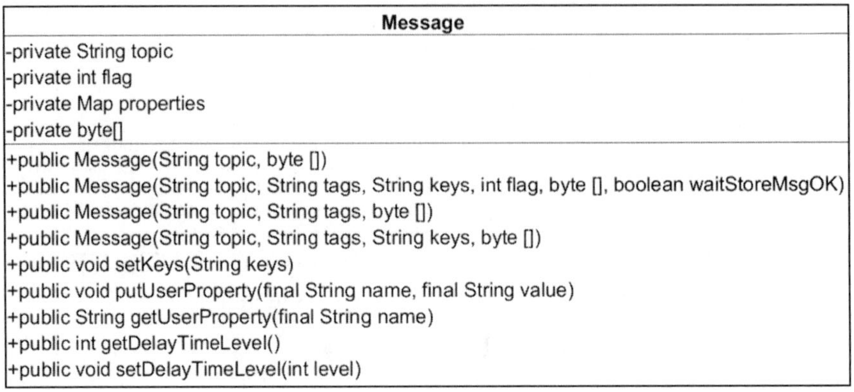

Message
-private String topic -private int flag -private Map properties -private byte[]
+public Message(String topic, byte []) +public Message(String topic, String tags, String keys, int flag, byte [], boolean waitStoreMsgOK) +public Message(String topic, String tags, byte []) +public Message(String topic, String tags, String keys, byte []) +public void setKeys(String keys) +public void putUserProperty(final String name, final String value) +public String getUserProperty(final String name) +public int getDelayTimeLevel() +public void setDelayTimeLevel(int level)

图 3-4　RocketMQ 消息类图

消息的基础属性主要包括消息所属主题（topic）、消息标记（RocketMQ 不做处理）、扩展属性、消息体。RocketMQ 定义的消息 Flag 如图 3-5 所示，消息全属性构造函数如代码清单 3-1 所示。

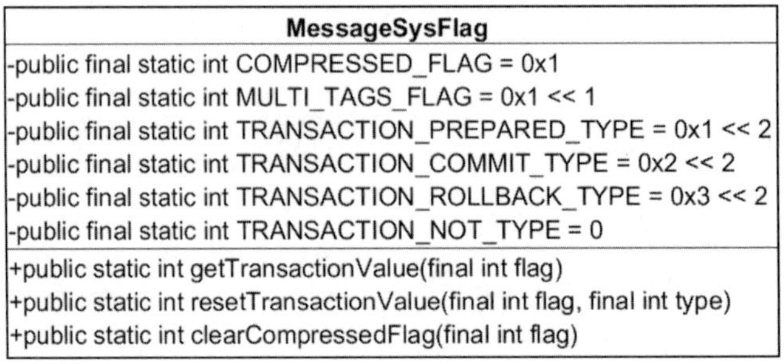

MessageSysFlag
-public final static int COMPRESSED_FLAG = 0x1 -public final static int MULTI_TAGS_FLAG = 0x1 << 1 -public final static int TRANSACTION_PREPARED_TYPE = 0x1 << 2 -public final static int TRANSACTION_COMMIT_TYPE = 0x2 << 2 -public final static int TRANSACTION_ROLLBACK_TYPE = 0x3 << 2 -public final static int TRANSACTION_NOT_TYPE = 0
+public static int getTransactionValue(final int flag) +public static int resetTransactionValue(final int flag, final int type) +public static int clearCompressedFlag(final int flag)

图 3-5　RocketMQ 消息 Flag

代码清单 3-1　Message 全属性构造函数

```
public Message(String topic, String tags, String keys, int flag, byte[] body,
    boolean waitStoreMsgOK) {
    this.topic = topic;
    this.flag = flag;
    this.body = body;
    if (tags != null && tags.length() > 0)
        this.setTags(tags);
    if (keys != null && keys.length() > 0)
        this.setKeys(keys);
```

```
        this.setWaitStoreMsgOK(waitStoreMsgOK);
    }
    public void setTags(String tags)
        { this.putProperty(MessageConst.PROPERTY_TAGS,
        tags);
    }
    public void setKeys(Collection<String> keys)
        { StringBuffer sb = new StringBuffer();
        for (String k : keys)
            { sb.append(k);
            sb.append(MessageConst.KEY_SEPARATOR);
        }
        this.setKeys(sb.toString().trim());
    }
```

消息扩展属性如下。

- tags：消息 tag，用于消息过滤。
- keys：消息索引键，用空格隔开，RocketMQ 可以根据这些 key（键）快速检索消息。
- waitStoreMsgOK：消息发送时是否等消息存储完成后再返回。

3.3　生产者启动流程

消息生产者的代码都在 client 模块中，对于 RocketMQ 来说，它既是客户端，也是消息的提供者，我们在应用系统中初始化生产者的一个实例即可使用它来发消息。

3.3.1　初识 DefaultMQProducer

DefaultMQProducer 是默认的消息生产者实现类，实现了 MQAdmin 的接口，其主要接口如图 3-6、图 3-7 所示。

<<Interface>>
MQAdmin

+void createTopic(String key, String newTopic, int queueNum)
+void createTopic(String key, String newTopic, int queueNum, int topicSysFlag)
+long searchOffset(final MessageQueue mq, final long timestamp)
+long maxOffset(final MessageQueue mq)
+long minOffset(final MessageQueue mq)
+long earliestMsgStoreTime(final MessageQueue mq)
+MessageExt viewMessage(final String offsetMsgId)
+QueryResult queryMessage(String topic, String key, int maxNum, long begin, long end)
+MessageExt viewMessage(String topic, String msgId)

图 3-6　MQAdmin 接口

下面介绍 DefaultMQProducer 的主要方法，核心属性如代码清单 3-2 所示。

1）void createTopic(String key, String newTopic, int queueNum, int topicSysFlag)：创建

主题。

- key：目前无实际作用，可以与 newTopic 相同。
- newTopic：主题名称。
- queueNum：队列数量。
- topicSysFlag：主题系统标签，默认为 0。

<<Interface>>
MQProducer

+List fetchPublishMessageQueues(final String topic)
+SendResult send(Message msg)
+SendResult send(Message msg, final long timeout)
+void send(Message msg, SendCallback sendCallback)
+void send(Message msg, SendCallback sendCallback, long timeout)
+void sendOneway(Message msg)
+SendResult send(Message msg, MessageQueue mq, final long timeout)
+void sendOneway(final Message msg, final MessageQueue mq)
+void send(final Message msg, final MessageQueue mq, final SendCallback sendCallback, long timeout)
+SendResult send(final Message msg, final MessageQueueSelector selector, final Object arg)
+void send(final Message msg, final MessageQueueSelector selector, final Object arg, final SendCallback sendCallback)
+void send(final Message msg, final MessageQueueSelector selector, final Object arg, final SendCallback sendCallback, final long timeout)
+void sendOneway(Message msg, MessageQueueSelector selector, Object arg)
+TransactionSendResult sendMessageInTransaction(Message msg, LocalTransactionExecuter tranExecuter, Object arg)
+SendResult send(final Collection msgs)
+void start()
+void shutdown()

图 3-7 MQProducer 接口

2）long searchOffset(final MessageQueue mq, final long timestamp)：根据时间戳从队列中查找其偏移量。

3）long maxOffset(final MessageQueue mq)：查找该消息队列中最大的物理偏移量。

4）long minOffset(final MessageQueue mq)：查找该消息队列中的最小物理偏移量。

5）MessageExt viewMessage(final String offsetMsgId)：根据消息偏移量查找消息。

6）QueryResult queryMessage(String topic, String key, int maxNum, long begin, long end)：根据条件查询消息。

- topic：消息主题。
- key：消息索引字段。
- maxNum：本次最多取出的消息条数。
- begin：开始时间。
- end：结束时间。

7）MessageExt viewMessage(String topic,String msgId)：根据主题与消息 ID 查找消息。

8）List fetchPublishMessageQueues(final String topic)：查找该主题下所有的消息队列。

9）SendResult send(Message msg)：同步发送消息，具体发送到主题中的哪个消息队列由负载算法决定。

10）SendResult send(Message msg, final long timeout)：同步发送消息，如果发送超过

timeout 则抛出超时异常。

11）void send(Message msg, SendCallback sendCallback)：异步发送消息，sendCallback 参数是消息发送成功后的回调方法。

12）void send(Message msg, SendCallback sendCallback, long timeout)：异步发送消息，如果发送超过 timeout 则抛出超时异常。

13）void sendOneway(Message msg)：单向消息发送，即不在乎发送结果，消息发送出去后该方法立即返回。

14）SendResult send(Message msg, MessageQueue mq, final long timeout)：同步方式发送消息，且发送到指定的消息队列。

15）void send(final Message msg, final MessageQueue mq, final SendCallback sendCallback, long timeout)：异步方式发送消息，且发送到指定的消息队列。

16）void sendOneway(Message msg, MessageQueue Selector selector, Object arg)：单向方式发送消息，且发送到指定的消息队列。

17）SendResult send(final Message msg, final MessageQueueSelector selector, final Object arg)：消息发送，指定消息选择算法，覆盖消息生产者默认的消息队列负载。

18）SendResult send(final Collection msgs)：同步批量消息发送。

代码清单 3-2　DefaultMQProducer 的核心属性

```
private String producerGroup;
private String createTopicKey = MixAll.DEFAULT_TOPIC;
private volatile int defaultTopicQueueNums = 4;
private int sendMsgTimeout = 3000;
private int compressMsgBodyOverHowmuch = 1024 * 4;
private int retryTimesWhenSendFailed = 2;
private int retryTimesWhenSendAsyncFailed = 2;
private boolean retryAnotherBrokerWhenNotStoreOK = false;
private int maxMessageSize = 1024 * 1024 * 4; // 4M
```

1）producerGroup：生产者所属组，消息服务器在回查事务状态时会随机选择该组中任何一个生产者发起的事务回查请求。

2）createTopicKey：默认 topicKey 。

3）defaultTopicQueueNums：默认主题在每一个 Broker 队列的数量。

4）sendMsgTimeout：发送消息的超时时间，默认为 3s。

5）compressMsgBodyOverHowmuch：消息体超过该值则启用压缩，默认为 4KB。

6）retryTimesWhenSendFailed：同步方式发送消息重试次数，默认为 2，总共执行 3 次。

7）retryTimesWhenSendAsyncFailed：异步方式发送消息的重试次数，默认为 2。

8）retryAnotherBrokerWhenNotStoreOK：消息重试时选择另外一个 Broker，是否不等待存储结果就返回，默认为 false。

9）maxMessageSize：允许发送的最大消息长度，默认为 4MB，最大值为 $2^{32}-1$。

3.3.2 消息生产者启动流程

消息生产者是如何一步一步启动的呢？我们可以从 DefaultMQProducerImpl 的 start 方法来跟踪，具体细节如代码清单 3-3 所示。

代码清单 3-3 DefaultMQProducerImpl#start

```
this.checkConfig();
if (!this.defaultMQProducer.getProducerGroup().equals(
    MixAll.CLIENT_INNER_PRODUCER_GROUP)) {
    this.defaultMQProducer.changeInstanceNameToPID();
}
```

第一步：检查 producerGroup 是否符合要求，改变生产者的 instanceName 为进程 ID，如代码清单 3-4 和代码清单 3-5 所示。

代码清单 3-4 DefaultMQProducerImpl#start

```
this.mQClientFactory = MQClientManager.getInstance().
        getAndCreateMQClientInstance(this.defaultMQProducer, rpcHook);
```

代码清单 3-5 MQClientManager#getAndCreateMQClientInstance

```
public MQClientInstance getAndCreateMQClientInstance(final ClientConfig
                        clientConfig, RPCHook rpcHook) {
    String clientId = clientConfig.buildMQClientId();
    MQClientInstance instance = this.factoryTable.get(clientId);
    if (null == instance) {
        instance = new MQClientInstance(clientConfig.cloneClientConfig(),
            this.factoryIndexGenerator.getAndIncrement(), clientId, rpcHook);
        MQClientInstance prev = this.factoryTable.putIfAbsent(clientId, instance); if
        (prev != null) {
            instance = prev;
            log.warn("Returned Previous MQClientInstance for clientId:[{}]",
                    clientId);
        } else {
            log.info("Created new MQClientInstance for clientId:[{}]",
                clientId);
        }
    }
    return instance;
}
```

第二步：创建 MQClientInstance 实例。整个 JVM 实例中只存在一个 MQClientManager 实例，维护一个 MQClientInstance 缓存表 ConcurrentMap<String/* clientId */, MQClientInstance> factoryTable =new ConcurrentHashMap<String, MQClientInstance>()，即同一个 clientId 只会创建一个 MQClientInstance 实例。创建 clientId 的方法如代码清单 3-6 所示。

代码清单 3-6　ClientConfig#buildMQClientId

```
public String buildMQClientId() {
    StringBuilder sb = new StringBuilder();
    sb.append(this.getClientIP());
    sb.append("@");
    sb.append(this.getInstanceName());
    if (!UtilAll.isBlank(this.unitName)) {
        sb.append("@");
        sb.append(this.unitName);
    }
    return sb.toString();
}
```

clientId 为客户端 IP+instance+unitname（可选），如果在同一台物理服务器部署两个应用程序，应用程序的 clientId 岂不是相同，这样是不是会造成混乱？

为了避免出现这个问题，如果 instance 为默认值 DEFAULT，RocketMQ 会自动将 instance 设置为进程 ID，这样就避免了不同进程相互影响，但同一个 JVM 中相同 clientId 的消费者和生产者在启动时获取的 MQClientInstane 实例都是同一个，如代码清单 3-7 所示。MQClientInstance 封装了 RocketMQ 的网络处理 API，是消息生产者、消息消费者与 NameServer、Broker 打交道的网络通道。

代码清单 3-7　DefaultMQProducerImpl#start

```
boolean registerOK = mQClientFactory.registerProducer
    (this.defaultMQProducer.getProducerGroup(), this);
if (!registerOK) {
        this.serviceState = ServiceState.CREATE_JUST;
    throw new MQClientException("The producer group[" +
            this.defaultMQProducer.getProducerGroup()
            + "] has been created before, specify another name please." +
            FAQUrl.suggestTodo(FAQUrl.GROUP_NAME_DUPLICATE_URL),
                null);
}
```

第三步：向 MQClientInstance 注册服务，将当前生产者加入 MQClientInstance 管理，方便后续调用网络请求、进行心跳检测等。

第四步：启动 MQClientInstance，如果 MQClientInstance 已经启动，则本次启动不会真正执行。MQClientInstance 启动过程将在第 5 章讲解消息消费时详细介绍。

3.4　消息发送基本流程

RocketMQ 消息发送的关键点如图 3-8 所示。

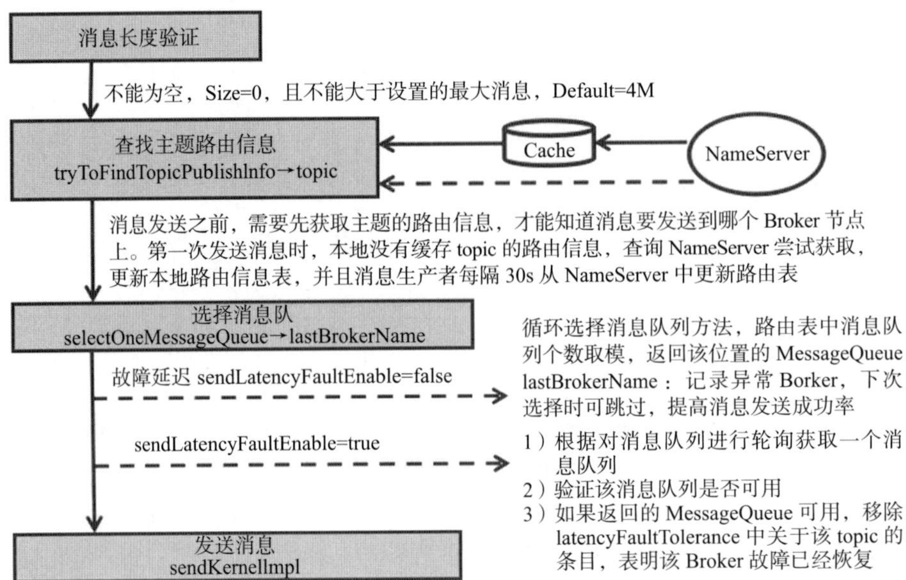

图 3-8 RocketMQ 消息发送的关键点

消息发送流程主要的步骤为验证消息、查找路由、消息发送（包含异常处理机制），如代码清单 3-8 所示。

代码清单 3-8 同步消息发送入口

```
DefaultMQProducer#send
public SendResult send(Message msg) throws MQClientException, RemotingException,
    MQBrokerException, InterruptedException{
    return this.defaultMQProducerImpl.send(msg);
}
DefaultMQProducerImpl#send
public SendResult send(Message msg) throws MQClientException, RemotingException,
        MQBrokerException, InterruptedException {
    return send(msg, this.defaultMQProducer.getSendMsgTimeout());
}
public SendResult send(Message msg,long timeout) throws MQClientException,
        RemotingException, MQBrokerException, InterruptedException {
    return this.sendDefaultImpl(msg, CommunicationMode.SYNC, null, timeout);
}
```

默认消息以同步方式发送，默认超时时间为 3s。

本节主要以 SendResult sendMessage(Messsage message) 方法为突破口，介绍消息发送的基本实现流程。

3.4.1 消息长度验证

在消息发送之前，首先确保生产者处于运行状态，然后验证消息是否符合相应的规范。具体的规范要求是主题名称、消息体不能为空，消息长度不能等于 0 且默认不能超过允许发送消息的最大长度 4MB（maxMessageSize=1024×1024×4）。

3.4.2 查找主题路由信息

在消息发送之前，还需要获取主题的路由信息，只有获取了这些信息我们才能知道消息具体要发送到哪个 Broker 节点上，如代码清单 3-9 所示。

代码清单 3-9 DefaultMQProducerImpl#tryToFindTopicPublishInfo

```
private TopicPublishInfo tryToFindTopicPublishInfo(final String topic)
    { TopicPublishInfo topicPublishInfo = this.topicPublishInfoTable.get(topic);
    if (null == topicPublishInfo || !topicPublishInfo.ok()) {
        this.topicPublishInfoTable.putIfAbsent(topic, new TopicPublishInfo());
        this.mQClientFactory.updateTopicRouteInfoFromNameServer(topic);
        topicPublishInfo = this.topicPublishInfoTable.get(topic);
    }
    if (topicPublishInfo.isHaveTopicRouterInfo() || topicPublishInfo.ok())
            { return topicPublishInfo;
    } else {
            this.mQClientFactory.updateTopicRouteInfoFromNameServer(topic, true,
                this.defaultMQProducer);
            topicPublishInfo = this.topicPublishInfoTable.get(topic);
            return topicPublishInfo;
    }
}
```

tryToFindTopicPublishInfo 是查找主题的路由信息的方法。如果生产者中缓存了 topic 的路由信息，且该路由信息包含消息队列，则直接返回该路由信息。如果没有缓存或没有包含消息队列，则向 NameServer 查询该 topic 的路由信息。如果最终未找到路由信息，则抛出异常，表示无法找到主题相关路由信息异常。先看一下 TopicPublishInfo 的属性，如图 3-9 所示。

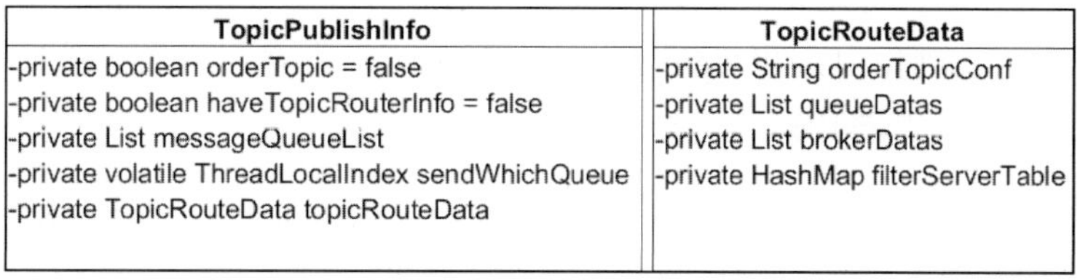

TopicPublishInfo	TopicRouteData
-private boolean orderTopic = false	-private String orderTopicConf
-private boolean haveTopicRouterInfo = false	-private List queueDatas
-private List messageQueueList	-private List brokerDatas
-private volatile ThreadLocalIndex sendWhichQueue	-private HashMap filterServerTable
-private TopicRouteData topicRouteData	

图 3-9 RocketMQ TopicPublishInfo 类图

下面逐一介绍 TopicPublishInfo 的属性。

- ❑ orderTopic：是否是顺序消息。
- ❑ List messageQueueList：该主题队列的消息队列。
- ❑ sendWhichQueue：每选择一次消息队列，该值会自增 1，如果超过 Integer.MAX_

VALUE，则重置为 0，用于选择消息队列。

- List queueDatas：topic 队列元数据。
- List brokerDatas：topic 分布的 broker 元数据。
- HashMapfilterServerTable ：broker 上过滤服务器的地址列表。

第一次发送消息时，本地没有缓存 topic 的路由信息，查询 NameServer 尝试获取路由信息，如果路由信息未找到，再次尝试用默认主题 DefaultMQProducerImpl#createTopicKey 去查询。如果 BrokerConfig#autoCreateTopicEnable 为 true，NameServer 将返回路由信息；如果 autoCreateTopicEnable 为 false，将抛出无法找到 topic 路由异常。MQClientInstance#updateTopicRouteInfoFromNameServer 方法的功能是更新消息生产者和维护路由缓存，如代码清单 3-10 所示。

代码清单 3-10　MQClientInstance#updateTopicRouteInfoFromNameServer

```
TopicRouteData topicRouteData;
if (isDefault && defaultMQProducer != null) {
    topicRouteData = this.mQClientAPIImpl.getDefaultTopicRouteInfoFromNameServer
                    (defaultMQProducer.getCreateTopicKey(),1000 * 3);
    if (topicRouteData != null) {
        for (QueueData data : topicRouteData.getQueueDatas()) {
            int queueNums = Math.min(defaultMQProducer.getDefaultTopicQueueNums(),
                data.getReadQueueNums());
            data.setReadQueueNums(queueNums);
            data.setWriteQueueNums(queueNums);
        }
    }
} else {
    topicRouteData = this.mQClientAPIImpl.getTopicRouteInfoFromNameServer(topic,
        1000 * 3);
}
```

第一步：如果 isDefault 为 true，则使用默认主题查询，如果查询到路由信息，则将路由信息中读写队列的个数替换为消息生产者默认的队列个数（defaultTopicQueueNums）；如果 isDefault 为 false，则使用参数 topic 查询，如果未查询到路由信息，则返回 false，表示路由信息未变化，如代码清单 3-11 所示。

代码清单 3-11　MQClientInstance#updateTopicRouteInfoFromNameServer

```
TopicRouteData old = this.topicRouteTable.get(topic);
 boolean changed = topicRouteDataIsChange(old, topicRouteData);
if (!changed) {
    changed = this.isNeedUpdateTopicRouteInfo(topic);
} else {
    log.info("the topic[{}] route info changed, old[{}] ,new[{}]", topic, old,
        topicRouteData);
}
```

第二步：如果找到路由信息，则与本地缓存中的路由信息进行对比，判断路由信息是否发生了改变，如果未发生变化，则直接返回 false。

第三步：更新 MQClientInstance Broker 地址缓存表，如代码清单 3-12 所示。

代码清单 3-12 MQClientInstance#updateTopicRouteInfoFromNameServer

```
{
    TopicPublishInfo publishInfo = topicRouteData2TopicPublishInfo(topic,
        topicRouteData);
    publishInfo.setHaveTopicRouterInfo(true);
    Iterator<Entry<String, MQProducerInner>> it = this.producerTable.entrySet()
        .iterator();
    while (it.hasNext()) {
        Entry<String, MQProducerInner> entry = it.next();
        MQProducerInner impl = entry.getValue();
        if (impl != null) { impl.updateTopicPublishInfo(topic,
            publishInfo);
        }
    }
}
```

第四步：将 topicRouteData 中的 List<QueueData> 转换成 topicPublishInfo 的 List<MessageQueue> 列表，具体实现在 topicRouteData2TopicPublishInfo 中。然后更新该 MQClientInstance 管辖的所有消息，发送关于 topic 的路由信息，如代码清单 3-13 所示。

代码清单 3-13 MQClientInstance#TopicRouteData2TopicPublishInfo

```
List<QueueData> qds = route.getQueueDatas();
Collections.sort(qds);
for (QueueData qd : qds) {
    if (PermName.isWriteable(qd.getPerm())) {
        BrokerData brokerData = null;
        for (BrokerData bd : route.getBrokerDatas()) {
            if (bd.getBrokerName().equals(qd.getBrokerName())) {
                    brokerData = bd;
                    break;
                }
            }
            if (null == brokerData) {
                continue;
            }
            if (!brokerData.getBrokerAddrs().containsKey(MixAll.MASTER_ID)) {
                continue;
            }
            for (int i = 0; i < qd.getWriteQueueNums(); i++) {
                MessageQueue mq = new MessageQueue(topic, qd.getBrokerName(), i);
                info.getMessageQueueList().add(mq);
            }
        }
    }
}
```

循环遍历路由信息的 QueueData 信息，如果队列没有写权限，则继续遍历下一个 QueueData。根据 brokerName 找到 brokerData 信息，如果找不到或没有找到主节点，则遍历下一个 QueueData。根据写队列个数，topic+ 序号创建 MessageQueue，填充 topicPublishInfo 的 List<MessageQueue>，完成消息发送的路由查找。

提示 温馨提示：在生产环境中不建议开启自动创建主题，因为这会导致新创建的主题只存在于集群中的部分节点上，具体原因建议大家结合路由寻址机制进行思考，关于该问题的详细分析可参考笔者“中间件兴趣圈”公众号中的博文：https://mp.weixin.qq.com/s/GbSlS3hi8IE0kznTynV4ZQ。

3.4.3 选择消息队列

根据路由信息选择消息队列，返回的消息队列按照 broker 序号进行排序。举例说明，如果 topicA 在 broker-a、broker-b 上分别创建了 4 个队列，那么返回的消息队列为 [{"brokerName":"broker-a"、"queueId":0}、{"brokerName":"broker-a"、"queueId":1}、{"brokerName": "broker-a"、"queueId":2}、{"brokerName":"broker-a"、"queueId":3}、{"brokerName":"broker-b"、" queueId":0}、{"brokerName":"broker-b"、"queueId":1}、{"brokerName":"broker-b"、"queueId":2}、{"brokerName":"broker-b"、"queueId":3}]，那么 RocketMQ 如何选择消息队列呢？

首先消息发送端采用重试机制，由 retryTimesWhenSendFailed 指定同步方式重试次数，异步重试机制在收到消息发送结果执行回调之前进行重试，由 retryTimesWhenSendAsyncFailed 指定异常重试次数。接下来就是循环执行，选择消息队列、发送消息，发送成功则返回，收到异常则重试。选择消息队列有两种方式。

1）sendLatencyFaultEnable=false，默认不启用 Broker 故障延迟机制。

2）sendLatencyFaultEnable=true，启用 Broker 故障延迟机制。

1. 默认机制

如果 sendLatencyFaultEnable=false，则调用 TopicPublishInfo#selectOneMessageQueue，如代码清单 3-14 所示。

代码清单 3-14 TopicPublishInfo#selectOneMessageQueue

```
public MessageQueue selectOneMessageQueue(final String lastBrokerName) { if
    (lastBrokerName == null) {
        return selectOneMessageQueue();
    } else {
        int index = this.sendWhichQueue.getAndIncrement();
        for (int i = 0; i < this.messageQueueList.size(); i++) {
            int pos = Math.abs(index++) % this.messageQueueList.size(); if
            (pos < 0)
                pos = 0;
```

```
            MessageQueue mq = this.messageQueueList.get(pos);
            if (!mq.getBrokerName().equals(lastBrokerName)) {
                return mq;
            }
        }
        return selectOneMessageQueue();
        }
}
public MessageQueue selectOneMessageQueue() {
    int index = this.sendWhichQueue.getAndIncrement();
    int pos = Math.abs(index) % this.messageQueueList.size(); if
    (pos < 0)
        pos = 0;
    return this.messageQueueList.get(pos);
}
```

在消息发送过程中，可能会多次执行选择消息队列这个方法，lastBrokerName 就是上一次选择的执行发送消息失败的 Broker。第一次执行消息队列选择时，lastBrokerName 为 null，此时直接用 sendWhichQueue 自增再获取值，与当前路由表中消息队列的个数取模，返回该位置的 MessageQueue(selectOneMessageQueue() 方法，如果消息发送失败，下次进行消息队列选择时规避上次 MesageQueue 所在的 Broker，否则有可能再次失败。

或许有读者会问，Broker 不可用后，路由信息中为什么还会包含该 Broker 的路由信息呢？其实这不难解释：首先，NameServer 检测 Broker 是否可用是有延迟的，最短为一次心跳检测间隔（10s）；其次，NameServer 不是检测到 Broker 宕机后马上推送消息给消息生产者，而是消息生产者每隔 30s 更新一次路由信息，因此消息生产者最快感知 Broker 最新的路由信息也需要 30s。这就需要引入一种机制，在 Broker 宕机期间，一次消息发送失败后，将该 Broker 暂时排除在消息队列的选择范围中。

2. Broker 故障延迟机制

Broker 故障延迟机制如代码清单 3-15 所示。

代码清单 3-15　MQFaultStrategy#selectOneMessageQueue

```
public MessageQueue selectOneMessageQueue(final TopicPublishInfo tpInfo, final
        String lastBrokerName) {
    if (this.sendLatencyFaultEnable) {
        try {
            int index = tpInfo.getSendWhichQueue().getAndIncrement();
            for (int i = 0; i < tpInfo.getMessageQueueList().size(); i++) {
                int pos = Math.abs(index++) % tpInfo.getMessageQueueList().size();
                if (pos < 0)
                    pos = 0;
                MessageQueue mq = tpInfo.getMessageQueueList().get(pos);
                if (latencyFaultTolerance.isAvailable(mq.getBrokerName())) {
                    if (null == lastBrokerName ||
                            mq.getBrokerName().equals(lastBrokerName))
```

```
                    return mq;
                }
            }
            final String notBestBroker = latencyFaultTolerance.pickOneAtLeast();
            int writeQueueNums = tpInfo.getQueueIdByBroker(notBestBroker);
            if (writeQueueNums > 0) {
                final MessageQueue mq = tpInfo.selectOneMessageQueue();
                if (notBestBroker != null) {
                    mq.setBrokerName(notBestBroker);
                    mq.setQueueId(tpInfo.getSendWhichQueue().getAndIncrement() %
                        writeQueueNums);
                }
                return mq;
        } else {
            latencyFaultTolerance.remove(notBestBroker);
        }
    } catch (Exception e) {
        log.error("Error occurred when selecting message queue", e);
    }
    return tpInfo.selectOneMessageQueue();
}
return tpInfo.selectOneMessageQueue(lastBrokerName);
}
```

首先对上述代码进行解读。

1）轮询获取一个消息队列。

2）验证该消息队列是否可用，latencyFaultTolerance.isAvailable(mq.getBrokerName()) 是关键。

3）如果返回的 MessageQueue 可用，则移除 latencyFaultTolerance 关于该 topic 的条目，表明该 Broker 故障已经修复。

Broker 故障延迟机制核心类如图 3-10 所示。

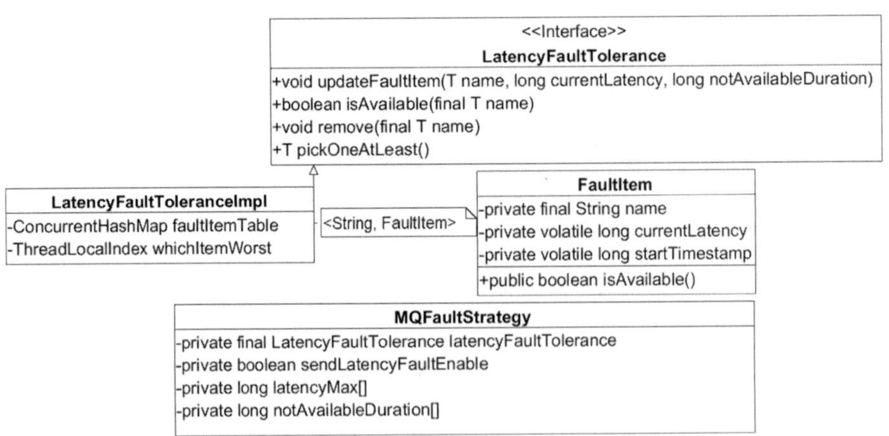

图 3-10　RocketMQ 故障延迟机制核心类

（1）LatencyFaultTolerance：延迟机制接口规范。

1）void updateFaultItem(T name, long currentLatency, long notAvailable Duration)：更新失败条目。

- name：Broker 名称。
- currentLatency：消息发送故障的延迟时间。
- notAvailableDuration：不可用持续时长，在这个时间内，Broker 将被规避。

2）boolean isAvailable(final T name)：判断 Broker 是否可用。

3）void remove(final T name)：移除失败条目，意味着 Broker 重新参与路由计算。

4）T pickOneAtLeast()：尝试从规避的 Broker 中选择一个可用的 Broker，如果没有找到，则返回 null。

（2）FaultItem：失败条目（规避规则条目）。

1）private final String name：条目唯一键，这里为 brokerName。

2）private volatile long currentLatency：本次消息发送的延迟时间。

3）private volatile long startTimestamp：故障规避的开始时间。

（3）MQFaultStrategy：消息失败策略，延迟实现的门面类。

1）long[] latencyMax = {50L, 100L, 550L, 1000L, 2000L, 3000L, 15000L}。

2）long[] notAvailableDuration = {0L, 0L, 30000L, 60000L, 120000L, 180000L, 600000L}。

根据 currentLatency 本次消息发送的延迟时间，从 latencyMax 尾部向前找到第一个比 currentLatency 小的索引 index，如果没有找到，则返回 0。然后根据这个索引从 notAvailable-Duration 数组中取出对应的时间，在这个时长内，Broker 将设置为不可用。

下面从源码的角度分析 updateFaultItem、isAvailable 方法的实现原理，如代码清单 3-16 所示。

代码清单 3-16　DefaultMQProducerImpl#sendDefaultImpl

```
beginTimestampPrev = System.currentTimeMillis();
sendResult = this.sendKernelImpl(msg, mq, communicationMode, sendCallback,
    topicPublishInfo, timeout);
endTimestamp = System.currentTimeMillis();
this.updateFaultItem(mq.getBrokerName(), endTimestamp - beginTimestampPrev,
    false);
```

如果在发送过程中抛出了异常，则调用 DefaultMQProducerImpl#updateFaultItem 方法，该方法直接调用 MQFaultStrategy#updateFaultItem 方法，如代码清单 3-17 所示。下面关注一下各个参数的含义。

- brokerName：Broker 名称。
- currentLatency：本次消息发送的延迟时间。

- isolation：是否规避 Broker，该参数如果为 true，则使用默认时长 30s 来计算 Broker 故障规避时长，如果为 false，则使用本次消息发送延迟时间来计算 Broker 故障规避时长。

代码清单 3-17 MQFaultStrategy#updateFaultItem

```
public void updateFaultItem(final String brokerName, final long currentLatency,
        boolean isolation) {
    if (this.sendLatencyFaultEnable) {
            long duration = computeNotAvailableDuration(isolation ? 30000 :
                currentLatency);
            this.latencyFaultTolerance.updateFaultItem(brokerName, currentLatency,
                    duration);
    }
}
private long computeNotAvailableDuration(final long currentLatency) {
    for (int i = latencyMax.length - 1; i >= 0; i--) {
        if (currentLatency >= latencyMax[i])
            return this.notAvailableDuration[i];
        }
        return 0;
    }
}
```

如果 isolation 为 true，则使用 30s 作为 computeNotAvailableDuration 方法的参数。如果 isolation 为 false，则使用本次消息发送时延作为 computeNotAvailableDuration 方法的参数。

computeNotAvailableDuration 的作用是计算因本次消息发送故障需要规避 Broker 的时长，也就是接下来多长的时间内，该 Broker 将不参与消息发送队列负载。具体算法是，从 latencyMax 数组尾部开始寻找，找到第一个比 currentLatency 小的下标，然后从 notAvailableDuration 数组中获取需要规避的时长，该方法最终调用 LatencyFaultTolerance 的 updateFaultItem() 方法，如代码清单 3-18 所示。

代码清单 3-18 LatencyFaultToleranceImpl#updateFaultItem

```
public void updateFaultItem(final String name, final long currentLatency, final long
        notAvailableDuration) {
    FaultItem old = this.faultItemTable.get(name);
    if (null == old) {
        final FaultItem faultItem = new FaultItem(name);
        faultItem.setCurrentLatency(currentLatency);
        faultItem.setStartTimestamp(System.currentTimeMillis() +
            notAvailableDuration);
        old = this.faultItemTable.putIfAbsent(name, faultItem);
        if (old != null) {
            old.setCurrentLatency(currentLatency);
            old.setStartTimestamp(System.currentTimeMillis() +
                notAvailableDuration);
        }
```

```
        } else {
            old.setCurrentLatency(currentLatency);
            old.setStartTimestamp(System.currentTimeMillis() +
                notAvailableDuration);
        }
    }
```

根据Broker名称从缓存表中获取FaultItem，如果找到则更新FaultItem，否则创建FaultItem。这里有两个关键点。

1）currentLatency、startTimeStamp被volatile修饰。

2）startTimeStamp为当前系统时间加上需要规避的时长。startTimeStamp是判断Broker当前是否可用的直接依据，请看FaultItem#isAvailable方法，如代码清单3-19所示。

代码清单3-19 FaultItem#isAvailable方法

```
public boolean isAvailable() {
    return (System.currentTimeMillis() - startTimestamp) >= 0;
}
```

> **注意** 开启与不开启sendLatencyFaultEnable机制在消息发送时都能规避故障的Broker，那么这两种机制有何区别呢？
> 开启所谓的故障延迟机制，即设置sendLatencyFaultEnable为ture，其实是一种较为悲观的做法。当消息发送者遇到一次消息发送失败后，就会悲观地认为Broker不可用，在接下来的一段时间内就不再向其发送消息，直接避开该Broker。而不开启延迟规避机制，就只会在本次消息发送的重试过程中规避该Broker，下一次消息发送还是会继续尝试。

3.4.4 消息发送

消息发送API核心入口DefaultMQProducerImpl#sendKernelImpl如代码清单3-20所示。

代码清单3-20 DefaultMQProducerImpl#sendKernelImpl

```
private SendResult sendKernelImpl(final Message msg,
        final MessageQueue mq,
        final CommunicationMode communicationMode,
        final SendCallback sendCallback,
        final TopicPublishInfo topicPublishInfo,
        final long timeout)
```

下面详细讲解消息发送参数。

1）Message msg：待发送消息。

2）MessageQueue mq：消息将发送到该消息队列上。

3）CommunicationMode communicationMode：消息发送模式，包括 SYNC、ASYNC、ONEWAY。

4）SendCallback sendCallback：异步消息回调函数。

5）TopicPublishInfo topicPublishInfo：主题路由信息。

6）long timeout：消息发送超时时间。

第一步：根据 MessageQueue 获取 Broker 的网络地址。如果 MQClientInstance 的 brokerAddrTable 未缓存该 Broker 的信息，则从 NameServer 主动更新 topic 的路由信息。如果路由更新后还是找不到 Broker 信息，则抛出 MQClientException，提示 Broker 不存在，如代码清单 3-21 所示。

代码清单 3-21　DefaultMQProducerImpl#sendKernelImpl

```
String brokerAddr = this.mQClientFactory.findBrokerAddressInPublish
    (mq.getBrokerName());
if (null == brokerAddr)
    { tryToFindTopicPublishInfo(mq.getTopic());
    brokerAddr = this.mQClientFactory.findBrokerAddressInPublish
        (mq.getBrokerName());
}
```

第二步：为消息分配全局唯一 ID，如果消息体默认超过 4KB（compressMsgBodyOverHowmuch），则对消息体采用 zip 压缩，并设置消息的系统标记为 MessageSysFlag.COMPRESSED_FLAG。如果是事务 Prepared 消息，则设置消息的系统标记为 MessageSysFlag.TRANSACTION_ PREPARED_TYPE，如代码清单 3-22 所示。

代码清单 3-22　DefaultMQProducerImpl#sendKernelImpl

```
// 对于 MessageBatch，在生成过程中已设置 ID
if (!(msg instanceof MessageBatch)) {
    MessageClientIDSetter.setUniqID(msg);
}
int sysFlag = 0;
if (this.tryToCompressMessage(msg)) {
    sysFlag |= MessageSysFlag.COMPRESSED_FLAG;
}
final String tranMsg = msg.getProperty(MessageConst.PROPERTY_TRANSACTION_PREPARED);
if (tranMsg != null && Boolean.parseBoolean(tranMsg)) {
    sysFlag |= MessageSysFlag.TRANSACTION_PREPARED_TYPE;
}
```

第三步：如果注册了消息发送钩子函数，则执行消息发送之前的增强逻辑。通过 DefaultMQProducerImpl#registerSendMessageHook 注册钩子处理类，并且可以注册多个。简单看一下钩子处理类接口，如代码清单 3-23、代码清单 3-24 所示。

代码清单 3-23　DefaultMQProducerImpl#sendKernelImpl

```
if (this.hasSendMessageHook()) {
    context = new SendMessageContext();
    context.setProducer(this);
    context.setProducerGroup(this.defaultMQProducer.getProducerGroup());
    context.setCommunicationMode(communicationMode);
    context.setBornHost(this.defaultMQProducer.getClientIP());
    context.setBrokerAddr(brokerAddr);
    context.setMessage(msg);
    context.setMq(mq);
    String isTrans = msg.getProperty(MessageConst.PROPERTY_TRANSACTION_PREPARED);
    if (isTrans != null && isTrans.equals("true")) {
        context.setMsgType(MessageType.Trans_Msg_Half);
    }
    if (msg.getProperty(" STARTDELIVERTIME") != null ||
        msg.getProperty(MessageConst.PROPERTY_DELAY_TIME_LEVEL) != null)
        { context.setMsgType(MessageType.Delay_Msg);
    }
    this.executeSendMessageHookBefore(context);
}
```

代码清单 3-24　SendMessageHook

```
public interface SendMessageHook {
    String hookName();
    void sendMessageBefore(final SendMessageContext context);
    void sendMessageAfter(final SendMessageContext context);
}
```

第四步：构建消息发送请求包。

主要包含如下重要信息：生产者组、主题名称、默认创建主题 key、该主题在单个 Broker 上的默认队列数、队列 ID（队列序号）、消息系统标记（MessageSysFlag）、消息发送时间、消息标记（RocketMQ 对消息中的标记不做任何处理，供应用程序使用）、消息扩展属性、消息重试次数、是否是批量消息等，如代码清单 3-25 所示。

代码清单 3-25　DefaultMQProducerImpl#sendKernelImpl

```
SendMessageRequestHeader requestHeader = new SendMessageRequestHeader();
requestHeader.setProducerGroup(this.defaultMQProducer.getProducerGroup());
requestHeader.setTopic(msg.getTopic());
requestHeader.setDefaultTopic(this.defaultMQProducer.getCreateTopicKey());
requestHeader.setDefaultTopicQueueNums(this.defaultMQProducer.getDefaultTopic
        QueueNums());
requestHeader.setQueueId(mq.getQueueId());
requestHeader.setSysFlag(sysFlag);
requestHeader.setBornTimestamp(System.currentTimeMillis());
requestHeader.setFlag(msg.getFlag());
requestHeader.setProperties(MessageDecoder.messageProperties2String(msg.getPr
```

```
    operties()));
requestHeader.setReconsumeTimes(0);
requestHeader.setUnitMode(this.isUnitMode());
requestHeader.setBatch(msg instanceof MessageBatch);
if (requestHeader.getTopic().startsWith(MixAll.RETRY_GROUP_TOPIC_PREFIX)) {
    String reconsumeTimes = MessageAccessor.getReconsumeTime(msg);
    if (reconsumeTimes != null) {
        requestHeader.setReconsumeTimes(Integer.valueOf(reconsumeTimes));
        MessageAccessor.clearProperty(msg,
            MessageConst.PROPERTY_RECONSUME_TIME);
    }
    String maxReconsumeTimes = MessageAccessor.getMaxReconsumeTimes(msg);
    if (maxReconsumeTimes != null) {
        requestHeader.setMaxReconsumeTimes(Integer.valueOf(maxReconsumeTimes));
        MessageAccessor.clearProperty(msg,
            MessageConst.PROPERTY_MAX_RECONSUME_TIMES);
    }
}
```

第五步：根据消息发送方式（同步、异步、单向）进行网络传输，如代码清单3-26所示。

代码清单3-26 MQClientAPIImpl#sendMessage

```
public SendResult sendMessage(final String addr,final String brokerName,
    final Message msg,final SendMessageRequestHeader requestHeader,
        final long timeoutMillis,final CommunicationMode communicationMode, final
        SendCallback sendCallback,final TopicPublishInfo topicPublishInfo, final
        MQClientInstance instance,final int retryTimesWhenSendFailed, final
        SendMessageContext context,final DefaultMQProducerImpl producer
    ) throws RemotingException, MQBrokerException, InterruptedException
        { RemotingCommand request = null;
        if (sendSmartMsg || msg instanceof MessageBatch)
            { SendMessageRequestHeaderV2 requestHeaderV2 =
                SendMessageRequestHeaderV2.createSendMessageRequestHeaderV2(requ
                    estHeader);
            request = RemotingCommand.createRequestCommand(msg instanceof
                MessageBatch ? RequestCode.SEND_BATCH_MESSAGE :
                RequestCode.SEND_MESSAGE_V2, requestHeaderV2);
        } else {
            request = RemotingCommand.createRequestCommand
                (RequestCode.SEND_MESSAGE, requestHeader);
        }
        request.setBody(msg.getBody());
        switch (communicationMode) {
            case ONEWAY:
                this.remotingClient.invokeOneway(addr, request, timeoutMillis);
                return null;
            case ASYNC:
                final AtomicInteger times = new AtomicInteger();
                this.sendMessageAsync(addr, brokerName, msg, timeoutMillis,
                    request, sendCallback, topicPublishInfo, instance,
```

```
                retryTimesWhenSendFailed, times, context, producer);
            return null;
        case SYNC:
            return this.sendMessageSync(addr, brokerName, msg, timeoutMillis,
                request);
        default:
            assert false;
            break;
    }
    return null;
}
```

第六步：如果注册了消息发送钩子函数，则执行 after 逻辑。注意，就算消息发送过程中发生 RemotingException、MQBrokerException、InterruptedException 操作，该方法也会执行，如代码清单 3-27 所示。

代码清单 3-27　DefaultMQProducerImpl#sendKernelImpl

```
if (this.hasSendMessageHook()) {
    context.setSendResult(sendResult);
    this.executeSendMessageHookAfter(context);
}
```

1. 同步发送

RocketMQ 客户端发送消息的入口是 MQClientAPIImpl#sendMessage。请求命令是 RequestCode.SEND_MESSAGE，我们可以找到该命令的处理类 org.apache.rocketmq.broker.processor.SendMessageProcessor。入口方法在 SendMessageProcessor#sendMessage 中，如代码清单 3-28 所示。

代码清单 3-28　AbstractSendMessageProcessor#msgCheck

```
protected RemotingCommand msgCheck(final ChannelHandlerContext ctx,final
        SendMessageRequestHeader requestHeader, final RemotingCommand response) {
    if(!PermName.isWriteable(this.brokerController.getBrokerConfig().
        getBrokerP ermission())&& this.brokerController.getTopicConfigManager().
        isOrderTopic(requestHeader.getTopic())) {
        response.setCode(ResponseCode.NO_PERMISSION);
        response.setRemark("the broker[" +
            this.brokerController.getBrokerConfig().getBrokerIP1()
                + "] sending message is forbidden");
        return response;
    }
    if (!this.brokerController.getTopicConfigManager().
            isTopicCanSendMessage(requestHeader.getTopic())) {
        String errorMsg = "the topic[" + requestHeader.getTopic() + "] is conflict with
            system reserved words.";
        log.warn(errorMsg);
        response.setCode(ResponseCode.SYSTEM_ERROR);
        response.setRemark(errorMsg);
        return response;
```

```
}
TopicConfig topicConfig =
        this.brokerController.getTopicConfigManager().
        selectTopicConfig(requestHeader.getTopic());
if (null == topicConfig) {
    int topicSysFlag = 0;
    if (requestHeader.isUnitMode()) {
        if (requestHeader.getTopic().startsWith
                    (MixAll.RETRY_GROUP_TOPIC_PREFIX)) {
            topicSysFlag = TopicSysFlag.buildSysFlag(false, true);
            } else {
                topicSysFlag = TopicSysFlag.buildSysFlag(true, false);
            }
        }
        log.warn("the topic {} not exist, producer: {}", requestHeader.getTopic(),
                ctx.channel().remoteAddress());
        topicConfig = this.brokerController.getTopicConfigManager().
            createTopicInSendMessageMethod(
                    requestHeader.getTopic(),requestHeader.getDefaultTopic(),
                    RemotingHelper.parseChannelRemoteAddr(ctx.channel()),
                    requestHeader.getDefaultTopicQueueNums(), topicSysFlag);

        if (null == topicConfig) {
            if
                    (requestHeader.getTopic().startsWith(
                    MixAll.RETRY_GROUP_TOPIC_PREFIX)) {
                topicConfig = this.brokerController.getTopicConfigManager().
                        createTopicInSendMessageBackMethod(
                            requestHeader.getTopic(), 1, PermName.PERM_WRITE |
                                PermName.PERM_READ,topicSysFlag);
        }
    }
    if (null == topicConfig) {
        response.setCode(ResponseCode.TOPIC_NOT_EXIST);
        response.setRemark("topic[" + requestHeader.getTopic() + "] not
                exist, apply first please!"
                + FAQUrl.suggestTodo(FAQUrl.APPLY_TOPIC_URL));
            return response;
        }
    }
    int queueIdInt = requestHeader.getQueueId();
    int idValid = Math.max(topicConfig.getWriteQueueNums(),
                topicConfig.getReadQueueNums());
    if (queueIdInt >= idValid) {
        String errorInfo = String.format("request queueId[%d] is illegal, %s
            Producer: %s",
            queueIdInt,
            topicConfig.toString(),
            RemotingHelper.parseChannelRemoteAddr(ctx.channel()));
        log.warn(errorInfo);
        response.setCode(ResponseCode.SYSTEM_ERROR);
```

```
            response.setRemark(errorInfo);
            return response;
        }
    return response;
}
```

第一步：检查消息发送是否合理，这里完成了以下几件事。

1）检查 Broker 是否有写权限。

2）检查 topic 是否可以进行消息发送。主要针对默认主题，默认主题不能发送消息，仅供路由查找。

3）在 NameServer 端存储主题的配置信息，默认路径为 ${ROCKET_HOME}/store/ config/topic.json。下面是主题存储信息。

- order：是否是顺序消息。
- perm：权限码。
- readQueueNums：读队列数量。
- writeQueueNums：写队列数量。
- topicName：主题名称。
- topicSysFlag：topic Flag，当前版本暂为保留。
- topicFilterType：主题过滤方式，当前版本仅支持 SINGLE_TAG。

4）检查队列，如果队列不合法，则返回错误码。

第二步：如果消息重试次数超过允许的最大重试次数，消息将进入 DLQ 死信队列。死信队列主题为 %DLQ%+ 消费组名。

第三步：调用 DefaultMessageStore#putMessage 进行消息存储。关于消息存储的实现细节将在第 4 章重点讲解。

2. 异步发送

异步发送是指消息生产者调用发送的 API 后，无须等待消息服务器返回本次消息发送的结果，只需要提供一个回调函数，供消息发送客户端在收到响应结果后回调。异步发送方式相比于同步发送方式，虽然消息发送端的发送性能会显著提高，但是为了降低消息服务器的负载压力，RocketMQ 对消息发送的异步消息进行了并发控制，通过参数 clientAsyncSemaphoreValue 实现，默认为 65535。异步消息发送虽然也可以通过 DefaultMQProducer#retryTimesWhenSendAsyncFailed 属性来控制消息的发送重试次数，但是重试的调用入口是在收到服务端响应包时进行的，如果出现网络异常、网络超时等情况将不会重试。

3. 单向发送

单向发送是指消息生产者调用消息发送的 API 后，无须等待消息服务器返回本次消息发送的结果，并且无须提供回调函数，这表示压根就不关心本次消息发送是否成功，其实现原理与异步消息发送相同，只是消息发送客户端在收到响应结果后什么都不做了，并且没有重试机制。

3.5 批量消息发送

批量消息发送是将同一主题的多条消息一起打包发送到消息服务端，减少网络调用次数，提高网络传输效率。当然，并不是在同一批次中发送的消息数量越多，性能就越好，判断依据是单条消息的长度，如果单条消息内容比较长，则打包发送多条消息会影响其他线程发送消息的响应时间，并且单批次消息发送总长度不能超过DefaultMQProducer#maxMessageSize。批量发送消息要解决的是如何将这些消息编码，以便服务端能够正确解码每条消息的内容。

那么RocketMQ如何编码多条消息呢？我们首先梳理一下RocketMQ网络请求命令的设计，其类图如图3-11所示。下面我们逐一介绍RemotingCommand的属性。

RemotingCommand
-private int code
-private int version = 0
-private int opaque = requestId.getAndIncrement()
-private int flag = 0
-private String remark
-private HashMap extFields
-private transient CommandCustomHeader customHeader
-private transient byte body[]

图3-11 RocketMQ请求命令类图

1）code：请求命令编码，请求命令类型。

2）version：版本号。

3）opaque：客户端请求序号。

4）flag：标记。倒数第一位表示请求类型，0表示请求；1表示返回。倒数第二位，1表示单向发送。

5）remark：描述。

6）extFields：扩展属性。

7）customeHeader：每个请求对应的请求头信息。

8）byte[] body：消息体内容。

发送单条消息时，消息体的内容将保存在body中。发送批量消息时，需要将多条消息体的内容存储在body中。如何存储更便于服务端正确解析每条消息呢？RocketMQ采取的方式是，对单条消息内容使用固定格式进行存储，如图3-12所示。

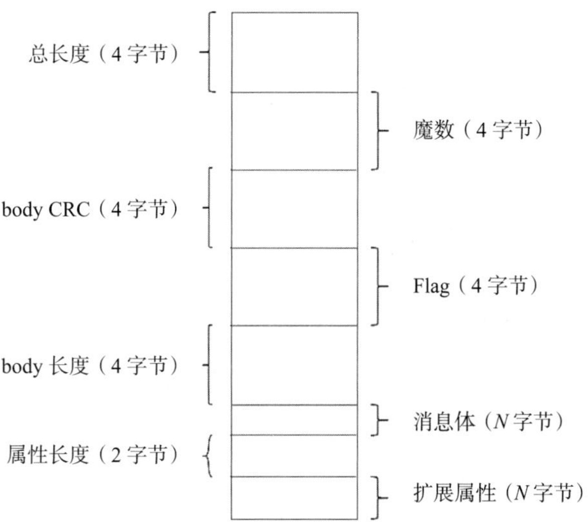

图 3-12　RocetMQ 消息封装格式

接下来梳理一下批量消息发送的核心流程，如代码清单 3-29 所示。

代码清单 3-29　DefaultMQProducer#send 消息批量发送

```
public SendResult send(Collection<Message> msgs) throws MQClientException,
        RemotingException, MQBrokerException, InterruptedException {
    return this.defaultMQProducerImpl.send(batch(msgs));
}
```

首先在消息发送端，调用 batch() 方法，将一批消息封装成 MessageBatch 对象。MessageBatch 继承自 Message 对象，内部持有 List<Message> messages。这样一来，批量消息发送与单条消息发送的处理流程就完全一样了。MessageBatch 只需要将该集合中每条消息的消息体聚合成一个 byte[] 数组，在消息服务端能够从该 byte[] 数组中正确解析出消息，如代码清单 3-30 所示。

代码清单 3-30　Message’Batch#encode

```
public byte[] encode() {
    return MessageDecoder.encodeMessages(messages);
}
```

在创建 RemotingCommand 对象时，调用 messageBatch#encode 方法填充到 Remoting Command 的 body 域中。多条消息编码格式可参考图 3-12，如代码清单 3-31 所示。

代码清单 3-31　MessageDecoder#encodeMessage

```
public static byte[] encodeMessage(Message message) {
    byte[] body = message.getBody(); int
    bodyLen = body.length;
```

```
    String properties = messageProperties2String(message.getProperties());
    byte[] propertiesBytes = properties.getBytes(CHARSET_UTF8);
    propertiesLength = (short) propertiesBytes.length; int
    sysFlag = message.getFlag();
    int storeSize = 4 // 1 TOTALSIZE
        + 4 // 2 MAGICCOD
        + 4 // 3 BODYCRC
        + 4 // 4 FLAG
        + 4 + bodyLen // 4 BODY
        + 2 + propertiesLength;
    ByteBuffer byteBuffer = ByteBuffer.allocate(storeSize);
    // 1 TOTALSIZE
    byteBuffer.putInt(storeSize);
    // 2 MAGICCODE
    byteBuffer.putInt(0);
    // 3 BODYCRC
    byteBuffer.putInt(0);

    // 4 FLAG
    int flag = message.getFlag();
    byteBuffer.putInt(flag);
    // 5 BODY
    byteBuffer.putInt(bodyLen);
    byteBuffer.put(body);
    // 6 properties
    byteBuffer.putShort(propertiesLength);
    byteBuffer.put(propertiesBytes);
    return byteBuffer.array();
}
```

在消息发送端将会按照上述结构进行解码，整个发送流程与单个消息发送没有差异，就不一一介绍了。

3.6 本章小结

本章剖析了消息发送的整个流程。对于消息发送的核心流程，本章并没有过多介绍消息发送方面出现的异常，特别是 RocketMQ 消息发送到“明星异常”之 broker busy，关于 broker busy 的产生原因以及解决方案，可以参考笔者微信公众号中的文章：https://mp.weixin.qq.com/s/N_ttVjBpqVUA0CGrOybNLA。

本章在讨论消息发送流程中并没有深入跟踪消息是如何存储在消息服务器上的，第 4 章将重点讲解 RocketMQ 消息存储机制。

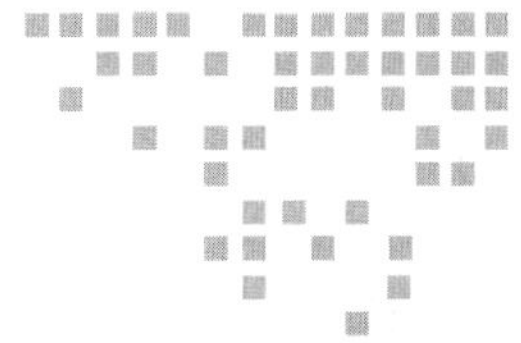

第4章 Chapter 4

RocketMQ消息存储

从存储模型来看，目前MQ中间件分为需要持久化和不需要持久化两种，大多数MQ都支持持久化存储，比如ActiveMQ、RabbitMQ、Kafka、RocketMQ，ZeroMQ则不需要支持持久化存储。然而业务系统大多需要MQ具有持久存储的能力，以增加系统的高可用性。从存储方式和效率来看，文件系统高于KV存储，KV存储又高于关系型数据库，直接操作文件系统肯定是最快的，但可靠性是最低的，而关系型数据库的性能和可靠性与文件系统恰恰相反。本章主要分析RocketMQ的消息存储机制。

本章重点内容如下。

- RocketMQ存储概要设计。
- 消息发送存储流程。
- 存储文件组织与内存映射机制。
- RocketMQ存储文件。
- 消息消费队列、索引文件构建机制。
- RocketMQ文件恢复机制。
- RocketMQ刷盘机制。
- RocketMQ文件删除机制。
- 同步双写机制。

4.1 存储概要设计

RocketMQ存储的文件主要包括CommitLog文件、ConsumeQueue文件、Index文件。

RocketMQ 将所有主题的消息存储在同一个文件中，确保消息发送时按顺序写文件，尽最大的能力确保消息发送的高性能与高吞吐量。因为消息中间件一般是基于消息主题的订阅机制，所以给按照消息主题检索消息带来了极大的不便。为了提高消息消费的效率，RocketMQ 引入了 ConsumeQueue 消息消费队列文件，每个消息主题包含多个消息消费队列，每一个消息队列有一个消息文件。Index 索引文件的设计理念是为了加速消息的检索性能，根据消息的属性从 CommitLog 文件中快速检索消息。

RocketMQ 是一款高性能的消息中间件，存储部分的设计是重点，存储的核心是 I/O 访问性能，本章也会重点剖析 RocketMQ 是如何提高 I/O 访问性能的。我们先看一下 RocketMQ 数据流向，如图 4-1 所示。

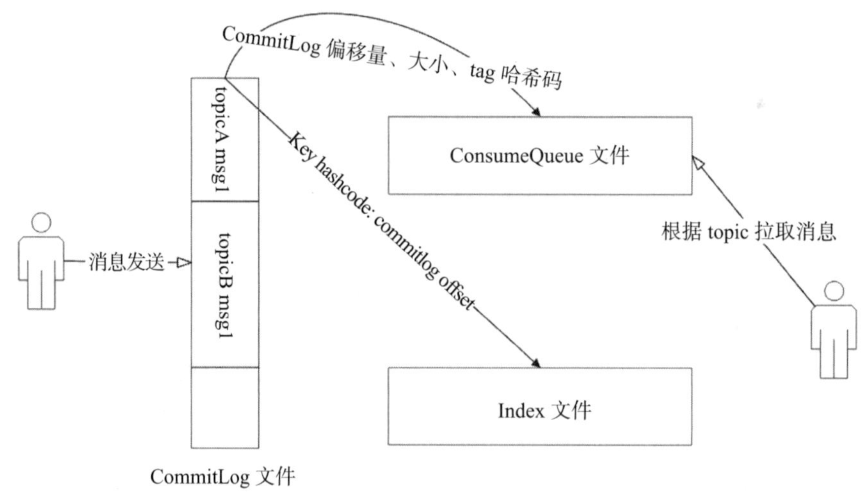

图 4-1 RocketMQ 消息存储设计原理图

1）CommitLog：消息存储，所有消息主题的消息都存储在 CommitLog 文件中。

2）ConsumeQueue：消息消费队列，消息到达 CommitLog 文件后，将异步转发到 ConsumeQuene 文件中，供消息消费者消费。

3）Index：消息索引，主要存储消息 key 与 offset 的对应关系。

4.1.1 RocketMQ 存储文件的组织方式

RocketMQ 在消息写入过程中追求极致的磁盘顺序写，所有主题的消息全部写入一个文件，即 CommitLog 文件。所有消息按抵达顺序依次追加到 CommitLog 文件中，消息一旦写入，不支持修改。CommitLog 文件的布局如图 4-2 所示。

基于文件编程与基于内存编程一个很大的不同是基于内存编程时我们有现成的数据结构，例如 List、HashMap，对数据的读写非常方便，那么一条一条消息存入 CommitLog 文件后，该如何查找呢？

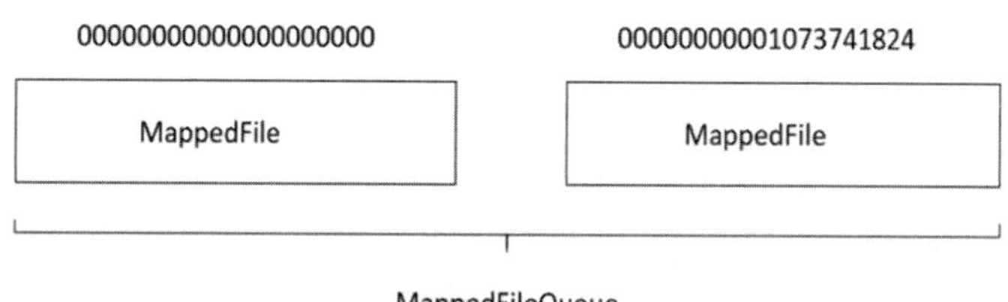

图 4-2　CommitLog 文件布局

正如关系型数据库会为每条数据引入一个 ID 字段，基于文件编程也会为每条消息引入一个身份标志：消息物理偏移量，即消息存储在文件的起始位置。

正是有了物理偏移量的概念，CommitLog 文件的命名方式也是极具技巧性，使用存储在该文件的第一条消息在整个 CommitLog 文件组中的偏移量来命名，例如第一个 CommitLog 文件为 0000000000000000000，第二个 CommitLog 文件为 00000000001073741824，依次类推。

这样做的好处是给出任意一个消息的物理偏移量，可以通过二分法进行查找，快速定位这个文件的位置，然后用消息物理偏移量减去所在文件的名称，得到的差值就是在该文件中的绝对地址。

CommitlLog 文件的设计理念是追求极致的消息写，但我们知道消息消费模型是基于主题订阅机制的，即一个消费组是消费特定主题的消息。根据主题从 CommitlLog 文件中检索消息，这绝不是一个好主意，这样只能从文件的第一条消息逐条检索，其性能可想而知，为了解决基于 topic 的消息检索问题，RocketMQ 引入了 ConsumeQueue 文件，ConsumeQueue 文件的结构如图 4-3 所示。

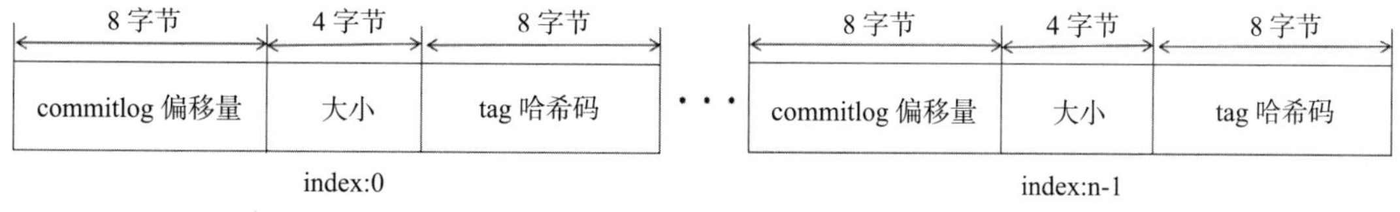

图 4-3　ConsumeQueue 文件结构

ConsumeQueue 文件是消息消费队列文件，是 CommitLog 文件基于 topic 的索引文件，主要用于消费者根据 topic 消费消息，其组织方式为 /topic/queue，同一个队列中存在多个消息文件。ConsumeQueue 的设计极具技巧，每个条目长度固定（8 字节 CommitLog 物理偏移量、4 字节消息长度、8 字节 tag 哈希码）。这里不是存储 tag 的原始字符串，而是存储哈希码，目的是确保每个条目的长度固定，可以使用访问类似数组下标的方式快速定位条目，极大地提高了 ConsumeQueue 文件的读取性能。消息消费者根据 topic、消息消费进度（ConsumeQueue 逻辑偏移量），即第几个 ConsumeQueue 条目，这样的消费进度去访问消息，通过逻辑偏移量 logicOffset×20，即可找到该条目的起始偏移量（ConsumeQueue 文件中的偏移量)，然后读取该偏移量后 20 个字节即可得到一个条目，无须遍历 ConsumeQueue 文件。

RocketMQ 与 Kafka 相比具有一个强大的优势，就是支持按消息属性检索消息，引入 ConsumeQueue 文件解决了基于 topic 查找消息的问题，但如果想基于消息的某一个属性进行查找，ConsumeQueue 文件就无能为力了。故 RocketMQ 又引入了 Index 索引文件，实现基于文件的哈希索引。Index 文件的存储结构如图 4-4 所示。

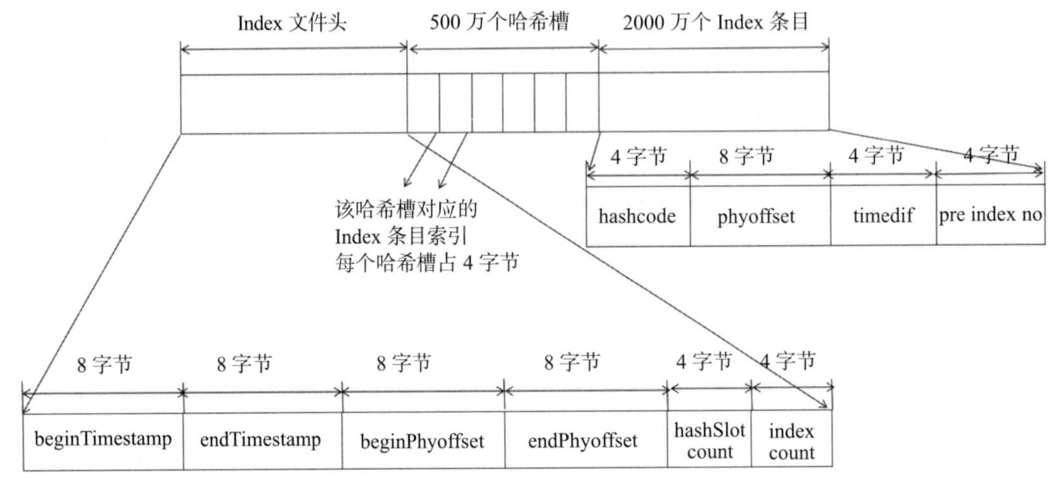

图 4-4 Index 文件存储结构

Index 文件基于物理磁盘文件实现哈希索引。Index 文件由 40 字节的文件头、500 万个哈希槽、2000 万个 Index 条目组成，每个哈希槽 4 字节、每个 Index 条目含有 20 个字节，分别为 4 字节索引 key 的哈希码、8 字节消息物理偏移量、4 字节时间戳、4 字节的前一个 Index 条目（哈希冲突的链表结构）。

ConsumeQueue、Index 文件都是根据 CommitLog 文件异步转发的，其转发实现如图 4-5 所示。

下面详细介绍关键逻辑。

1. CommitLog

消息主体以及元数据的存储主体，存储消息生产端写入的消息主体内容，消息内容不是定长的。单个文件大小默认 1GB ，文件名长度为 20 位，左边补零，剩余为起始偏移量，比如 00000000000000000000 代表了第一个文件，起始偏移量为 0，文件大小为 1G=1073741824。第二个文件为 00000000001073741824，起始偏移量为 1073741824，以此类推。消息主要是顺序写入日志文件，当文件满了，写入下一个文件。

2. Dispatch 操作

短轮询：longPollingEnable=false，第一次未拉取到消息后等待 shortPollingTimeMills 时间后再试。shortPollingTimeMills 默认为 1s。

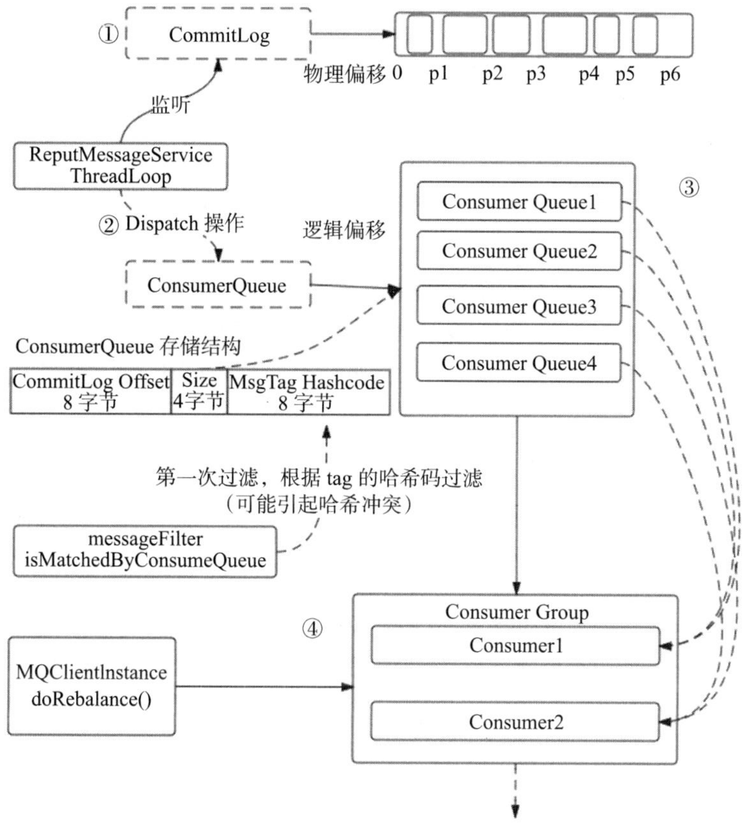

图 4-5 消息消费运行逻辑

长轮询：longPollingEnable=true，以消费者端设置的挂起超时时间为依据，受 DefaultMQPullConsumer 的 brokerSuspendMaxTimeMillis 控制，默认 20s，长轮询有两个线程来相互实现。PullRequestHoldService 默认每隔 5s 重试一次。DefaultMessageStore#ReputMessageService 方法在每当有消息到达后，转发消息，然后调用 PullRequestHoldService 线程中的拉取任务，尝试拉取，每处理一次，线程休眠 1ms，继续下一次检查。

3. ConsumerQueue

消息消费队列引入的目的是提高消息消费的性能，由于 RocketMQ 是基于 topic 的订阅模式，消息消费是针对 topic 进行的，如果要根据 topic 遍历 CommitLog 文件中的消息是非常低效的。消息消费端可根据 ConsumeQueue 来查找待消费的消息。其中，ConsumeQueue 作为消费消息的索引，保存了指定 topic 下的队列消息在 CommitLog 中的起始物理偏移量，消息大小和消息 tag 的哈希码。ConsumeQueue 文件可以看作基于 topic 的 CommitLog 索引文件，故 ConsumeQueue 文件夹的组织方式为 topic/queue/file 三层组织结构，具体存储路径为 $HOME/store/consumequeue/{topic}/{queueId}/{fileName}。同样，ConsumeQueue 文件采取定长设计，每一个条目 20 字节，分别为 8 字节的 CommitLog 物理偏移量、4 字节的消息长度、8 字节 tag 哈希码，单个文件由 30 万个条目组成，可以像数组一样随机访问每一个条目，每个 ConsumeQueue 文件大小约 5.72MB。

4. Consumer

先从 rebalanceImpl 实例的本地缓存变量 topicSubscribeInfoTable 中，获取该 topic 主题下的消息消费队列集合 mqSet。

然后以 topic 和 consumerGroup 为参数调用 mQClientFactory.findConsumerIdList() 方法向 Broker 端发送获取该消费组下消费者 ID 列表的 RPC 通信请求（Broker 端基于前面消息消费端上报的心跳包数据构建的 consumerTable 做出响应返回，业务请求码为 GET_CONSUMER_LIST_BY_GROUP）。

接着对 topic 下的消息消费队列、消费者 ID 进行排序，然后用消息队列分配策略算法（默认为消息队列的平均分配算法），计算待拉取的消息队列。这里的平均分配算法类似于分页算法，求出每一页需要包含的平均大小和每个页面记录的范围，遍历整个范围，计算当前消息消费端应该分配到的记录（这里即为 MessageQueue）。

最后调用 updateProcessQueueTableInRebalance() 方法，具体的做法是先将分配到的消息队列集合与 processQueueTable 做一个过滤比对，为过滤后的消息队列集合中的每个 MessageQueue 创建一个 ProcessQueue 对象并存入 RebalanceImpl 的 processQueueTable 队列中，其中调用 RebalanceImpl 实例的 computePullFromWhere(MessageQueue mq) 方法获取该 MessageQueue 对象的下一个进度消费值 offset，随后填充至接下来要创建的 pullRequest 对象属性中。创建拉取请求对象 pullRequest 添加到拉取列表 pullRequestList 中，最后执行 dispatchPullRequest() 方法，将 PullRequest 依次放入 PullMessageService 服务线程的阻塞队列 pullRequestQueue 中，待服务线程取出后向 Broker 端发起拉取消息的请求。

4.1.2 内存映射

虽然基于磁盘的顺序写消息可以极大提高 I/O 的写效率，但如果基于文件的存储采用常规的 Java 文件操作 API，例如 FileOutputStream 等，将性能提升会很有限，故 RocketMQ 又引入了内存映射，将磁盘文件映射到内存中，以操作内存的方式操作磁盘，将性能又提升了一个档次。

在 Java 中可通过 FileChannel 的 map 方法创建内存映射文件。在 Linux 服务器中由该方法创建的文件使用的就是操作系统的页缓存（pagecache）。Linux 操作系统中内存使用策略时会尽可能地利用机器的物理内存，并常驻内存中，即页缓存。在操作系统的内存不够的情况下，采用缓存置换算法，例如 LRU 将不常用的页缓存回收，即操作系统会自动管理这部分内存。

如果 RocketMQ Broker 进程异常退出，存储在页缓存中的数据并不会丢失，操作系统会定时将页缓存中的数据持久化到磁盘，实现数据安全可靠。不过如果是机器断电等异常情况，存储在页缓存中的数据也有可能丢失。

4.1.3　灵活多变的刷盘策略

有了顺序写和内存映射的加持，RocketMQ 的写入性能得到了极大的保证，但凡事都有利弊，引入了内存映射和页缓存机制，消息会先写入页缓存，此时消息并没有真正持久化到磁盘。那么 Broker 收到客户端的消息后，是存储到页缓存中就直接返回成功，还是要持久化到磁盘中才返回成功呢？

这是一个“艰难”的选择，是在性能与消息可靠性方面进行权衡。为此，RocketMQ 提供了两种策略：同步刷盘、异步刷盘。

1. 同步刷盘

同步刷盘在 RocketMQ 的实现中称作组提交，其设计理念如图 4-6 所示。

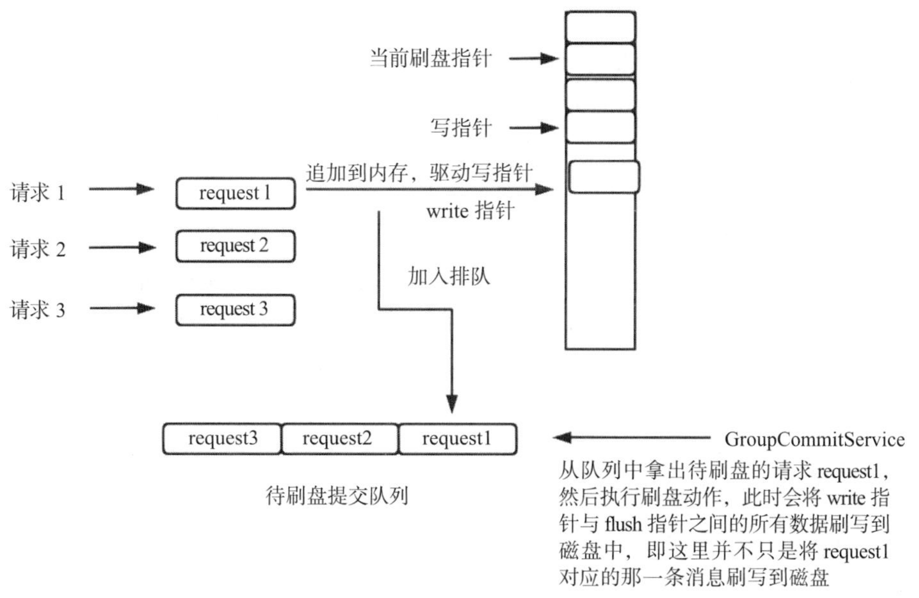

图 4-6　同步刷盘流程

2. 异步刷盘

同步刷盘的优点是能保证消息不丢失，即向客户端返回成功就代表这条消息已被持久化到磁盘，但这是以牺牲写入性能为代价的，不过因为 RocketMQ 的消息是先写入 pagecache，所以消息丢失的可能性较小，如果能容忍一定概率的消息丢失或者在丢失后能够低成本的快速重推，可以考虑使用异步刷盘策略。

异步刷盘指的是 broker 将消息存储到 pagecache 后就立即返回成功，然后开启一个异步线程定时执行 FileChannel 的 force 方法，将内存中的数据定时写入磁盘，默认间隔时间为 500ms。

4.1.4 transientStorePoolEnable 机制

RocketMQ 为了降低 pagecache 的使用压力，引入了 transientStorePoolEnable 机制，即内存级别的读写分离机制。

默认情况下，RocketMQ 将消息写入 pagecache，消息消费时从 pagecache 中读取，这样在高并发时 pagecache 的压力会比较大，容易出现瞬时 broker busy 的异常。RocketMQ 通过 transientStorePoolEnable 机制，将消息先写入堆外内存并立即返回，然后异步将堆外内存中的数据提交到 pagecache，再异步刷盘到磁盘中。因为堆外内存中的数据并未提交，所以认为是不可信的数据，消息在消费时不会从堆外内存中读取，而是从 pagecache 中读取，这样就形成了内存级别的读写分离，即写入消息时主要面对堆外内存，而读取消息时主要面对 pagecache。

该机制使消息直接写入堆外内存，然后异步写入 pagecache，相比每条消息追加直接写入 pagechae，最大的优势是实现了批量化消息写入。

该机制的缺点是如果由于某些意外操作导致 broker 进程异常退出，已经放入 pagecache 的数据不会丢失，而存储在堆外内存的数据会丢失。

4.1.5 文件恢复机制

我们知道，RocketMQ 主要的数据存储文件包括 CommitLog、ConsumeQueue 和 Index，而 ConsumeQueue、Index 文件是根据 CommitLog 文件异步构建的。既然是异步操作，这两者之间的数据就不可能始终保持一致，那么，重启 broker 时需要如何恢复数据呢？我们考虑如下异常场景。

1）消息采用同步刷盘方式写入 CommitLog 文件，准备转发给 ConsumeQueue 文件时由于断电等异常，导致存储失败。

2）在刷盘的时候，突然记录了 100MB 消息，准备将这 100MB 消息写入磁盘，由于机器突然断电，只写入 50MB 消息到 CommitLog 文件。

3）在 RocketMQ 存储目录下有一个检查点（Checkpoint）文件，用于记录 CommitLog 等文件的刷盘点。但将数据写入 CommitLog 文件后才会将刷盘点记录到检查点文件中，有可能在从刷盘点写入检查点文件前数据就丢失了。

在 RocketMQ 中有 broker 异常停止恢复和正常停止恢复两种场景。这两种场景的区别是定位从哪个文件开始恢复的逻辑不一样，大致思路如下。

1）尝试恢复 ConsumeQueue 文件，根据文件的存储格式（8 字节物理偏移量、4 字节长度、8 字节 tag 哈希码），找到最后一条完整的消息格式所对应的物理偏移量，用 maxPhysicalOfConsumequeue 表示。

2）尝试恢复 CommitLog 文件，先通过文件的魔数判断该文件是否为 ComitLog 文件，然后按照消息的存储格式寻找最后一条合格的消息，拿到其物理偏移量，如果 CommitLog 文件的有效偏移量小于 ConsumeQueue 文件存储的最大物理偏移量，将会删除 ConsumeQueue 中多余的内容，如果大于，说明 ConsuemQueue 文件存储的内容少于 CommitLog 文件，则会重推数据。

那么如何定位要恢复的文件呢？

正常停止刷盘的情况下，先从倒数第三个文件开始进行恢复，然后按照消息的存储格式进行查找，如果该文件中所有的消息都符合消息存储格式，则继续查找下一个文件，直到找到最后一条消息所在的位置。

异常停止刷盘的情况下，RocketMQ 会借助检查点文件，即存储的刷盘点，定位恢复的文件。刷盘点记录的是 CommitLog、ConsuemQueue、Index 文件最后的刷盘时间戳，但并不是只认为该时间戳之前的消息是有效的，超过这个时间戳之后的消息就是不可靠的。

异常停止刷盘时，从最后一个文件开始寻找，在寻找时读取该文件第一条消息的存储时间，如果这个存储时间小于检查点文件中的刷盘时间，就可以从这个文件开始恢复，如果这个文件中第一条消息的存储时间大于刷盘点，说明不能从这个文件开始恢复，需要寻找上一个文件，因为检查点文件中的刷盘点代表的是 100% 可靠的消息。

4.2 初识消息存储

消息存储实现类 org.apache.rocketmq.store.DefaultMessageStore 是存储模块里面最重要的一个类，包含了很多对存储文件进行操作的 API，其他模块对消息实体的操作都是通过 DefaultMessageStore 进行的，如图 4-7 所示。

DefaultMessageStore
-private final MessageStoreConfig messageStoreConfig
-private final CommitLog commitLog
-private final ConcurrentMap consumeQueueTable
-private final FlushConsumeQueueService flushConsumeQueueService
-private final CleanCommitLogService cleanCommitLogService
-private final CleanConsumeQueueService cleanConsumeQueueService
-private final IndexService indexService
-private final AllocateMappedFileService allocateMappedFileService
-private final ReputMessageService reputMessageService
-private final HAService haService
-private final StoreStatsService storeStatsService
-private final TransientStorePool transientStorePool
-private final MessageArrivingListener messageArrivingListener
-private final BrokerConfig brokerConfig
-private StoreCheckpoint storeCheckpoint
-private final LinkedList dispatcherList

图 4-7 DefaultMessageStore 类图

下面逐一介绍 DefaultMessageStore 的核心属性。

1）MessageStoreConfig messageStoreConfig：消息存储配置属性。

2）CommitLog commitLog：CommitLog 文件的存储实现类。

3）ConcurrentMap consumeQueueTable：消息队列存储缓存表，按消息主题分组。

4）FlushConsumeQueueService flushConsumeQueueService：ConsumeQueue 文件刷盘线程。

5）CleanCommitLogService cleanCommitLogService：清除 CommitLog 文件服务。

6）CleanConsumeQueueService cleanConsumeQueueService：清除 ConsumeQueue 文件服务。

7）IndexService indexService：Index 文件实现类。

8）AllocateMappedFileService allocateMappedFileService：MappedFile 分配服务。

9）ReputMessageService reputMessageService：CommitLog 消息分发，根据 CommitLog 文件构建 ConsumeQueue、Index 文件。

10）HAService haService：存储高可用机制。

11）TransientStorePool transientStorePool：消息堆内存缓存。

12）MessageArrivingListener messageArrivingListener：在消息拉取长轮询模式下的消息达到监听器。

13）BrokerConfig brokerConfig：Broker 配置属性。

14）StoreCheckpoint storeCheckpoint：文件刷盘检测点。

15）LinkedList dispatcherList：CommitLog 文件转发请求。

4.3 消息发送存储流程

本节将以消息发送存储为突破点，层层揭开 RocketMQ 存储设计的神秘面纱。消息存储入口为 org.apache.rocketmq.store.DefaultMessageStore#putMessage。

第一步：如果当前 broker 停止工作或当前不支持写入，则拒绝消息写入。如果消息主题长度超过 127 个字符、消息属性长度超过 32767 个字符，同样拒绝该消息写入。如果日志中出现“ message store is not writeable, so putMessage is forbidden”提示，最有可能是因为磁盘空间不足，在写入 ConsumeQueue、Index 文件出现错误时会拒绝消息再次写入。

第二步：如果消息的延迟级别大于 0，将消息的原主题名称与原消息队列 ID 存入消息属性中，用延迟消息主题 SCHEDULE_TOPIC_XXXX、消息队列 ID 更新原先消息的主题与队列，如代码清单 4-1 所示。这是并发消息消费重试关键的一步，第 5 章会重点探讨消息重试机制与定时消息的实现原理。

代码清单 4-1 CommitLog#putMessage

```
MappedFile unlockMappedFile = null;
MappedFile mappedFile = this.mappedFileQueue.getLastMappedFile();
```

第三步：获取当前可以写入的 CommitLog 文件，RocketMQ 物理文件的组织方式如图 4-8 所示。

CommitLog 文件的存储目录为 ${ROCKET_HOME}/store/commitlog，每个文件默认 1GB，一个文件写满后再创建另一个，以该文件中第一个偏移量为文件名，如果偏移量少于 20 位则用 0 补齐。图 4-8 所示的第一个文件初始偏移量为 0，第二个文件名中的“1073741824”代表该文件第一条消息的物理偏移量为 1073741824，这样根据物理偏移量可以快速定位到消息。MappedFileQueue 可以看作 ${ROCKET_HOME}/store/commitlog 文件夹，而 MappedFile 则对应该文件夹下的文件。

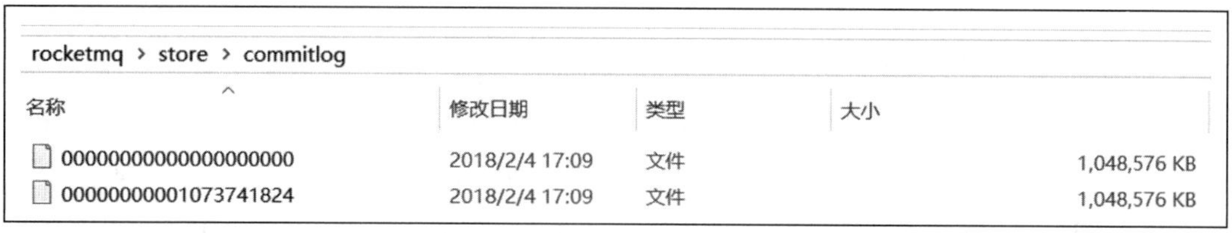

rocketmq › store › commitlog

名称	修改日期	类型	大小
00000000000000000000	2018/2/4 17:09	文件	1,048,576 KB
00000000001073741824	2018/2/4 17:09	文件	1,048,576 KB

图 4-8　CommitLog 文件组织方式

第四步：在将消息写入 CommitLog 之前，先申请 putMessageLock，如代码清单 4-2 所示。

代码清单 4-2　CommitLog#putMessage

```
messageExtBatch.setStoreTimestamp(beginLockTimestamp);
if (null == mappedFile || mappedFile.isFull()) {
    mappedFile = this.mappedFileQueue.getLastMappedFile(0);
}
if (null == mappedFile) {
    log.error("Create maped file1 error, topic: {} clientAddr: {}",
        messageExtBatch.getTopic(), messageExtBatch.getBornHostString());
    beginTimeInLock = 0;
    return new PutMessageResult(PutMessageStatus.CREATE_MAPEDFILE_FAILED, null);
}
```

第五步：设置消息的存储时间，如果 mappedFile 为空，表明 ${ROCKET_HOME}/store/commitlog 目录下不存在任何文件，说明本次消息是第一次发送，用偏移量 0 创建第一个 CommitLog 文件，文件名为 00000000000000000000，如果文件创建失败，抛出 CREATE_ MAPEDFILE_FAILED，这很有可能是磁盘空间不足或权限不够导致的，如代码清单 4-3 所示。

代码清单 4-3　MappedFile#appendMessagesInner

```
int currentPos = this.wrotePosition.get();
if (currentPos < this.fileSize) {
    ByteBuffer byteBuffer = writeBuffer != null ? writeBuffer.slice() :
            this.mappedByteBuffer.slice();
```

```
    byteBuffer.position(currentPos);
    AppendMessageResult result = null;
    if (messageExt instanceof MessageExtBrokerInner) {
        result = cb.doAppend(this.getFileFromOffset(), byteBuffer, this.fileSize -
                currentPos, (MessageExtBrokerInner) messageExt);
  } else if (messageExt instanceof MessageExtBatch) {
         result = cb.doAppend(this.getFileFromOffset(), byteBuffer, this.fileSize -
                     currentPos, (MessageExtBatch) messageExt);
    } else {
        return new AppendMessageResult(AppendMessageStatus.UNKNOWN_ERROR);
    }
    this.wrotePosition.addAndGet(result.getWroteBytes());
    this.storeTimestamp = result.getStoreTimestamp();
    return result;
}
```

第六步：将消息追加到MappedFile中。首先获取MappedFile当前的写指针，如果currentPos大于或等于文件大小，表明文件已写满，抛出AppendMessageStatus.UNKNOWN_ERROR。如果currentPos小于文件大小，通过slice()方法创建一个与原ByteBuffer共享的内存区，且拥有独立的position、limit、capacity等指针，并设置position为当前指针，如代码清单4-4所示。

代码清单4-4　CommitLog$DefaultAppendMessageCallback#doAppend

```
long wroteOffset = fileFromOffset + byteBuffer.position();
this.resetByteBuffer(hostHolder, 8);
String msgId = MessageDecoder.createMessageId(this.msgIdMemory,
    msgInner.getStoreHostBytes(hostHolder), wroteOffset);
```

第七步：创建全局唯一消息ID，消息ID有16字节，其组成结构如图4-9所示。

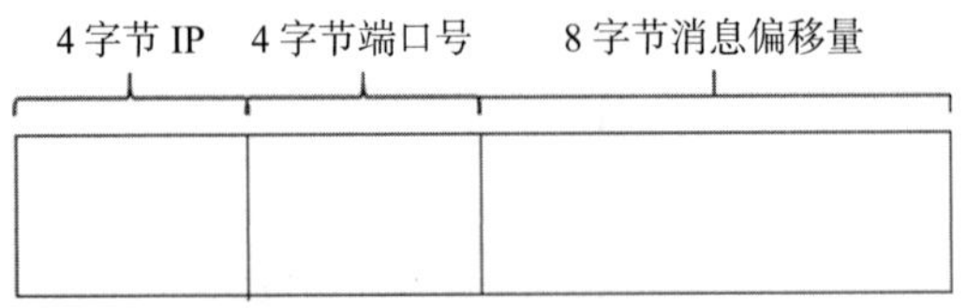

图4-9　消息ID组成结构

为了消息ID具备可读性，返回给应用程序的msgId为字符类型，可以通过UtilAll.bytes2string方法将msgId字节数组转换成字符串，通过UtilAll.string2bytes方法将msgId字符串还原成16字节的数组，根据提取的消息物理偏移量，可以快速通过msgId找到消息内容，如代码清单4-5所示。

代码清单4-5　CommitLog$DefaultAppendMessageCallback#doAppend

```
keyBuilder.setLength(0);
keyBuilder.append(msgInner.getTopic());
```

```
keyBuilder.append('-');
keyBuilder.append(msgInner.getQueueId());
String key = keyBuilder.toString();
Long queueOffset = CommitLog.this.topicQueueTable.get(key);
if (null == queueOffset) {
    queueOffset = 0L;
    CommitLog.this.topicQueueTable.put(key, queueOffset);
}
```

第八步：获取该消息在消息队列的物理偏移量。CommitLog 中保存了当前所有消息队列的待写入物理偏移量，如代码清单 4-6 所示。

代码清单 4-6 CommitLog#calMsgLength

```
private static int calMsgLength(int bodyLength, int topicLength, int propertiesLength) {
    final int msgLen = 4 //TOTALSIZE
            + 4 //MAGICCODE
            + 4 //BODYCRC
            + 4 //QUEUEID
            + 4 //FLAG
            + 8 //QUEUEOFFSET
            + 8 //PHYSICALOFFSET
            + 4 //SYSFLAG
            + 8 //BORNTIMESTAMP
            + 8 //BORNHOST
            + 8 //STORETIMESTAMP
            + 8 //STOREHOSTADDRESS
            + 4 //RECONSUMETIMES
            + 8 //Prepared Transaction Offset
            + 4 + (bodyLength > 0 ? bodyLength : 0) //BODY
            + 1 + topicLength //TOPIC
            + 2 + (propertiesLength > 0 ? propertiesLength : 0) //propertiesLength
            + 0;
        return msgLen;
}
```

第九步：根据消息体、主题和属性的长度，结合消息存储格式，计算消息的总长度，如代码清单 4-7 所示。RocketMQ 消息存储格式如下。

1）TOTALSIZE：消息条目总长度，4 字节。

2）MAGICCODE：魔数，4 字节。固定值 0xdaa320a7。

3）BODYCRC：消息体的 crc 校验码，4 字节。

4）QUEUEID：消息消费队列 ID，4 字节。

5）FLAG：消息标记，RocketMQ 对其不做处理，供应用程序使用，默认 4 字节。

6）QUEUEOFFSET：消息在 ConsumeQuene 文件中的物理偏移量，8 字节。

7）PHYSICALOFFSET：消息在 CommitLog 文件中的物理偏移量，8 字节。

8）SYSFLAG：消息系统标记，例如是否压缩、是否是事务消息等，4 字节。

9）BORNTIMESTAMP：消息生产者调用消息发送 API 的时间戳，8 字节。

10）BORNHOST：消息发送者 IP、端口号，8 字节。

11）STORETIMESTAMP：消息存储时间戳，8 字节。

12）STOREHOSTADDRESS：Broker 服务器 IP+ 端口号，8 字节。

13）RECONSUMETIMES：消息重试次数，4 字节。

14）Prepared Transaction Offset：事务消息的物理偏移量，8 字节。

15）BodyLength：消息体长度，4 字节。

16）Body：消息体内容，长度为 bodyLenth 中存储的值。

17）TopicLength：主题存储长度，1 字节，表示主题名称不能超过 255 个字符。

18）Topic：主题，长度为 TopicLength 中存储的值。

19）PropertiesLength：消息属性长度，2 字节，表示消息属性长度不能超过 65536 个字符。

20）Properties：消息属性，长度为 PropertiesLength 中存储的值。

CommitLog 条目是不定长的，每一个条目的长度存储在前 4 个字节中。

代码清单 4-7 CommitLog$DefaultAppendMessageCallback#doAppend

```
if ((msgLen + END_FILE_MIN_BLANK_LENGTH) > maxBlank)
    { this.resetByteBuffer(this.msgStoreItemMemory, maxBlank);
    this.msgStoreItemMemory.putInt(maxBlank);
    this.msgStoreItemMemory.putInt(CommitLog.BLANK_MAGIC_CODE);
    final long beginTimeMills = CommitLog.this.defaultMessageStore.now();
    byteBuffer.put(this.msgStoreItemMemory.array(), 0, maxBlank);
    return new AppendMessageResult(AppendMessageStatus.END_OF_FILE, wroteOffset,
        maxBlank, msgId, msgInner.getStoreTimestamp(),queueOffset,
        CommitLog.this.defaultMessageStore.now() - beginTimeMills);
```

第十步：如果消息长度 +END_FILE_MIN_BLANK_LENGTH 大于 CommitLog 文件的空闲空间，则返回 AppendMessageStatus.END_OF_FILE，Broker 会创建一个新的 CommitLog 文件来存储该消息。从这里可以看出，每个 CommitLog 文件最少空闲 8 字节，高 4 字节存储当前文件的剩余空间，低 4 字节存储魔数 CommitLog.BLANK_MAGIC_ CODE，如代码清单 4-8 所示。

代码清单 4-8 CommitLog$DefaultAppendMessageCallback#doAppend

```
final long beginTimeMills = CommitLog.this.defaultMessageStore.now();
byteBuffer.put(this.msgStoreItemMemory.array(), 0, msgLen);
AppendMessageResult result = new
    AppendMessageResult(AppendMessageStatus.PUT_OK, wroteOffset, msgLen,
        msgId,msgInner.getStoreTimestamp(), queueOffset,
CommitLog.this.defaultMessageStore.now() - beginTimeMills);
```

第十一步：将消息内容存储到 ByteBuffer 中，然后创建 AppendMessageResult。这里只是将消息存储在 MappedFile 对应的内存映射 Buffer 中，并没有写入磁盘，追加结果如图 4-10 所示。

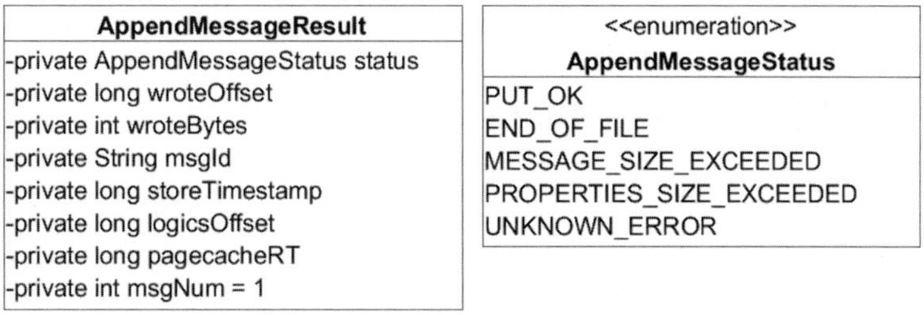

AppendMessageResult
-private AppendMessageStatus status
-private long wroteOffset
-private int wroteBytes
-private String msgId
-private long storeTimestamp
-private long logicsOffset
-private long pagecacheRT
-private int msgNum = 1

<<enumeration>> AppendMessageStatus
PUT_OK
END_OF_FILE
MESSAGE_SIZE_EXCEEDED
PROPERTIES_SIZE_EXCEEDED
UNKNOWN_ERROR

图 4-10 AppendMessageResult 类图

下面逐一介绍 AppendMessageResult 的属性。

1）AppendMessageStatus status：消息追加结果，取值为 PUT_OK 则代表追加成功、END_OF_FILE 则代表超过文件大小、MESSAGE_SIZE_EXCEEDED 则代表消息长度超过最大允许长度、PROPERTIES_SIZE_EXCEEDED 则代表消息属性超过最大允许长度、UNKNOWN_ERROR 则代表未知异常。

2）long wroteOffset：消息的物理偏移量。

3）String msgId：消息 ID。

4）long storeTimestamp：消息存储时间戳。

5）long logicsOffset：消息消费队列的逻辑偏移量，类似于数组下标。

6）long pagecacheRT = 0：写入页缓存的响应时间。

7）int msgNum = 1：批量发送消息时的消息条数。

代码清单 4-9 CommitLog$DefaultAppendMessageCallback#doAppend

```
case MessageSysFlag.TRANSACTION_NOT_TYPE:
case MessageSysFlag.TRANSACTION_COMMIT_TYPE:
    CommitLog.this.topicQueueTable.put(key, ++queueOffset);
break;
```

第十二步：更新消息队列的逻辑偏移量。

第十三步：处理完消息追加逻辑后将释放 putMessageLock，如代码清单 4-10 所示。

代码清单 4-10 CommitLog#putMessage

```
handleDiskFlush(result, putMessageResult, msg);
handleHA(result, putMessageResult, msg);
return putMessageResult;
```

第十四步：DefaultAppendMessageCallback#doAppend 只是将消息追加到内存中，需要根据采取的是同步刷盘方式还是异步刷盘方式，将内存中的数据持久化到磁盘中，4.8 节会详细介绍刷盘操作。然后执行 HA 主从同步复制，主从同步将在第 7 章详细介绍。

消息发送的基本流程就介绍到这里，4.4 节开始会详细剖析 RocketMQ 消息存储机制的各个方面。

4.4 存储文件组织与内存映射

RocketMQ 通过使用内存映射文件来提高 I/O 访问性能，无论是 CommitLog、ConsumeQueue 还是 Index，单个文件都被设计为固定长度，一个文件写满以后再创建新文件，文件名就为该文件第一条消息对应的全局物理偏移量。

RocketMQ 使用 MappedFile、MappedFileQueue 来封装存储文件。

4.4.1 MappedFileQueue 映射文件队列

MappedFileQueue 是 MappedFile 的管理容器，MappedFileQueue 对存储目录进行封装，例如 CommitLog 文件的存储路径为 ${ROCKET_HOME}/store/commitlog/，该目录下会存在多个内存映射文件 MappedFile。MappedFileQueue 类图如图 4-11 所示。

MappedFileQueue
-private final String storePath
-private final int mappedFileSize
-private final CopyOnWriteArrayList mappedFiles
-private final AllocateMappedFileService allocateMappedFileService
-private long flushedWhere = 0
-private long committedWhere = 0
-private volatile long storeTimestamp = 0

图 4-11 MappedFileQueue 类图

下面介绍 MappedFileQueue 的核心属性。

1）String storePath：存储目录。

2）int mappedFileSize：单个文件的存储大小。

3）CopyOnWriteArrayList mappedFiles：MappedFile 集合。

4）AllocateMappedFileService allocateMappedFileService：创建 MappedFile 服务类。

5）long flushedWhere = 0：当前刷盘指针，表示该指针之前的所有数据全部持久化到磁盘。

6）long committedWhere = 0：当前数据提交指针，内存中 ByteBuffer 当前的写指针，该值大于、等于 flushedWhere。

接下来重点分析根据不同维度查找 MappedFile 的方法，如代码清单 4-11 所示。

代码清单 4-11 MappedFileQueue#getMappedFileByTime

```
public MappedFile getMappedFileByTime(final long timestamp) {
    Object[] mfs = this.copyMappedFiles(0);
```

```
        if (null == mfs)
            return null;
        for (int i = 0; i < mfs.length; i++) { MappedFile
            mappedFile = (MappedFile) mfs[i];
            if (mappedFile.getLastModifiedTimestamp() >= timestamp) {
                return mappedFile;
            }
        }
    return (MappedFile) mfs[mfs.length - 1];}
```

根据消息存储时间戳查找 MappdFile。从 MappedFile 列表中第一个文件开始查找，找到第一个最后一次更新时间大于待查找时间戳的文件，如果不存在，则返回最后一个 MappedFile，如代码清单 4-12 所示。

代码清单 4-12　MappedFileQueue#findMappedFileByOffset

```
public MappedFile findMappedFileByOffset(final long offset, final boolean
            returnFirstOnNotFound) {
        // 省略外层 try ...catch
    MappedFile mappedFile = this.getFirstMappedFile();
    if (mappedFile != null) {
        int index = (int) ((offset / this.mappedFileSize) -
                (mappedFile.getFileFromOffset() / this.mappedFileSize));
        if (index < 0 || index >= this.mappedFiles.size()) {
            // 省略警告日志
        }
        try {
                return this.mappedFiles.get(index);
            } catch (Exception e) {
                if (returnFirstOnNotFound) {
                    return mappedFile;
            }
            LOG_ERROR.warn("findMappedFileByOffset failure. ", e);
        }
    }
}
```

根据消息偏移量 offset 查找 MappedFile，但是不能直接使用 offset%mappedFileSize。这是因为使用了内存映射，只要是存在于存储目录下的文件，都需要对应创建内存映射文件，如果不定时将已消费的消息从存储文件中删除，会造成极大的内存压力与资源浪费，所以 RocketMQ 采取定时删除存储文件的策略。也就是说，在存储文件中，第一个文件不一定是 00000000000000000000，因为该文件在某一时刻会被删除，所以根据 offset 定位 MappedFile 的算法为 (int)((offset/this.mappedFileSize)(mappedFile.getFileFromOffset()/this.MappedFileSize))，如代码清单 4-13 所示。

代码清单 4-13　MappedFileQueue#getMinOffset

```
public long getMinOffset() {
    if (!this.mappedFiles.isEmpty()) { try {
```

```
            return this.mappedFiles.get(0).getFileFromOffset();
        } catch (IndexOutOfBoundsException e) {
        } catch (Exception e) {
            log.error("getMinOffset has exception.", e);
        }
    }
    return -1;
}
```

获取存储文件最小偏移量。从这里也可以看出，并不是直接返回 0，而是返回 MappedFile 的 getFileFormOffset() 方法，如代码清单 4-14 所示。

代码清单 4-14　MappedFileQueue#getMaxOffset

```
public long getMaxOffset() {
    MappedFile mappedFile = getLastMappedFile();
    if (mappedFile != null) {
        return mappedFile.getFileFromOffset() + mappedFile.getReadPosition();
    }
    return 0;
}
```

获取存储文件的最大偏移量。返回最后一个 MappedFile 的 fileFromOffset，加上 MappedFile 当前的写指针，如代码清单 4-15 所示。

代码清单 4-15　MappedFileQueue#getMaxWrotePosition

```
public long getMaxWrotePosition() {
    MappedFile mappedFile = getLastMappedFile(); if (mappedFile != null) {
        return mappedFile.getFileFromOffset() + mappedFile.getWrotePosition();
    }
    return 0;
}
```

返回存储文件当前的写指针。返回最后一个文件的 fileFromOffset，加上当前写指针位置。

关于 MappedFileQueue 的相关业务方法，我们在具体使用到时再去剖析。

4.4.2　MappedFile 内存映射文件

MappedFile 是 RocketMQ 内存映射文件的具体实现，如图 4-12 所示。

下面介绍 MappedFile 的核心属性。

1）int OS_PAGE_SIZE：操作系统每页大小，默认 4KB。

2）AtomicLong TOTAL_MAPPED_VIRTUAL_MEMORY：当前 JVM 实例中 MappedFile 的虚拟内存。

3）AtomicInteger TOTAL_MAPPED_FILES：当前 JVM 实例中 MappedFile 对象个数。

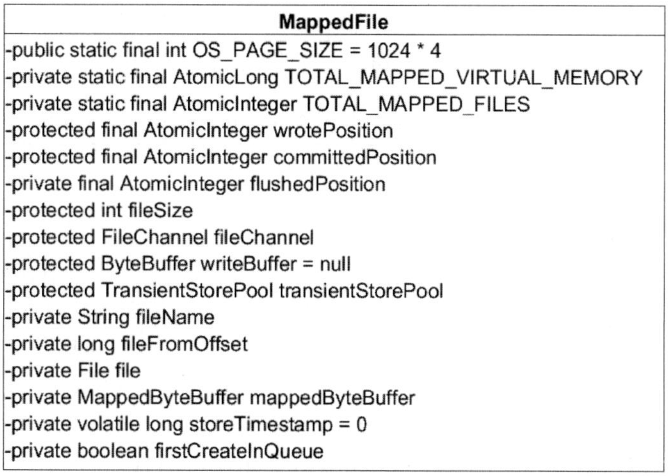

MappedFile
-public static final int OS_PAGE_SIZE = 1024 * 4 -private static final AtomicLong TOTAL_MAPPED_VIRTUAL_MEMORY -private static final AtomicInteger TOTAL_MAPPED_FILES -protected final AtomicInteger wrotePosition -protected final AtomicInteger committedPosition -private final AtomicInteger flushedPosition -protected int fileSize -protected FileChannel fileChannel -protected ByteBuffer writeBuffer = null -protected TransientStorePool transientStorePool -private String fileName -private long fileFromOffset -private File file -private MappedByteBuffer mappedByteBuffer -private volatile long storeTimestamp = 0 -private boolean firstCreateInQueue

图 4-12　MappedFile 类图

4）AtomicInteger wrotePosition：当前文件的写指针，从 0 开始（内存映射文件中的写指针）。

5）AtomicInteger committedPosition：当前文件的提交指针，如果开启 transientStorePoolEnable，则数据会存储在 TransientStorePool 中，然后提交到内存映射 ByteBuffer 中，再写入磁盘。

6）AtomicInteger flushedPosition：将该指针之前的数据持久化存储到磁盘中。

7）int fileSize：文件大小。

8）FileChannel fileChannel：文件通道。

9）ByteBuffer writeBuffer：堆外内存 ByteBuffer，如果不为空，数据首先将存储在该 Buffer 中，然后提交到 MappedFile 创建的 FileChannel 中。transientStorePoolEnable 为 true 时不为空。

10）TransientStorePool transientStorePool：堆外内存池，该内存池中的内存会提供内存锁机制。transientStorePoolEnable 为 true 时启用。

11）String fileName：文件名称。

12）long fileFromOffset：该文件的初始偏移量。

13）File file：物理文件。

14）MappedByteBuffer mappedByteBuffer：物理文件对应的内存映射 Buffer。

15）volatile long storeTimestamp = 0：文件最后一次写入内容的时间。

16）boolean firstCreateInQueue：是否是 MappedFileQueue 队列中第一个文件。

1. MappedFile 初始化

第一步：根据是否开启 transientStorePoolEnable 存在两种初始化情况。transientStorePool-

Enable 为 true 表示内容先存储在堆外内存，然后通过 Commit 线程将数据提交到 FileChannel 中，再通过 Flush 线程将数据持久化到磁盘中，如代码清单 4-16 所示。

代码清单 4-16 MappedFile#init(final String fileName, final int fileSize)

```
this.fileName = fileName;
this.fileSize = fileSize;
this.file = new File(fileName);
this.fileFromOffset = Long.parseLong(this.file.getName());
ensureDirOK(this.file.getParent());
this.fileChannel = new RandomAccessFile(this.file, "rw").getChannel();
this.mappedByteBuffer = this.fileChannel.map(MapMode.READ_WRITE, 0, fileSize);
TOTAL_MAPPED_VIRTUAL_MEMORY.addAndGet(fileSize);
TOTAL_MAPPED_FILES.incrementAndGet();
```

第二步：初始化 fileFromOffset 为文件名，也就是文件名代表该文件的起始偏移量，通过 RandomAccessFile 创建读写文件通道，并将文件内容使用 NIO 的内存映射 Buffer 将文件映射到内存中，如代码清单 4-17 所示。

代码清单 4-17 MappedFile#init

```
public void init(final String fileName, final int fileSize,
        final TransientStorePool transientStorePool) throws IOException {
    init(fileName, fileSize);
this.writeBuffer = transientStorePool.borrowBuffer();
this.transientStorePool = transientStorePool;
}
```

如果 transientStorePoolEnable 为 true，则初始化 MappedFile 的 writeBuffer，该 buffer 从 transientStorePool 中获取。

2. MappedFile 提交

内存映射文件的提交动作由 MappedFile 的 commit() 方法实现，如代码清单 4-18 所示。

代码清单 4-18 MappedFile#commit

```
public int commit(final int commitLeastPages) {
    if (writeBuffer == null) {
        return this.wrotePosition.get();
    }
    if (this.isAbleToCommit(commitLeastPages)) {
        if (this.hold()) {
                commit0(commitLeastPages);
                this.release();
            } else {
                log.warn("in commit, hold failed, commit offset = " +
                    this.committedPosition.get());
            }
        }
```

```
        if (writeBuffer != null && this.transientStorePool != null &&
                this.fileSize == this.committedPosition.get()) {
            this.transientStorePool.returnBuffer(writeBuffer);
            this.writeBuffer = null;
        }
        return this.committedPosition.get();
    }
```

执行提交操作，commitLeastPages 为本次提交的最小页数，如果待提交数据不满足 commitLeastPages，则不执行本次提交操作，等待下次提交。writeBuffer 如果为空，直接返回 wrotePosition 指针，无须执行 commit 操作，这表明 commit 操作的主体是 writeBuffer，如代码清单 4-19 所示。

代码清单 4-19　MappedFile#isAbleToCommit

```
    protected boolean isAbleToCommit(final int commitLeastPages) {
        int flush = this.committedPosition.get();
        int write = this.wrotePosition.get();
        if (this.isFull()) {
            return true;
        }
        if (commitLeastPages > 0) {
            return ((write / OS_PAGE_SIZE) - (flush / OS_PAGE_SIZE)) >= commitLeastPages;
        }
        return write > flush;
    }
```

判断是否执行 commit 操作。如果文件已满，返回 true。如果 commitLeastPages 大于 0，则计算 wrotePosition（当前 writeBuffe 的写指针）与上一次提交的指针（committedPosition）的差值，将其除以 OS_PAGE_SIZE 得到当前脏页的数量，如果大于 commitLeastPages，则返回 true。如果 commitLeastPages 小于 0，表示只要存在脏页就提交，如代码清单 4-20 所示。

代码清单 4-20　MappedFile#commit0

```
    protected void commit0(final int commitLeastPages) {
        int writePos = this.wrotePosition.get();
        int lastCommittedPosition = this.committedPosition.get();
        if (writePos - this.committedPosition.get() > 0) {
            try {
                    ByteBuffer byteBuffer = writeBuffer.slice();
                    byteBuffer.position(lastCommittedPosition);
                    byteBuffer.limit(writePos);
                    this.fileChannel.position(lastCommittedPosition);
                    this.fileChannel.write(byteBuffer);
                    this.committedPosition.set(writePos); }
                catch (Throwable e) {
```

```
                log.error("Error occurred when commit data to FileChannel.", e);
            }
        }
    }
```

下面介绍具体的 MappedFile 提交实现过程。首先创建 writeBuffer 的共享缓存区，然后将新创建的 position 回退到上一次提交的位置（committedPosition），设置 limit 为 wrotePosition（当前最大有效数据指针），接着把 committedPosition 到 wrotePosition 的数据复制（写入）到 FileChannel 中，最后更新 committedPosition 指针为 wrotePosition。commit 的作用是将 MappedFile# writeBuffer 中的数据提交到文件通道 FileChannel 中。

ByteBuffer 使用技巧：调用 slice() 方法创建一个共享缓存区，与原先的 ByteBuffer 共享内存并维护一套独立的指针（position、mark、limit）。

3. MappedFile 刷盘

刷盘指的是将内存中的数据写入磁盘，永久存储在磁盘中，由 MappedFile 的 flush() 方法实现，如代码清单 4-21 所示。

代码清单 4-21 MappedFile#flush

```
public int flush(final int flushLeastPages) { if
    (this.isAbleToFlush(flushLeastPages)) {
        if (this.hold()) {
            int value = getReadPosition();
            try {
                if (writeBuffer != null || this.fileChannel.position() != 0) {
                    this.fileChannel.force(false);
                } else {
                    this.mappedByteBuffer.force();
                    }
                } catch (Throwable e) {
                    log.error("Error occurred when force data to disk.", e);
                }
                this.flushedPosition.set(value);
                this.release();
        } else {
                this.flushedPosition.set(getReadPosition());
        }
    }
    return this.getFlushedPosition();
}
```

直接调用 mappedByteBuffer 或 fileChannel 的 force() 方法将数据写入磁盘，将内存中的数据持久化到磁盘中，那么 flushedPosition 应该等于 MappedByteBuffer 中的写指针。如果 writeBuffer 不为空，则 flushedPosition 应等于上一次 commit 指针。因为上一次提交的数据就是进入 MappedByteBuffer 中的数据。如果 writeBuffer 为空，表示数据是直接进入 MappedByteBuffer 的，wrotePosition 代表的是 MappedByteBuffer 中的指针，故设置 flushedPosition 为 wrotePosition。

4. 获取 MappedFile 最大读指针

RocketMQ 文件的一个组织方式是内存映射，预先申请一块连续且固定大小的内存，需要一套指针标识当前最大有效数据的位置，获取最大有效数据偏移量的方法由 MappedFile 的 getReadPosition() 方法实现，如代码清单 4-22 所示。

代码清单 4-22 MappedFile#getReadPosition

```
public int getReadPosition() {
    return this.writeBuffer == null ? this.wrotePosition.get() :
        this.committedPosition.get();
}
```

获取当前文件最大的可读指针，如代码清单 4-23 所示。如果 writeBuffer 为空，则直接返回当前的写指针。如果 writeBuffer 不为空，则返回上一次提交的指针。在 MappedFile 设计中，只有提交了的数据（写入 MappedByteBuffer 或 FileChannel 中的数据）才是安全的数据。

代码清单 4-23 MappedFile#selectMappedBuffer

```
public SelectMappedBufferResult selectMappedBuffer(int pos) {
    int readPosition = getReadPosition();
    if (pos < readPosition && pos >= 0) { if
        (this.hold()) {
            ByteBuffer byteBuffer = this.mappedByteBuffer.slice();
            byteBuffer.position(pos);
            int size = readPosition - pos;
            ByteBuffer byteBufferNew = byteBuffer.slice();
            byteBufferNew.limit(size);
            return new SelectMappedBufferResult(this.fileFromOffset + pos,
                byteBufferNew, size, this);
            }
        }
        return null;
}
```

首先查找 pos 到当前最大可读指针之间的数据，因为在整个写入期间都未曾改变 MappedByteBuffer 的指针，所以 mappedByteBuffer.slice() 方法返回的共享缓存区空间为整个 MappedFile。然后通过设置 byteBuffer 的 position 为待查找的值，读取字节为当前可读字节长度，最终返回的 ByteBuffer 的 limit（可读最大长度）为 size。整个共享缓存区的容量为 MappedFile#fileSizepos，故在操作 SelectMappedBufferResult 时不能对包含在里面的 ByteBuffer 调用 flip() 方法。

注意 操作 ByteBuffer 时如果使用了 slice() 方法，对其 ByteBuffer 进行读取时一般手动指定 position 和 limit 指针，而不是调用 flip() 方法切换读写状态。

5. MappedFile 销毁

MappedFile 文件销毁的实现方法为 public boolean destroy(final long intervalForcibly)，intervalForcibly 表示拒绝被销毁的最大存活时间，如代码清单 4-24 所示。

代码清单 4-24 MappedFile#shutdown

```
public void shutdown(final long intervalForcibly) { if
    (this.available) {
        this.available = false;
        this.firstShutdownTimestamp = System.currentTimeMillis();
        this.release();
    } else if (this.getRefCount() > 0) {
        if ((System.currentTimeMillis() - this.firstShutdownTimestamp) >=
                intervalForcibly) {
            this.refCount.set(-1000 - this.getRefCount());
            this.release();
        }
    }
}
```

第一步：关闭 MappedFile。初次调用时 this.available 为 true，设置 available 为 false，并设置初次关闭的时间戳（firstShutdownTimestamp）为当前时间戳。调用 release() 方法尝试释放资源，release 只有在引用次数小于 1 的情况下才会释放资源。如果引用次数大于 0，对比当前时间与 firstShutdownTimestamp，如果已经超过了其最大拒绝存活期，则每执行一次引用操作，引用数减少 1000，直到引用数小于 0 时通过执行 realse() 方法释放资源，如代码清单 4-25 所示。

代码清单 4-25 MappedFile#isCleanupOver

```
public boolean isCleanupOver() {
    return this.refCount.get() <= 0 && this.cleanupOver;
}
```

第二步：判断是否清理完成，判断标准是引用次数小于、等于 0 并且 cleanupOver 为 true，cleanupOver 为 true 的触发条件是 release 成功将 MappedByteBuffer 资源释放了，如代码清单 4-26 所示。稍后详细分析 release() 方法。

代码清单 4-26 MappedFile#destroy

```
this.fileChannel.close();
log.info("close file channel " + this.fileName + " OK");
long beginTime = System.currentTimeMillis(); boolean result = this.file.delete();
```

第三步：关闭文件通道，删除物理文件。

在整个 MappedFile 销毁的过程中，首先需要释放资源，释放资源的前提条件是该 MappedFile 的引用小于、等于 0。接下来重点看一下 release() 方法的实现原理，如代码清单 4-27 所示。

代码清单 4-27　ReferenceResource#release

```
public void release() {
    long value = this.refCount.decrementAndGet();
    if (value > 0)
        return;
    synchronized (this) {
        this.cleanupOver = this.cleanup(value);
    }
}
```

将引用次数减 1，如果引用数小于、等于 0，则执行 cleanup() 方法，下面重点分析 cleanup() 方法的实现，如代码清单 4-28 所示。

代码清单 4-28　MappedFile#cleanup

```
public boolean cleanup(final long currentRef) { if
    (this.isAvailable()) {
        return false;
    }
    if (this.isCleanupOver()) {
        return true;
    }
    clean(this.mappedByteBuffer);
    TOTAL_MAPPED_VIRTUAL_MEMORY.addAndGet(this.fileSize * (-1));
    TOTAL_MAPPED_FILES.decrementAndGet();
    log.info("unmap file[REF:" + currentRef + "] " + this.fileName + " OK");
    return true;
}
```

如果 available 为 true，表示 MappedFile 当前可用，无须清理，返回 false，如果资源已经被清除，返回 true。如果是堆外内存，调用堆外内存的 cleanup() 方法进行清除，维护 MappedFile 类变量 TOTAL_MAPPED_VIRTUAL_MEMORY、TOTAL_MAPPED_FILES 并返回 true，表示 cleanupOver 为 true。

4.4.3　TransientStorePool

TransientStorePool 即短暂的存储池。RocketMQ 单独创建了一个 DirectByteBuffer 内存缓存池，用来临时存储数据，数据先写入该内存映射中，然后由 Commit 线程定时将数据从该内存复制到与目标物理文件对应的内存映射中。RokcetMQ 引入该机制是为了提供一种内存锁定，将当前堆外内存一直锁定在内存中，避免被进程将内存交换到磁盘中。

TransientStorePool 类图如图 4-13 所示。

TransientStorePool
-private final int poolSize -private final int fileSize -private final Deque availableBuffers -private final MessageStoreConfig storeConfig

图 4-13 TransientStorePool 类图

下面介绍 TransientStorePool 的核心属性，如代码清单 4-29 所示。

1）int poolSize：avaliableBuffers 个数，可在 broker 配置文件中通过 transient StorePoolSize 进行设置，默认为 5。

2）int fileSize：每个 ByteBuffer 的大小，默认为 mapedFileSizeCommitLog，表明 TransientStorePool 为 CommitLog 文件服务。

3）Deque availableBuffers：ByteBuffer 容器，双端队列。

代码清单 4-29 TransientStorePool#init

```
public void init() {
    for (int i = 0; i < poolSize; i++) {
        ByteBuffer byteBuffer = ByteBuffer.allocateDirect(fileSize);
        final long address = ((DirectBuffer) byteBuffer).address();
        Pointer pointer = new Pointer(address);
        LibC.INSTANCE.mlock(pointer, new NativeLong(fileSize));
        availableBuffers.offer(byteBuffer);
    }
}
```

创建数量为 poolSize 的堆外内存，利用 com.sun.jna.Library 类库锁定该批内存，避免被置换到交换区，以便提高存储性能。

4.5 RocketMQ 存储文件

RocketMQ 存储路径为 ${ROCKET_HOME}/store，主要存储文件如图 4-14 所示。下面介绍 RocketMQ 主要的存储文件夹。

1）commitlog：消息存储目录。

2）config：运行期间的一些配置信息，主要包括下列信息。

- consumerFilter.json：主题消息过滤信息。
- consumerOffset.json：集群消费模式下的消息消费进度。
- delayOffset.json：延时消息队列拉取进度。
- subscriptionGroup.json：消息消费组的配置信息。

- topics.json：topic 配置属性。

3）consumequeue：消息消费队列存储目录。

4）index：消息索引文件存储目录。

5）abort：如果存在 abort 文件，说明 Broker 非正常关闭，该文件默认在启动 Broker 时创建，在正常退出之前删除。

6）checkpoint：检测点文件，存储 CommitLog 文件最后一次刷盘时间戳、ConsumeQueue 最后一次刷盘时间、index 文件最后一次刷盘时间戳。

rocketmq › store 搜索"store"

名称	修改日期	类型	大小
commitlog	2018/3/4 12:55	文件夹	
config	2018/2/26 23:56	文件夹	
consumequeue	2018/2/26 21:38	文件夹	
index	2018/2/26 21:37	文件夹	
abort	2018/2/4 17:08	文件	0 KB
checkpoint	2018/2/4 17:08	文件	4 KB

图 4-14 RocketMQ 存储目录

4.5.1 CommitLog 文件

CommitLog 目录的结构在 4.4 节已经详细介绍过了，该目录下的文件主要用于存储消息，其特点是每一条消息长度不相同。CommitLog 文件存储格式如图 4-15 所示，每条消息的前面 4 个字节存储该条消息的总长度。

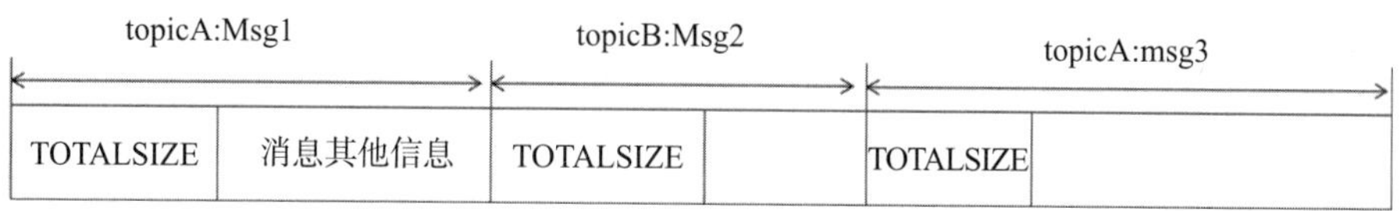

图 4-15 CommitLog 文件存储格式

CommitLog 文件的存储目录默认为 ${ROCKET_HOME}/store/commitlog，可以通过在 broker 配置文件中设置 storePathRootDir 属性改变默认路径，如代码清单 4-30 所示。CommitLog 文件默认大小为 1GB，可通过在 broker 配置文件中设置 mapedFileSizeCommitLog 属性改变默认大小。本节将基于上述存储结构，重点分析消息的查找实现。

代码清单 4-30 Commitlog#getMinOffset

```
public long getMinOffset() {
    MappedFile mappedFile = this.mappedFileQueue.getFirstMappedFile();
    if (mappedFile != null) {
```

```
        if (mappedFile.isAvailable()) {
            return mappedFile.getFileFromOffset();
            } else {
                return this.rollNextFile(mappedFile.getFileFromOffset());
            }
        }
        return -1;
    }
```

获取当前 CommitLog 目录的最小偏移量，首先获取目录下的第一个文件，如果该文件可用，则返回该文件的起始偏移量，否则返回下一个文件的起始偏移量，如代码清单 4-31 所示。

代码清单 4-31 CommitLog#rollNextFile

```
public long rollNextFile(final long offset) {
    int mappedFileSize = this.defaultMessageStore.getMessageStoreConfig()
                .getMapedFileSizeCommitLog();
    return offset + mappedFileSize - offset % mappedFileSize;
}
```

根据 offset 返回下一个文件的起始偏移量。获取一个文件的大小，减去 offset % mappedFileSize，回到下一文件的起始偏移量，如代码清单 4-32 所示。

代码清单 4-32 CommitLog#getMessage

```
public SelectMappedBufferResult getMessage(final long offset, final int size) { int
    mappedFileSize =
    this.defaultMessageStore.getMessageStoreConfig().
                getMapedFileSizeCommitLog();
    MappedFile mappedFile = this.mappedFileQueue.findMappedFileByOffset(offset,
            offset == 0);
    if (mappedFile != null) {
        int pos = (int) (offset % mappedFileSize); return
        mappedFile.selectMappedBuffer(pos, size);
    }
    return null;
}
```

根据偏移量与消息长度查找消息。首先根据偏移找到文件所在的物理偏移量，然后用 offset 与文件长度取余，得到在文件内的偏移量，从该偏移量读取 size 长度的内容并返回。如果只根据消息偏移量查找消息，则首先找到文件内的偏移量，然后尝试读取 4 字节，获取消息的实际长度，最后读取指定字节。

4.5.2 ConsumeQueue 文件

RocketMQ 基于主题订阅模式实现消息消费，消费者关心的是一个主题下的所有消息，但同一主题的消息是不连续地存储在 CommitLog 文件中的。如果消息消费者直接从消息存储文件中遍历查找订阅主题下的消息，效率将极其低下。RocketMQ 为了适应消息消费的检索需求，设计了 ConsumeQueue 文件，该文件可以看作 CommitLog 关于消息消费的“索引”文件，ConsumeQueue 的第一级目录为消息主题，第二级目录为主题的消息队列，如图 4-16 所示。

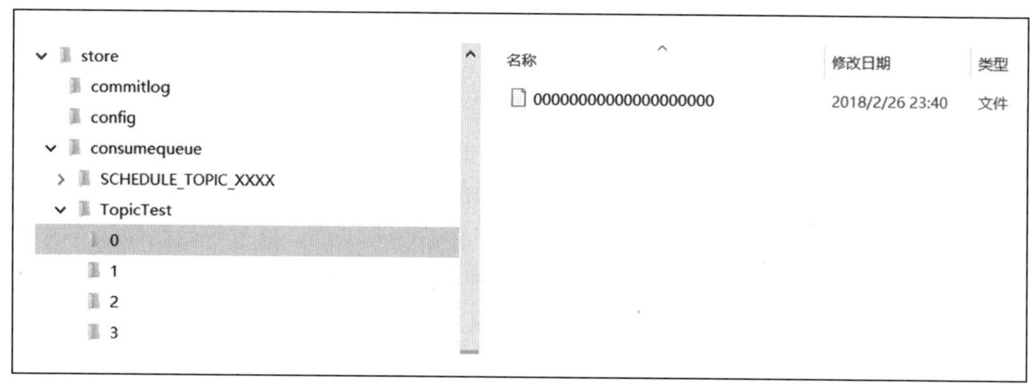

图 4-16　ConsumeQueue 文件结构

为了加速 ConsumeQueue 消息条目的检索速度并节省磁盘空间，每一个 ConsumeQueue 条目不会存储消息的全量信息，存储格式如图 4-17 所示。

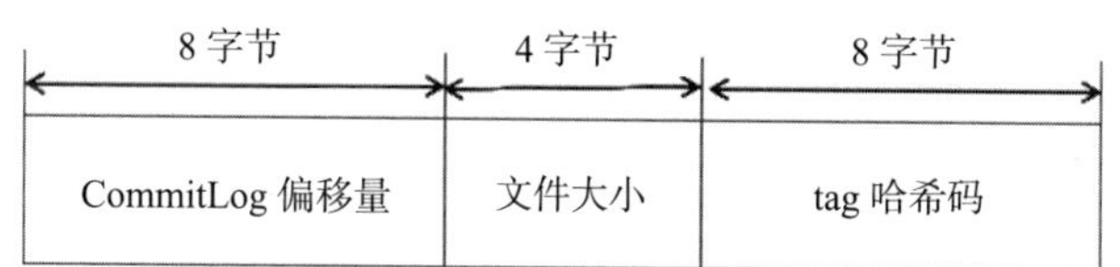

图 4-17　ConsumeQueue 文件存储格式

单个 ConsumeQueue 文件中默认包含 30 万个条目，单个文件的长度为 $3\times10^6\times20$ 字节，单个 ConsumeQueue 文件可以看作一个 ConsumeQueue 条目的数组，其下标为 ConsumeQueue 的逻辑偏移量，消息消费进度存储的偏移量即逻辑偏移量。ConsumeQueue 即为 CommitLog 文件的索引文件，其构建机制是当消息到达 CommitLog 文件后，由专门的线程产生消息转发任务，从而构建 ConsumeQueue 文件与下文提到的 Index 文件，如代码清单 4-33 所示。本节只分析如何根据消息逻辑偏移量、时间戳查找消息，4.6 节将重点讨论消息消费队列的构建、恢复等内容。

代码清单 4-33　ConsumeQueue#getIndexBuffer

```
public SelectMappedBufferResult getIndexBuffer(final long startIndex) {
        int mappedFileSize = this.mappedFileSize;
        long offset = startIndex *
    CQ_STORE_UNIT_SIZE;
```

```
        if (offset >= this.getMinLogicOffset()) {
            MappedFile mappedFile = this.mappedFileQueue.findMappedFileByOffset(offset);
            if (mappedFile != null) {
                SelectMappedBufferResult result = mappedFile.selectMappedBuffer((int)
                    (offset % mappedFileSize));
                return result;
            }
        }
        return null;
    }
```

根据 startIndex 获取消息消费队列条目。通过 startIndex×20 得到在 ConsumeQueue 文件的物理偏移量，如果该偏移量小于 minLogicOffset，则返回 null，说明该消息已被删除，如果大于 minLogicOffset，则根据偏移量定位到具体的物理文件。通过将该偏移量与物理文件的大小取模获取在该文件的偏移量，从偏移量开始连续读取 20 个字节即可。

ConsumeQueue 文件提供了根据消息存储时间来查找具体实现的算法 getOffsetInQueueByTime(final long timestamp)，其具体实现如下。

第一步：根据时间戳定位到物理文件，就是从第一个文件开始，找到第一个文件更新时间大于该时间戳的文件，如代码清单 4-34 所示。

代码清单 4-34 ConsumeQueue#getOffsetInQueueByTime

```
int low = minLogicOffset > mappedFile.getFileFromOffset() ? (int) (minLogicOffset
        - mappedFile.getFileFromOffset()) : 0;
int high = 0;
int midOffset = -1, targetOffset = -1, leftOffset = -1, rightOffset = -1;
long leftIndexValue = -1L, rightIndexValue = -1L;
long minPhysicOffset = this.defaultMessageStore.getMinPhyOffset();
SelectMappedBufferResult sbr = mappedFile.selectMappedBuffer(0);
    if (null != sbr) {
        ByteBuffer byteBuffer = sbr.getByteBuffer();
        high = byteBuffer.limit() - CQ_STORE_UNIT_SIZE;
```

第二步：采用二分查找来加速检索。首先计算最低查找偏移量，取消息队列最小偏移量与该文件注销偏移量的差为最小偏移量 low。获取当前存储文件中有效的最小消息物理偏移量 minPhysicOffset，如果查找到的消息偏移量小于该物理偏移量，则结束该查找过程，如代码清单 4-35 所示。

代码清单 4-35 ConsumeQueue#getOffsetInQueueByTime

```
while (high >= low) {
    midOffset = (low + high) / (2 * CQ_STORE_UNIT_SIZE) * CQ_STORE_UNIT_SIZE;
    byteBuffer.position(midOffset);
    long phyOffset = byteBuffer.getLong();
    int size = byteBuffer.getInt();
    if (phyOffset < minPhysicOffset) {
        low = midOffset + CQ_STORE_UNIT_SIZE;
```

```
            leftOffset = midOffset;
            continue;
        }
        long storeTime =
                this.defaultMessageStore.getCommitLog().
                    pickupStoreTimestamp(phyOffset, size);
        if (storeTime < 0) {
            return 0;
        } else if (storeTime == timestamp) {
            targetOffset =  midOffset; break;
        } else if (storeTime > timestamp) {
            high = midOffset - CQ_STORE_UNIT_SIZE;
            rightOffset = midOffset;
            rightIndexValue = storeTime;
        } else {
            low = midOffset + CQ_STORE_UNIT_SIZE;
            leftOffset = midOffset;
            leftIndexValue = storeTime;
        }
    }
```

二分查找的常规退出循环为 low>high，首先查找中间的偏移量 midOffset，将 ConsumeQueue 文件对应的 ByteBuffer 定位到 midOffset，然后读取 4 个字节，获取该消息的物理偏移量，如代码清单 4-36 所示。

1）如果得到的物理偏移量小于当前的最小物理偏移量，说明待查找消息的物理偏移量肯定大于 midOffset，则将 low 设置为 midOffset，继续折半查找。

2）如果得到的物理偏移量大于最小物理偏移量，说明该消息是有效消息，则根据消息偏移量和消息长度获取消息的存储时间戳。

3）如果存储时间小于 0，则为无效消息，直接返回 0。

4）如果存储时间戳等于待查找时间戳，说明查找到了匹配消息，则设置 targetOffset 并跳出循环。

5）如果存储时间戳大于待查找时间戳，说明待查找消息的物理偏移量小于 midOffset，则设置 high 为 midOffset，并设置 rightIndexValue 等于 midOffset。

6）如果存储时间戳小于待查找时间戳，说明待查找消息的物理偏移量大于 midOffsct，则设置 low 为 midOffset，并设置 leftIndexValue 等于 midOffset。

代码清单 4-36　ConsumeQueue#getOffsetInQueueByTime

```
    if (targetOffset != -1) {
            offset = targetOffset;
        } else {
            if (leftIndexValue == -1) {
                offset = rightOffset;
            } else if (rightIndexValue == -1) {
                offset = leftOffset;
```

```
        } else {
            offset = Math.abs(timestamp - leftIndexValue) > Math.abs(timestamp
                    - rightIndexValue) ? rightOffset : leftOffset;
            }
    }
    return (mappedFile.getFileFromOffset() + offset) / CQ_STORE_UNIT_SIZE;
```

第三步：如果 targetOffset 不等于 -1，表示找到了存储时间戳等于待查找时间戳的消息。如果 leftIndexValue 等于 -1，表示返回当前时间戳大于待查找消息的时间戳，并且最接近待查找消息的偏移量。如果 rightIndexValue 等于 -1，表示返回的时间戳比待查找消息的时间戳小，并且最接近待查找消息的偏移量，如代码清单 4-37 所示。

代码清单 4-37 ConsumeQueue#rollNextFile

```
public long rollNextFile(final long index) {
    int mappedFileSize = this.mappedFileSize;
    int totalUnitsInFile = mappedFileSize / CQ_STORE_UNIT_SIZE;
    return index + totalUnitsInFile - index % totalUnitsInFile;
}
```

根据当前偏移量获取下一个文件的起始偏移量。首先获取文件包含多少个消息消费队列条目，减去 index%totalUnitsInFile 的目的是选中下一个文件的起始偏移量。

4.5.3 Index 文件

ConsumeQueue 是 RocketMQ 专门为消息订阅构建的索引文件，目的是提高根据主题与消息队列检索消息的速度。另外，RocketMQ 引入哈希索引机制为消息建立索引，HashMap 的设计包含两个基本点：哈希槽与哈希冲突的链表结构。RocketMQ 索引文件 Index 存储格式如图 4-18 所示。

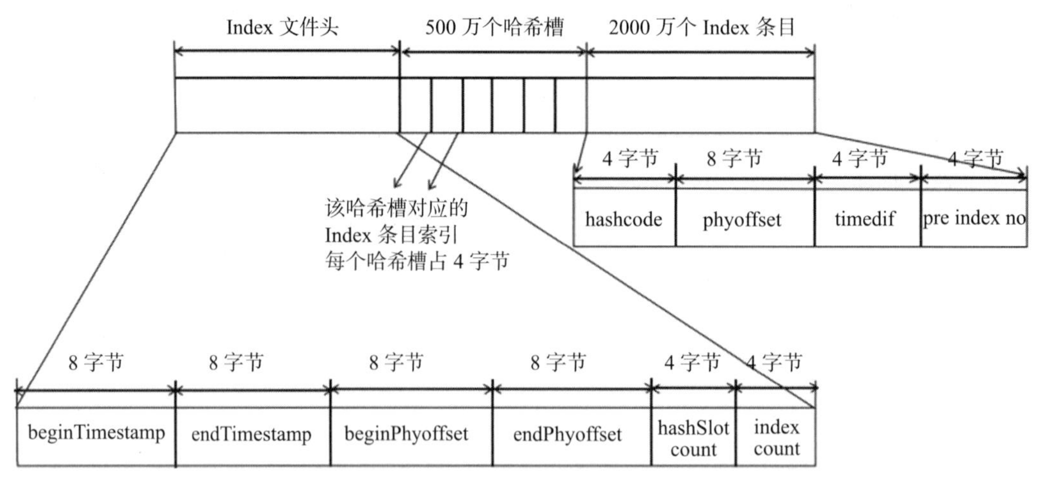

图 4-18 Index 文件存储格式

从图 4-20 可以看出，Index 包含 Index 文件头、哈希槽、Index 条目（数据）。Index 文件头包含 40 字节，记录该 Index 的统计信息，其结构如下。

1）beginTimestamp：Index 文件中消息的最小存储时间。

2）endTimestamp：Index 文件中消息的最大存储时间。

3）beginPhyoffset：Index 文件中消息的最小物理偏移量（CommitLog 文件偏移量）。

4）endPhyoffset：Index 文件中消息的最大物理偏移量（CommitLog 文件偏移量）。

5）hashslotCount：hashslot 个数，并不是哈希槽使用的个数，在这里意义不大。

6）indexCount：Index 条目列表当前已使用的个数，Index 条目在 Index 条目列表中按顺序存储。

一个 Index 默认包含 500 万个哈希槽。哈希槽存储的是落在该哈希槽的哈希码最新的 Index 索引。默认一个 Index 文件包含 2000 万个条目，每个 Index 条目结构如下。

1）hashcode：key 的哈希码。

2）phyoffset：消息对应的物理偏移量。

3）timedif：该消息存储时间与第一条消息的时间戳的差值，若小于 0，则该消息无效。

4）pre index no：该条目的前一条记录的 Index 索引，当出现哈希冲突时，构建链表结构。

接下来重点分析如何将 Map<String/* 消息索引 key*/,long phyOffset/* 消息物理偏移量 */> 存入 Index 文件，以及如何根据消息索引 key 快速查找消息。

RocketMQ 将消息索引键与消息偏移量的映射关系写入 Index 的实现方法为 public boolean putKey（final String key, final long phyOffset, final long storeTimestamp），参数含义分别为消息索引、消息物理偏移量、消息存储时间，如代码清单 4-38 所示。

代码清单 4-38 IndexFile#putKey

```
if (this.indexHeader.getIndexCount() < this.indexNum) {
    int keyHash = indexKeyHashMethod(key);
    int slotPos = keyHash % this.hashSlotNum;
    int absSlotPos = IndexHeader.INDEX_HEADER_SIZE + slotPos * hashSlotSize;
}
```

第一步：当前已使用条目大于、等于允许最大条目数时，返回 fasle，表示当前 Index 文件已写满。如果当前 index 文件未写满，则根据 key 算出哈希码。根据 keyHash 对哈希槽数量取余定位到哈希码对应的哈希槽下标，哈希码对应的哈希槽的物理地址为 IndexHeader（40 字节）加上下标乘以每个哈希槽的大小（4 字节），如代码清单 4-39 所示。

代码清单 4-39 IndexFile#putKey

```
int slotValue = this.mappedByteBuffer.getInt(absSlotPos);
if (slotValue <= invalidIndex || slotValue > this.indexHeader.getIndexCount())
{
    slotValue = invalidIndex;
}
```

第二步：读取哈希槽中存储的数据，如果哈希槽存储的数据小于 0 或大于当前 Index 文件中的索引条目，则将 slotValue 设置为 0，如代码清单 4-40 所示。

代码清单 4-40 IndexFile#putKey

```
long timeDiff = storeTimestamp - this.indexHeader.getBeginTimestamp();
timeDiff = timeDiff / 1000;
if (this.indexHeader.getBeginTimestamp() <= 0) {
    timeDiff = 0;
} else if (timeDiff > Integer.MAX_VALUE) {
    timeDiff = Integer.MAX_VALUE;
} else if (timeDiff < 0) {
    timeDiff = 0;
}
```

第三步：计算待存储消息的时间戳与第一条消息时间戳的差值，并转换成秒，如代码清单 4-41 所示。

代码清单 4-41 IndexFile#putKey

```
int absIndexPos = IndexHeader.INDEX_HEADER_SIZE + this.hashSlotNum *
            hashSlotSize + this.indexHeader.getIndexCount() * indexSize;
this.mappedByteBuffer.putInt(absIndexPos, keyHash);
this.mappedByteBuffer.putLong(absIndexPos + 4, phyOffset);
this.mappedByteBuffer.putInt(absIndexPos + 4 + 8, (int) timeDiff);
this.mappedByteBuffer.putInt(absIndexPos + 4 + 8 + 4, slotValue);
this.mappedByteBuffer.putInt(absSlotPos, this.indexHeader.getIndexCount());
```

第四步：将条目信息存储在 Index 文件中。

1）计算新添加条目的起始物理偏移量：头部字节长度 + 哈希槽数量 × 单个哈希槽大小（4 个字节）+ 当前 Index 条目个数 × 单个 Index 条目大小（20 个字节）。

2）依次将哈希码、消息物理偏移量、消息存储时间戳与 Index 文件时间戳、当前哈希槽的值存入 MappedByteBuffer。

3）将当前 Index 文件中包含的条目数量存入哈希槽中，覆盖原先哈希槽的值。

以上是哈希冲突链式解决方案的关键实现，哈希槽中存储的是该哈希码对应的最新 Index 条目的下标，新的 Index 条目最后 4 个字节存储该哈希码上一个条目的 Index 下标。如果哈希槽中存储的值为 0 或大于当前 Index 文件最大条目数或小于 -1，表示该哈希槽当前并没有与之对应的 Index 条目。值得注意的是，Index 文件条目中存储的不是消息索引 key，而是消息属性 key 的哈希，在根据 key 查找时需要根据消息物理偏移量找到消息，进而验证消息 key 的值。之所以只存储哈希，而不存储具体的 key，是为了将 Index 条目设计为定长结构，才能方便地检索与定位条目，如代码清单 4-42 所示。

代码清单 4-42 IndexFile#putKey

```
if (this.indexHeader.getIndexCount() <= 1) {
    this.indexHeader.setBeginPhyOffset(phyOffset);
```

```
        this.indexHeader.setBeginTimestamp(storeTimestamp);
    }
    this.indexHeader.incHashSlotCount();
    this.indexHeader.incIndexCount();
    this.indexHeader.setEndPhyOffset(phyOffset);
    this.indexHeader.setEndTimestamp(storeTimestamp);
```

第五步：更新文件索引头信息。如果当前文件只包含一个条目，则更新 beginPhyOffset、beginTimestamp、endPyhOffset、endTimestamp 以及当前文件使用索引条目等信息，如代码清单 4-43 所示。

RocketMQ 根据索引 key 查找消息的实现方法为 selectPhyOffset(List<Long> phy Offsets, String key, int maxNum,long begin, long end)，其参数说明如下。

1）List<Long> phyOffsets：查找到的消息物理偏移量。

2）String key：索引 key。

3）int maxNum：本次查找最大消息条数。

4）long begin：开始时间戳。

5）long end：结束时间戳。

代码清单 4-43 IndexFile#selectPhyOffset

```
int keyHash = indexKeyHashMethod(key);
int slotPos = keyHash % this.hashSlotNum;
int absSlotPos = IndexHeader.INDEX_HEADER_SIZE + slotPos * hashSlotSize;
```

第一步：根据 key 算出 key 的哈希码，keyHash 对哈希槽数量取余，定位到哈希码对应的哈希槽下标，哈希槽的物理地址为 IndexHeader（40 字节）加上下标乘以每个哈希槽的大小（4 字节），如代码清单 4-44 所示。

代码清单 4-44 IndexFile#selectPhyOffset

```
int slotValue = this.mappedByteBuffer.getInt(absSlotPos);
if (slotValue <= invalidIndex || slotValue > this.indexHeader.getIndexCount()
        || this.indexHeader.getIndexCount() <= 1) { // 返回;
}
```

第二步：如果对应的哈希槽中存储的数据小于 1 或大于当前索引条目个数，表示该哈希码没有对应的条目，直接返回，如代码清单 4-45 所示。

代码清单 4-45 IndexFile#selectPhyOffset

```
for (int nextIndexToRead = slotValue; ; ){
// 省略部分代码
}
```

第三步：因为会存在哈希冲突，所以根据 slotValue 定位该哈希槽最新的一个 Item 条目，将存储的物理偏移量加入 phyOffsets，然后继续验证 Item 条目中存储的上一个 Index

下标，如果大于、等于 1 并且小于当前文件的最大条目数，则继续查找，否则结束查找，如代码清单 4-46 所示。

代码清单 4-46 IndexFile#selectPhyOffset

```
int absIndexPos = IndexHeader.INDEX_HEADER_SIZE + this.hashSlotNum *
        hashSlotSize + nextIndexToRead * indexSize;
int keyHashRead = this.mappedByteBuffer.getInt(absIndexPos);
long phyOffsetRead = this.mappedByteBuffer.getLong(absIndexPos + 4);
long timeDiff = (long) this.mappedByteBuffer.getInt(absIndexPos + 4 + 8);
int prevIndexRead = this.mappedByteBuffer.getInt(absIndexPos + 4 + 8 + 4);
```

第四步：根据 Index 下标定位到条目的起始物理偏移量，然后依次读取哈希码、物理偏移量、时间戳、上一个条目的 Index 下标，如代码清单 4-47 所示。

代码清单 4-47 查找消息偏移量

```
if (timeDiff < 0) {
    break;
}
timeDiff *= 1000L;
long timeRead = this.indexHeader.getBeginTimestamp() + timeDiff; boolean
    timeMatched = (timeRead >= begin) && (timeRead <= end);
if (keyHash == keyHashRead && timeMatched) {
phyOffsets.add(phyOffsetRead);
}
if (prevIndexRead <= invalidIndex
        || prevIndexRead > this.indexHeader.getIndexCount()
        || prevIndexRead == nextIndexToRead || timeRead < begin) {
    break;
}
nextIndexToRead = prevIndexRead;
```

第五步：如果存储的时间戳小于 0，则直接结束查找。如果哈希匹配并且消息存储时间介于待查找时间 start、end 之间，则将消息物理偏移量加入 phyOffsets，并验证条目的前一个 Index 索引，如果索引大于、等于 1 并且小于 Index 条目数，则继续查找，否则结束查找。

4.5.4 checkpoint 文件

checkpoint（检查点）文件的作用是记录 ComitLog、ConsumeQueue、Index 文件的刷盘时间点，文件固定长度为 4KB，其中只用该文件的前面 24 字节，其存储格式如图 4-19 所示。

图 4-19 checkpoint 文件存储格式

1）physicMsgTimestamp：CommitLog 文件刷盘时间点。

2）logicsMsgTimestamp：ConsumeQueue 文件刷盘时间点。

3）indexMsgTimestamp：Index 文件刷盘时间点。

4.6　实时更新 ConsumeQueue 与 Index 文件

因为 ConsumeQueue 文件、Index 文件都是基于 CommitLog 文件构建的，所以当消息生产者提交的消息存储到 CommitLog 文件中时，ConsumeQueue 文件、Index 文件需要及时更新，否则消息无法及时被消费，根据消息属性查找消息也会出现较大延迟。RocketMQ 通过开启一个线程 ReputMessageServcie 来准实时转发 CommitLog 文件的更新事件，相应的任务处理器根据转发的消息及时更新 ConsumeQueue 文件、Index 文件，如代码清单 4-48 所示。

代码清单 4-48　DefaultMessageStore#start

```
if (this.getMessageStoreConfig().isDuplicationEnable()) {
    this.reputMessageService.setReputFromOffset(this.commitLog. getConfirmOffset());
} else {
    this.reputMessageService.setReputFromOffset(this.commitLog.getMaxOffset());
}
this.reputMessageService.start();
```

Broker 服务器在启动时会启动 ReputMessageService 线程，并初始化一个非常关键的参数 reputFromOffset，该参数的含义是 ReputMessageService 从哪个物理偏移量开始转发消息给 ConsumeQueue 和 Index 文件。如果允许重复转发，将 reputFromOffset 设置为 CommitLog 文件的提交指针。如果不允许重复转发，将 reputFromOffset 设置为 CommitLog 文件的内存中最大偏移量，如代码清单 4-49 所示。

代码清单 4-49　DefaultMessageStore#run

```
public void run() {
    DefaultMessageStore.log.info(this.getServiceName() + " service started");
    while (!this.isStopped()) {
        try { Thread.sleep(1);
            this.doReput();
        } catch (Exception e) {
                DefaultMessageStore.log.warn(this.getServiceName() + " service has
                    exception. ", e);
        }
    }
    DefaultMessageStore.log.info(this.getServiceName() + " service end");
}
```

ReputMessageService 线程每执行一次任务推送，休息 1ms 后继续尝试推送消息到 Consume

Queue 和 Index 文件中，消息消费转发由 doReput() 方法实现，如代码清单 4-50 所示。

代码清单 4-50 DefaultMessageStore#doReput

```
SelectMappedBufferResult result =
        DefaultMessageStore.this.commitLog.getData(reputFromOffset);
```

第一步：返回 reputFromOffset 偏移量开始的全部有效数据（CommitLog 文件）。然后循环读取每一条消息，如代码清单 4-51 所示。

代码清单 4-51 DefaultMessageStore#doReput

```
DispatchRequest dispatchRequest = DefaultMessageStore.this.commitLog.
        checkMessageAndReturnSize(result.getByteBuffer(), false, false);
int size = dispatchRequest.getMsgSize();
if (dispatchRequest.isSuccess()) {
    if (size > 0) {
            DefaultMessageStore.this.doDispatch(dispatchRequest);
    }
}
```

第二步：从 result 返回的 ByteBuffer 中循环读取消息，一次读取一条，创建 Dispatch Request 对象。DispatchRequest 类图如图 4-20 所示，如果消息长度大于 0，则调用 doDispatch() 方法。最终将分别调用 CommitLogDispatcherBuildConsumeQueue（构建消息消费队列）、CommitLogDispatcherBuildIndex（构建索引文件）。

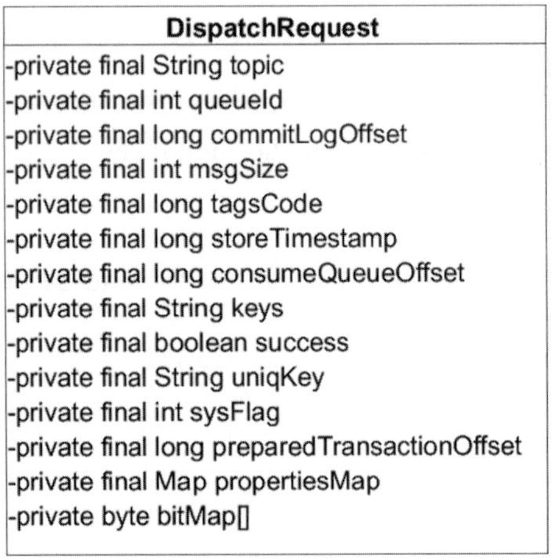

DispatchRequest
-private final String topic
-private final int queueId
-private final long commitLogOffset
-private final int msgSize
-private final long tagsCode
-private final long storeTimestamp
-private final long consumeQueueOffset
-private final String keys
-private final boolean success
-private final String uniqKey
-private final int sysFlag
-private final long preparedTransactionOffset
-private final Map propertiesMap
-private byte bitMap[]

图 4-20 DispatchRequest 类图

下面介绍 DispatchRequest 的核心属性。

1）String topic：消息主题名称。

2）int queueId：消息队列 ID。

3）long commitLogOffset：消息物理偏移量。

4）int msgSize：消息长度。

5）long tagsCode：消息过滤 tag 哈希码。

6）long storeTimestamp：消息存储时间戳。

7）long consumeQueueOffset：消息队列偏移量。

8）String keys：消息索引 key。多个索引 key 用空格隔开，例如 key1 key2。

9）boolean success：是否成功解析到完整的消息。

10）String uniqKey：消息唯一键。

11）int sysFlag：消息系统标记。

12）long preparedTransactionOffset：消息预处理事务偏移量。

13）Map propertiesMap：消息属性。

14）byte bitMap[]：位图。

4.6.1　根据消息更新 ConsumeQueue 文件

消息消费队列转发任务实现类为 CommitLogDispatcherBuildConsumeQueue，内部最终将调用 putMessagePositionInfo() 方法，如代码清单 4-52 所示。

代码清单 4-52　DefaultMessageStore#putMessagePositionInfo

```
public void putMessagePositionInfo(DispatchRequest dispatchRequest) {
    ConsumeQueue cq = this.findConsumeQueue(dispatchRequest.getTopic(),
        dispatchRequest.getQueueId());
    cq.putMessagePositionInfoWrapper(dispatchRequest);
}
```

第一步：根据消息主题与队列 ID，先获取对应的 ConsumeQueue 文件，其逻辑比较简单，因为每一个消息主题对应一个 ConsumeQueue 目录，主题下每一个消息队列对应一个文件夹，所以取出该文件夹最后的 ConsumeQueue 文件即可，如代码清单 4-53 所示。

代码清单 4-53　ConsumeQueue#putMessagePositionInfo

```
this.byteBufferIndex.flip();
this.byteBufferIndex.limit(CQ_STORE_UNIT_SIZE);
this.byteBufferIndex.putLong(offset);
this.byteBufferIndex.putInt(size);
this.byteBufferIndex.putLong(tagsCode);
final long expectLogicOffset = cqOffset * CQ_STORE_UNIT_SIZE;
MappedFile mappedFile = this.mappedFileQueue.getLastMappedFile
        (expectLogicOffset);
if (mappedFile != null) {
    return mappedFile.appendMessage(this.byteBufferIndex.array());
}
```

第二步：依次将消息偏移量、消息长度、tag 哈希码写入 ByteBuffer，并根据 consumeQueueOffset 计算 ConsumeQueue 中的物理地址，将内容追加到 ConsumeQueue 的内存映射文件中（本操作只追加，不刷盘），ConsumeQueue 的刷盘方式固定为异步刷盘。

4.6.2 根据消息更新 Index 文件

哈希索引文件转发任务实现类为 CommitLogDispatcherBuildIndex，如代码清单 4-54 所示。

代码清单 4-54 CommitLogDispatcherBuildIndex#dispatch

```
public void dispatch(DispatchRequest request) {
    if (DefaultMessageStore.this.messageStoreConfig.isMessageIndexEnable()) {
        DefaultMessageStore.this.indexService.buildIndex(request);
    }
}
```

如果 messsageIndexEnable 设置为 true，则调用 IndexService#buildIndex 构建哈希索引，否则忽略本次转发任务，如代码清单 4-55 所示。

代码清单 4-55 IndexService#buildIndex

```
IndexFile indexFile = retryGetAndCreateIndexFile();
if (indexFile != null) {
    long endPhyOffset = indexFile.getEndPhyOffset();
    DispatchRequest msg = req;
    String topic = msg.getTopic(); String keys = msg.getKeys();
    if (msg.getCommitLogOffset() < endPhyOffset) {
        return;
    }
    // 省略部分代码
}
```

第一步：获取或创建 Index 文件并获取所有文件最大的物理偏移量。如果该消息的物理偏移量小于 Index 文件中的物理偏移量，则说明是重复数据，忽略本次索引构建，如代码清单 4-56 所示。

代码清单 4-56 IndexService#buildIndex

```
if (req.getUniqKey() != null) {
    indexFile = putKey(indexFile, msg, buildKey(topic, req.getUniqKey())); if
    (indexFile == null) {
        log.error("putKey error commitlog {} uniqkey {}", req.getCommitLogOffset(),
            req.getUniqKey());
        return;
    }
}
```

第二步：如果消息的唯一键不为空，则添加到哈希索引中，以便加速根据唯一键检索消息，如代码清单 4-57 所示。

代码清单 4-57　IndexService#buildIndex

```
if (keys != null && keys.length() > 0) {
    String[] keyset = keys.split(MessageConst.KEY_SEPARATOR);
    for (int i = 0; i < keyset.length; i++) {
        String key = keyset[i];
        if (key.length() > 0) {
            indexFile = putKey(indexFile, msg, buildKey(topic, key));
            // 返回 topic + "#" + key
            if (indexFile == null) {
                log.error("putKey error commitlog {} uniqkey {}",
                    req.getCommitLogOffset(), req.getUniqKey());
                return;
            }
        }
    }
}
```

第三步：构建索引键，RocketMQ 支持为同一个消息建立多个索引，多个索引键用空格分开。

4.7　ConsumeQueue 与 Index 文件恢复

RocketMQ 是将消息全量存储在 CommitLog 文件中，并异步生成转发任务更新 ConsumeQueue 文件、Index 文件。如果消息成功存储到 CommitLog 文件中，转发任务未成功执行，此时消息服务器 Broker 由于某个原因宕机，就会导致 CommitLog 文件、ConsumeQueue 文件、Index 文件中的数据不一致。如果不加以人工修复，会有一部分消息即便在 CommitLog 文件中存在，由于并没有转发到 ConsumeQueue 文件，也永远不会被消费者消费。那 RocketMQ 是如何使文件达到最终一致性的呢？下面详细分析 RocketMQ 关于存储文件的加载流程来一窥端倪。

第一步：判断上一次退出是否正常。其实现机制是 Broker 在启动时创建 ${ROCKET_HOME}/store/abort 文件，在退出时通过注册 JVM 钩子函数删除 abort 文件。如果下一次启动时存在 abort 文件。说明 Broker 是异常退出的，CommitLog 与 ConsumeQueue 数据有可能不一致，需要进行修复，如代码清单 4-58 所示。

代码清单 4-58　DefaultMessageStore#load

```
boolean lastExitOK = !this.isTempFileExist(); private boolean isTempFileExist() {
    String fileName = StorePathConfigHelper.getAbortFile
            (this.messageStoreConfig.getStorePathRootDir());
    File file = new File(fileName);
```

```
    return file.exists();
}
```

第二步：加载延迟队列，如代码清单 4-59 所示。

代码清单 4-59 DefaultMessageStore#load

```
if (null != scheduleMessageService) {
    result = result && this.scheduleMessageService.load();
}
```

第三步：加载 CommitLog 文件，加载 ${ROCKET_HOME}/store/commitlog 目录下所有文件并按照文件名进行排序。如果文件与配置文件的单个文件大小不一致，将忽略该目录下的所有文件，然后创建 MappedFile 对象。注意 load() 方法将 wrotePosition、flushedPosition、committedPosition 三个指针都设置为文件大小。

第四步：加载消息消费队列，调用 DefaultMessageStore#loadConsumeQueue，其思路与 CommitLog 大体一致，遍历消息消费队列根目录，获取该 Broker 存储的所有主题，然后遍历每个主题目录，获取该主题下的所有消息消费队列，最后分别加载每个消息消费队列下的文件，构建 ConsumeQueue 对象，主要初始化 ConsumeQueue 的 topic、queueId、storePath、mappedFileSize 属性，如代码清单 4-60 所示。

代码清单 4-60 MappedFileQueue#load

```
Arrays.sort(files);
for (File file : files) {
    if (file.length() != this.mappedFileSize) {
            return true;
    }
    try {
      MappedFile mappedFile = new MappedFile(file.getPath(), mappedFileSize);
         mappedFile.setWrotePosition(this.mappedFileSize);
      mappedFile.setFlushedPosition(this.mappedFileSize);
      mappedFile.setCommittedPosition(this.mappedFileSize);
      this.mappedFiles.add(mappedFile);
      log.info("load " + file.getPath() + " OK");
    } catch (IOException e) {
      log.error("load file " + file + " error", e); return false;
    }
}
```

第五步：加载并存储 checkpoint 文件，主要用于记录 CommitLog 文件、ConsumeQueue 文件、Inde 文件的刷盘点，如代码清单 4-61 所示。

代码清单 4-61 DefaultMessageStore#load

```
this.storeCheckpoint = new StoreCheckpoint(StorePathConfigHelper.
getStoreCheckpoint(this.messageStoreConfig.getStorePathRootDir()));
```

第六步：加载 Index 文件，如果上次异常退出，而且 Index 文件刷盘时间小于该文件最大的消息时间戳，则该文件将立即销毁，如代码清单 4-62 所示。

代码清单 4-62 IndexService#load

```
for (File file : files) {
    IndexFile f = new IndexFile(file.getPath(), this.hashSlotNum,
                this.indexNum, 0, 0);
    f.load();
        if (!lastExitOK) {
            if (f.getEndTimestamp() > this.defaultMessageStore.getStoreCheckpoint()
                        .getIndexMsgTimestamp()) {
                f.destroy(0);
                continue;
        }
}
}// 省略异常代码
```

第七步：根据 Broker 是否为正常停止，执行不同的恢复策略，下文将分别介绍异常停止、正常停止的文件恢复机制，如代码清单 4-63 所示。

代码清单 4-63 DefaultMessageStore#recover

```
private void recover(final boolean lastExitOK)
    { this.recoverConsumeQueue();
    if (lastExitOK) {
        this.commitLog.recoverNormally();
    } else {
        this.commitLog.recoverAbnormally();
    }
        this.recoverTopicQueueTable();
}
```

第八步：恢复 ConsumeQueue 文件后，将在 CommitLog 实例中保存每个消息消费队列当前的存储逻辑偏移量，这也是消息中不仅存储主题、消息队列 ID 还存储了消息队列偏移量的关键所在，如代码清单 4-64 所示。

代码清单 4-64 DefaultMessageStore#recoverTopicQueueTable

```
private void recoverTopicQueueTable() {
    HashMap<String/* topic-queueid */, Long/* offset */> table = new
            HashMap<String, Long>(1024);
    long minPhyOffset = this.commitLog.getMinOffset();
    for (ConcurrentMap<Integer, ConsumeQueue> maps :
                this.consumeQueueTable.values()) {
        for (ConsumeQueue logic : maps.values()) {
            String key = logic.getTopic() + "-" + logic.getQueueId();
            table.put(key, logic.getMaxOffsetInQueue());
            logic.correctMinOffset(minPhyOffset);
        }
```

```
    }
    this.commitLog.setTopicQueueTable(table);
}
```

4.7.1 Broker 正常停止文件恢复

Broker 正常停止文件恢复的实现为 CommitLog#recoverNormally。

第一步：Broker 正常停止再重启时，从倒数第 3 个文件开始恢复，如果不足 3 个文件，则从第一个文件开始恢复。checkCRCOnRecover 参数用于在进行文件恢复时查找消息是否验证 CRC，如代码清单 4-65 所示。

代码清单 4-65 CommitLog#recoverNormally

```
boolean checkCRCOnRecover =
        this.defaultMessageStore.getMessageStoreConfig().isCheckCRCOnRecover();
final List<MappedFile> mappedFiles = this.mappedFileQueue.getMappedFiles();
if (!mappedFiles.isEmpty()) {
    int index = mappedFiles.size() - 3;
if (index < 0)
        index = 0;
// 省略部分代码
}
```

第二步：解释一下两个局部变量，mappedFileOffset 为当前文件已校验通过的物理偏移量，processOffset 为 CommitLog 文件已确认的物理偏移量，等于 mappedFile.getFileFromOffset 加上 mappedFileOffset，如代码清单 4-66 所示。

代码清单 4-66 CommitLog#recoverNormally

```
MappedFile mappedFile = mappedFiles.get(index);
ByteBuffer byteBuffer = mappedFile.sliceByteBuffer();
long processOffset = mappedFile.getFileFromOffset();
long mappedFileOffset = 0;
```

第三步：遍历 CommitLog 文件，每次取出一条消息，如果查找结果为 true 并且消息的长度大于 0，表示消息正确，mappedFileOffset 指针向前移动本条消息的长度。如果查找结果为 true 并且消息的长度等于 0，表示已到该文件的末尾，如果还有下一个文件，则重置 processOffset、mappedFileOffset 并重复上述步骤，否则跳出循环；如果查找结果为 false，表明该文件未填满所有消息，则跳出循环，结束遍历文件，如代码清单 4-67 所示。

代码清单 4-67 CommitLog#recoverNormally

```
DispatchRequest dispatchRequest = this.checkMessageAndReturnSize(byteBuffer,
            checkCRCOnRecover);
int size = dispatchRequest.getMsgSize();
if (dispatchRequest.isSuccess() && size > 0) {
    mappedFileOffset += size;
```

```
} else if (dispatchRequest.isSuccess() && size == 0) {
    index++;
    if (index >= mappedFiles.size()) {
        break;
    } else {
        mappedFile = mappedFiles.get(index);
        byteBuffer = mappedFile.sliceByteBuffer();
        processOffset = mappedFile.getFileFromOffset();
        mappedFileOffset = 0;
        log.info("recover next physics file, " + mappedFile.getFileName());
    }
} else if (!dispatchRequest.isSuccess()) {
        log.info("recover physics file end, " + mappedFile.getFileName());
    break;
}
```

第四步：更新 MappedFileQueue 的 flushedWhere 和 committedPosition 指针，如代码清单 4-68 所示。

代码清单 4-68　CommitLog#recoverNormally

```
processOffset += mappedFileOffset;
this.mappedFileQueue.setFlushedWhere(processOffset);
this.mappedFileQueue.setCommittedWhere(processOffset);
```

第五步：删除 offset 之后的所有文件。遍历目录下的文件，如果文件的尾部偏移量小于 offset 则跳过该文件，如果尾部的偏移量大于 offset，则进一步比较 offset 与文件的开始偏移量。如果 offset 大于文件的起始偏移量，说明当前文件包含了有效偏移量，设置 MappedFile 的 flushedPosition 和 committedPosition。如果 offset 小于文件的起始偏移量，说明该文件是有效文件后面创建的，则调用 MappedFile#destory 方法释放 MappedFile 占用的内存资源（内存映射与内存通道等），然后加入待删除文件列表中，最终调用 deleteExpiredFile 将文件从物理磁盘上删除，如代码清单 4-69 所示。过期文件的删除将在 4.9 节详细介绍。

代码清单 4-69　MappedFileQueue#truncateDirtyFiles

```
public void truncateDirtyFiles(long offset) {
    List<MappedFile> willRemoveFiles = new ArrayList<MappedFile>();
    for (MappedFile file : this.mappedFiles) {
        long fileTailOffset = file.getFileFromOffset() + this.mappedFileSize; if
        (fileTailOffset > offset) {
            if (offset >= file.getFileFromOffset()) { file.setWrotePosition((int)
                (offset % this.mappedFileSize)); file.setCommittedPosition((int)
                (offset % this.mappedFileSize)); file.setFlushedPosition((int)
                (offset % this.mappedFileSize));
            } else {
                file.destroy(1000);
```

```
                willRemoveFiles.add(file);
            }
        }
    }
    this.deleteExpiredFile(willRemoveFiles);
}
```

4.7.2 Broker 异常停止文件恢复

Broker 异常停止文件恢复的实现为 CommitLog#recoverAbnormally。异常文件恢复与正常停止文件恢复的步骤基本相同，主要差别有两个：首先，Broker 正常停止默认从倒数第三个文件开始恢复，而异常停止则需要从最后一个文件倒序推进，找到第一个消息存储正常的文件；其次，如果 CommitLog 目录没有消息文件，在 ConsuneQueue 目录下存在的文件则需要销毁。

如何判断一个消息文件是否正确呢？

第一步：判断文件的魔数，如果不是 MESSAGE_MAGIC_CODE，则返回 false，表示该文件不符合 CommitLog 文件的存储格式，如代码清单 4-70 所示。

代码清单 4-70　CommitLog#isMappedFileMatchedRecover

```
int magicCode = byteBuffer.getInt(MessageDecoder.MESSAGE_MAGIC_CODE_POSTION);
if (magicCode != MESSAGE_MAGIC_CODE) {
    return false;
}
```

第二步：如果文件中第一条消息的存储时间等于 0，则返回 false，说明该消息的存储文件中未存储任何消息，如代码清单 4-71 所示。

代码清单 4-71　CommitLog#isMappedFileMatchedRecover

```
long storeTimestamp =
        byteBuffer.getLong( MessageDecoder.MESSAGE_STORE_TIMESTAMP_POSTION);
if (0 == storeTimestamp) {
    return false;
}
```

第三步：对比文件第一条消息的时间戳与检测点。如果文件第一条消息的时间戳小于文件检测点，说明该文件的部分消息是可靠的，则从该文件开始恢复。checkpoint 文件中保存了 CommitLog、ConsumeQueue、Index 的文件刷盘点，RocketMQ 默认选择 CommitLog 文件与 ConsumeQueue 这两个文件的刷盘点中较小值与 CommitLog 文件第一条消息的时间戳做对比，如果 messageIndexEnable 为 true，表示 Index 文件的刷盘时间点也参与计算，如代码清单 4-72 所示。

代码清单 4-72 CommitLog#isMappedFileMatchedRecover

```
if (this.defaultMessageStore.getMessageStoreConfig().isMessageIndexEnable() &&
    this.defaultMessageStore.getMessageStoreConfig().isMessageIndexSafe()) { if
    (storeTimestamp <=
            this.defaultMessageStore.getStoreCheckpoint().getMinTimestampIndex()) {
        return true;
    }
} else if (storeTimestamp <=
                this.defaultMessageStore.getStoreCheckpoint().getMinTimestamp()) {
                    return true;
}
```

第四步：如果根据前 3 步算法找到 MappedFile，则遍历 MappedFile 中的消息，验证消息的合法性，并将消息重新转发到 ConsumeQueue 与 Index 文件，该步骤在 4.7.1 节中已详细说明。

第五步：如果未找到有效的 MappedFile，则设置 CommitLog 目录的 flushedWhere、committedWhere 指针都为 0，并销毁 ConsumeQueue 文件，如代码清单 4-73 所示。

代码清单 4-73 ConsumeQueue#destroy

```
public void destroy() {
    this.maxPhysicOffset = -1;
    this.minLogicOffset = 0;
    this.mappedFileQueue.destroy();
    if (isExtReadEnable()) {
        this.consumeQueueExt.destroy();
    }
}
```

重置 ConsumeQueue 的 maxPhysicOffset 与 minLogicOffset，然后调用 MappedFileQueue 的 destory() 方法将 ConsumeQuene 目录下的文件全部删除。

存储启动时所谓的文件恢复主要完成 flushedPosition、committedWhere 指针的设置、将消息消费队列最大偏移量加载到内存，并删除 flushedPosition 之后所有的文件。如果 Broker 异常停止，在文件恢复过程中，RocketMQ 会将最后一个有效文件中的所有消息重新转发到 ConsumeQueue 和 Index 文件中，确保不丢失消息，但同时会带来消息重复的问题。纵观 RocktMQ 的整体设计思想，RocketMQ 保证消息不丢失但不保证消息不会重复消费，故消息消费业务方需要实现消息消费的幂等设计。

4.8 文件刷盘机制

RocketMQ 的存储与读写是基于 JDK NIO 的内存映射机制（MappedByteBuffer）的，消息存储时首先将消息追加到内存中，再根据配置的刷盘策略在不同时间刷盘。如果是同步刷盘，消息追加到内存后，将同步调用 MappedByteBuffer 的 force() 方法；如果是异步刷盘，在消息追加到内存后会立刻返回给消息发送端。RocketMQ 使用一个单独的线程按照某一个设定的频率执行刷盘操作。通过在 broker 配置文件中配置 flushDiskType 来设定刷盘方式，可选值为 ASYNC_FLUSH（异步刷盘）、SYNC_FLUSH（同步刷盘），默认为异步刷盘。本节以 CommitLog 文件刷盘机制为例来剖析 RocketMQ 的刷盘机制，ConsumeQueue 文件、Index 文件刷盘的实现原理与 CommitLog 刷盘机制类似。RocketMQ 处理刷盘的实现方法为 Commitlog#handleDiskFlush()，刷盘流程作为消息发送、消息存储的子流程，我们先重点了解消息存储流程的相关知识。值得注意的是，Index 文件的刷盘并不是采取定时刷盘机制，而是每更新一次 Index 文件就会将上一次的改动写入磁盘。

4.8.1 Broker 同步刷盘

同步刷盘指的是在消息追加到内存映射文件的内存中后，立即将数据从内存写入磁盘文件，由 CommitLog 的 handleDiskFlush 方法实现，如代码清单 4-74 所示。

代码清单 4-74　CommitLog#handleDiskFlush

```
final GroupCommitService service = (GroupCommitService)
    this.flushCommitLogService;
GroupCommitRequest request = new GroupCommitRequest(result.getWroteOffset() +
            result.getWroteBytes());
service.putRequest(request);
boolean flushOK = request.waitForFlush(this.defaultMessageStore.
        getMessageStoreConfig().getSyncFlushTimeout());
if(!flushOK){
    putMessageResult.setPutMessageStatus(PutMessageStatus.FLUSH_DISK_TIMEOUT);
}
```

同步刷盘实现流程如下。

1）构建 GroupCommitRequest 同步任务并提交到 GroupCommitRequest。

2）等待同步刷盘任务完成，如果超时则返回刷盘错误，刷盘成功后正常返回给调用方。GroupCommitRequest 的类图如图 4-21 所示。

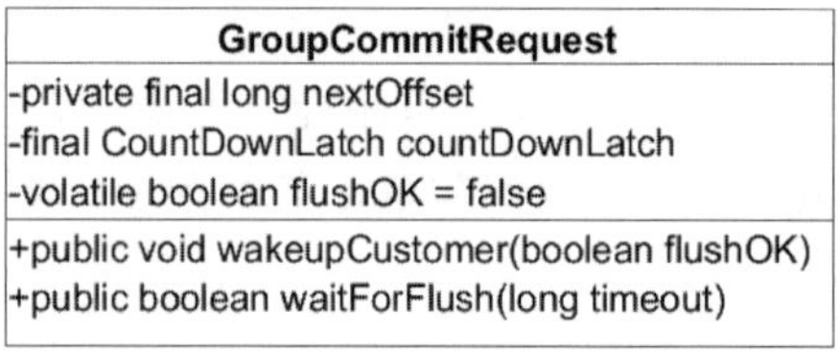

下面介绍 GroupCommitRequest 的核心属性。

1）long nextOffset：刷盘点偏移量。

2）CountDownLatch countDownLatch：倒记数锁存器。

3）flushOk：刷盘结果，初始为 false。

GroupCommitRequest
-private final long nextOffset -final CountDownLatch countDownLatch -volatile boolean flushOK = false
+public void wakeupCustomer(boolean flushOK) +public boolean waitForFlush(long timeout)

图 4-21　GroupCommitRequest 类图

消费发送线程将消息追加到内存映射文件后，将同步任务 GroupCommitRequest 提交到 GroupCommitService 线程，然后调用阻塞等待刷盘结果，超时时间默认为 5s，如代码清单 4-75 所示。

代码清单 4-75　GroupCommitRequest#waitForFlush

```
public boolean waitForFlush(long timeout)
    { try {
        this.countDownLatch.await(timeout, TimeUnit.MILLISECONDS);
        return this.flushOK;
    } catch (InterruptedException e) {
        log.error("Interrupted", e);
        return false;
    }
}
```

GroupCommitService 线程处理 GroupCommitRequest 对象后将调用 wakeupCustomer 方法将消费发送线程唤醒，并将刷盘请求告知 GroupCommitRequest，如代码清单 4-76 所示。同步刷盘线程实现 GroupCommitService 类图如图 4-22 所示。

代码清单 4-76　GroupCommitRequest#wakeupCustomer

```
public void wakeupCustomer(final boolean flushOK) {
    this.flushOK = flushOK;
    this.countDownLatch.countDown();
}
```

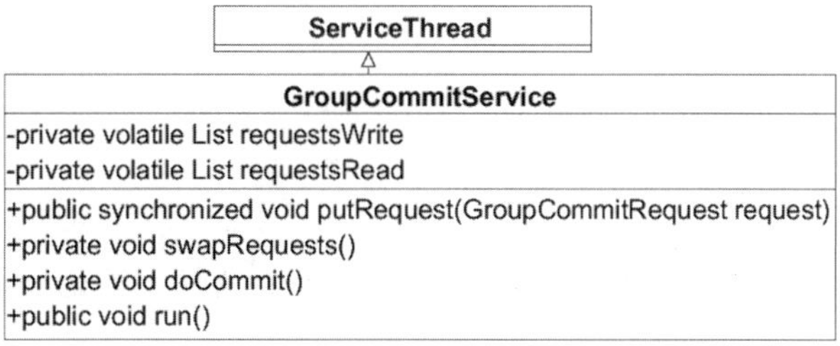

ServiceThread

GroupCommitService
-private volatile List requestsWrite -private volatile List requestsRead
+public synchronized void putRequest(GroupCommitRequest request) +private void swapRequests() +private void doCommit() +public void run()

图 4-22　GroupCommitRequest 类图

1）private volatile List requestsWrite：同步刷盘任务暂存容器。

2）private volatile List requestsRead：GroupCommitService 线程每次处理的 request 容器，这是一个设计亮点，避免了任务提交与任务执行的锁冲突。

客户端提交同步刷盘任务到 GroupCommitService 线程，如果该线程处于等待状态则将其唤醒，如代码清单 4-77 所示。

代码清单 4-77　GroupCommitService#putRequest

```
public synchronized void putRequest(final GroupCommitRequest request) {
    synchronized (this.requestsWrite) {
        this.requestsWrite.add(request);
    }
    if (hasNotified.compareAndSet(false, true)) {
        waitPoint.countDown();
    }
}
```

为了避免同步刷盘消费任务与其他消息生产者提交任务产生锁竞争，GroupCommitService 提供读容器与写容器，这两个容器每执行完一次任务后交互，继续消费任务，如代码清单 4-78 所示。

代码清单 4-78 GroupCommitService#swapRequests

```
private void swapRequests() {
    List<GroupCommitRequest> tmp = this.requestsWrite;
    this.requestsWrite = this.requestsRead;
    this.requestsRead = tmp;
}
```

GroupCommitService 组提交线程，每处理一批刷盘请求后，如果后续有待刷盘的请求需要处理，组提交线程会马不停蹄地处理下一批；如果没有待处理的任务，则休息 10ms，即每 10ms 空转一次，如代码清单 4-79 所示。

代码清单 4-79 GroupCommitService#run

```
public void run() {
    CommitLog.log.info(this.getServiceName() + " service started");
    while (!this.isStopped()) {
        try { this.waitForRunning(10);
            this.doCommit(); }
        catch (Exception e) {
          CommitLog.log.warn(this.getServiceName() + " service has exception. ", e);
        }
    }
}
```

1）执行刷盘操作，即调用 MappedByteBuffer#force 方法。遍历同步刷盘任务列表，根据加入顺序逐一执行刷盘逻辑。

2）调用 mappedFileQueue#flush 方法执行刷盘操作，最终会调用 MappedByteBuffer #force() 方法，其具体实现已在 4.4 节做了详细说明。如果已刷盘指针大于、等于提交的刷盘点，表示刷盘成功，每执行一次刷盘操作后，立即调用 GroupCommitRequest#wakeupCustomer 唤醒消息发送线程并通知刷盘结果。

3）处理完所有同步刷盘任务后，更新刷盘检测点 StoreCheckpoint 中的 physicMsgTimestamp，但并没有执行检测点的刷盘操作，刷盘检测点的刷盘操作将在刷写消息队列文件时触发，如代码清单 4-80 所示。

代码清单 4-80 GroupCommitService#doCommit

```
for (GroupCommitRequest req : this.requestsRead) {
    boolean flushOK = false;
    for (int i = 0; i < 2 && !flushOK; i++) {
        flushOK = CommitLog.this.mappedFileQueue.getFlushedWhere() >=
            req.getNextOffset();
        if (!flushOK) {
            CommitLog.this.mappedFileQueue.flush(0);
```

```
            }
        }
        req.wakeupCustomer(flushOK);
    }
    long storeTimestamp = CommitLog.this.mappedFileQueue.getStoreTimestamp();
    if (storeTimestamp > 0) {
            CommitLog.this.defaultMessageStore.getStoreCheckpoint().
                setPhysicMsgTimestamp(storeTimestamp);
    }
```

同步刷盘的简单描述是，消息生产者在消息服务端将消息内容追加到内存映射文件中（内存）后，需要同步将内存的内容立刻写入磁盘。通过调用内存映射文件（MappedByteBuffer 的 force 方法）可将内存中的数据写入磁盘。

4.8.2 Broker 异步刷盘

异步刷盘操作如代码清单 4-81 所示。

代码清单 4-81　CommitLog#handleDiskFlush

```
// 异步刷盘
else {
if (!this.defaultMessageStore.getMessageStoreConfig().
        isTransientStorePoolEnable()) {
    flushCommitLogService.wakeup();
} else {
    commitLogService.wakeup();
}
```

开启 transientStorePoolEnable 机制则启动异步刷盘方式，刷盘实现较同步刷盘有细微差别。如果 transientStorePoolEnable 为 true，RocketMQ 会单独申请一个与目标物理文件（CommitLog）同样大小的堆外内存，该堆外内存将使用内存锁定，确保不会被置换到虚拟内存中去，消息首先追加到堆外内存，然后提交到与物理文件的内存映射中，再经 flush 操作到磁盘。如果 transientStorePoolEnable 为 false，消息将追加到与物理文件直接映射的内存中，然后写入磁盘。transientStorePoolEnable 为 true 的刷盘流程如图 4-23 所示。

1）将消息直接追加到 ByteBuffer（堆外内存 DirectByteBuffer），wrotePosition 随着消息的不断追加向后移动。

2）CommitRealTimeService 线程默认每 200ms 将 ByteBuffer 新追加（wrotePosition 减去 commitedPosition）的数据提交到 FileChannel 中。

3）FileChannel 在通道中追加提交的内容，其 wrotePosition 指针向前后移动，然后返回。

4）commit 操作成功返回，将 commitedPosition 向前后移动本次提交的内容长度，此时 wrotePosition 指针依然可以向前推进。

5）FlushRealTimeService 线程默认每 500ms 将 FileChannel 中新追加的内存（wrotePosition 减去上一次写入位置 flushedPositiont），通过调用 FileChannel#force() 方法将数据写入磁盘。

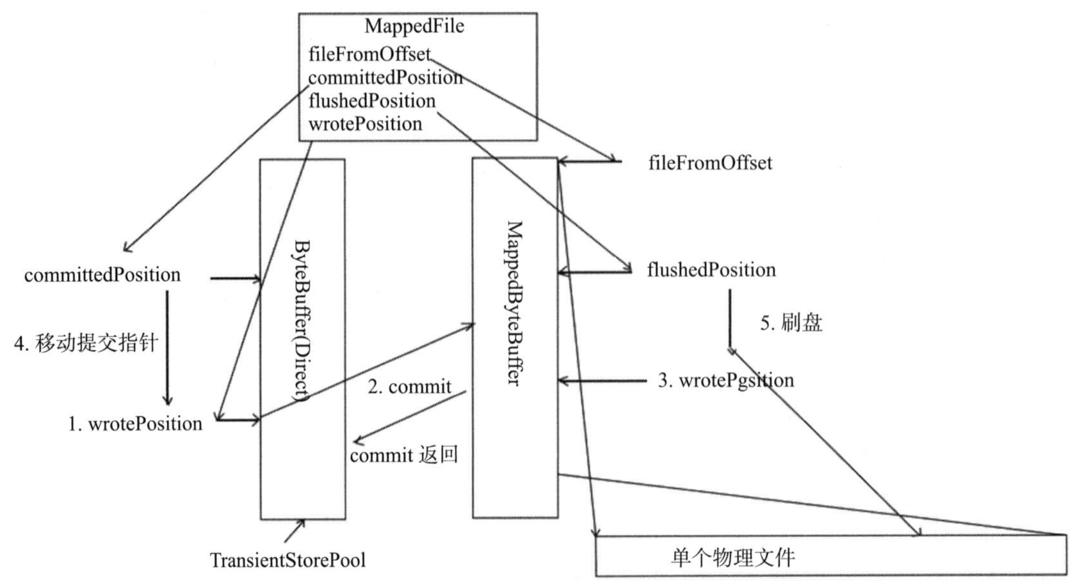

图 4-23　刷盘流程

1. CommitRealTimeService 提交线程工作机制

CommitRealTimeService 提交线程如代码清单 4-82 所示。

代码清单 4-82　CommitLog$CommitRealTimeService#run

```
int interval = CommitLog.this.defaultMessageStore.getMessageStoreConfig()
    .getCommitIntervalCommitLog();
int commitDataLeastPages = CommitLog.this.defaultMessageStore.
        getMessageStoreConfig().getCommitCommitLogLeastPages();
int commitDataThoroughInterval = CommitLog.this.defaultMessageStore.
    getMessageStoreConfig().getCommitCommitLogThoroughInterval();
```

第一步：如代码清单 4-83 所示，先解释 3 个配置参数的含义。

1）commitIntervalCommitLog：CommitRealTimeService 线程间隔时间，默认 200ms。

2）commitLogLeastPages：一次提交任务至少包含的页数，如果待提交数据不足，小于该参数配置的值，将忽略本次提交任务，默认 4 页。

3）commitDataThoroughInterval：两次真实提交的最大间隔时间，默认 200ms。

代码清单 4-83　CommitLog$CommitRealTimeService#run

```
long begin = System.currentTimeMillis();
if (begin >= (this.lastCommitTimestamp + commitDataThoroughInterval))
    { this.lastCommitTimestamp = begin;
    commitDataLeastPages = 0;
}
```

第二步：如果距上次提交间隔超过 commitDataThoroughInterval，则本次提交忽略 commitLogLeastPages 参数，也就是如果待提交数据小于指定页数，也执行提交操作，如代码清单 4-84 所示。

代码清单 4-84 CommitLog$CommitRealTimeService#run

```
boolean result = CommitLog.this.mappedFileQueue.commit(commitDataLeastPages);
long end = System.currentTimeMillis();
if (!result) {
     this.lastCommitTimestamp = end;
     flushCommitLogService.wakeup();
}
this.waitForRunning(interval);
```

第三步：执行提交操作，将待提交数据提交到物理文件的内存映射内存区，如果返回 false，并不代表提交失败，而是表示有数据提交成功了，唤醒刷盘线程执行刷盘操作。该线程每完成一次提交动作，将等待 200ms 再继续执行下一次提交任务。

2. FlushRealTimeService 刷盘线程工作机制

FlushRealTimeService 刷盘线程工作流程如代码清单 4-85 所示。

代码清单 4-85 CommitLog$FlushRealTimeService#run

```
boolean flushCommitLogTimed = CommitLog.this.defaultMessageStore.
            getMessageStoreConfig().isFlushCommitLogTimed();
int interval = CommitLog.this.defaultMessageStore.getMessageStoreConfig().
            getFlushIntervalCommitLog();
int flushPhysicQueueLeastPages = CommitLog.this.defaultMessageStore.
            getMessageStoreConfig().getFlushCommitLogLeastPages();
int flushPhysicQueueThoroughInterval =
            CommitLog.this.defaultMessageStore.getMessageStoreConfig().
        getFlushCommitLogThoroughInterval();
```

第一步：如代码清单 4-86 所示，先解释 4 个配置参数的含义。

1）flushCommitLogTimed：默认为 false，表示使用 await 方法等待；如果为 true，表示使用 Thread.sleep 方法等待。

2）flushIntervalCommitLog：FlushRealTimeService 线程任务运行间隔时间。

flushPhysicQueueLeastPages：一次刷盘任务至少包含页数，如果待写入数据不足，小于该参数配置的值，将忽略本次刷盘任务，默认 4 页。

3）flushPhysicQueueThoroughInterval：两次真实刷盘任务的最大间隔时间，默认 10s。

代码清单 4-86 CommitLog$FlushRealTimeService#run

```
long currentTimeMillis = System.currentTimeMillis();
if (currentTimeMillis >= (this.lastFlushTimestamp +
        flushPhysicQueueThoroughInterval)) {
```

```
        this.lastFlushTimestamp = currentTimeMillis;
        flushPhysicQueueLeastPages = 0;
        printFlushProgress = (printTimes++ % 10) == 0;
    }
```

第二步：如果距上次提交数据的间隔时间超过 flushPhysicQueueThoroughInterval，则本次刷盘任务将忽略 flushPhysicQueueLeastPages，也就是如果待写入数据小于指定页数，也执行刷盘操作，如代码清单 4-87 所示。

代码清单 4-87　CommitLog$FlushRealTimeService#run

```
if (flushCommitLogTimed) {
    Thread.sleep(interval);
} else {
    this.waitForRunning(interval);
}
```

第三步：执行一次刷盘任务前先等待指定时间间隔，然后执行刷盘任务，如代码清单 4-88 所示。

代码清单 4-88　CommitLog$FlushRealTimeService#run

```
long begin = System.currentTimeMillis();
CommitLog.this.mappedFileQueue.flush(flushPhysicQueueLeastPages);
long storeTimestamp = CommitLog.this.mappedFileQueue.getStoreTimestamp();
if (storeTimestamp > 0) {
    CommitLog.this.defaultMessageStore.getStoreCheckpoint().
        setPhysicMsgTimestamp(storeTimestamp);
}
```

第四步：调用 flush 方法将内存中的数据写入磁盘，并且更新 checkpoint 文件的 CommitLog 文件更新时间戳，checkpoint 文件的刷盘动作在刷盘 ConsumeQueue 线程中执行，其入口为 DefaultMessageStore#FlushConsumeQueueService。ConsumeQueue、Index 文件的刷盘实现原理与 CommitLog 文件的刷盘机制类似，本书不再单独分析。

4.9　过期文件删除机制

因为 RocketMQ 操作 CommitLog、ConsumeQueue 文件是基于内存映射机制并在启动的时候会加载 commitlog、consumequeue 目录下的所有文件，所以为了避免内存与磁盘的浪费，不可能将消息永久存储在消息服务器上，这就需要引入一种机制来删除已过期的文件。RocketMQ 顺序写 CommitLog 文件、ConsumeQueue 文件，所有写操作全部落在最后一个 CommitLog 或 ConsumeQueue 文件上，之前的文件在下一个文件创建后将不会再被更新。RocketMQ 清除过期文件的方法：如果非当前写文件在一定时间间隔内没有再次更新，则认为是过期文件，可以被删除，RocketMQ 不会关注这个文件上的消息是否全部被消费。

默认每个文件的过期时间为 72h，通过在 broker 配置文件中设置 fileReservedTime 来改变过期时间，单位为小时。接下来详细分析 RocketMQ 是如何设计与实现上述机制的，如代码清单 4-89 所示。

代码清单 4-89　DefaultMessageStore#addScheduleTask

```
private void addScheduleTask()
    { this.scheduledExecutorService.scheduleAtFixedRate(new Runnable() {
        public void run() {
            DefaultMessageStore.this.cleanFilesPeriodically();
        }
    }, 1000 * 60, this.messageStoreConfig.getCleanResourceInterval(),
        TimeUnit.MILLISECONDS);
// 省略其他定时任务
}
```

RocketMQ 每隔 10s 调度一次 cleanFilesPeriodically，检测是否需要清除过期文件。执行频率可以通过 cleanResourceInterval 进行设置，默认 10s，如代码清单 4-90 所示。

代码清单 4-90　DefaultMessageStore#cleanFilesPeriodically

```
private void cleanFilesPeriodically() {
    this.cleanCommitLogService.run();
    this.cleanConsumeQueueService.run();
}
```

分别执行清除 CommitLog 文件与 ConsumQueue 文件。ConsumQueue 文件与 CommitLog 文件共用一套过期文件删除机制，本节将重点讲解 CommitLog 过期文件删除。实现方法为 DefaultMessageStore$CleanCommitLog Service#deleteExpiredFiles，如代码清单 4-91 所示。

代码清单 4-91　DefaultMessageStore$CleanCommitLogService#deleteExpiredFiles

```
long fileReservedTime = DefaultMessageStore.this.getMessageStoreConfig().
        getFileReservedTime();
int deletePhysicFilesInterval = DefaultMessageStore.this.
        getMessageStoreConfig().getDeleteCommitLogFilesInterval();
int destroyMapedFileIntervalForcibly = DefaultMessageStore.this.
    getMessageStoreConfig().getDestroyMapedFileIntervalForcibly();
```

第一步：解释一下这个 3 个配置属性的含义。

1）fileReservedTime：文件保留时间，如果超过了该时间，则认为是过期文件，可以被删除。

2）deletePhysicFilesInterval：删除物理文件的间隔时间，在一次清除过程中，可能需要被删除的文件不止一个，该值指定两次删除文件的间隔时间。

3）destroyMapedFileIntervalForcibly：在清除过期文件时，如果该文件被其他线程占用（引用次数大于 0，比如读取消息），此时会阻止此次删除任务，同时在第一次试图删除该文件时记录当前时间戳，destroyMapedFileIntervalForcibly 表示第一次拒绝删除之后能保留文件的最大时间，在此时间内，同样可以被拒绝删除，超过该时间后，会将引用次数设置为负数，文件将被强制删除，如代码清单 4-92 所示。

代码清单 4-92　DefaultMessageStore$CleanCommitLogService#deleteExpiredFiles

```
boolean timeup = this.isTimeToDelete(); boolean
spacefull = this.isSpaceToDelete();
boolean manualDelete = this.manualDeleteFileSeveralTimes > 0;
if (timeup || spacefull || manualDelete) {
    // 继续执行删除逻辑
    return;
} else {
    // 本次删除任务无作为
}
```

第二步：RocketMQ 满足如下任意一种情况将继续执行删除文件的操作。

1）指定删除文件的时间点，RocketMQ 通过 deleteWhen 设置每天在固定时间执行一次删除过期文件操作，默认凌晨 4 点。

2）检查磁盘空间是否充足，如果磁盘空间不充足，则返回 true，表示应该触发过期文件删除操作。

3）预留手工触发机制，可以通过调用 excuteDeleteFilesManualy 方法手工触发删除过期文件的操作，目前 RocketMQ 暂未封装手工触发文件删除的命令。

下面重点分析一下磁盘空间是否充足的实现逻辑，如代码清单 4-93 所示。

代码清单 4-93　DefaultMessageStore$CleanCommitLogService#isSpaceToDelete

```
private boolean isSpaceToDelete() {
    double ratio = DefaultMessageStore.this.getMessageStoreConfig().
            getDiskMaxUsedSpaceRatio() / 100.0;
    cleanImmediately = false;
    String storePathPhysic = DefaultMessageStore.this.getMessageStoreConfig().
            getStorePathCommitLog();
    double physicRatio=UtilAll.getDiskPartitionSpaceUsedPercent(storePathPhysic);
    if (physicRatio > diskSpaceWarningLevelRatio) {
        boolean diskok = DefaultMessageStore.this.runningFlags.getAndMakeDiskFull();
        // 省略日志输出语句
        cleanImmediately = true;
    } else if (physicRatio > diskSpaceCleanForciblyRatio) {
        cleanImmediately = true;
    } else {
        boolean diskok = DefaultMessageStore.this.runningFlags.getAndMakeDiskOK();
        // 省略日志输出语句
    }
        if (physicRatio < 0 || physicRatio > ratio) {
            return true;
```

```
    } // 后面省略对 ConsumeQueue 文件做同样的判断
            return fasle;
}
```

首先解释一下几个参数的含义。

1）diskMaxUsedSpaceRatio：表示 CommitLog 文件、ConsumeQueue 文件所在磁盘分区的最大使用量，如果超过该值，则需要立即清除过期文件。

2）cleanImmediately：表示是否需要立即执行清除过期文件的操作。

3）physicRatio：当前 CommitLog 目录所在的磁盘分区的磁盘使用率，通过 File#getTotalSpace 方法获取文件所在磁盘分区的总容量，通过 File#getFreeSpace 方法获取文件所在磁盘分区的剩余容量。

4）diskSpaceWarningLevelRatio：通过系统参数 Drocketmq.broker.diskSpaceWarningLevelRatio 进行设置，默认 0.90。如果磁盘分区使用率超过该阈值，将设置磁盘为不可写，此时会拒绝写入新消息。

5）diskSpaceCleanForciblyRatio：通过系统参数 Drocketmq.broker.diskSpaceCleanForcibly-Ratio 进行设置，默认 0.85。如果磁盘分区使用超过该阈值，建议立即执行过期文件删除，但不会拒绝写入新消息。

如果当前磁盘分区使用率大于 diskSpaceWarningLevelRatio，应该立即启动过期文件删除操作。如果当前磁盘分区使用率大于 diskSpaceCleanForciblyRatio，建议立即执行过期文件清除，如果磁盘使用率低于 diskSpaceCleanForciblyRatio 将恢复磁盘可写。如果当前磁盘使用率小于 diskMaxUsedSpaceRatio，则返回 false，表示磁盘使用率正常，否则返回 true，需要执行删除过期文件，如代码清单 4-94 所示。

代码清单 4-94 MappedFileQueue#deleteExpiredFileByTime

```
for (int i = 0; i < mfsLength; i++) {
    MappedFile mappedFile = (MappedFile) mfs[i];
    long liveMaxTimestamp = mappedFile.getLastModifiedTimestamp() + expiredTime;
    if (System.currentTimeMillis() >= liveMaxTimestamp || cleanImmediately) {
        if (mappedFile.destroy(intervalForcibly)) {
            files.add(mappedFile);
            deleteCount++;
            if (files.size() >= DELETE_FILES_BATCH_MAX) {
            break;
            }
            if (deleteFilesInterval > 0 && (i + 1) < mfsLength) {
            try {
                    Thread.sleep(deleteFilesInterval);
                } catch (InterruptedException e) {
                }
            }
```

```
            } else {
                break;
            }
        }
    }
}
```

下面执行文件销毁与删除。从倒数第二个文件开始遍历，计算文件的最大存活时间，即文件的最后一次更新时间 + 文件存活时间（默认 72 小时），如果当前时间大于文件的最大存活时间或需要强制删除文件（当磁盘使用超过设定的阈值）时，执行 MappedFile#destory 方法，清除 MappedFile 占有的相关资源，如果执行成功，将该文件加入待删除文件列表中，最后统一执行 File#delete 方法将文件从物理磁盘中删除。

4.10 同步双写

RocketMQ 为了优化同步复制的性能，在 RocketMQ 4.7.0 中正式对原先的同步复制做了重大改造，大大提高了同步复制的性能。我们不妨先来简单回顾一下之前关于同步复制的基本流程，如图 4-24 所示。

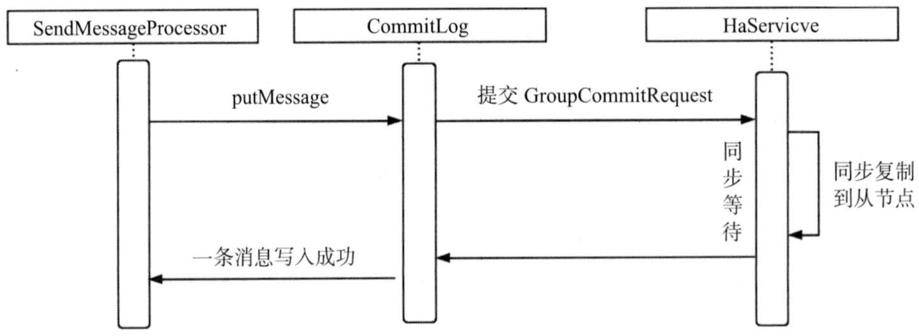

图 4-24 同步复制执行过程

消息发送线程 SendMessageThread 在收到客户端请求时会调用 SendMessageProcessor 中的方法，将消息写入 Broker。如果消息复制模式为同步复制，则需要将消息同步复制到从节点，本次消息发送才会返回，即 SendMessageThread 线程需要在收到从节点的同步结果后才能继续处理下一条消息。

那么 RocketMQ 4.7.0 中又是如何进行优化的呢？因为同步复制的语义就是将消息同步到从节点，所以这个复制过程没有什么可优化的，那么，是不是可以减少 SendMessageThread 线程的等待时间，即在同步复制的过程中，SendMessageThread 线程可以继续处理其他消息，只是收到从节点的同步结果后再向客户端返回结果。提高 Broker 的消息处理能力，重复利用 Broker 的资源，就是将上述 putMessage 同步方式修改为异步方式。

接下来我们对源码进行解读，学习 RocketMQ 是如何将 putMessage 这个过程异步化处理的。RocketMQ4.7.0 的同步双写流程如图 4-25 所示。

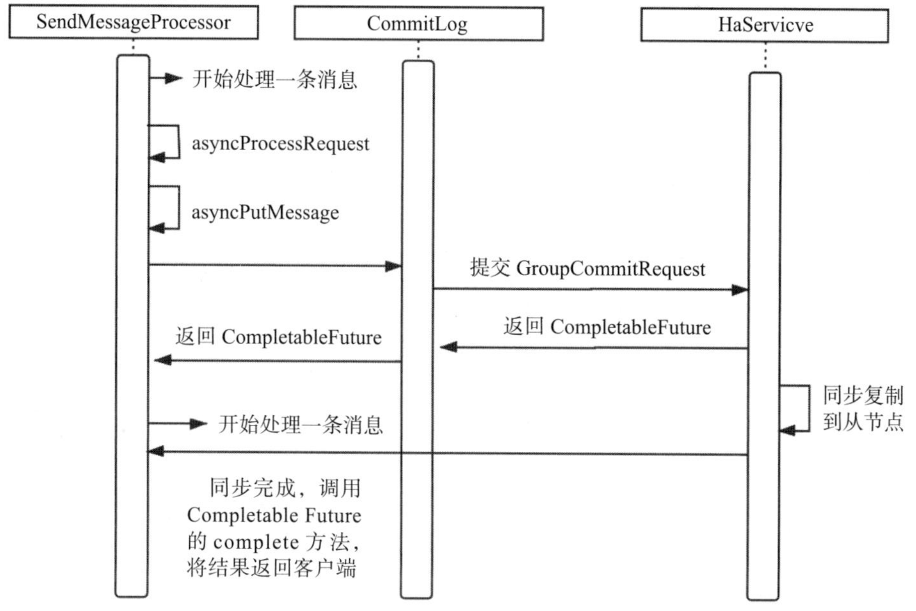

图 4-25　RocketMQ 4.7.0 的同步双写流程

通过对比发现，CommitLog 向 HaService 提交数据同步请求后并没有被阻塞，而是返回了一个 CompletableFuture 对象，SendMessageProcessor 在收到返回结果后，将继续处理新的消息，等到消息被成功同步到从节点后，会调用 CompletableFuture 的 complete 方法，触发网络通信，将结果返回到客户端。对消息发送客户端而言，消息被复制到从节点后才会被返回成功，符合同步复制的语义，但在 Broker 端，处理消息发送的线程却是异步执行的，在消息复制的过程中发送线程并不会阻塞，其响应时间、Broker CPU 得到充分利用。

消息发送的流程已经在第 3 章详细介绍过，接下来我们将重点突出 CompletableFuture 的使用，一起学习如何使用 CompletableFuture 实现真正的异步编程，如代码清单 4-95 所示。

代码清单 4-95　SendMessageProcessor#asyncSendMessage

```
private CompletableFuture<RemotingCommand> asyncSendMessage(
    ChannelHandlerContext ctx, RemotingCommand request,
    SendMessageContext c,SendMessageRequestHeader requestHeader) {
        // 省略相关代码
        if (transFlag != null && Boolean.parseBoolean(transFlag)) {
            // 事务
        } else {
            putMessageResult = this.brokerController.getMessageStore()
                      .asyncPutMessage(msgInner);
```

```
        }
        return handlePutMessageResultFuture(putMessageResult, response,
            request, msgInner, responseHeader,
            mqtraceContext, ctx, queueIdInt);
    }
```

第一步：调用 MessageStore 的 asyncPutMessage 方法，并通过 handlePutMessageResultFuture 对返回结果进行处理。在详细介绍 asyncPutMessage 之前，我们来看一下对结果的处理，这是 CompletableFuture 异步编程的关键点，如代码清单 4-96 所示。

代码清单 4-96 SendMessageProcessor#handlePutMessageResultFuture

```
private CompletableFuture<RemotingCommand>
        handlePutMessageResultFuture(CompletableFuture<PutMessageResult>
                putMessageResult,  /** 省略该方法参数 */ {
    return putMessageResult.thenApply((r) ->
        handlePutMessageResult(r, response, request, msgInner, responseHeader,
            sendMessageContext, ctx, queueIdInt)
    );
}
```

这里的关键是先定义 CompletableFuture 的 thenApply 方法，该方法并不会立即执行，而是在 CompletableFuture 的 complete 方法被调用时才会执行，这就是异步实现的妙处，类似事件的通知。complete 方法会在什么时候会被调用呢？带着这个问题我们继续上面流程的跟踪，如代码清单 4-97 所示。

代码清单 4-97 Commitlog#asyncPutMessage

```
public CompletableFuture<PutMessageResult> asyncPutMessage(final
    MessageExtBrokerInner msg) {
  // 省略消息发送相关的逻辑
CompletableFuture<PutMessageStatus> flushResultFuture =
    submitFlushRequest(result, putMessageResult, msg);
CompletableFuture<PutMessageStatus> replicaResultFuture =
    submitReplicaRequest(result, putMessageResult, msg);
return flushResultFuture.thenCombine(replicaResultFuture, (flushStatus,
    replicaStatus) -> {
        if (flushStatus != PutMessageStatus.PUT_OK) {
            putMessageResult.setPutMessageStatus(PutMessageStatus.
                FLUSH_DISK_TIMEOUT);
        }
        if (replicaStatus != PutMessageStatus.PUT_OK) {
            putMessageResult.setPutMessageStatus(replicaStatus);
        }
        return putMessageResult;
    });
}
```

第二步：消息首先进入 pagecache，然后执行刷盘操作，接着调用 submitReplicaRequest

方法将消息提交到 HaService，进行数据复制，这里使用了 ComplateFuture 的 thenCombine 方法，将刷盘、复制当成一个联合任务执行，这里设置消息追加的最终状态，如代码清单 4-98 所示。

代码清单 4-98　Commitlog#submitReplicaRequest

```
public CompletableFuture<PutMessageStatus>
    submitReplicaRequest(AppendMessageResult result, PutMessageResult
        putMessageResult, MessageExt messageExt) {
        if (BrokerRole.SYNC_MASTER ==
            this.defaultMessageStore.getMessageStoreConfig().
                getBrokerRole()) {
            HAService service = this.defaultMessageStore.getHaService();
            if (messageExt.isWaitStoreMsgOK()) {
                if (service.isSlaveOK(result.getWroteBytes() +
                        result.getWroteOffset())) {
                    GroupCommitRequest request = new GroupCommitRequest
                        (result.getWroteOffset() + result.getWroteBytes(),
                    this.defaultMessageStore.getMessageStoreConfig().getSync
                        FlushTimeout());
                    service.putRequest(request);
                    service.getWaitNotifyObject().wakeupAll();
                    return request.future();
                }
                else {
                    return CompletableFuture.completedFuture
                        (PutMessageStatus.SLAVE_NOT_AVAILABLE);
                }
            } else {
                return CompletableFuture.completedFuture(
                    PutMessageStatus.SLAVE_NOT_AVAILABLE);
            }
        }
    }
    return CompletableFuture.completedFuture(PutMessageStatus.PUT_OK);
}
```

第三步：向 HaService 提交 GroupCommitRequest 对象后，返回的并不是同步结果，而是一个 CompletableFuture<PutMessageStatus> 对象，该对象的 thenApply 方法是在上文提到的 handlePutMessageResultFuture 方法中定义的，而 CompletableFuture 的 complete 方法会在消息被复制到从节点后被调用，其核心代码在 GroupCommitRequest 中，如代码清单 4-99 所示。

代码清单 4-99　GroupCommitRequest#wakeupCustomer

```
public void wakeupCustomer(final boolean flushOK) {
    long endTimestamp = System.currentTimeMillis();
    PutMessageStatus result = (flushOK && ((endTimestamp -
```

```
        this.startTimestamp) <= this.timeoutMillis)) ?
                PutMessageStatus.PUT_OK :
            PutMessageStatus.FLUSH_SLAVE_TIMEOUT;
    this.flushOKFuture.complete(result);
}
```

第四步：在消息成功复制和复制失败后，CompletableFuture 的 complete 方法将被调用，从而 CompletableFuture 的 thenApply 方法被触发调用，通过该方法向客户端返回消息发送的最终结果，实现在 Broker 端的异步编程，使之同步复制的性能接近异步复制，大大提高消息的复制性能。

4.11 本章小结

RocketMQ 主要存储文件包含 CommitLog 文件、ConsumeQueue 文件、IndexFile 文件、Checkpoint 文件、abort 文件。RocketMQ 组织文件以文件的起始偏移量来命名文件，这样根据偏移量能快速定位到真实的物理文件。RocketMQ 基于内存映射文件机制提供了同步刷盘与异步刷盘两种机制，异步刷盘是指在消息存储时先追加到内存映射文件，然后启动专门的刷盘线程定时将内存中的数据写入磁盘。

RocketMQ 为了保证消息发送的高吞吐量，采用单一文件存储所有主题的消息，保证消息存储是完全的顺序写，但这样给文件读取同样带来了不便，为此 RocketMQ 构建了 ConsumeQueue 文件，基于主题与队列进行组织，同时 RocketMQ 为消息实现了哈希索引，可以为消息设置索引键，根据索引能够快速从 CommitLog 文件中检索消息。

第 5 章我们将重点分析有关消息消费的实现机制。

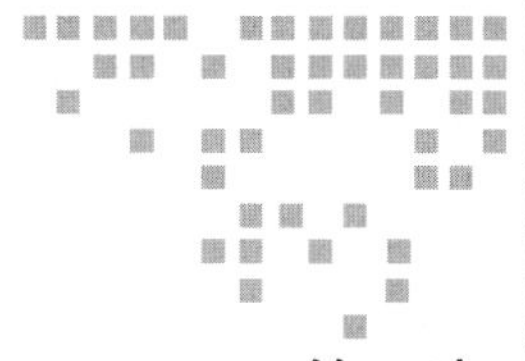

第 5 章 Chapter 5

RocketMQ 消息消费

消息成功发送到消息服务器后，接下来需要考虑的问题是如何消费消息，如何整合业务逻辑的处理。本章主要分析 RocketMQ 如何消费消息，重点剖析消息消费的过程中需要解决的问题。

本章重点内容如下。

- 消息队列负载与重新分布。
- 消息消费模式。
- 消息拉取方式。
- 消息进度反馈。
- 消息过滤。
- 顺序消息。

5.1 RocketMQ 消息消费概述

消息消费以组的模式开展，一个消费组可以包含多个消费者，每个消费组可以订阅多个主题，消费组之间有集群模式和广播模式两种消费模式。集群模式是当前主题下的同一条消息只允许被其中一个消费者消费。广播模式是当前主题下的同一条消息将被集群内的所有消费者消费一次。

消息服务器与消费者之间的消息传送也有两种方式：推模式和拉模式。所谓的拉模式，是消费端主动发起拉取消息的请求，而推模式是消息到达消息服务器后，再推送给消息消费者。RocketMQ 消息推模式基于拉模式实现，在拉模式上包装一层，一个拉取任务完成后开始下一个拉取任务。

集群模式下，多个消费者如何对消息队列进行负载呢？消息队列负载机制遵循一个通用的思想：一个消息队列同一时间只允许被一个消费者消费，一个消费者可以消费多个消息队列。

RocketMQ 支持局部顺序消息消费，也就是保证同一个消息队列上的消息按顺序消费。不支持消息全局顺序消费，如果要实现某一主题的全局顺序消息消费，可以将该主题的队列数设置为 1，牺牲高可用性。

RocketMQ 支持两种消息过滤模式：表达式（TAG、SQL92）与类过滤模式。

消息拉模式主要是由客户端手动调用消息拉取 API，而消息推模式是消息服务器主动将消息推送到消息消费端，本章将以推模式为突破口，重点介绍 RocketMQ 消息消费的实现原理。

5.1.1 消费队列负载机制与重平衡

正如上文提到的，RocketMQ 提供了两种消费模式，集群模式与广播模式。广播模式中所有的消费者会消费全部的队列，故没有所谓的消费队列负载问题，而集群模式下需要考虑同一个消费组内的多个消费者之间如何分配队列。

RocketMQ 提供了多种队列负载算法，其中比较常用的是 AVG、AVG_BY_CIRCLE 这两种平均分配算法，例如 8 个队列分别为 b1_q0、b1_q1、b1_q2、b1_q3、b2_q0、b2_q1、b2_q2、b2_q3，一个消费组有 3 个消费者，分别用 C1、C2、C3 表示。

采用 AVG 的分配机制，各个消费者分配到的队列如下。

c1：b1_q0、b1_q1、b1_q2

c2：b1_q3、b2_q0、b2_q1

c3：b2_q2、b2_q3

采用 AVG_BY_CIRCLE 的分配机制，各个消费者分配到的队列如下。

c1：b1_q0、b1_q3、b2_q2

c2：b1_q1、b2_q0 b2_q3

c3：b1_q2、b2_q1

这两种分配算法各有使用场景。通常要求发送方发送的消息尽量在各个队列上分布均匀，如果分布均衡，就会使用第一种平均算法。但有些时候，一台 Broker 上的消息会明显多于第二台，如果使用第一种分配算法，c1 消费者处理的消息就太多了，但其他消费者又空闲，而且还不能通过增加消费者来改变这种情况，此种情况使用 AVG_BY_CIRCLE 方式更加合适。

在消费时间过程中可能会遇到消息消费队列增加或减少、消息消费者增加或减少，比如需要对消息消费队列进行重新平衡，即重新分配，这就是所谓的重平衡机制。在 RocketMQ 中，每隔 20s 会根据当前队列数量、消费者数量重新进行队列负载计算，如果计算出来的结果与当前不一样，则触发消息消费队列的重平衡。

5.1.2 并发消费模型

RocketMQ 支持并发消费与顺序消费两种消费方式，消息的拉取与消费模型基本一致，只是顺序消费在某些环节为了保证顺序性，需要引入锁机制，RocketMQ 的消息拉取与消费模式如图 5-1 所示。

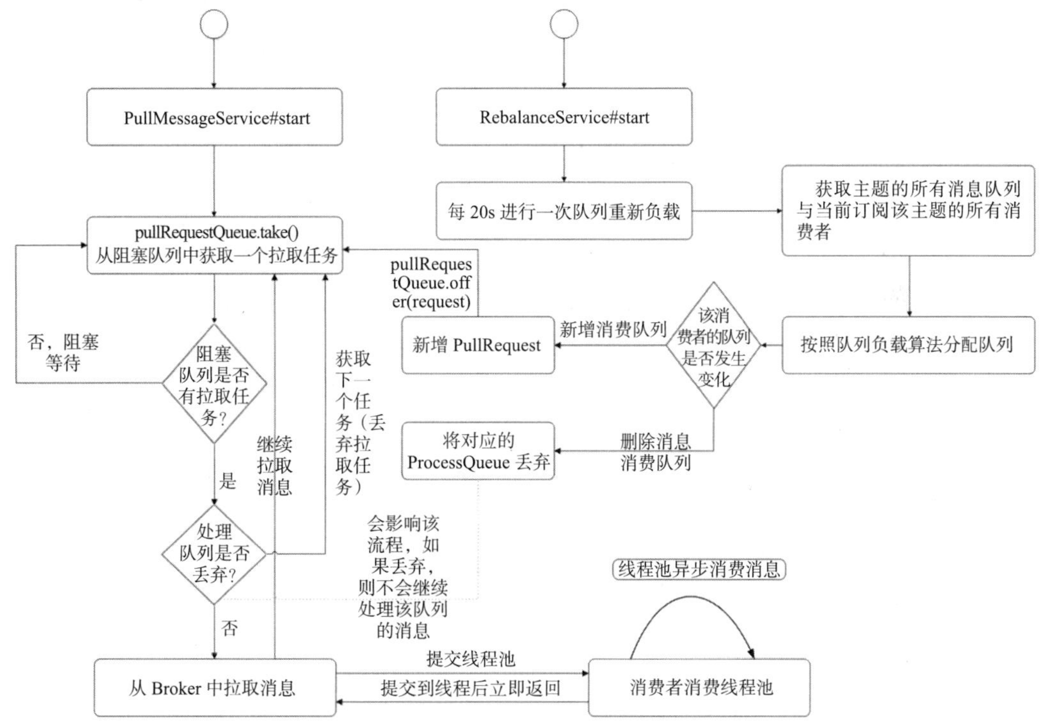

图 5-1 RocketMQ 的消息拉取与消费模式

一个 MQ 客户端（MQClientInstance）只会创建一个消息拉取线程向 Broker 拉取消息，并且同一时间只会拉取一个 topic 中的一个队列，拉取线程一次向 Broker 拉取一批消息后，会提交到消费组的线程池，然后“不知疲倦”地向 Broker 发起下一个拉取请求。

RocketMQ 客户端为每一个消费组创建独立的消费线程池，即在并发消费模式下，单个消费组内的并发度为线程池线程个数。线程池处理一批消息后会向 Broker 汇报消息消费进度。

5.1.3 消息消费进度反馈机制

RocketMQ 客户端消费一批数据后，需要向 Broker 反馈消息的消费进度，Broker 会记录消息消费进度，这样在客户端重启或队列重平衡时会根据其消费进度重新向 Broker 拉取消息，消息消费进度反馈机制如图 5-2 所示。

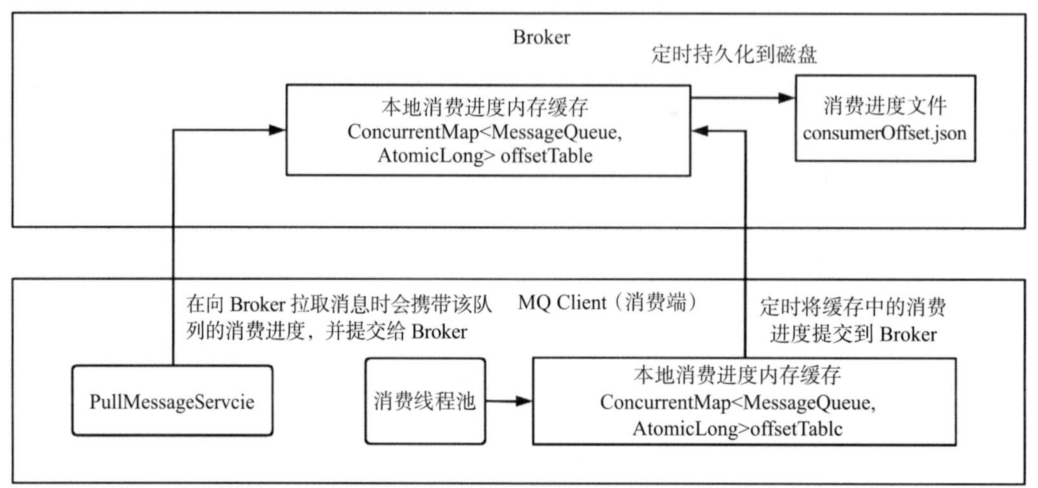

图 5-2　消息消费进度反馈机制

消息消费进度反馈机制核心要点如下。

1）消费线程池在处理完一批消息后，会将消息消费进度存储在本地内存中。

2）客户端会启动一个定时线程，每 5s 将存储在本地内存中的所有队列消息消费偏移量提交到 Broker 中。

3）Broker 收到的消息消费进度会存储在内存中，每隔 5s 将消息消费偏移量持久化到磁盘文件中。

4）在客户端向 Broker 拉取消息时也会将该队列的消息消费偏移量提交到 Broker。

再来思考一个问题，线程池如何提交消费偏移量？如图 5-3 所示，如果线程 t3 先于 t1、t2 完成处理，那么 t3 在提交消费偏移量时是提交 msg3 的偏移量吗？

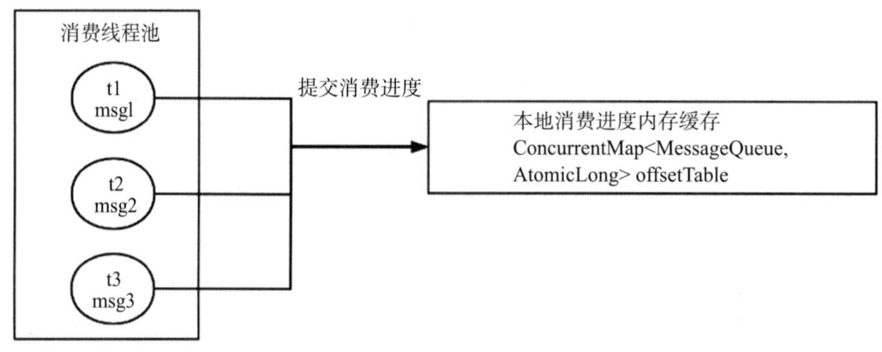

图 5-3　线程池提交消费偏移量

消息 msg3 的偏移量大于 msg1、msg2 的偏移量，由于支持并发消费，如果线程 t3 先处理完 msg3，而 t1、t2 还未处理，那么线程 t3 如何提交消费偏移量呢？

试想一下，如果提交 msg3 的偏移量是作为消费进度被提交，如果此时消费端重启，消息消费 msg1、msg2 就不会再被消费，这样就会造成“消息丢失”。因此 t3 线程并不会提交 msg3 的偏移量，而是提交线程池中偏移量最小的消息的偏移量，即 t3 线程在消费完 msg3 后，提交的消息消费进度依然是 msg1 的偏移量，这样能避免消息丢失，但同样有消息重复消费的风险。

5.2 消息消费者初探

下面我们介绍推模式消费者 MQPushConsume 的主要 API，如图 5-4 所示。

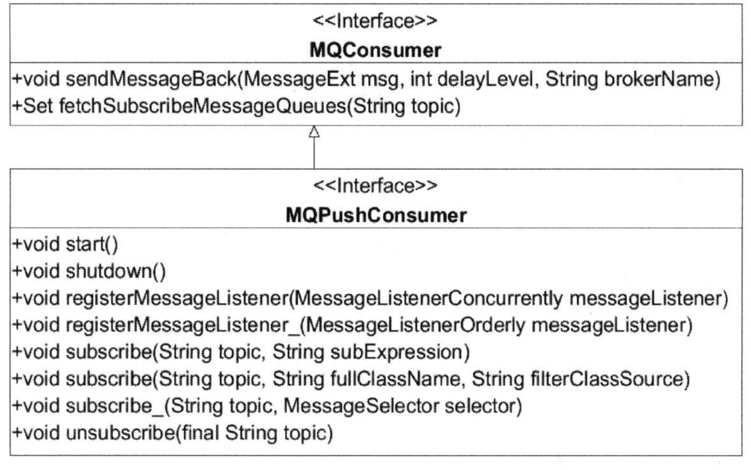

图 5-4 MQPushConsumer 类图

下面介绍 MQPushConsumer 的核心属性。

1）void sendMessageBack（MessageExt msg, int delayLevel, String brokerName）消息消费失败，将消息重新发送到 Broker 服务器。

- msg：消息。
- delayLevel：消息延迟级别。
- broderName：消息服务器名称。

2）Set fetchSubscribeMessageQueues（String topic）：获取消费者对 topic 分配了哪些消息队列。

- topic：主题名称。

3）void registerMessageListener（MessageListenerConcurrently messageListener）：注册并发消息事件监听器。

4）void registerMessageListener（MessageListenerOrderly messageListener）：注册顺序消费事件监听器。

5）void subscribe（String topic, String subExpression）：基于主题订阅消息。

- topic：消息主题。
- subExpression：消息过滤表达式，TAG 或 SQL92 表达式。

6）void subscribe（String topic, String fullClassName, String filterClassSource）：基于主题订阅消息，消息过滤方式使用类模式。

- topic：消息主题 。
- fullClassName：过滤类全路径名。
- filterClassSource：过滤类代码。

7）void unsubscribe（final String topic）：取消消息订阅。

推模式消息消费者 DefaultMQPushConsumer 主要属性如图 5-5 所示。

DefaultMQPushConsumer
-protected DefaultMQPushConsumerImpl defaultMQPushConsumerImpl -private String consumerGroup -private MessageModel messageModel = MessageModel.CLUSTERING -private ConsumeFromWhere consumeFromWhere -private AllocateMessageQueueStrategy allocateMessageQueueStrategy -private Map subscription -private MessageListener messageListener -private OffsetStore offsetStore -private int consumeThreadMin = 20 -private int consumeThreadMax = 64 -private int consumeConcurrentlyMaxSpan = 2000 -private int pullThresholdForQueue = 1000 -private long pullInterval = 0 -private int consumeMessageBatchMaxSize = 1 -private int pullBatchSize = 32 -private boolean postSubscriptionWhenPull = false -private int maxReconsumeTimes = -1 -private long suspendCurrentQueueTimeMillis = 1000 -private long consumeTimeout = 15

图 5-5　DefaultMQPushConsumer 类图

1）consumerGroup：消费者所属组。

2）messageModel：消息消费模式，分为集群模式、广播模式，默认为集群模式。

3）ConsumeFromWhere consumeFromWhere：第一次消费时指定消费策略。

- CONSUME_FROM_LAST_OFFSET：此处分为两种情况，如果磁盘消息未过期且未被删除，则从最小偏移量开始消费。如果磁盘已过期并被删除，则从最大偏移量开始消费。
- CONSUME_FROM_FIRST_OFFSET：从队列当前最小偏移量开始消费。
- CONSUME_FROM_TIMESTAMP：从消费者指定时间戳开始消费。

注意：如果从消息进度服务 OffsetStore 读取到 MessageQueue 中的偏移量不小于 0，则使用读取到的偏移量拉取消息，只有在读到的偏移量小于 0 时，上述策略才会生效。

4）allocateMessageQueueStrategy：集群模式下消息队列的负载策略。

5）Map subscription：订阅信息。

6）MessageListener messageListener：消息业务监听器。

7）OffsetStore offsetStore：消息消费进度存储器。

8）int consumeThreadMin = 20：消费者最小线程数。

9）int consumeThreadMax = 64：消费者最大线程数，因为消费者线程池使用无界队列，所以此参数不生效。

10）consumeConcurrentlyMaxSpan=2000：并发消息消费时处理队列最大跨度，默认 2000，表示如果消息处理队列中偏移量最大的消息与偏移量最小的消息的跨度超过 2000，则延迟 50ms 后再拉取消息。

11）int pullThresholdForQueue=1000：默认 1000，表示每 1000 次流控后打印流控日志。

12）long pullInterval = 0：推模式下拉取任务的间隔时间，默认一次拉取任务完成后继续拉取。

13）int pullBatchSize=32：每次消息拉取的条数，默认 32 条。

14）int consumeMessageBatchMaxSize=1：消息并发消费时一次消费消息的条数，通俗点说，就是每次传入 MessageListener#consumeMessage 中的消息条数。

15）postSubscriptionWhenPull=false：是否每次拉取消息都更新订阅信息，默认为 false。

16）maxReconsumeTimes=-1：最大消费重试次数。如果消息消费次数超过 maxReconsume Times 还未成功，则将该消息转移到一个失败队列，等待被删除。

17）suspendCurrentQueueTimeMillis=1000：延迟将该队列的消息提交到消费者线程的等待时间，默认延迟 1s。

18）long consumeTimeout=15：消息消费超时时间，默认为 15，单位为分钟。

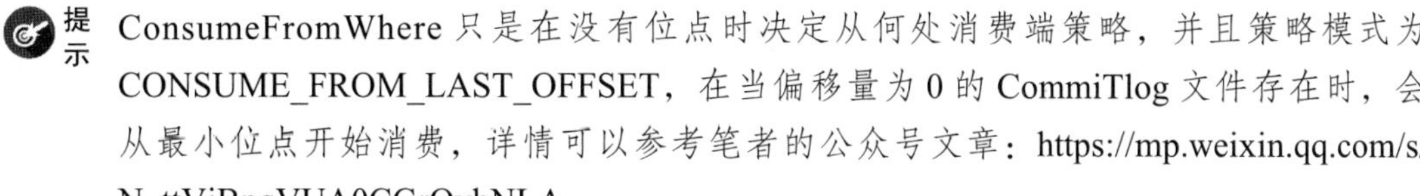

提示　ConsumeFromWhere 只是在没有位点时决定从何处消费端策略，并且策略模式为 CONSUME_FROM_LAST_OFFSET，在当偏移量为 0 的 CommiTlog 文件存在时，会从最小位点开始消费，详情可以参考笔者的公众号文章：https://mp.weixin.qq.com/s/N_ttVjBpqVUA0CGrOybNLA。

5.3　消费者启动流程

本节介绍消息消费者是如何启动的，请跟我一起来分析 DefaultMQPushConsumerImpl 的 start() 方法。

第一步：构建主题订阅信息 SubscriptionData 并加入 RebalanceImpl 的订阅消息中，如代码清单 5-1 所示。订阅关系来源主要有两个。

代码清单 5-1　DefaultMQPushConsumerImpl#copySubscription

```
private void copySubscription() throws MQClientException
    { try {
        Map<String, String> sub = this.defaultMQPushConsumer.getSubscription();
        if (sub != null) {
            for (final Map.Entry<String, String> entry : sub.entrySet()) {
                final String topic = entry.getKey();
                final String subString = entry.getValue();
                SubscriptionData subscriptionData = FilterAPI.buildSubscription
                    Data(this.defaultMQPushConsumer.getConsumerGroup(),
                            topic, subString);
                    this.rebalanceImpl.getSubscriptionInner().put(topic,
                        subscriptionData);
            }
        }
        if (null == this.messageListenerInner) {
                this.messageListenerInner =
                    this.defaultMQPushConsumer.getMessageListener();
        }
        switch (this.defaultMQPushConsumer.getMessageModel()) {
            case BROADCASTING:
                break;
            case CLUSTERING:
                final String retryTopic =
                    MixAll.getRetryTopic(this.defaultMQPushConsumer.getConsumer Group());
                SubscriptionData subscriptionData = FilterAPI.
                    buildSubscriptionData(this.defaultMQPushConsumer.getConsume
                        rGroup(),retryTopic, SubscriptionData.SUB_ALL);
                this.rebalanceImpl.getSubscriptionInner().put(retryTopic,
                    subscriptionData);
                break;
            default:
                break;
            }
    } catch (Exception e) {
        throw new MQClientException("subscription exception", e);
    }
  }
}
```

1）通过调用 DefaultMQPushConsumerImpl#subscribe（String topic, String subExpression）方法获取。

2）订阅重试主题消息。RocketMQ 消息重试是以消费组为单位，而不是主题，消息重试主题名为 %RETRY%+ 消费组名。消费者在启动时会自动订阅该主题，参与该主题的消息队列负载。

第二步：初始化 MQClientInstance、RebalanceImple（消息重新负载实现类）等，如代码清单 5-2 所示。

代码清单 5-2　DefaultMQPushConsumerImpl#start

```
if (this.defaultMQPushConsumer.getMessageModel() == MessageModel.CLUSTERING) {
    this.defaultMQPushConsumer.changeInstanceNameToPID();
}
this.mQClientFactory = MQClientManager.getInstance().
        getAndCreateMQClientInstance(
this.defaultMQPushConsumer, this.rpcHook);
this.rebalanceImpl.setConsumerGroup(
this.defaultMQPushConsumer.
        getConsumerGroup());
this.rebalanceImpl.setMessageModel(
this.defaultMQPushConsumer.
        getMessageModel());
this.rebalanceImpl.setAllocateMessageQueueStrategy(
this.defaultMQPushConsumer.getAllocateMessageQueueStrategy());
this.rebalanceImpl.setmQClientFactory(
this.mQClientFactory);
this.pullAPIWrapper = new PullAPIWrapper(mQClientFactory,
this.defaultMQPushConsumer.getConsumerGroup(), isUnitMode());
this.pullAPIWrapper.registerFilterMessageHook(filterMessageHookList);
```

第三步：初始化消息进度。如果消息消费采用集群模式，那么消息进度存储在 Broker 上，如果采用广播模式，那么消息消费进度存储在消费端，如代码清单 5-3 所示。具体实现细节后面将重点探讨。

代码清单 5-3　DefaultMQPushConsumerImpl#start

```
if (this.defaultMQPushConsumer.getOffsetStore() != null) {
    this.offsetStore =
    this.defaultMQPushConsumer.getOffsetStore();
} else {
    switch (
        this.defaultMQPushConsumer.getMessageModel()) {
    case BROADCASTING:
        this.offsetStore = new
            LocalFileOffsetStore(
            this.mQClientFactory,this.defaultMQPushConsumer.getConsumerGroup());
        break;
    case CLUSTERING:
        this.offsetStore = new RemoteBrokerOffsetStore(
            this.mQClientFactory, this.defaultMQPushConsumer.getConsumerGroup());
        break;
    default:
        break;
    }
}
this.offsetStore.load();
```

第四步：如果是顺序消费，创建消费端消费线程服务。ConsumeMessageService 主要负责消息消费，在内部维护一个线程池，如代码清单 5-4 所示。

代码清单 5-4 DefaultMQPushConsumerImpl#start

```
if (this.getMessageListenerInner() instanceof MessageListenerOrderly)
    {
    this.consumeOrderly = true;
    this.consumeMessageService = new ConsumeMessageOrderlyService(
    this, (MessageListenerOrderly) this.getMessageListenerInner());
} else if (
    this.getMessageListenerInner() instanceof MessageListenerConcurrently) {
    this.consumeOrderly = false;
    this.consumeMessageService = new ConsumeMessageConcurrentlyService(
    this, (MessageListenerConcurrently) this.getMessageListenerInner());
}
this.consumeMessageService.start();
```

第五步：向 MQClientInstance 注册消费者并启动 MQClientInstance，JVM 中的所有消费者、生产者持有同一个 MQClientInstance，MQClientInstance 只会启动一次，如代码清单 5-5 所示。

代码清单 5-5 DefaultMQPushConsumerImpl#start

```
boolean registerOK = mQClientFactory.registerConsumer( this.defaultMQPushConsumer.
    getConsumerGroup(), this);
if (!registerOK) {
    this.serviceState = ServiceState.CREATE_JUST;
    this.consumeMessageService.shutdown();
    throw new MQClientException("The consumer group[" +
        this.defaultMQPushConsumer.getConsumerGroup()
            + "] has been created before, specify another name please."
        + FAQUrl.suggestTodo(FAQUrl.GROUP_NAME_DUPLICATE_URL),null);
}
mQClientFactory.start();
```

5.4 消息拉取

本节将基于推模式详细分析消息拉取机制。消息消费有两种模式：广播模式与集群模式，广播模式比较简单，每一个消费者需要拉取订阅主题下所有消费队列的消息。本节主要基于集群模式进行介绍。在集群模式下，同一个消费组内有多个消息消费者，同一个主题存在多个消费队列，那么消费者如何进行消息队列负载呢？从 5.3 节介绍的启动流程可知，每一个消费组内维护一个线程池来消费消息，那么这些线程又是如何分工合作的呢？

消息队列负载通常的做法是一个消息队列在同一时间只允许被一个消息消费者消费，一个消息消费者可以同时消费多个消息队列，那么 RocketMQ 是如何实现消息队列负载的呢？带着上述问题，我们开始 RocketMQ 消息消费机制的探讨。

从 MQClientInstance 的启动流程中可以看出，RocketMQ 使用一个单独的线程 PullMessage Service 执行消息的拉取。

5.4.1　PullMessageService 实现机制

PullMessageService 继承的是 ServiceThread，从名称来看，它是服务线程，通过 run() 方法启动。

PullMessageService 消息拉取服务线程，run() 方法是其核心逻辑，如代码清单 5-6 所示。run() 方法的核心要点如下。

代码清单 5-6　PullMessageService#run

```
public void run() {
    log.info(this.getServiceName() + " service started");
    while (!this.isStopped()) {
        try {
            PullRequest pullRequest = this.pullRequestQueue.take();
            if (pullRequest != null) {
                this.pullMessage(pullRequest);
            }
        } catch (InterruptedException e) {
        } catch (Exception e) {
            log.error("Pull Message Service Run Method exception", e);
        }
    }
log.info(this.getServiceName() + " service end");
}
```

1）while(!this.isStopped()) 是一种通用的设计技巧，Stopped 声明为 volatile，每执行一次业务逻辑，检测一下其运行状态，可以通过其他线程将 Stopped 设置为 true，从而停止该线程。

2）从 pullRequestQueue 中获取一个 PullRequest 消息拉取任务，如果 pullRequestQueue 为空，则线程将阻塞，直到有拉取任务被放入。

3）调用 pullMessage 方法进行消息拉取。思考一下，PullRequest 是什么时候添加的呢？

原来，PullMessageService 提供了延迟添加与立即添加两种方式将 PullRequest 放入 pullRequestQueue，如代码清单 5-7 所示。那么 PullRequest 是在什么时候创建的呢？executePullRequestImmediately 方法调用链如图 5-6 所示。

代码清单 5-7　PullMessageService#executePullRequestLater executePullRequestImmediately

```
public void executePullRequestLater(final PullRequest pullRequest, final long timeDelay) {
    this.scheduledExecutorService.schedule(new Runnable() {
            public void run() {
            PullMessageService.this.executePullRequestImmediately(pullRequest);
```

```
            }
        }, timeDelay, TimeUnit.MILLISECONDS);
    }
    public void executePullRequestImmediately(final PullRequest pullRequest) {
        try {
            this.pullRequestQueue.put(pullRequest);
        } catch (InterruptedException e) {
            log.error("executePullRequestImmediately pullRequestQueue.put", e);
        }
    }
```

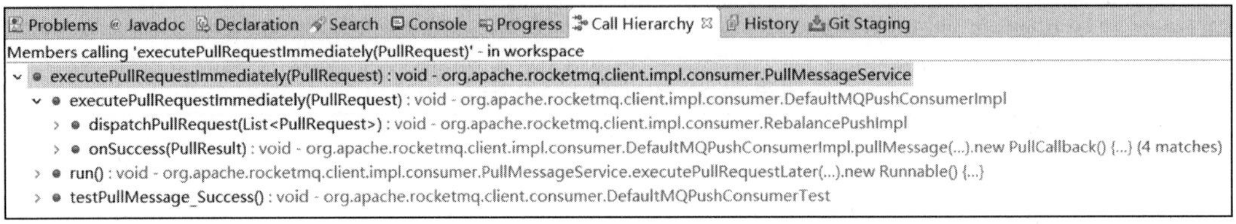

Problems Javadoc Declaration Search Console Progress Call Hierarchy History Git Staging

Members calling 'executePullRequestImmediately(PullRequest)' - in workspace

- executePullRequestImmediately(PullRequest) : void - org.apache.rocketmq.client.impl.consumer.PullMessageService
  - executePullRequestImmediately(PullRequest) : void - org.apache.rocketmq.client.impl.consumer.DefaultMQPushConsumerImpl
    - dispatchPullRequest(List<PullRequest>) : void - org.apache.rocketmq.client.impl.consumer.RebalancePushImpl
    - onSuccess(PullResult) : void - org.apache.rocketmq.client.impl.consumer.DefaultMQPushConsumerImpl.pullMessage(...).new PullCallback() {...} (4 matches)
  - run() : void - org.apache.rocketmq.client.impl.consumer.PullMessageService.executePullRequestLater(...).new Runnable() {...}
  - testPullMessage_Success() : void - org.apache.rocketmq.client.consumer.DefaultMQPushConsumerTest

图 5-6 executePullRequestImmediately 调用链

通过跟踪发现，主要有两个地方会调用 executePullRequestImmediately：一个是在 RocketMQ 根据 PullRequest 拉取任务执行完一次消息拉取任务后，又将 PullRequest 对象放入 pullRequestQueue；另一个是在 RebalanceImpl 中创建的。RebalanceImpl 是 5.5 节要重点介绍的消息队列负载机制，也就是 PullRequest 对象真正创建的地方。

从上面的分析可知，PullMessageService 只有在得到 PullRequest 对象时才会执行拉取任务，那么 PullRequest 究竟是什么呢？其类图如图 5-7 所示。

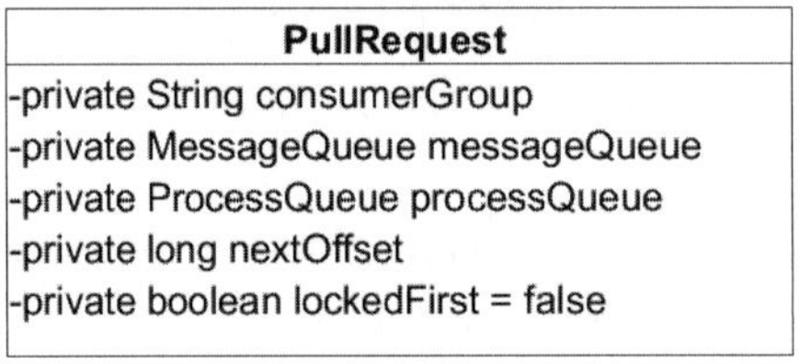

PullRequest
-private String consumerGroup -private MessageQueue messageQueue -private ProcessQueue processQueue -private long nextOffset -private boolean lockedFirst = false

图 5-7 PullRequest 类图

下面逐一介绍 PullRequest 的核心属性。

1）String consumerGroup：消费者组。

2）MessageQueue messageQueue：待拉取消费队列。

3）ProcessQueue processQueue：消息处理队列，从 Broker 中拉取到的消息会先存入 ProccessQueue，然后再提交到消费者消费线程池进行消费。

4）long nextOffset：待拉取的 MessageQueue 偏移量。

5）boolean lockedFirst：是否被锁定。

根据消费组名从 MQClientInstance 中获取消费者的内部实现类 MQConsumerInner，令人意外的是，这里将 consumer 强制转换为 DefaultMQPushConsumerImpl，也就是 PullMessageService，该线程只为推模式服务，那拉模式如何拉取消息呢？其实细想也不难理解，对于拉模式，RocketMQ 只需要提供拉取消息 API，再由应用程序调用 API，如代码清单 5-8 所示。

代码清单 5-8　PullMessageService#pullMessage

```
private void pullMessage(final PullRequest pullRequest) {
    final MQConsumerInner consumer =
            this.mQClientFactory.selectConsumer(pullRequest.getConsumerGroup());
    if (consumer != null) {
        DefaultMQPushConsumerImpl impl = (DefaultMQPushConsumerImpl) consumer;
        impl.pullMessage(pullRequest);
    } else {
        log.warn("No matched consumer for the PullRequest {}, drop it", pullRequest);
    }
}
```

5.4.2　ProcessQueue 实现机制

ProcessQueue 是 MessageQueue 在消费端的重现、快照。PullMessageService 从消息服务器默认每次拉取 32 条消息，按消息队列偏移量的顺序存放在 ProcessQueue 中，PullMessageService 将消息提交到消费者消费线程池，消息成功消费后，再从 ProcessQueue 中移除。ProcessQueue 的类图如图 5-8 所示。

ProcessQueue
-ReadWriteLock lockTreeMap -TreeMap msgTreeMap -AtomicLong msgCount = new AtomicLong() -Lock lockConsume = new ReentrantLock() -TreeMap msgTreeMapTemp -AtomicLong tryUnlockTimes = new AtomicLong(0) -volatile long queueOffsetMax = 0L -volatile boolean dropped = false -volatile long lastPullTimestamp -volatile long lastConsumeTimestamp -volatile boolean locked = false -volatile long lastLockTimestamp -volatile boolean consuming = false -volatile long msgAccCnt = 0
+public boolean isLockExpired() +public boolean isPullExpired() +public void cleanExpiredMsg(DefaultMQPushConsumer pushConsumer) +public boolean putMessage(final List msgs) +public long getMaxSpan() +public long removeMessage(final List msgs) +public void rollback() +public long commit() +public void makeMessageToCosumeAgain(List msgs) +public List takeMessags(final int batchSize)

图 5-8　PocessQueue 类图

下面逐一介绍 ProcccessQueue 的核心属性。

1）ReadWriteLock lockTreeMap：读写锁，控制多线程并发修改 msgTreeMap、msgTree MapTemp。

2）TreeMap msgTreeMap：消息存储容器，键为消息在 ConsumeQueue 中的偏移量。

3）AtomicLong msgCount：ProcessQueue 中总消息数。

4）TreeMap msgTreeMapTemp：消息临时存储容器，键为消息在 ConsumeQueue 中的偏移量。该结构用于处理顺序消息，消息消费线程从 ProcessQueue 的 msgTreeMap 中取出消息前，先将消息临时存储在 msgTreeMapTemp 中。

5）volatile long queueOffsetMax：当前 ProcessQueue 中包含的最大队列偏移量。

6）volatile boolean dropped = false：当前 ProccesQueue 是否被丢弃。

7）volatile long lastPullTimestamp：上一次开始拉取消息的时间戳。

8）volatile long lastConsumeTimestamp：上一次消费消息的时间戳。

继续介绍 ProcessQueue 的核心方法。

1）public boolean isLockExpired()：判断锁是否过期，锁超时时间默认为 30s，通过系统参数 rocketmq.client. rebalance.lockMaxLiveTime 进行设置。

2）public boolean isPullExpired()：判断 PullMessageService 是否空闲，空闲时间默认 120s，通过系统参数 rocketmq.client. pull.pullMaxIdleTime 进行设置。

3）public void cleanExpiredMsg(DefaultMQPushConsumer pushConsumer)：移除消费超时的消息，默认超过 15min 未消费的消息将延迟 3 个延迟级别再消费。

4）public boolean putMessage(final List msgs)：添加消息，PullMessageService 拉取消息后，调用该方法将消息添加到 ProcessQueue。

5）public long getMaxSpan()：获取当前消息的最大间隔。getMaxSpan() 并不能说明 ProceQueue 包含的消息个数，但是能说明当前处理队列中第一条消息与最后一条消息的偏移量已经超过的消息个数。

6）public long removeMessage(final List<MessageExt> msgs)：移除消息。

7）public void rollback()：将 msgTreeMapTmp 中的所有消息重新放入 msgTreeMap 并清除 msgTreeMapTmp。

8）public long commit()：将 msgTreeMapTmp 中的消息清除，表示成功处理该批消息。

9）public void makeMessageToCosumeAgain(List msgs)：重新消费该批消息。

10）public List takeMessags(final int batchSize)：从 ProcessQueue 中取出 batchSize 条消息。

5.4.3 消息拉取基本流程

本节将以并发消息消费来探讨整个消息消费的流程，顺序消息的实现原理将在 5.9 节单独分析。

消息拉取分为 3 个主要步骤。

1）拉取客户端消息拉取请求并封装。

2）消息服务器查找消息并返回。

3）消息拉取客户端处理返回的消息。

1. 客户端封装消息拉取请求

消息拉取入口为 DefaultMQPushConsumerImpl#pullMessage。

第一步：从 PullRequest 中获取 ProcessQueue，如果处理队列当前状态未被丢弃，则更新 ProcessQueue 的 lastPullTimestamp 为当前时间戳。如果当前消费者被挂起，则将拉取任务延迟 1s 再放入 PullMessageService 的拉取任务队列中，最后结束本次消息拉取，如代码清单 5-9 所示。

代码清单 5-9　DefaultMQPushConsumerImpl#pullMessage

```
final ProcessQueue processQueue = pullRequest.getProcessQueue();
if (processQueue.isDropped()) {
    log.info("the pull request[{}] is dropped.", pullRequest.toString());
    return;
}
pullRequest.getProcessQueue().setLastPullTimestamp(
        System.currentTimeMillis());
try {
    this.makeSureStateOK();
} catch (MQClientException e) {
    log.warn("pullMessage exception, consumer state not ok", e);
    this.executePullRequestLater(pullRequest,
            PULL_TIME_DELAY_MILLS_WHEN_EXCEPTION);
    return;
}
if (this.isPause()) {
    this.executePullRequestLater(pullRequest,
        PULL_TIME_DELAY_MILLS_WHEN_SUSPEND);
    return;
}
```

第二步：进行消息拉取流控。从消息消费数量与消费间隔两个维度进行控制，如代码清单 5-10 所示。

代码清单 5-10　DefaultMQPushConsumerImpl#pullMessage

```
long size = processQueue.getMsgCount().get();
if (size > this.defaultMQPushConsumer.getPullThresholdForQueue()) {
    this.executePullRequestLater(pullRequest,PULL_TIME_DELAY_MILLS_WHEN_FLOW_CONTROL);
    if ((flowControlTimes1++ % 1000) == 0) {
        // 省略流控输出语句
    }
    return;
```

```
}
if (processQueue.getMaxSpan() >
    this.defaultMQPushConsumer.getConsumeConcurrentlyMaxSpan()) {
    this.executePullRequestLater(pullRequest,
        PULL_TIME_DELAY_MILLS_WHEN_FLOW_CONTROL);
    if ((flowControlTimes2++ % 1000) == 0) {
        // 省略流控输出语句
    }
    return;
}
```

1）消息处理总数，如果 ProcessQueue 当前处理的消息条数超过了 pullThresholdForQueue=1000，将触发流控，放弃本次拉取任务，并且该队列的下一次拉取任务将在 50ms 后才加入拉取任务队列。每触发 1000 次流控后输出提示语：the consumer message buffer is full, so do flow control, minOffset={ 队列最小偏移量 }, maxOffset={ 队列最大偏移量 }, size={ 消息总条数 }, pullRequest={ 拉取任务 }, flowControlTimes={ 流控触发次数 }。

2）ProcessQueue 中队列最大偏移量与最小偏离量的间距不能超过 consumeConcurrentlyMaxSpan，否则触发流控。每触发 1000 次流控后输出提示语：the queue's messages, span too long, so do flow control, minOffset={ 队列最小偏移量 }, maxOffset={ 队列最大偏移量 }, maxSpan={ 间隔 }, pullRequest={ 拉取任务信息 }, flowControlTimes={ 流控触发次数 }。这里主要的考量是担心因为一条消息堵塞，使消息进度无法向前推进，可能会造成大量消息重复消费。

第三步：拉取该主题的订阅信息，如果为空则结束本次消息拉取，关于该队列的下一次拉取任务将延迟 3s 执行，如代码清单 5-11 所示。

代码清单 5-11 DefaultMQPushConsumerImpl#pullMessage

```
final SubscriptionData subscriptionData = this.rebalanceImpl.
    getSubscriptionInner().get(pullRequest.getMessageQueue().getTopic());
if (null == subscriptionData) {
    this.executePullRequestLater(pullRequest,PULL_TIME_DELAY_MILLS_WHEN_EXCEPTION);
    return;
}
```

第四步：构建消息拉取系统标记，如代码清单 5-12 所示，拉消息系统标记如图 5-9 所示。

代码清单 5-12 DefaultMQPushConsumerImpl#pullMessage

```
boolean commitOffsetEnable = false;
long commitOffsetValue = 0L;
if (MessageModel.CLUSTERING == this.defaultMQPushConsumer.getMessageModel()) {
    commitOffsetValue =
        this.offsetStore.readOffset(pullRequest.getMessageQueue(),
            ReadOffsetType.READ_FROM_MEMORY);
```

```
    if (commitOffsetValue > 0) {
        commitOffsetEnable = true;
    }
}
String subExpression = null;
boolean classFilter = false;
if (sd != null) {
    if (this.defaultMQPushConsumer.isPostSubscriptionWhenPull()
            && !sd.isClassFilterMode()) {
        subExpression = sd.getSubString();
    }
    classFilter = sd.isClassFilterMode();
}
int sysFlag = PullSysFlag.buildSysFlag(commitOffsetEnable, // commitOffset
        true, subExpression != null, classFilter // class filter);
```

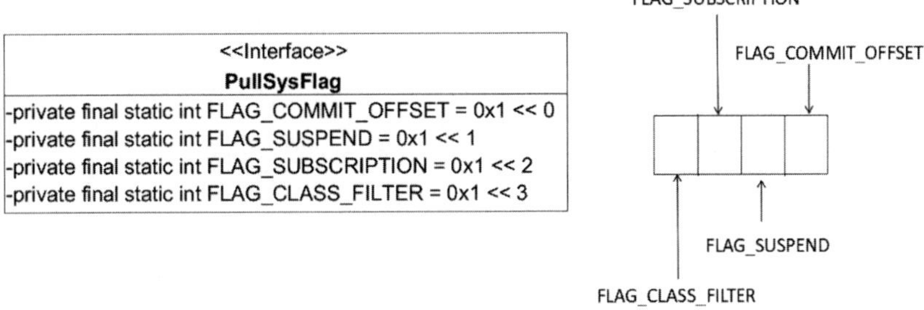

图 5-9 PullSysFlag 类图

下面逐一介绍 PullSysFlag 的枚举值含义。

1）FLAG_COMMIT_OFFSET：表示从内存中读取的消费进度大于 0，则设置该标记位。

2）FLAG_SUSPEND：表示消息拉取时支持挂起。

3）FLAG_SUBSCRIPTION：消息过滤机制为表达式，则设置该标记位。

4）FLAG_CLASS_FILTER：消息过滤机制为类过滤模式。

第五步：调用 PullAPIWrapper.pullKernelImpl 方法后与服务端交互，如代码清单 5-13 所示，调用 pullKernelImpl 方法之前，我们先了解一下其参数含义。

代码清单 5-13 DefaultMQPushConsumerImpl#pullMessage

```
this.pullAPIWrapper.pullKernelImpl(pullRequest.getMessageQueue(),
    subExpression,subscriptionData.getExpressionType(),
    subscriptionData.getSubVersion(),pullRequest.getNextOffset(),
    this.defaultMQPushConsumer.getPullBatchSize(),sysFlag,commitOffsetValue,
    BROKER_SUSPEND_MAX_TIME_MILLIS,CONSUMER_TIMEOUT_MILLIS_WHEN_SUSPEND,
    CommunicationMode.ASYNC,pullCallback);
```

1）MessageQueue mq：从哪个消息消费队列拉取消息。

2）String subExpression：消息过滤表达式。

3）String expressionType：消息表达式类型，分为 TAG、SQL92。

4）long offset：消息拉取偏移量。

5）int maxNums：本次拉取最大消息条数，默认 32 条。

6）int sysFlag：拉取系统标记。

7）long commitOffset：当前 MessageQueue 的消费进度（内存中）。

8）long brokerSuspendMaxTimeMillis：消息拉取过程中允许 Broker 挂起的时间，默认 15s。

9）long timeoutMillis：消息拉取超时时间。

10）CommunicationMode communicationMode：消息拉取模式，默认为异步拉取。

11）PullCallback pullCallback：从 Broker 拉取到消息后的回调方法。

第六步：根据 brokerName、BrokerId 从 MQClientInstance 中获取 Broker 地址，在整个 RocketMQ Broker 的部署结构中，相同名称的 Broker 构成主从结构，其 BrokerId 会不一样，在每次拉取消息后，会给出一个建议，下次是从主节点还是从节点拉取，如代码清单 5-14 所示，其类图如图 5-10 所示。

代码清单 5-14　PullAPIWrapper#pullKernelImpl

```
FindBrokerResult findBrokerResult =
            this.mQClientFactory.findBrokerAddressInSubscribe(mq.getBrokerName(),
                this.recalculatePullFromWhichNode(mq), false);
if (null == findBrokerResult) {
    this.mQClientFactory.updateTopicRouteInfoFromNameServer(mq.getTopic());
    findBrokerResult = this.mQClientFactory.findBrokerAddressInSubscribe(
        mq.getBrokerName(),this.recalculatePullFromWhichNode(mq), false);
}
```

下面让我们一一来介绍 FindBrokerResult 的核心属性。

1）String brokerAddr：Broker 地址。

2）boolean slave：是否是从节点。

3）int brokerVersion：Broker 版本。

FindBrokerResult
-private final String brokerAddr -private final boolean slave -private final int brokerVersion

图 5-10　Find BrokerResult 类图

第七步：如果消息过滤模式为类过滤，则需要根据主题名称、broker 地址找到注册在 Broker 上的 FilterServer 地址，从 FilterServer 上拉取消息，否则从 Broker 上拉取消息。上述步骤完成后，RocketMQ 通过 MQClientAPIImpl#pullMessageAsync 方法异步向 Broker 拉取消息，如代码清单 5-15 所示。

代码清单 5-15　PullAPIWrapper#pullKernelImpl

```
String brokerAddr = findBrokerResult.getBrokerAddr();
if (PullSysFlag.hasClassFilterFlag(sysFlagInner)) {
    brokerAddr = computPullFromWhichFilterServer(mq.getTopic(), brokerAddr);
}
```

2. 消息服务端 Broker 组装消息

根据消息拉取命令 RequestCode.PULL_MESSAGE，很容易找到 Brokder 端处理消息拉取的入口：org.apache.rocketmq.broker.processor.PullMessageProcessor#processRequest。

第一步：根据订阅信息构建消息过滤器。

第二步：调用 MessageStore.getMessage 查找消息，如代码清单 5-16 所示，该方法参数含义如下。

代码清单 5-16　PullMessageProcessor#processRequest

```
final GetMessageResult getMessageResult =this.brokerController.
    getMessageStore().getMessage(requestHeader.getConsumerGroup(),
    requestHeader.getTopic(),requestHeader.getQueueId(),requestHeader.getQueueO
    ffset(), requestHeader.getMaxMsgNums(), messageFilter);
```

1）String group：消费组名称。

2）String topic：主题名称。

3）int queueId：队列 ID。

4）long offset：待拉取偏移量。

5）int maxMsgNums：最大拉取消息条数。

6）MessageFilter messageFilter：消息过滤器。

第三步：根据主题名称与队列编号获取消息消费队列，如代码清单 5-17 所示。

代码清单 5-17　DefaultMessageStore#getMessage

```
GetMessageStatus status = GetMessageStatus.NO_MESSAGE_IN_QUEUE;
long nextBeginOffset = offset;
long minOffset = 0;
long maxOffset = 0;
GetMessageResult getResult = new GetMessageResult();
final long maxOffsetPy = this.commitLog.getMaxOffset();
ConsumeQueue consumeQueue = findConsumeQueue(topic, queueId);
```

1）nextBeginOffset：待查找队列的偏移量。

2）minOffset：当前消息队列的最小偏移量。

3）maxOffset：当前消息队列的最大偏移量。

4）maxOffsetPy：当前 CommitLog 文件的最大偏移量。

第四步：消息偏移量异常情况校对下一次拉取偏移量。

1）maxOffset=0：表示当前消费队列中没有消息，拉取结果为 NO_MESSAGE_IN_QUEUE。如果当前 Broker 为主节点，下次拉取偏移量为 0。如果当前 Broker 为从节点并且 offsetCheckInSlave 为 true，设置下次拉取偏移量为 0。其他情况下次拉取时使用原偏移量。

2）offset<minOffset：表示待拉取消息偏移量小于队列的起始偏移量，拉取结果为 OFFSET_TOO_SMALL。如果当前 Broker 为主节点，下次拉取偏移量为队列的最小偏移

量。如果当前 Broker 为从节点并且 offsetCheckInSlave 为 true，下次拉取偏移量为队列的最小偏移量。其他情况下次拉取时使用原偏移量。

3）offset==maxOffset：如果待拉取偏移量等于队列最大偏移量，拉取结果为 OFFSET_OVERFLOW_ONE，则下次拉取偏移量依然为 offset。

4）offset>maxOffset：表示偏移量越界，拉取结果为 OFFSET_OVERFLOW_BADLY。此时需要考虑当前队列的偏移量是否为 0，如果当前队列的最小偏移量为 0，则使用最小偏移量纠正下次拉取偏移量。如果当前队列的最小偏移量不为 0，则使用该队列的最大偏移量来纠正下次拉取偏移量。纠正逻辑与 1）、2）相同，如代码清单 5-18 所示。

代码清单 5-18 DefaultMessageStore#getMessage

```
minOffset = consumeQueue.getMinOffsetInQueue();
maxOffset = consumeQueue.getMaxOffsetInQueue();
if (maxOffset == 0) {
    status = GetMessageStatus.NO_MESSAGE_IN_QUEUE;
    nextBeginOffset = nextOffsetCorrection(offset, 0);
} else if (offset < minOffset) {
    status = GetMessageStatus.OFFSET_TOO_SMALL;
    nextBeginOffset = nextOffsetCorrection(offset, minOffset);
} else if (offset == maxOffset) {
    status = GetMessageStatus.OFFSET_OVERFLOW_ONE;
    nextBeginOffset = nextOffsetCorrection(offset, offset);
} else if (offset > maxOffset) {
    status = GetMessageStatus.OFFSET_OVERFLOW_BADLY;
    if (0 == minOffset) {
        nextBeginOffset = nextOffsetCorrection(offset, minOffset);
    } else {
        nextBeginOffset = nextOffsetCorrection(offset, maxOffset);
    }
}
```

第五步：如果待拉取偏移量大于 minOffset 并且小于 maxOffset，从当前 offset 处尝试拉取 32 条消息，在第 4 章详细介绍了根据消息队列偏移量（ConsumeQueue）从 CommitLog 文件中查找消息的过程，在这里就不重复介绍了。

第六步：根据 PullResult 填充 responseHeader 的 NextBeginOffset、MinOffset、MaxOffset，如代码清单 5-19 所示。

代码清单 5-19 PullMessageProcessor#processRequest

```
response.setRemark(getMessageResult.getStatus().name());
responseHeader.setNextBeginOffset(getMessageResult.getNextBeginOffset());
responseHeader.setMinOffset(getMessageResult.getMinOffset());
responseHeader.setMaxOffset(getMessageResult.getMaxOffset());
```

第七步：根据主从同步延迟，如果从节点数据包含下一次拉取的偏移量，则设置下一次拉取任务的 brokerId。

第八步：GetMessageResult 与 Response 进行状态编码转换，具体转换说明如表 5-1 所示。

表 5-1　GetMessageResult 与 Response 状态编码转换

ResponseCode		GetMessageStatus
成功	SUCCESS	FOUND
立即重试	PULL_RETRY_IMMEDIATELY	MESSAGE_WAS_REMOVING：消息存放在下一个 CommitLog 文件中
偏移量移动	PULL_OFFSET_MOVED	NO_MATCHED_LOGIC_QUEUE：未找到队列 NO_MESSAGE_IN_QUEUE：队列中未包含消息 OFFSET_OVERFLOW_BADLY：offset 越界 OFFSET_TOO_SMALL：offset 未在消息队列中
未找到消息	PULL_NOT_FOUND	OFFSET_FOUND_NULL：消息物理偏移量为空 OFFSET_OVERFLOW_ONE：offset 越界一个

第九步：如果 CommitLog 标记为可用并且当前节点为主节点，则更新消息消费进度，如代码清单 5-20 所示。消息消费进度的详情将在 5.6 节重点讨论。

代码清单 5-20　PullMessageProcessor#processRequest

```
boolean storeOffsetEnable = brokerAllowSuspend;
storeOffsetEnable = storeOffsetEnable && hasCommitOffsetFlag;
storeOffsetEnable = storeOffsetEnable
            && this.brokerController.getMessageStoreConfig().getBrokerRole() !=
            BrokerRole.SLAVE;
if (storeOffsetEnable) {
    this.brokerController.getConsumerOffsetManager().commitOffset(RemotingHelper.
        parseChannelRemoteAddr(channel), requestHeader.getConsumerGroup(),
        requestHeader.getTopic(), requestHeader.getQueueId(),
        requestHeader.getCommitOffset());
}
```

服务端消息拉取处理完毕，将返回结果拉取到消息调用方。在调用方，需要重点关注 PULL_RETRY_IMMEDIATELY、PULL_OFFSET_MOVED、PULL_NOT_FOUND 等情况下如何校正拉取偏移量。

3. 消息拉取客户端处理消息

回到消息拉取客户端调用入口：MQClientAPIImpl#pullMessageAsync，NettyRemoting Client 在收到服务端响应结构后，会回调 PullCallback 的 onSuccess 或 onException，PullCallBack 对象在 DefaultMQPushConsumerImpl#pullMessage 中创建，如代码清单 5-21 所示。

代码清单 5-21　MQClientAPIImpl#processPullResponse

```
PullStatus pullStatus = PullStatus.NO_NEW_MSG;
switch (response.getCode()) {
```

```
        case ResponseCode.SUCCESS:
            pullStatus = PullStatus.FOUND;
            break;
        case ResponseCode.PULL_NOT_FOUND:
            pullStatus = PullStatus.NO_NEW_MSG;
            break;
        case ResponseCode.PULL_RETRY_IMMEDIATELY:
            pullStatus = PullStatus.NO_MATCHED_MSG;
            break;
        case ResponseCode.PULL_OFFSET_MOVED:
            pullStatus = PullStatus.OFFSET_ILLEGAL;
            break;
        default:
            throw new MQBrokerException(response.getCode(), response.getRemark());
    }
    return new PullResultExt; //（省略 PullResutExt 拉取结果的解码）
```

第一步：根据响应结果解码成 PullResultExt 对象，此时只是从网络中读取消息列表中的 byte[] messageBinary 属性，如代码清单 5-22 所示。先重点看一下拉取状态码的转换，如表 5-2 所示。

表 5-2　PullStatus 与 Response 状态编码转换

Response	PullStatus
SUCCESS	FOUND
PULL_RETRY_IMMEDIATELY	NO_MATCHED_MSG
PULL_OFFSET_MOVED	OFFSET_ILLEGAL
PULL_NOT_FOUND	NO_NEW_MSG

代码清单 5-22　DefaultMQPushConsumerImpl$PullCallBack#onSuccess

```
pullResult = DefaultMQPushConsumerImpl.this.pullAPIWrapper.processPullResult
    (pullRequest.getMessageQueue(), pullResult,subscriptionData);
```

第二步：调用 pullAPIWrapper 的 processPullResult，将消息字节数组解码成消息列表并填充 msgFoundList，对消息进行消息过滤（TAG 模式）。PullResult 类图如图 5-11 所示。

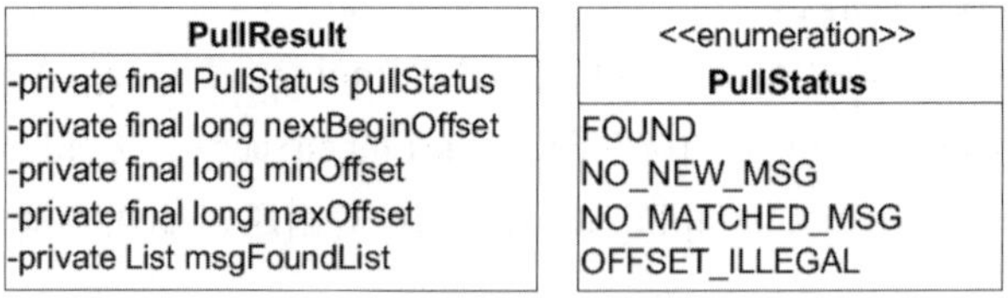

PullResult
-private final PullStatus pullStatus -private final long nextBeginOffset -private final long minOffset -private final long maxOffset -private List msgFoundList

<<enumeration>> PullStatus
FOUND NO_NEW_MSG NO_MATCHED_MSG OFFSET_ILLEGAL

图 5-11　PullResult 类图

下面逐一分析 PullResult 的核心属性。

1）pullStatus：拉取结果。

2）nextBeginOffset：下次拉取的偏移量。

3）minOffset：消息队列的最小偏移量。

4）maxOffset：消息队列的最大偏移量。

5）msgFoundList：具体拉取的消息列表。

接下来按照正常流程，即分析拉取结果为 PullStatus.FOUND（找到对应的消息）的情况来分析整个消息拉取过程，如代码清单 5-23 所示。

代码清单 5-23　DefaultMQPushConsumerImpl$PullCallBack#onSuccess

```
long prevRequestOffset = pullRequest.getNextOffset();
pullRequest.setNextOffset(pullResult.getNextBeginOffset());
if (pullResult.getMsgFoundList() == null ||
        pullResult.getMsgFoundList().isEmpty()) {
    DefaultMQPushConsumerImpl.this.executePullRequestImmediately(pullRequest);
    }
}
```

第三步：更新 PullRequest 的下一次拉取偏移量，如果 msgFoundList 为空，则立即将 PullReqeuest 放入 PullMessageService 的 pullRequestQueue，以便 PullMessageSerivce 能及时唤醒并再次执行消息拉取，如代码清单 5-24 所示。为什么 PullStatus.msgFoundList 还会为空呢？因为 RocketMQ 根据 TAG 进行消息过滤时，在服务端只是验证了 TAG 的哈希码，所以客户端再次对消息进行过滤时，可能会出现 msgFoundList 为空的情况。更多有关消息过滤的知识将在 5.8 节重点介绍。

代码清单 5-24　DefaultMQPushConsumerImpl$PullCallBack#onSuccess

```
oolean dispathToConsume =
            processQueue.putMessage(pullResult.getMsgFoundList());
DefaultMQPushConsumerImpl.this.consumeMessageService.
    submitConsumeRequest(pullResult.getMsgFoundList(),processQueue,
        pullRequest.getMessageQueue(),dispathToConsume);
```

第四步：首先将拉取到的消息存入 ProcessQueue，然后将拉取到的消息提交到 ConsumeMcssageService 中供消费者消费，如代码清单 5-25 所示。该方法是一个异步方法，也就是 PullCallBack 将消息提交到 ConsumeMessageService 中就会立即返回，至于这些消息如何消费，PullCallBack 不会关注。

代码清单 5-25　DefaultMQPushConsumerImpl$PullCallBack#onSuccess

```
if (DefaultMQPushConsumerImpl.this.defaultMQPushConsumer.getPullInterval() > 0)
{
    DefaultMQPushConsumerImpl.this.executePullRequestLater(pullRequest,
        DefaultMQPushConsumerImpl.this.defaultMQPushConsumer
            .getPullInterval());
```

```
} else {
    DefaultMQPushConsumerImpl.this.executePullRequestImmediately(pullRequest);}
}
```

第五步：将消息提交给消费者线程之后，PullCallBack 将立即返回，可以说本次消息拉取顺利完成。然后查看 pullInterval 参数，如果 pullInterval>0，则等待 pullInterval 毫秒后将 PullRequest 对象放入 PullMessageService 的 pullRequestQueue 中，该消息队列的下次拉取即将被激活，达到持续消息拉取，实现准实时拉取消息的效果。

再来分析消息拉取异常处理是如何校对拉取偏移量的。

1）NO_NEW_MSG、NO_MATCHED_MSG

如果返回 NO_NEW_MSG（没有新消息）、NO_MATCHED_MSG（没有匹配消息），则直接使用服务器端校正的偏移量进行下一次消息的拉取，如代码清单 5-26 所示。

代码清单 5-26 DefaultMQPushConsumerImpl$PullCallBack#onSuccess

```
case NO_NEW_MSG:
case NO_MATCHED_MSG: pullRequest.setNextOffset(pullResult.getNextBeginOffset());
    DefaultMQPushConsumerImpl.this.correctTagsOffset(pullRequest);
    DefaultMQPushConsumerImpl.this.executePullRequestImmediately(pullRequest);
    break;
```

再来看服务端如何校正 Offset。

NO_NEW_MSG 对应 GetMessageResult.OFFSET_FOUND_NULL、GetMessageResult.OFFSET_OVERFLOW_ONE。

OFFSET_OVERFLOW_ONE 表示待拉取消息的物理偏移量等于消息队列最大的偏移量，如果有新的消息到达，此时会创建一个新的 ConsumeQueue 文件，因为上一个 ConsueQueue 文件的最大偏移量就是下一个文件的起始偏移量，所以可以按照该物理偏移量第二次拉取消息。

OFFSET_FOUND_NULL 表示根据 ConsumeQueue 文件的偏移量没有找到内容，使用偏移量定位到下一个 ConsumeQueue 文件，其实就是 offset +（一个 ConsumeQueue 文件包含多少个条目 =MappedFileSize / 20）。

2）OFFSET_ILLEGAL

如果拉取结果显示偏移量非法，首先将 ProcessQueue 的 dropped 设为 true，表示丢弃该消费队列，意味着 ProcessQueue 中拉取的消息将停止消费，然后根据服务端下一次校对的偏移量尝试更新消息消费进度（内存中），然后尝试持久化消息消费进度，并将该消息队列从 RebalacnImpl 的处理队列中移除，意味着暂停该消息队列的消息拉取，等待下一次消息队列重新负载。如代码清单 5-27 所示，OFFSET_ILLEGAL 对应服务端 GetMessageResult 状态的 NO_MATCHED_LOGIC_QUEUE、NO_MESSAGE_IN_QUEUE、OFFSET_OVERFLOW_BADLY、OFFSET_TOO_SMALL，这些状态服务端偏移量校正基本上使用原偏移量，在客户端更新消息消费进度时只有当消息进度比当前消费进度大才会覆盖，以此保证消息进度的准确性。

代码清单 5-27　DefaultMQPushConsumerImpl$PullCallBack#onSuccess

```
pullRequest.setNextOffset(pullResult.getNextBeginOffset());
pullRequest.getProcessQueue().setDropped(true);
DefaultMQPushConsumerImpl.this.executeTaskLater(new Runnable() {
    public void run() {
        try {
            DefaultMQPushConsumerImpl.this.offsetStore.updateOffset (pullRequest.get
                    MessageQueue(),pullRequest.getNextOffset(), false);
                DefaultMQPushConsumerImpl.this.offsetStore.persist
                    (pullRequest.getMessageQueue());
            DefaultMQPushConsumerImpl.this.rebalanceImpl.removeProcessQueue
                (pullReq uest.getMessageQueue());
            } catch (Throwable e) {
        }
    }
}, 10000);
```

RocketMQ 的消息拉取过程比较复杂，其核心流程如图 5-12 所示。

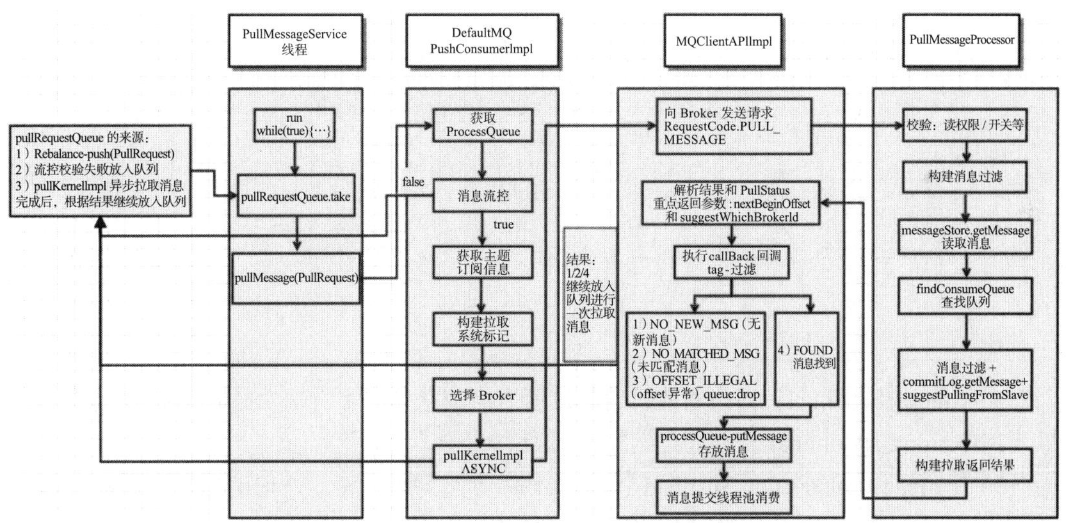

图 5-12　RocketMQ 消息拉取流程图

4. 消息拉取长轮询机制分析

RocketMQ 并没有真正实现推模式，而是消费者主动向消息服务器拉取消息，RocketMQ 推模式是循环向消息服务端发送消息拉取请求，如果消息消费者向 RocketMQ 发送消息拉取时，消息并未到达消费队列，且未启用长轮询机制，则会在服务端等待 shortPollingTimeMills

时间后（挂起），再去判断消息是否已到达消息队列。如果消息未到达，则提示消息拉取客户端 PULL_NOT_FOUND（消息不存在），如果开启长轮询模式，RocketMQ 一方面会每 5s 轮询检查一次消息是否可达，同时一有新消息到达后，立即通知挂起线程再次验证新消息是否是自己感兴趣的，如果是则从 CommitLog 文件提取消息返回给消息拉取客户端，否则挂起超时，超时时间由消息拉取方在消息拉取时封装在请求参数中，推模式默认为 15s，拉模式通过 DefaultMQPullConsumer#setBrokerSuspendMaxTimeMillis 进行设置。RocketMQ 通过在 Broker 端配置 longPollingEnable 为 true 来开启长轮询模式。消息拉取时服务端从 CommitLog 文件中未找到消息的处理逻辑，如代码清单 5-28 所示。

代码清单 5-28　PullMessageProcessor#processRequest

```
private RemotingCommand processRequest(final Channel channel,
                RemotingCommand request, boolean brokerAllowSuspend) {
    // 省略相关代码
    case ResponseCode.PULL_NOT_FOUND:
    if (brokerAllowSuspend && hasSuspendFlag) {
        long pollingTimeMills = suspendTimeoutMillisLong;
        if (!this.brokerController.getBrokerConfig().isLongPollingEnable()) {
            pollingTimeMills = this.brokerController.getBrokerConfig()
                .getShortPollingTimeMills();
        }
        String topic = requestHeader.getTopic();
        long offset = requestHeader.getQueueOffset();
        int queueId = requestHeader.getQueueId();
        PullRequest pullRequest = new PullRequest(request, channel,
            pollingTimeMills,this.brokerController.getMessageStore().now(),
            offset, subscriptionData, messageFilter);
        this.brokerController.getPullRequestHoldService().
                suspendPullRequest(topic, queueId, pullRequest);
        response = null;
        break;
    }
}
```

1）Channel channel：网络通道，通过该通道向消息拉取客户端发送响应结果。

2）RemotingCommand request：消息拉取请求。

3）boolean brokerAllowSuspend：Broker 端是否支持挂起，处理消息拉取时默认传入 true，表示如果未找到消息则挂起，如果该参数为 false，未找到消息时直接返回客户端消息未找到。

如果 brokerAllowSuspend 为 true，表示支持挂起，则将响应对象 response 设置为 null，不会立即向客户端写入响应，hasSuspendFlag 参数在拉取消息时构建的拉取标记默认为 true。

默认支持挂起，根据是否开启长轮询决定挂起方式。如果开启长轮询模式，挂起超时时间来自请求参数，推模式默认为 15s，拉模式通过 DefaultMQPullConsumer#brokerSuspenMaxTimeMillis 进行设置，默认 20s。然后创建拉取任务 PullRequest 并提交到 PullRequestHoldService

线程中。

RocketMQ 轮询机制由两个线程共同完成。

1）PullRequestHoldService：每隔 5s 重试一次。

2）DefaultMessageStore#ReputMessageService：每处理一次重新拉取，线程休眠 1s，继续下一次检查。

5. PullRequestHoldService 线程详解

PullRequestHoldService 线程如代码清单 5-29 所示。

代码清单 5-29 PullRequestHoldService#suspendPullRequest

```
public void suspendPullRequest(final String topic, final int queueId, final
        PullRequest pullRequest)
    String key = this.buildKey(topic, queueId);
    ManyPullRequest mpr = this.pullRequestTable.get(key);
    if (null == mpr) {
        mpr = new ManyPullRequest();
        ManyPullRequest prev = this.pullRequestTable.putIfAbsent(key, mpr);
        if (prev != null) {
            mpr = prev;
        }
    }
    mpr.addPullRequest(pullRequest);
}
```

根据消息主题与消息队列构建 key，从 ConcurrentMap<String/* topic@queueId */, ManyPullRequest> pullRequestTable 中获取该主题队列对应的 ManyPullRequest，通过 ConcurrentMap 的并发特性，维护主题队列的 ManyPullRequest，然后将 PullRequest 放入 ManyPullRequest。ManyPullRequest 对象内部持有一个 PullRequest 列表，表示同一主题队列的累积拉取消息任务，如代码清单 5-30 所示。

代码清单 5-30 PullRequestHoldService#run

```
public void run() {
    log.info("{} service started", this.getServiceName());
    while (!this.isStopped()) {
        try {
            if (this.brokerController.getBrokerConfig().isLongPollingEnable()) {
                this.waitForRunning(5 * 1000);
            } else {
                this.waitForRunning(this.brokerController.getBrokerConfig().
                    getShortPollingTimeMills());
            }
            long beginLockTimestamp = this.systemClock.now();
            this.checkHoldRequest();
            long costTime = this.systemClock.now() - beginLockTimestamp;
            if (costTime > 5 * 1000) {
```

```
                log.info("[NOTIFYME] check hold request cost {} ms.", costTime);
                }
            } catch (Throwable e) {
            log.warn(this.getServiceName() + " service has exception. ", e);
        }
    }
    log.info("{} service end", this.getServiceName());
}
```

如果开启长轮询，每5s判断一次新消息是否到达。如果未开启长轮询，则默认等待1s再次判断，可以通过BrokerConfig#shortPollingTimeMills改变等待时间。PullRequestHoldService的核心逻辑如代码清单5-31所示。

代码清单5-31 PullRequestHoldService#checkHoldRequest

```
private void checkHoldRequest() {
    for (String key : this.pullRequestTable.keySet()) { String[]
        kArray = key.split(TOPIC_QUEUEID_SEPARATOR);
        if (2 == kArray.length) {
            String topic = kArray[0];
            int queueId = Integer.parseInt(kArray[1]);
            final long offset = this.brokerController.getMessageStore().
                getMaxOffsetInQueue(topic, queueId);
            try {
                this.notifyMessageArriving(topic, queueId, offset);
            } catch (Throwable e) {
                log.error("check hold request failed. topic={}, queueId={}",
                    topic, queueId, e);
            }
        }
    }
}
```

遍历拉取任务表，根据主题与队列获取消息消费队列的最大偏移量，如果该偏移量大于待拉取偏移量，说明有新的消息到达，调用notifyMessageArriving触发消息拉取。

PullRequestHoldService#notifyMessageArriving如代码清单5-32所示。

代码清单5-32 PullRequestHoldService#notifyMessageArriving

```
List<PullRequest> requestList = mpr.cloneListAndClear();
public synchronized List<PullRequest> cloneListAndClear() {
    if (!this.pullRequestList.isEmpty()) { List<PullRequest>
        result = (ArrayList<PullRequest>)
            this.pullRequestList.clone();
        this.pullRequestList.clear();
        return result;
    }
    return null;
}
```

第一步：首先从 ManyPullRequest 中获取当前该主题队列所有的挂起拉取任务。值得注意的是，该方法使用了 synchronized，说明该数据结构存在并发访问，该属性是 PullRequestHoldService 线程的私有属性。下文重点提到的 ReputMessageService 内部将持有 PullRequestHoldService，也会唤醒挂起线程，从而执行消息拉取尝试，如代码清单 5-33 所示。

代码清单 5-33 PullRequestHoldService#notifyMessageArriving

```
if (newestOffset > request.getPullFromThisOffset()) {
    boolean match = request.getMessageFilter().isMatchedByConsumeQueue(tagsCode,
        new ConsumeQueueExt.CqExtUnit(tagsCode, msgStoreTime, filterBitMap));
    if (match && properties != null) {
        match = request.getMessageFilter().isMatchedByCommitLog(null, properties);
    }
    if (match) {
        try {
            this.brokerController.getPullMessageProcessor().
                executeRequestWhenWakeup(request.getClientChannel(),request.getRe
                    questCommand());
        } catch (Throwable e) {
            log.error("execute request when wakeup failed.", e);
        }
        continue;
    }
}
```

第二步：如果消息队列的最大偏移量大于待拉取偏移量，且消息匹配，则调用 executeRequest WhenWakeup 将消息返回给消息拉取客户端，否则等待下一次尝试，如代码清单 5-34 所示。

代码清单 5-34 PullRequestHoldService#notifyMessageArriving

```
if (System.currentTimeMillis() >= (request.getSuspendTimestamp() +
            request.getTimeoutMillis())) {
    try
        { this.brokerController.getPullMessageProcessor().
            executeRequestWhenWakeup(request.getClientChannel(),
            request.getRequestCommand());
    } catch (Throwable e) {
        log.error("execute request when wakeup failed.", e);
    }
    continue;
}
```

第三步：如果挂起超时，则不继续等待，直接返回客户消息未找到，如代码清单 5-35 所示。

代码清单 5-35 PullMessageProcessor#executeRequestWhenWakeup

```
final RemotingCommand response = PullMessageProcessor.this.
processRequest(channel, request, false);
```

第四步：这里的核心又回到长轮询的入口代码了，其核心是设置 brokerAllowSuspend 为 false，表示不支持拉取线程挂起，即当根据偏移量无法获取消息时，将不挂起线程并等待新消息，而是直接返回告诉客户端本次消息拉取未找到消息。

回想一下，如果开启了长轮询机制，PullRequestHoldService 线程每隔 5s 被唤醒，尝试检测是否有新消息到来，直到超时才停止，如果被挂起，需要等待 5s 再执行。消息拉取的实时性比较差，为了避免这种情况，RocketMQ 引入另外一种机制：当消息到达时唤醒挂起线程，触发一次检查。

6. DefaultMessageStore#ReputMessageService 详解

ReputMessageService 线程主要是根据 CommitLog 文件将消息转发到 ConsumeQueue、Index 等文件，该部分已经在第 4 章进行了详细解读，本节关注 doReput() 方法关于长轮询的相关实现，如代码清单 5-36 所示。

代码清单 5-36 DefaultMessageStore#start

```
if (this.getMessageStoreConfig().isDuplicationEnable()) {
    this.reputMessageService.setReputFromOffset(this.commitLog.getConfirmOffset());
} else {
    this.reputMessageService.setReputFromOffset(this.commitLog.getMaxOffset());
}
this.reputMessageService.start();
```

如果允许消息重复，将重新推送偏移量设置为 CommitLog 文件的提交偏移量，如果不允许重复推送，则设置重新推送偏移为 CommitLog 的当前最大偏移量，如代码清单 5-37 所示。

代码清单 5-37 DefaultMessageStore#ReputMessageService#doReput

```
if (BrokerRole.SLAVE !=
        DefaultMessageStore.this.getMessageStoreConfig().getBrokerRole() &&
        DefaultMessageStore.this.brokerConfig.isLongPollingEnable()){
    DefaultMessageStore.this.messageArrivingListener.arriving(
        dispatchRequest.getTopic(),
        dispatchRequest.getQueueId(),
        dispatchRequest.getConsumeQueueOffset() + 1,
        dispatchRequest.getTagsCode(), dispatchRequest.getStoreTimestamp(),
        dispatchRequest.getBitMap(), dispatchRequest.getPropertiesMap());
}
```

当新消息达到 CommitLog 文件时，ReputMessageService 线程负责将消息转发给 Consume Queue 文件和 Index 文件，如果 Broker 端开启了长轮询模式并且当前节点角色主节点，则将调用 PullRequestHoldService 线程的 notifyMessageArriving() 方法唤醒挂起线程，判断当前消费队列最大偏移量是否大于待拉取偏移量，如果大于则拉取消息。长轮询模式实现了准实时消息拉取。

5.5 消息队列负载与重新分布机制

因为在启动 PullMessageService 时，LinkedBlockingQueue<PullRequest> pullRequestQueue 中没有 PullRequest 对象，所以 PullMessageService 线程将阻塞。

问题 1：PullRequest 对象在什么时候创建并加入 pullRequestQueue，可以唤醒 PullMessage Service 线程？

问题 2：集群内多个消费者是如何负载主题下多个消费队列的？如果有新的消费者加入，消息队列又会如何重新分布？

RocketMQ 消息队列重新分布是由 RebalanceService 线程实现的，如代码清单 5-38 所示。一个 MQClientInstance 持有一个 RebalanceService 实现，并随着 MQClientInstance 的启动而启动。接下来我们带着上面两个问题，了解一下 RebalanceService 的 run() 方法。

代码清单 5-38 RebalanceService#run

```
public void run() {
    log.info(this.getServiceName() + " service started");
    while (!this.isStopped()) {
        this.waitForRunning(waitInterval);
        this.mqClientFactory.doRebalance();
    }
    log.info(this.getServiceName() + " service end");
}
```

RebalanceService 线程默认每隔 20s 执行一次 mqClientFactory.doRebalance() 方法，如代码清单 5-39 所示。可以使用 Drocketmq.client.rebalance.waitInterval=interval 改变默认值。

代码清单 5-39 MQClientInstance#doRebalance

```
public void doRebalance() {
    for (Map.Entry<String, MQConsumerInner> entry :
        this.consumerTable.entrySet())
        { MQConsumerInner impl =  entry.getValue();
        if (impl != null) {
            try {
                impl.doRebalance();
            } catch (Throwable e) {
                log.error("doRebalance exception", e);
            }
        }
    }
}
```

MQClientIinstance 遍历已注册的消费者，对消费者执行 doRebalance() 方法，如代码清单 5-40 所示。

代码清单 5-40 RebalanceImpl#doRebalance

```
public void doRebalance(final boolean isOrder) {
    Map<String, SubscriptionData> subTable = this.getSubscriptionInner(); if
(subTable != null) {
    for (final Map.Entry<String, SubscriptionData> entry : subTable.entrySet()) { final
        String topic = entry.getKey();
        try {
            this.rebalanceByTopic(topic, isOrder);
        } catch (Throwable e) {
            if (!topic.startsWith(MixAll.RETRY_GROUP_TOPIC_PREFIX)) {
                log.warn("rebalanceByTopic Exception", e);
            }
        }
    }
    }
    this.truncateMessageQueueNotMyTopic();
}
```

每个 DefaultMQPushConsumerImpl 都持有一个单独的 RebalanceImpl 对象，该方法主要遍历订阅信息对每个主题的队列进行重新负载。RebalanceImpl 的 Map<String,SubscriptionData>subTable 在调用消费者 DefaultMQPushConsumerImpl#subscribe 方法时填充。如果订阅信息发生变化，例如调用了 unsubscribe() 方法，则需要将不关心的主题消费队列从 processQueueTable 中移除。接下来重点分析 RebalanceImpl#rebalanceByTopic，了解 RocketMQ 如何针对单个主题进行消息队列重新负载（以集群模式），如代码清单 5-41 所示。

代码清单 5-41 RebalanceImpl#rebalanceByTopic

```
Set<MessageQueue> mqSet = this.topicSubscribeInfoTable.get(topic);
List<String> cidAll = this.mQClientFactory.findConsumerIdList(topic,
    consumerGroup);
```

第一步：从主题订阅信息缓存表中获取主题的队列信息。发送请求从 Broker 中获取该消费组内当前所有的消费者客户端 ID，主题的队列可能分布在多个 Broker 上，那么请求该发往哪个 Broker 呢？ RocketeMQ 从主题的路由信息表中随机选择一个 Broker。Broker 为什么会存在消费组内所有消费者的信息呢？我们不妨回忆一下，消费者在启动的时候会向 MQClientInstance 中注册消费者，然后 MQClientInstance 会向所有的 Broker 发送心跳包，心跳包中包含 MQClientInstance 的消费者信息，如代码清单 5-42 所示。如果 mqSet、cidAll 任意一个为空，则忽略本次消息队列负载。

代码清单 5-42 RebalanceImpl#rebalanceByTopic

```
Collections.sort(mqAll);
Collections.sort(cidAll);
AllocateMessageQueueStrategy strategy = this.allocateMessageQueueStrategy;
List<MessageQueue> allocateResult = null;
    try {
```

```
        allocateResult =
            strategy.allocate( this.consumerGroup,this.mQClientFactory.getClient
            Id(),mqAll,cidAll);
    } catch (Throwable e) {
        log.error("AllocateMessageQueueStrategy.allocate Exception.allocateMessa
            geQueueStrategyName={}",strategy.getName(),e);
        return;
}
```

第二步：对 cidAll、mqAll 进行排序。这一步很重要，同一个消费组内看到的视图应保持一致，确保同一个消费队列不会被多个消费者分配。RocketMQ 消息队列分配算法接口，如代码清单 5-43 所示。

代码清单 5-43 AllocateMessageQueueStrategy

```
/**
 * Strategy Algorithm for message allocating between consumers
 */
public interface AllocateMessageQueueStrategy {
    List<MessageQueue> allocate(String consumerGroup,
        String currentCID,List<MessageQueue> mqAll,List<String> cidAll
    );
    /**
     * Algorithm name
     *
     * @return The strategy name
     */
    String getName();
}
```

RocketMQ 默认提供 5 种分配算法。

1）AllocateMessageQueueAveragely：平均分配，推荐使用。

举例来说，如果现在有 8 个消息消费队列 q1、q2、q3、q4、q5、q6、q7、q8，有 3 个消费者 c1、c2、c3，那么根据该负载算法，消息队列分配如下。

```
c1: q1、q2、q3。
c2: q4、q5、q6。
c3: q7、q8。
```

2）AllocateMessageQueueAveragelyByCircle：平均轮询分配，推荐使用。

举例来说，如果现在有 8 个消息消费队列 q1、q2、q3、q4、q5、q6、q7、q8，有 3 个消费者 c1、c2、c3，那么根据该负载算法，消息队列分配如下。

```
c1: q1、q4、q7。
c2: q2、q5、q8。
c3: q3、q6。
```

3）AllocateMessageQueueConsistentHash：一致性哈希。因为消息队列负载信息不容易

跟踪，所以不推荐使用。

4）AllocateMessageQueueByConfig：根据配置，为每一个消费者配置固定的消息队列。

5）AllocateMessageQueueByMachineRoom：根据 Broker 部署机房名，对每个消费者负责不同的 Broker 上的队列。

> 注意 消息负载算法如果没有特殊的要求，尽量使用 AllocateMessageQueueAveragely、AllocateMessageQueueAveragelyByCircle，这是因为分配算法比较直观。消息队列分配原则为一个消费者可以分配多个消息队列，但同一个消息队列只会分配给一个消费者，故如果消费者个数大于消息队列数量，则有些消费者无法消费消息。

对比消息队列是否发生变化，主要思路是遍历当前负载队列集合，如果队列不在新分配队列的集合中，需要将该队列停止消费并保存消费进度；遍历已分配的队列，如果队列不在队列负载表中（processQueueTable），则需要创建该队列拉取任务 PullRequest，然后添加到 PullMessageService 线程的 pullRequestQueue 中，PullMessageService 才会继续拉取任务，如代码清单 5-44 所示。

代码清单 5-44　RebalanceImpl#updateProcessQueueTableInRebalance

```
Iterator<Entry<MessageQueue, ProcessQueue>> it =
                    this.processQueueTable.entrySet().iterator();
while (it.hasNext()) {
    Entry<MessageQueue, ProcessQueue> next = it.next();
    MessageQueue mq = next.getKey();
    ProcessQueue pq = next.getValue();
    if (mq.getTopic().equals(topic))
      { if (!mqSet.contains(mq)) {
            pq.setDropped(true);
            if (this.removeUnnecessaryMessageQueue(mq, pq)) {
                it.remove();
                changed = true;
                log.info("doRebalance, {}, remove unnecessary mq, {}",
                    consumerGroup, mq);
            }
        }
    }
}
```

第三步：ConcurrentMap〈MessageQueue, ProcessQueue〉processQueueTable 是当前消费者负载的消息队列缓存表，如果缓存表中的 MessageQueue 不包含在 mqSet 中，说明经过本次消息队列负载后，该 mq 被分配给其他消费者，需要暂停该消息队列消息的消费。方法是将 ProccessQueue 的状态设置为 droped=true，该 ProcessQueue 中的消息将不会再被消费，调用 removeUnnecessaryMessageQueue 方法判断是否将 MessageQueue、ProccessQueue 从缓存表中移除。removeUnnecessaryMessageQueue 在 RebalanceImple 中定义为抽象方法。

removeUnnecessaryMessageQueue 方法主要用于持久化待移除 MessageQueue 的消息消费进度。在推模式下，如果是集群模式并且是顺序消息消费，还需要先解锁队列，如代码清单 5-45，关于顺序消息将在 5.9 节详细讨论。

代码清单 5-45 RebalanceImpl#updateProcessQueueTableInRebalance

```
List<PullRequest> pullRequestList = new ArrayList<PullRequest>();
for (MessageQueue mq : mqSet) {
    if (!this.processQueueTable.containsKey(mq)) {
        if (isOrder && !this.lock(mq)) {
            log.warn("doRebalance, {}, add a new mq failed, {}, because lock
                failed", consumerGroup, mq);
            continue;
        }
        this.removeDirtyOffset(mq);
        ProcessQueue pq = new ProcessQueue();
            long nextOffset = this.computePullFromWhere(mq);
            if (nextOffset >= 0) {
                ProcessQueue pre = this.processQueueTable.putIfAbsent(mq, pq); if
                (pre != null) {
                log.info("doRebalance, {}, mq already exists, {}", consumerGroup, mq);
                } else {
                    log.info("doRebalance, {}, add a new mq, {}", consumerGroup, mq);
                    PullRequest pullRequest = new PullRequest();
                    pullRequest.setConsumerGroup(consumerGroup);
                    pullRequest.setNextOffset(nextOffset);
                    pullRequest.setMessageQueue(mq);
                    pullRequest.setProcessQueue(pq);
                    pullRequestList.add(pullRequest);
                    changed = true;
                }
            } else {
                log.warn("doRebalance, {}, add new mq failed, {}", consumerGroup, mq);
            }
        }
}
```

第四步：遍历本次负载分配到的队列集合，如果 processQueueTable 中没有包含该消息队列，表明这是本次新增加的消息队列，首先从内存中移除该消息队列的消费进度，然后从磁盘中读取该消息队列的消费进度，创建 PullRequest 对象。这里有一个关键，如果读取到的消费进度小于 0，则需要校对消费进度。RocketMQ 提供了 CONSUME_FROM_LAST_OFFSET、CONSUME_FROM_FIRST_OFFSET、CONSUME_FROM_TIMESTAMP 方式，在创建消费者时可以通过调用 DefaultMQPushConsumer#setConsumeFromWhere 方法进行设置。

PullRequest 的 nextOffset 计算逻辑位于 RebalancePushImpl#computePullFromWhere。

1）ConsumeFromWhere.CONSUME_FROM_LAST_OFFSET：从队列最新偏移量开始消费，如代码清单 5-46 所示。

代码清单 5-46 RebalancePushImpl#computePullFromWhere

```
case CONSUME_FROM_LAST_OFFSET: {
    long lastOffset = offsetStore.readOffset(mq, ReadOffsetType.READ_FROM_STORE);
    if (lastOffset >= 0) {
        result = lastOffset;
    } else if (-1 == lastOffset) {
        if (mq.getTopic().startsWith(MixAll.RETRY_GROUP_TOPIC_PREFIX)) {
            result = 0L;
        } else {
            try {
                result = this.mQClientFactory.getMQAdminImpl().maxOffset(mq);
            } catch (MQClientException e) {
                result = -1;
            }
        }
    } else {
      result = -1;
    }
    break;
}
```

offsetStore.readOffset（mq, ReadOffsetType.READ_FROM_STORE）返回 -1 表示该消息队列刚创建。从磁盘中读取消息队列的消费进度，如果大于 0 则直接返回，如果等于 -1，在 CONSUME_FROM_LAST_OFFSET 模式下获取该消息队列当前最大的偏移量，如果小于 -1，表示该消息进度文件中存储了错误的偏移量，则返回 -1。

2）CONSUME_FROM_FIRST_OFFSET：从头开始消费，如代码清单 5-47 所示。

代码清单 5-47 RebalancePushImpl#computePullFromWhere

```
case CONSUME_FROM_FIRST_OFFSET: {
    long lastOffset = offsetStore.readOffset(mq, ReadOffsetType.READ_FROM_STORE);
    if (lastOffset >= 0) {
        result = lastOffset;
    } else if (-1 == lastOffset) {
        result = 0L;
    } else {
        result = -1;
    }
    break;
}
```

从磁盘中读取消息队列的消费进度，如果大于 0 则直接返回，如果等于 -1，在 CONSUME_FROM_FIRST_OFFSET 模式下直接返回 0，从头开始消费，如果小于 -1，表示该消息进度文件中存储了错误的偏移量，则返回 -1。

3）CONSUME_FROM_TIMESTAMP：从消费者启动时间戳对应消费进度开始消费，如代码清单 5-48 所示。

代码清单 5-48 RebalancePushImpl#computePullFromWhere

```
try {
    long lastOffset = offsetStore.readOffset(mq, ReadOffsetType.READ_FROM_STORE);
    if (lastOffset >= 0) {
        result = lastOffset;
    } else if (-1 == lastOffset) {
        try {
            long timestamp = UtilAll.parseDate(this.defaultMQPushConsumerImpl
                    .getDefaultMQPushConsumer().getConsumeTimestamp(),
                    UtilAll.YYYYMMDDHHMMSS).getTime();
            result  = this.mQClientFactory.getMQAdminImpl().searchOffset(mq,
                timestamp);
    } catch (MQClientException e) {
        result = -1;
    }
} else {
    result= -1;
}
```

从磁盘中读取消息队列的消费进度，如果大于 0 则直接返回。如果等于 -1，在 CONSUME_FROM_TIMESTAMP 模式下会尝试将消息存储时间戳更新为消费者启动的时间戳，如果能找到则返回找到的偏移量，否则返回 0。如果小于 -1，表示该消息进度文件中存储了错误的偏移量，则返回 -1，如代码清单 5-49 所示。

注意 ConsumeFromWhere 相关消费进度校正策略只有在从磁盘中获取消费进度返回 -1 时才会生效，如果从消息进度存储文件中返回的消费进度小于 -1，表示偏移量非法，则使用偏移量 -1 去拉取消息，那么会发生什么呢？首先第一次去消息服务器拉取消息时无法取到消息，但是会用 -1 去更新消费进度，然后将消息消费队列丢弃，在下一次消息队列负载时再次消费。

代码清单 5-49 RebalancePushImpl#dispatchPullRequest

```
this.dispatchPullRequest(pullRequestList);
public void dispatchPullRequest(List<PullRequest> pullRequestList) {
    for (PullRequest pullRequest : pullRequestList) {
        this.defaultMQPushConsumerImpl.executePullRequestImmediately(pullRequest);
        log.info("doRebalance, {}, add a new pull request {}", consumerGroup,
            pullRequest);
    }
}
```

第五步：将 PullRequest 加入 PullMessageService，以便唤醒 PullMessageService 线程。消息队列负载机制就介绍到这里，回到本节的两个问题。

问题 1：PullRequest 对象在什么时候创建并加入 pullRequestQueue，可以唤醒 PullMessageService 线程？

RebalanceService 线程每隔 20s 对消费者订阅的主题进行一次队列重新分配，每一次分配都会获取主题的所有队列、从 Broker 服务器实时查询当前该主题该消费组内的消费者列表，对新分配的消息队列会创建对应的 PullRequest 对象。在一个 JVM 进程中，同一个消费组同一个队列只会存在一个 PullRequest 对象。

问题 2：集群内多个消费者是如何负载主题下多个消费队列的？如果有新的消费者加入，消息队列又会如何重新分布？

每次进行队列重新负载时，会从 Broker 实时查询当前消费组内所有的消费者，并且对消息队列、消费者列表进行排序，这样新加入的消费者就会在队列重新分布时分配到消费队列，从而消费消息。

本节分析了消息队列的负载机制，RocketMQ 消息拉取由 PullMessageService 与 Rebalance-Service 共同协作完成，如图 5-13 所示。

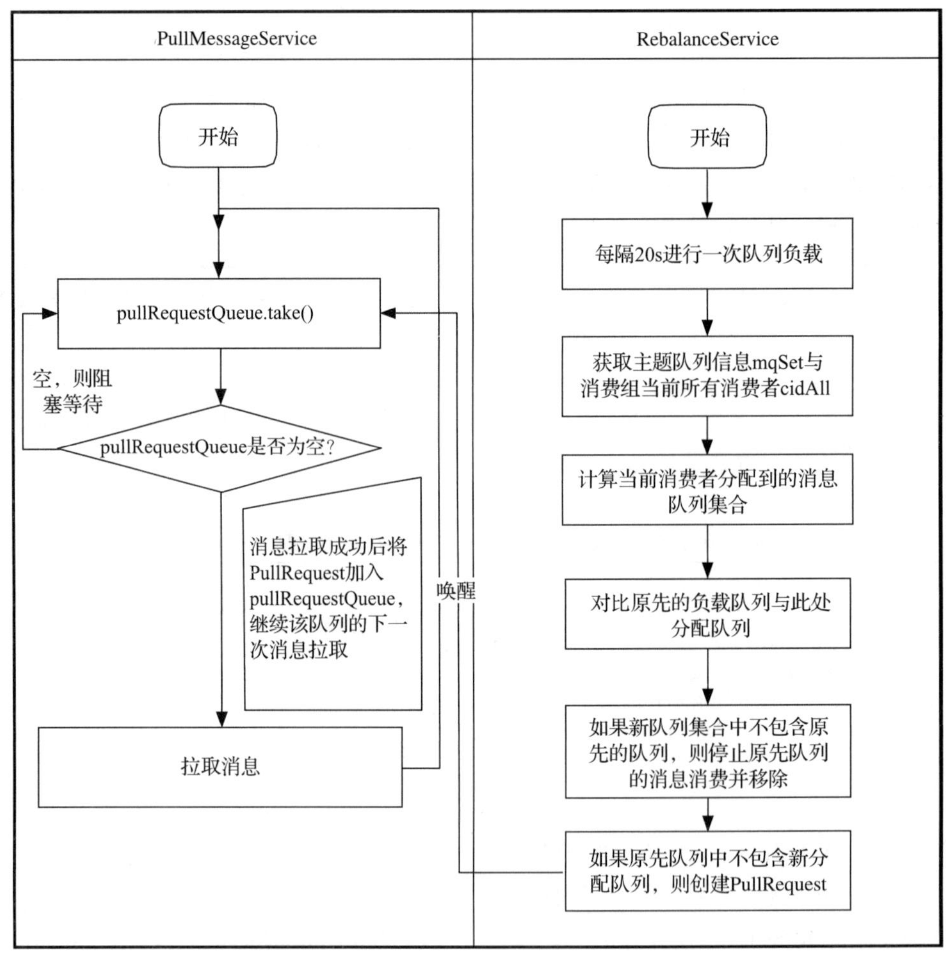

图 5-13 PullMessageService 线程与 RebalanceService 线程交互图

5.6 消息消费过程

我们先回顾一下消息拉取的过程：PullMessageService 负责对消息队列进行消息拉取，从远端服务器拉取消息后存入 ProcessQueue 消息处理队列中，然后调用 ConsumeMessageService#submitConsumeRequest 方法进行消息消费。使用线程池消费消息，确保了消息拉取与消息消费的解耦。RocketMQ 使用 ConsumeMessageService 来实现消息消费的处理逻辑。RocketMQ 支持顺序消费与并发消费，本节将重点关注并发消费的流程，顺序消费将在 5.9 节详细分析。ConsumeMessageService 核心类图如图 5-14 所示。

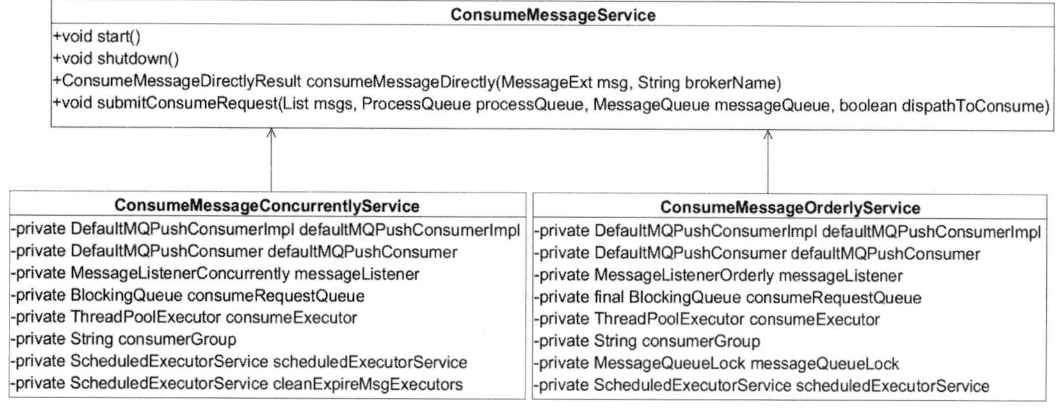

图 5-14 消息消费类图

核心方法描述如下。

1）ConsumeMessageDirectlyResult consumeMessageDirectly（MessageExt msg, String brokerName）：直接消费消息，主要用于通过管理命令接收消费消息。

- MessageExt msg：消息。
- borkerName：Broker 名称。

2）void submitConsumeRequest（Listmsgs, ProcessQueue processQueue, MessageQueue messageQueue, boolean dispathToConsume）：提交消息消费。

- Listmsgs：消息列表，默认一次从服务器最多拉取 32 条消息。
- ProcessQueue processQueue：消息处理队列。
- MessageQueue messageQueue：消息所属消费队列。
- boolean dispathToConsume：是否转发到消费线程池，并发消费时忽略该参数。

ConsumeMessageConcurrentlyService 并发消息消费核心参数解释如下。

1）DefaultMQPushConsumerImpl defaultMQPushConsumerImpl：消息推模式实现类。

2）DefaultMQPushConsumer defaultMQPushConsumer：消费者对象。

3）MessageListenerConcurrently messageListener：并发消息业务事件类。

4）BlockingQueue consumeRequestQueue：消息消费任务队列。

5）ThreadPoolExecutor consumeExecutor：消息消费线程池。

6）String consumerGroup：消费组。

7）ScheduledExecutorService scheduledExecutorService：添加消费任务到 consumeExecutor 延迟调度器。

8）ScheduledExecutorService cleanExpireMsgExecutors：定时删除过期消息线程池。为了揭示消息消费的完整过程，从服务器拉取到消息后，回调 PullCallBack 方法，先将消息放入 ProccessQueue 中，然后把消息提交到消费线程池中执行，也就是调用 ConsumeMessageService#submitConsumeRequest 开始进入消息消费的世界。

5.6.1 消息消费

消费者消息消费服务 ConsumeMessageConcurrentlyService 的主要方法是 submitConsumeRequest 提交消费请求，具体逻辑如代码清单 5-50 所示。

代码清单 5-50 ConsumeMessageConcurrentlyService#submitConsumeRequest

```
final int consumeBatchSize =
        this.defaultMQPushConsumer.getConsumeMessageBatchMaxSize();
if (msgs.size() <= consumeBatchSize) {
    ConsumeRequest consumeRequest = new ConsumeRequest(msgs, processQueue,
        messageQueue);
    try {
        this.consumeExecutor.submit(consumeRequest);
    } catch (RejectedExecutionException e) {
        this.submitConsumeRequestLater(consumeRequest);
    }
}
```

第一步：consumeMessageBatchMaxSize 表示消息批次，也就是一次消息消费任务 ConsumeRequest 中包含的消息条数，默认为 1。msgs.size() 默认最多为 32 条消息，受 DefaultMQPushConsumer.pullBatchSize 属性控制，如果 msgs.size() 小于 consumeMessageBatchMaxSize，则直接将拉取到的消息放入 ConsumeRequest，然后将 consumeRequest 提交到消息消费者线程池中。如果提交过程中出现拒绝提交异常，则延迟 5s 再提交，如代码清单 5-51 所示。这里其实是给出一种标准的拒绝提交实现方式，实际上，由于消费者线程池使用的任务队列 LinkedBlockingQueue 为无界队列，故不会出现拒绝提交异常。

代码清单 5-51 ConsumeMessageConcurrentlyService#submitConsumeRequest

```
if (msgs.size() > consumeBatchSize) {
    for (int total = 0; total < msgs.size(); ) {
        List<MessageExt> msgThis = new ArrayList<MessageExt>(consumeBatchSize);
        for (int i = 0; i < consumeBatchSize; i++, total++) {
            if (total < msgs.size()) {
```

```
            msgThis.add(msgs.get(total));
        } else {
            break;
        }
    }
    ConsumeRequest consumeRequest = new ConsumeRequest(msgThis,
        processQueue,messageQueue);
    try {
        this.consumeExecutor.submit(consumeRequest);
    } catch (RejectedExecutionException e) {
        for (total < msgs.size(); total++); {
            msgThis.add(msgs.get(total));
        }
        this.submitConsumeRequestLater(consumeRequest);
    }
  }
}
```

第二步：如果拉取的消息条数大于 consumeMessageBatchMaxSize，则对拉取消息进行分页，每页 consumeMessageBatchMaxSize 条消息，创建多个 ConsumeRequest 任务并提交到消费线程池。ConsumeRequest 的 run() 方法封装了消息消费的具体逻辑，如代码清单 5-52 所示。

代码清单 5-52　ConsumeMessageConcurrentlyService$ConsumeRequest#run

```
if (this.processQueue.isDropped()) {
    log.info("the message queue not be able to consume, because it's dropped.
        group={} {}", ConsumeMessageConcurrentlyService.this.consumerGroup,
            this.messageQueue);
    return;
}
```

第三步：进入具体的消息消费队列时，会先检查 processQueue 的 dropped，如果设置为 true，则停止该队列的消费。在进行消息重新负载时，如果该消息队列被分配给消费组内的其他消费者，需要将 droped 设置为 true，阻止消费者继续消费不属于自己的消息队列。

第四步：执行消息消费钩子函数 ConsumeMessageHook#consumcMessageBefore。通过 consumer.getDefaultMQPushConsumerImpl().registerConsumeMessageHook(hook) 方法消息消费执行钩子函数，如代码清单 5-53 所示。

代码清单 5-53　ConsumeMessageConcurrentlyService#resetRetryTopic

```
public void resetRetryTopic(final List<MessageExt> msgs) {
    final String groupTopic = MixAll.getRetryTopic(consumerGroup);
    for (MessageExt msg : msgs) {
        String retryTopic = msg.getProperty(MessageConst.PROPERTY_RETRY_TOPIC);
        if (retryTopic != null && groupTopic.equals(msg.getTopic()))
```

```
            { msg.setTopic(retryTopic);
        }
    }
}
```

第五步：恢复重试消息主题名。这是为什么呢？这是由消息重试机制决定的，RocketMQ将消息存入CommitLog文件时，如果发现消息的延时级别delayTimeLevel大于0，会先将重试主题存入消息的属性，然后将主题名称设置为SCHEDULE_TOPIC_XXXX，以便之后重新参与消息消费，如代码清单5-54所示。

代码清单5-54 ConsumeMessageConcurrentlyService$ConsumeRequest#run

```
try { ConsumeMessageConcurrentlyService.this.resetRetryTopic(msgs);
    if (msgs != null && !msgs.isEmpty()) {
        for (MessageExt msg : msgs) {
            MessageAccessor.setConsumeStartTimeStamp(msg, String.valueOf(System.
                currentTimeMillis()));
        }
    }
    status = listener.consumeMessage(Collections.unmodifiableList(msgs), context);
} catch (Throwable e) {
    hasException = true;
}
```

第六步：执行具体的消息消费，调用应用程序消息监听器的consumeMessage方法，进入具体的消息消费业务逻辑，返回该批消息的消费结果，即CONSUME_ SUCCESS（消费成功）或RECONSUME_LATER（需要重新消费）。

第七步：执行消息消费钩子函数ConsumeMessageHook#consumeMessageAfter，如代码清单5-55所示。

代码清单5-55 ConsumeMessageConcurrentlyService$ConsumeRequest#run

```
if (!processQueue.isDropped()) {
    ConsumeMessageConcurrentlyService.this.processConsumeResult(status,context,
        this);
}
```

第八步：执行业务消息消费后，在处理结果前再次验证一次ProcessQueue的isDroped状态值。如果状态值为true，将不对结果进行任何处理。也就是说，在消息消费进入第四步时，如果因新的消费者加入或原先的消费者出现宕机，导致原先分配给消费者的队列在负载之后分配给了别的消费者，那么消息会被重复消费，如代码清单5-56所示。

代码清单5-56 ConsumeMessageConcurrentlyService#processConsumeResult

```
switch (status) {
    case CONSUME_SUCCESS:
        if (ackIndex >= consumeRequest.getMsgs().size()) {
```

```
            ackIndex = consumeRequest.getMsgs().size() - 1;
        }
        break;
    case RECONSUME_LATER:
        ackIndex = -1;
        break;
    default:
        break;
}
```

第九步：根据消息监听器返回的结果计算 ackIndex，如果返回 CONSUME_SUCCESS，则将 ackIndex 设置为 msgs.size()-1，如果返回 RECONSUME_LATER，则将 ackIndex 设置为 -1，这是为下文发送 msg back（ACK）消息做的准备，如代码清单 5-57 所示。

代码清单 5-57　ConsumeMessageConcurrentlyService#processConsumeResult

```
switch (this.defaultMQPushConsumer.getMessageModel()) {
    case BROADCASTING:
        for (int i = ackIndex + 1; i < consumeRequest.getMsgs().size(); i++) {
            MessageExt msg = consumeRequest.getMsgs().get(i);
            log.warn("BROADCASTING, the message consume failed, drop it, {}",
                msg.toString());
        }
        break;
    case CLUSTERING:
        List<MessageExt> msgBackFailed = new ArrayList<MessageExt>
                (consumeRequest.getMsgs().size());
        for (int i = ackIndex + 1; i < consumeRequest.getMsgs().size(); i++) {
            MessageExt msg = consumeRequest.getMsgs().get(i);
            boolean result = this.sendMessageBack(msg, context);
            if (!result) {
                msg.setReconsumeTimes(msg.getReconsumeTimes() + 1);
                msgBackFailed.add(msg);
            }
        }
        if (!msgBackFailed.isEmpty()) {
            consumeRequest.getMsgs().removeAll(msgBackFailed);
            this.submitConsumeRequestLater(msgBackFailed,
            consumeRequest.getProcessQueue(), consumeRequest.getMessageQueue());
        }
        break;
    default:
        break;
}
```

第十步：如果是广播模式，业务方会返回 RECONSUME_LATER，消息并不会被重新消费，而是以警告级别输出到日志文件中。如果是集群模式，消息消费成功，因为 ackIndex= consumeRequest.getMsgs().size()-1，所以 i=ackIndex+1 等于 consumeRequest.getMsgs().size()，并不会执行 sendMessageBack。只有在业务方返回 RECONSUME_LATER 时，该批消息都需要发送 ACK 消息，如果消息发送失败，则直接将本批 ACK 消费发送失败的消息再次封装为 ConsumeRequest，然后延迟 5s 重新消费。如果 ACK 消息发送成功，则该消息会延迟消费，如代码清单 5-58 所示。

代码清单 5-58 ConsumeMessageConcurrentlyService#processConsumeResult

```
long offset = consumeRequest.getProcessQueue().
            removeMessage(consumeRequest.getMsgs());
if (offset >= 0 && !consumeRequest.getProcessQueue().isDropped()) {
    this.defaultMQPushConsumerImpl.getOffsetStore().updateOffset(consumeRequest.
        getMessageQueue(), offset, true);
}
```

第十一步：从 ProcessQueue 中移除这批消息，这里返回的偏移量是移除该批消息后最小的偏移量。然后用该偏移量更新消息消费进度，以便消费者重启后能从上一次的消费进度开始消费，避免消息重复消费。值得注意的是，当消息监听器返回 RECONSUME_LATER 时，消息消费进度也会向前推进，并用 ProcessQueue 中最小的队列偏移量调用消息消费进度存储器 OffsetStore 更新消费进度。这是因为当返回 RECONSUME_LATER 时，RocketMQ 会创建一条与原消息属性相同的消息，拥有一个唯一的新 msgId，并存储原消息 ID，该消息会存入 CommitLog 文件，与原消息没有任何关联，所以该消息也会进入 ConsuemeQueue，并拥有一个全新的队列偏移量。

并发消息消费的整体流程就介绍到这里，下文会对消息消费的其中两个重要步骤进行详细分析。

5.6.2 消息确认

如果消息监听器返回的消费结果为 RECONSUME_LATER，则需要将这些消息发送给 Broker 以延迟消息。如果发送 ACK 消息失败，将延迟 5s 后提交线程池进行消费。ACK 消息发送的网络客户端入口为 MQClientAPIImpl#consumerSendMessageBack，命令编码为 RequestCode.CONSUMER_SEND_MSG_BACK，协议头部如图 5-15 所示。

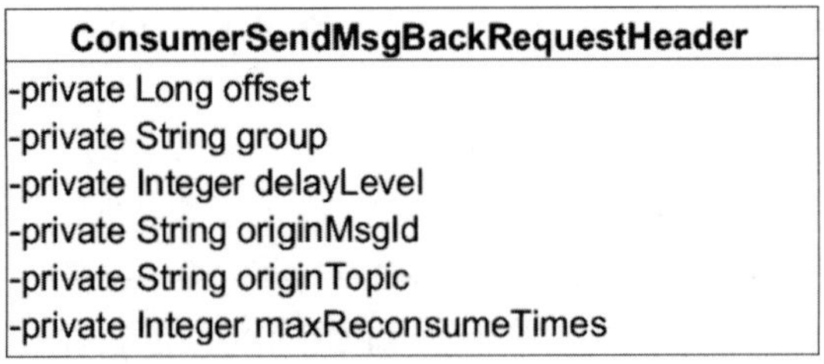

ConsumerSendMsgBackRequestHeader
-private Long offset
-private String group
-private Integer delayLevel
-private String originMsgId
-private String originTopic
-private Integer maxReconsumeTimes

图 5-15 ACK 消息请求头部类图

下面逐一介绍 ConsumerSendMsgBackRequestHeader 的核心属性。

1）offset：消息物理偏移量。

2）group：消费组名。

3）delayLevel ：延迟级别。RcketMQ 不支持精确的定时消息调度，而是提供几个延时级别，MessageStoreConfig#messageDelayLevel = "1s 5s 10s 30s 1m 2m 3m 4m 5m 6m 7m 8m 9m 10m 20m 30m 1h 2h"，delayLevel=1，表示延迟 5s，delayLevel=2，表示延迟 10s。

4）originMsgId：消息 ID。

5）originTopic：消息主题。

6）maxReconsumeTimes：最大重新消费次数，默认 16 次。

客户端以同步方式发送 RequestCode.CONSUMER_SEND 到服务端。服务端命令处理器为 org.apache.rocketmq.broker.processor.SendMessageProcessor#consumerSendMsgBack。

第一步：获取消费组的订阅配置信息，如果配置信息为空，返回配置组信息不存在错误，如果重试队列数量小于 1，则直接返回成功，说明该消费组不支持重试。消费组核心类图如图 5-16 所示。

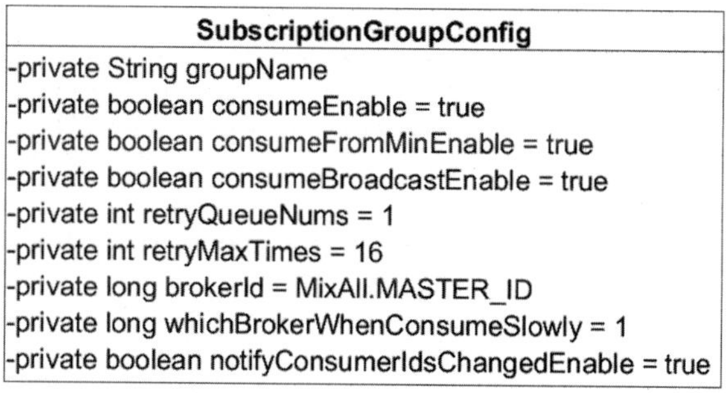

SubscriptionGroupConfig
-private String groupName -private boolean consumeEnable = true -private boolean consumeFromMinEnable = true -private boolean consumeBroadcastEnable = true -private int retryQueueNums = 1 -private int retryMaxTimes = 16 -private long brokerId = MixAll.MASTER_ID -private long whichBrokerWhenConsumeSlowly = 1 -private boolean notifyConsumerIdsChangedEnable = true

图 5-16　消息订阅组配置信息

下面逐一介绍 SubscriptionGroupConfig 的核心属性。

1）String groupName：消费组名。

2）consumeEnable ：是否可以消费，默认为 true，如果 consumeEnable=false，该消费组无法拉取消息，因而无法消费消息。

3）consumeFromMinEnable：是否允许从队列最小偏移量开始消费，默认为 true，目前未使用该参数。

4）consumeBroadcastEnable ：设置该消费组是否能以广播模式消费，默认为 true，如果设置为 false，表示只能以集群模式消费。

5）retryQueueNums：重试队列个数，默认为 1，每一个 Broker 上有一个重试队列。

6）retryMaxTimes：消息最大重试次数，默认 16 次。

7）brokerId：主节点 ID。

8）whichBrokerWhenConsumeSlowly ：如果消息堵塞（主节点），将转向该 brokerId 的

服务器上拉取消息，默认为 1。

9）notifyConsumerIdsChangedEnable：当消费发生变化时，是否立即进行消息队列重新负载。消费组订阅信息配置信息存储在 Broker 的 ${ROCKET_HOME}/store/config/subscriptionGroup.json 中。BrokerConfig.autoCreateSubscriptionGroup 默认为 true，表示在第一次使用消费组配置信息时如果不存在消费组，则使用上述默认值自动创建一个，如果为 false，则只能通过客户端命令 mqadmin updateSubGroup 创建消费组后再修改相关参数，如代码清单 5-59 所示。

代码清单 5-59　SendMessageProcessor#consumerSendMsgBack

```
String newTopic = MixAll.getRetryTopic(requestHeader.getGroup());
int queueIdInt = Math.abs(this.random.nextInt() % 99999999) %
    subscriptionGroupConfig.getRetryQueueNums();
```

第二步：创建重试主题，重试主题名称为 %RETRY%+ 消费组名称，从重试队列中随机选择一个队列，并构建 TopicConfig 主题配置信息，如代码清单 5-60 所示。

代码清单 5-60　SendMessageProcessor#consumerSendMsgBack

```
MessageExt msgExt = this.brokerController.getMessageStore()
            .lookMessageByOffset(requestHeader.getOffset());
if (null == msgExt) {
        response.setCode(ResponseCode.SYSTEM_ERROR);
        response.setRemark("look message by offset failed, " +
            requestHeader.getOffset());
        return response;
}
final String retryTopic = msgExt.getProperty(MessageConst.PROPERTY_RETRY_TOPIC);
if (null == retryTopic) {
    MessageAccessor.putProperty(msgExt, MessageConst.PROPERTY_RETRY_TOPIC,
            msgExt.getTopic());
}
msgExt.setWaitStoreMsgOK(false);
```

第三步：根据消息物理偏移量从 CommitLog 文件中获取消息，同时将消息的主题存入属性。

第四步：设置消息重试次数，如果消息重试次数已超过 maxReconsumeTimes，再次改变 newTopic 主题为 DLQ（"%DLQ%"），该主题的权限为只写，说明消息一旦进入 DLQ 队列，RocketMQ 将不负责再次调度消费了，需要人工干预，如代码清单 5-61 所示。

代码清单 5-61　SendMessageProcessor#consumerSendMsgBack

```
MessageExtBrokerInner msgInner = new MessageExtBrokerInner();
msgInner.setTopic(newTopic);
msgInner.setBody(msgExt.getBody());
msgInner.setFlag(msgExt.getFlag());
```

```
MessageAccessor.setProperties(msgInner, msgExt.getProperties());
msgInner.setPropertiesString(MessageDecoder.messageProperties2String(msgExt.g
    etProperties()));
msgInner.setTagsCode(MessageExtBrokerInner.tagsString2tagsCode(null,
    msgExt.getTags()));
msgInner.setQueueId(queueIdInt);
msgInner.setSysFlag(msgExt.getSysFlag());
msgInner.setBornTimestamp(msgExt.getBornTimestamp());
msgInner.setBornHost(msgExt.getBornHost());
msgInner.setStoreHost(this.getStoreHost());
msgInner.setReconsumeTimes(msgExt.getReconsumeTimes() + 1);
String originMsgId = MessageAccessor.getOriginMessageId(msgExt);
MessageAccessor.setOriginMessageId(msgInner, UtilAll.isBlank(originMsgId) ?
    msgExt.getMsgId() : originMsgId);
```

第五步：根据原先的消息创建一个新的消息对象，重试消息会拥有一个唯一消息 ID（msgId）并存入 CommitLog 文件。这里不会更新原先的消息，而是会将原先的主题、消息 ID 存入消息属性，主题名称为重试主题，其他属性与原消息保持一致。

第六步：将消息存入 CommitLog 文件。这里想再重点突出消息重试机制，该机制的实现依托于定时任务，如代码清单 5-62 所示。

代码清单 5-62　CommitLog#putMessage

```
if (msg.getDelayTimeLevel() > 0) {
    if (msg.getDelayTimeLevel() >
            this.defaultMessageStore.getScheduleMessageService()
                .getMaxDelayLevel()) {

            msg.setDelayTimeLevel(this.defaultMessageStore.
                getScheduleMessageService().getMaxDelayLevel());
    }
    topic = ScheduleMessageService.SCHEDULE_TOPIC;
        queueId = ScheduleMessageService.delayLevel2QueueId
            (msg.getDelayTimeLevel());
    MessageAccessor.putProperty(msg, MessageConst.PROPERTY_REAL_TOPIC,
        msg.getTopic());
    MessageAccessor.putProperty(msg, MessageConst.PROPERTY_REAL_QUEUE_ID,
        String.valueOf(msg.getQueueId()));
    msg.setPropertiesString(MessageDecoder.messageProperties2String(msg.
        getPro perties()));
    msg.setTopic(topic);
    msg.setQueueId(queueId);
}
```

在存入 CommitLog 文件之前，如果消息的延迟级别 delayTimeLevel 大于 0，将消息的主题与队列替换为定时任务主题“SCHEDULE_TOPIC_XXXX”，队列 ID 为延迟级别减 1。再次将消息主题、队列存入消息属性，键分别为 PROPERTY_REAL_TOPIC、PROPERTY_REAL_QUEUE_ID。

ACK 消息存入 CommitLog 文件后，将依托 RocketMQ 定时消息机制在延迟时间到期后，再次拉取消息，提交至消费线程池，定时任务机制的细节将在 5.7 节进行分析。ACK 消息是同步发送的，如果在发送过程中出现错误，将记录所有发送 ACK 消息失败的消息，然后再次封装成 ConsumeRequest，延迟 5s 执行。

5.6.3 消费进度管理

消息消费者在消费一批消息后，需要记录该批消息已经消费完毕，否则当消费者重新启动时，又要从消息消费队列最开始消费。从 5.6.1 节也可以看到，一次消息消费后会从 ProcessQueue 处理队列中移除该批消息，返回 ProcessQueue 的最小偏移量，并存入消息进度表。那么消息进度文件存储在哪里合适呢?

1）广播模式：同一个消费组的所有消息消费者都需要消费主题下的所有消息，也就是同组内消费者的消息消费行为是对立的，互相不影响，故消息进度需要独立存储，最理想的存储地方应该是与消费者绑定。

2）集群模式：同一个消费组内的所有消息消费者共享消息主题下的所有消息，同一条消息（同一个消息消费队列）在同一时间只会被消费组内的一个消费者消费，并且随着消费队列的动态变化而重新负载，因此消费进度需要保存在每个消费者都能访问到的地方。

RocketMQ 消息消费进度接口如图 5-17 所示。

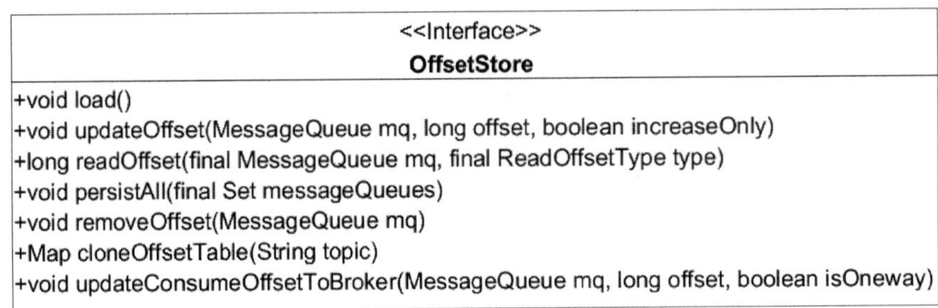

图 5-17 消息进度 OffsetStore 类图

1）void load()：从消息进度存储文件加载消息进度到内存。

2）void updateOffset(MessageQueue mq, long offset, boolean increaseOnly)：更新内存中的消息消费进度。

- MessageQueue mq：消息消费队列。
- long offset：消息消费偏移量。
- increaseOnly：true 表示 offset 必须大于内存中当前的消费偏移量才更新。

3）long readOffset(final MessageQueue mq, final ReadOffsetType type)：读取消息消费进度。

- mq：消息消费队列。

- ReadOffsetType type：读取方式，可选值包括 READ_FROM_MEMORY，即从内存中读取，READ_FROM_STORE，即从磁盘中读取，MEMORY_FIRST_THEN_STORE，即先从内存中读取，再从磁盘中读取。

4）void persistAll(final Set messageQueue) 持久化指定消息队列进度到磁盘。

- Set messageQueue：消息队列集合。

5）void removeOffset(messageQueue mq)：将消息队列的消息消费进度从内存中移除。

6）Map cloneOffsetTable(String topic)：复制该主题下所有消息队列的消息消费进度。

7）void updateConsumeOffsetToBroker(MessageQueue mq,long offset,boolean isOneway)：使用集群模式更新存储在 Broker 端的消息消费进度。

1. 广播模式消费进度存储

广播模式消息消费进度存储在消费者本地，其实现类为 org.apache.rocketmq.client.consumer.store.LocalFileOffsetStore，如代码清单 5-63 所示。

代码清单 5-63　LocalFileOffsetStore

```
public final static String LOCAL_OFFSET_STORE_DIR =
    System.getProperty("rocketmq.client.localOffsetStoreDir",
        System.getProperty("user.home") + File.separator + ".rocketmq_offsets");
private final MQClientInstance mQClientFactory;
private final String groupName; private final String storePath;
private ConcurrentMap<MessageQueue, AtomicLong> offsetTable =
    new ConcurrentHashMap<MessageQueue, AtomicLong>();
```

1）LOCAL_OFFSET_STORE_DIR：消息进度存储目录，可以通过 -Drocketmq.client.localOffsetStoreDir 指定，如果未指定，则默认为用户主目录 /.rocketmq_offsets。

2）MQClientInstance mQClientFactory：消息客户端。

3）groupName：消息消费组。

4）storePath：消息进度存储文件 LOCAL_OFFSET_STORE_DIR/.rocketmq_offsets/{mQClientFactory.getClientId()}/groupName/offsets.json。

5）ConcurrentMap<MessageQueue, AtomicLong> offsetTable：消息消费进度（内存）。

下面对 LocalFileOffsetStore 核心方法进行简单介绍。

load() 方法如代码清单 5-64 所示。

代码清单 5-64　LocalFileOffsetStore#load

```
public void load() throws MQClientException {
    OffsetSerializeWrapper offsetSerializeWrapper = this.readLocalOffset();
    if (offsetSerializeWrapper != null &&
                offsetSerializeWrapper.getOffsetTable() != null) {
        offsetTable.putAll(offsetSerializeWrapper.getOffsetTable());
        for (MessageQueue mq : offsetSerializeWrapper.getOffsetTable().keySet()) {
            AtomicLong offset = offsetSerializeWrapper.getOffsetTable().get(mq);
```

```
            log.info("load consumer's offset, {} {} {}",this.groupName,mq,
                    offset.get());
        }
    }
}
```

OffsetSerializeWrapper 内部就是 ConcurrentMap<MessageQueue, AtomicLong>offsetTable 数据结构的封装，readLocalOffset 方法首先从 storePath 中尝试加载内容，如果读取的内容为空，尝试从 storePath+".bak" 中加载，如果还是未找到内容，则返回 null。消息进度文件存储内容如图 5-18 所示。

```
{
    "offsetTable":{{
            "brokerName":"broker-a",
            "queueId":3,
            "topic":"TopicTest"
        }:2,{
            "brokerName":"broker-a",
            "queueId":2,
            "topic":"TopicTest"
        }:1,{
            "brokerName":"broker-a",
            "queueId":1,
            "topic":"TopicTest"
        }:2,{
            "brokerName":"broker-a",
            "queueId":0,
            "topic":"TopicTest"
        }:1
    }
}
```

图 5-18　消息进度文件内容

广播模式下消费进度与消费组没什么关系，直接保存 MessageQueue:Offset。

persistAll(Set<MessageQueue> mqs) 持久化消息进度如代码清单 5-65 所示。

代码清单 5-65　LocalFileOffsetStore#persistAll

```
public void persistAll(Set<MessageQueue> mqs) { if
    (null == mqs || mqs.isEmpty())
        return;
    OffsetSerializeWrapper offsetSerializeWrapper = new OffsetSerializeWrapper();
    for (Map.Entry<MessageQueue, AtomicLong> entry :
            this.offsetTable.entrySet()) {
        if (mqs.contains(entry.getKey())) {
            AtomicLong offset = entry.getValue();
            offsetSerializeWrapper.getOffsetTable().put(entry.getKey(), offset);
        }
    }
    String jsonString = offsetSerializeWrapper.toJson(true);
```

```
        if (jsonString != null) {
            try {
                MixAll.string2File(jsonString, this.storePath);
            } catch (IOException e) {
                log.error("persistAll consumer offset Exception, " + this.storePath, e);
                    }
                }
    }
```

持久化消息进度就是将 ConcurrentMap<MessageQueue, AtomicLong> offsetTable 序列化到磁盘文件中。代码不容易理解，我们只需要知道是什么时候持久化消息消费进度的。原来在 MQClientInstance 中会启动一个定时任务，默认每 5s 持久化消息消费进度一次，可通过 persistConsumerOffsetInterval 进行设置，如代码清单 5-66 所示。

代码清单 5-66 LocalFileOffsetStore#persistAll

```
    this.scheduledExecutorService.scheduleAtFixedRate(new Runnable()
        { public void run() {
            try {
                MQClientInstance.this.persistAllConsumerOffset();
            } catch (Exception e) {
                log.error("ScheduledTask persistAllConsumerOffset exception", e);
            }
        }
    }, 1000 * 10, this.clientConfig.getPersistConsumerOffsetInterval(),
            TimeUnit.MILLISECONDS);
```

对广播模式的消息消费进度进行存储、更新、持久化还是比较容易的，本书就简单介绍到这里，接下来重点分析集群模式下的消息进度管理。

2. 集群模式消费进度存储

集群模式消息进度存储文件存放在消息服务端。消息消费进度集群模式实现类 org.apache.rocketmq.client.consumer.store.RemoteBrokerOffsetStore 的实现原理如图 5-19 所示。

集群模式下消息消费进度的读取、持久化与广播模式的实现细节差不多，集群模式下如果从内存中读取消费进度，则是从 RemoteBrokerOffsetStore 的 ConcurrentMap<MessageQueue, Atomic- Long> offsetTable =new ConcurrentHashMap<MessageQueue, AtomicLong>() 中根据消息消费队列获取其消息消费进度。如果从磁盘读取，则发送网络请求，请求命令为 QUERY_CONSUMER_OFFSET。持久化消息进度的请求命令为 UPDATE_CONSUMER_OFFSET，更新 ConsumerOffsetManager 的 ConcurrentMap<String/* topic@group */, ConcurrentMap<Integer/* 消息队列 ID*/, Long/* 消息消费进度 */>> offsetTable，Broker 端默认 10s 持久化一次消息进度，存储文件名为 ${RocketMQ_HOME}/store/config/consumerOffset.json。存储内容如图 5-20 所示。

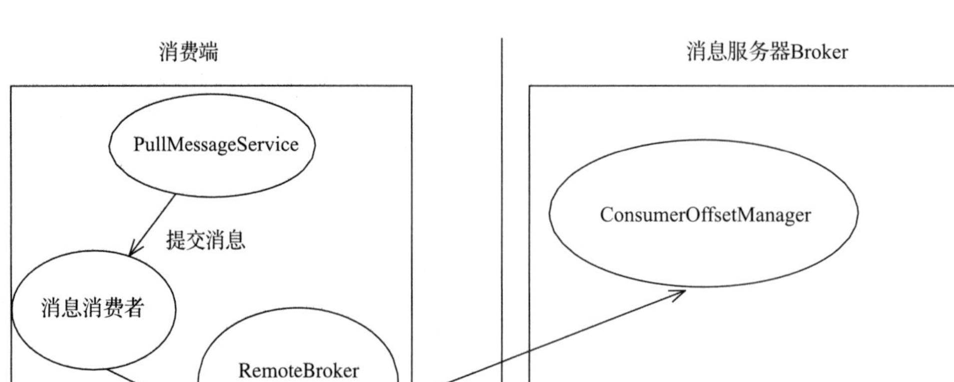

图 5-19　集群模式消息消费进度实现原理图

```
{
    "offsetTable":{
        "TopicTest@DataSyncConnsumeGroup":{0:38,2:37,1:37,3:38
        },
        "%RETRY%DataSyncConnsumeGroup@DataSyncConnsumeGroup":{0:0
        }
    }
}
```

图 5-20　集群模式消息消费进度存储

3. 消费进度设计思考

广播模式下，消息消费进度的存储与消费组无关，集群模式下则以主题与消费组为键，保存该主题所有队列的消费进度。我们结合并发消息消费的整个流程，思考一下并发消息消费关于消息进度更新的问题，顺序消息消费将在 5.9 节重点讨论。

1）消费者线程池每处理完一个消息消费任务（ConsumeRequest），会从 ProcessQueue 中移除本批消费的消息，并返回 ProcessQueue 中最小的偏移量，用该偏移量更新消息队列消费进度，也就是说更新消费进度与消费任务中的消息没有关系。例如现在有两个消费任务 task1（queueOffset 分别为 20、40）和 task2（queueOffset 分别为 50、70），并且 ProcessQueue 中当前包含最小消息偏移量为 10 的消息，则 task2 消费结束后，将使用 10 更新消费进度，而不是 70。

当 task1 消费结束后，还是以 10 更新消息队列消费进度，消息消费进度的推进取决于 ProcessQueue 中偏移量最小的消息消费速度。如果偏移量为 10 的消息消费成功，且 ProcessQueue 中包含消息偏移量为 100 的消息，则消息偏移量为 10 的消息消费成功后，将直接用 100 更新消息消费进度。如果在消费消息偏移量为 10 的消息时发生了死锁，会导致消息一直无法被消费，岂不是消息进度无法向前推进了？是的，为了避免这种情况，RocketMQ 引入了一种消息拉取流控措施：DefaultMQPushConsumer#consumeConcurrentlyMaxSpan=2000，消息处理队列 ProcessQueue 中最大消息偏移与最小偏移量不能超过该值，如果超过该值，将触发流控，延迟该消息队列的消息拉取。

2）在进行消息负载时，如果消息消费队列被分配给其他消费者，会将该 ProcessQueue 状态设置为 droped，持久化该消息队列的消费进度，并从内存中将其移除。

5.7　定时消息机制

定时消息是指消息发送到 Broker 后，不会立即被消费者消费，而是要等到特定的时间后才能被消费，RocketMQ 并不支持任意的时间精度，因为如果要支持任意时间精度的定时调度，则不可避免地需要在 Broker 层做消息排序，再加上持久化方面的考量，将不可避免地带来具大的性能消耗，所以 RocketMQ 只支持特定级别的延迟消息。

消息延迟级别在 Broker 端通过 messageDelayLevel 进行配置，默认为“1s 5s 10s 30s 1m 2m 3m 4m 5m 6m 7m 8m 9m 10m 20m 30m 1h 2h”，delayLevel=1 表示延迟 1s，delayLevel=2 表示延迟 5s，依次类推。说到定时任务，上文提到的消息重试正是借助定时任务实现的，在将消息存入 CommitLog 文件之前，需要判断消息的重试次数，如果重试次数大于 0，则将消息的主题设置为 SCHEDULE_TOPIC_XXXX。RocketMQ 定时消息实现类为 org.apache.rocketmq.store.schedule.ScheduleMessageService。该类的实例在 DefaultMessageStore 中创建，通过在 DefaultMessageStore 中调用 load() 方法加载并调用 start() 方法进行启动。接下来我们分析一下 ScheduleMessageService 的实现原理。

ScheduleMessageService 类图如图 5-21 所示。

ScheduleMessageService
-public static final String SCHEDULE_TOPIC = "SCHEDULE_TOPIC_XXXX" -private static final long FIRST_DELAY_TIME = 1000L -private static final long DELAY_FOR_A_WHILE = 100L -private static final long DELAY_FOR_A_PERIOD = 10000L -private final ConcurrentMap delayLevelTable -private final ConcurrentMap offsetTable -private final Timer timer = new Timer("ScheduleMessageTimerThread", true) -private final DefaultMessageStore defaultMessageStore -private int maxDelayLevel

图 5-21　ScheduleMessageService 类图

下面逐一分析 ScheduleMessageService 的核心属性。

1）SCHEDULE_TOPIC_XXXX：定时消息统一主题。

2）FIRST_DELAY_TIME：第一次调度时延迟的时间，默认为 1s。

3）DELAY_FOR_A_WHILE：每一个延时级别调度一次后，延迟该时间间隔后再放入调度池。

4）DELAY_FOR_A_PERIOD：消息发送异常后延迟该时间后再继续参与调度。

5）ConcurrentMap delayLevelTable：延迟级别，将“1s 5s 10s 30s 1m 2m 3m 4m 5m 6m 7m 8m 9m 10m 20m 30m 1h 2h”字符串解析成 delayLevelTable，转换后的数据结构类似{1:1000,2:5000,3:30000,...}。

6）ConcurrentMap offsetTable：延迟级别消息消费进度。

7）DefaultMessageStore defaultMessageStore：默认消息存储器。

8）int maxDelayLevel：MessageStoreConfig#messageDelayLevel 中最大消息延迟级别。

ScheduleMessageService 方法的调用顺序为构造方法→ load() 方法→ start() 方法。

5.7.1 load() 方法

ScheduleMessageService 继承自 ConfigManager，load() 方法如代码清单 5-67 所示。

代码清单 5-67 ScheduleMessageService#load

```
public boolean load() {
    boolean result = super.load();
    result = result && this.parseDelayLevel();
return result;
}
```

该方法主要完成延迟消息消费队列消息进度的加载与 delayLevelTable 数据的构造，延迟队列消息消费进度默认存储路径为 ${ROCKET_HOME}/store/config/delayOffset.json，存储格式如图 5-22 所示。

```
{
    "offsetTable":{12:0,6:0,13:0,5:1,18:0,7:0,8:0,17:0,9:0,10:0,16:0,15:0,14:0,3:22,11:0,4:1
    }
}
```

图 5-22 延迟队列消息消费进度存储格式

同时解析 MessageStoreConfig#messageDelayLevel 定义的延迟级别并转换为 Map，执行延迟级别对应的延迟时间。

5.7.2 start() 方法

start() 方法根据延迟级别创建对应的定时任务，启动定时任务持久化存储延迟消息队列进度，如代码清单 5-68 所示。

代码清单 5-68 ScheduleMessageService#start

```
for (Map.Entry<Integer, Long> entry : this.delayLevelTable.entrySet()) {
    Integer level = entry.getKey();
    Long timeDelay = entry.getValue();
    Long offset = this.offsetTable.get(level);
    if (null == offset) {
        offset = 0L;
    }
    if (timeDelay != null) {
        this.timer.schedule(new DeliverDelayedMessageTimerTask(level, offset),
            FIRST_DELAY_TIME);
    }
}
```

第一步：根据延迟队列创建定时任务。遍历延迟级别，根据延迟级别从 offsetTable 中获取消息队列的消费进度，如果不存在，则使用 0。也就是说每个延迟级别对应一个消息消费队列。然后创建定时任务，每个定时任务第一次启动时，默认延迟 1s 后执行一次定时任务，从第二次调度开始，才使用相应的延迟时间执行定时任务。延迟级别与消息消费队列的映射关系为消息队列 ID= 延迟级别 -1，如代码清单 5-69 所示。

代码清单 5-69 ScheduleMessageService#queueId2DelayLevel

```
public static int queueId2DelayLevel(final int queueId)
    { return queueId + 1;
}
public static int delayLevel2QueueId(final int delayLevel)
    { return delayLevel - 1;
}
```

定时消息的第一个设计关键点是，定时消息单独一个主题：SCHEDULE_TOPIC_XXXX，该主题下的队列数量等于 MessageStoreConfig#messageDelayLevel 配置的延迟级别，其对应关系为 queueId 等于延迟级别减 1。ScheduleMessageService 为每个延迟级别创建一个定时器，根据延迟级别对应的延迟时间进行延迟调度。在消息发送时，如果消息的延迟级别 delayLevel 大于 0，将消息的原主题名称、队列 ID 存入消息属性，然后改变消息的主题、队列与延迟主题所属队列，消息将最终转发到延迟队列的消费队列中，如代码清单 5-70 所示。

代码清单 5-70 ScheduleMessageService#start

```
this.timer.scheduleAtFixedRate(new TimerTask() {
    public void run() {
        try {
                ScheduleMessageService.this.persist();
        } catch (Throwable e) {
                log.error("scheduleAtFixedRate flush exception", e);
        }
```

```
    }
}, 10000, this.defaultMessageStore.getMessageStoreConfig()
            .getFlushDelayOffsetInterval());
```

第二步：创建定时任务，每隔10s持久化一次延迟队列的消息消费进度（延迟消息调进度），持久化频率可以通过flushDelayOffsetInterval配置属性进行设置。

5.7.3 定时调度逻辑

ScheduleMessageService的start()方法启动后，会为每一个延迟级别创建一个调度任务，每个延迟级别对应SCHEDULE_TOPIC_XXXX主题下的一个消息消费队列。定时调度任务的实现类为DeliverDelayedMessageTimerTask，其核心实现为executeOnTimeup，如代码清单5-71所示。

代码清单5-71 ScheduleMessageService$DeliverDelayedMessageTimerTask#executeOnTimeup

```
ConsumeQueue cq = ScheduleMessageService.this.defaultMessageStore.
    findConsumeQueue(SCHEDULE_TOPIC, delayLevel2QueueId(delayLevel));
```

第一步：根据队列ID与延迟主题查找消息消费队列，如果未找到，说明当前不存在该延时级别的消息，则忽略本次任务，根据延时级别创建下一次调度任务，如代码清单5-72所示。

代码清单5-72 ScheduleMessageService$DeliverDelayedMessageTimerTask#executeOnTimeup

```
SelectMappedBufferResult bufferCQ = cq.getIndexBuffer(this.offset);
```

第二步：根据offset从消息消费队列中获取当前队列中所有有效的消息。如果未找到，则更新延迟队列的定时拉取进度并创建定时任务，待下一次继续尝试，如代码清单5-73所示。

代码清单5-73 ScheduleMessageService$DeliverDelayedMessageTimerTask#executeOnTimeup

```
long nextOffset = offset;
int i = 0;
ConsumeQueueExt.CqExtUnit cqExtUnit = new ConsumeQueueExt.CqExtUnit();
for (; i < bufferCQ.getSize(); i += ConsumeQueue.CQ_STORE_UNIT_SIZE) {
    long offsetPy = bufferCQ.getByteBuffer().getLong();
    int sizePy = bufferCQ.getByteBuffer().getInt();
    long tagsCode = bufferCQ.getByteBuffer().getLong();
    long now = System.currentTimeMillis();
    long deliverTimestamp = this.correctDeliverTimestamp(now, tagsCode);
    nextOffset = offset + (i / ConsumeQueue.CQ_STORE_UNIT_SIZE);
    // 省略部分代码
}
```

第三步：遍历ConsumeQueue文件，每一个标准ConsumeQueue条目为20个字节。解析出消息的物理偏移量、消息长度、消息标志的哈希码，为从 CommitLog 文件加载具体的消息做准备，如代码清单 5-74 所示。

代码清单 5-74 ScheduleMessageService$DeliverDelayedMessageTimerTask#executeOnTimeup

```
MessageExt msgExt = ScheduleMessageService.this
    .defaultMessageStore.lookMessageByOffset(offsetPy, sizePy);
```

第四步：根据消息物理偏移量与消息大小从 CommitLog 文件中查找消息。如果未找到消息，则打印错误日志，根据延迟时间创建下一个定时器，如代码清单 5-75 所示。

代码清单 5-75 ScheduleMessageService$DeliverDelayedMessageTimerTask#messageTimeup

```
msgInner.setReconsumeTimes(msgExt.getReconsumeTimes());
msgInner.setWaitStoreMsgOK(false);
MessageAccessor.clearProperty(msgInner,
    MessageConst.PROPERTY_DELAY_TIME_LEVEL);
msgInner.setTopic(msgInner.getProperty(MessageConst.PROPERTY_REAL_TOPIC));
String queueIdStr = msgInner.getProperty(MessageConst.PROPERTY_REAL_QUEUE_ID);
int queueId = Integer.parseInt(queueIdStr);
msgInner.setQueueId(queueId);
```

第五步：根据消息属性重新构建新的消息对象，清除消息的延迟级别属性（delayLevel），恢复消息原先的消息主题与消息消费队列，消息的消费次数 reconsumeTimes 并不会丢失，如代码清单 5-76 所示。

代码清单 5-76 ScheduleMessageService$DeliverDelayedMessageTimerTask#executeOnTimeup

```
PutMessageResult putMessageResult = ScheduleMessageService.this
    .defaultMessageStore.putMessage(msgInner);
```

第六步：将消息再次存入 CommitLog 文件，并转发到主题对应的消息队列上，供消费者再次消费。

第七步：更新延迟队列的拉取进度。

定时消息的第二个设计关键点是消息存储时，如果消息的延迟级别属性 delayLevel 大于 0，则会备份原主题、原队列到消息属性中，其键分别为 PROPERTY_REAL_TOPIC、PROPERTY_REAL_QUEUE_ID，通过为不同的延迟级别创建不同的调度任务，到达延迟时间后执行调度任务。调度任务主要是根据延迟拉取消息消费进度从延迟队列中拉取消息，然后从 CommitLog 文件中加载完整消息，清除延迟级别属性并恢复原先的主题、队列，再次创建一条新的消息存入 CommitLog 文件并转发到消息消费队列中供消息消费者消费。

以上就是定时消息的实现原理，整个流程如图 5-23 所示。

1）消息消费者发送消息，如果发送消息的 delayLevel 大于 0，则将消息主题变更为 SCHEDULE_TOPIC_XXXX，消息队列为 delayLevel 减 1。

2）消息经由 CommitLog 文件转发到消息消费队列 SCHEDULE_TOPIC_XXXX 中。

3）定时任务 Time 每隔 1s 根据上次拉取偏移量从消费队列中取出所有消息。

4）根据消息的物理偏移量与消息大小从 CommitLog 文件中拉取消息。

5）根据消息属性重新创建消息，恢复原主题 topicA、原队列 ID，清除 delayLevel 属性，并存入 CommitLog 文件。

6）将消息转发到原主题 topicA 的消息消费队列，供消息消费者消费。

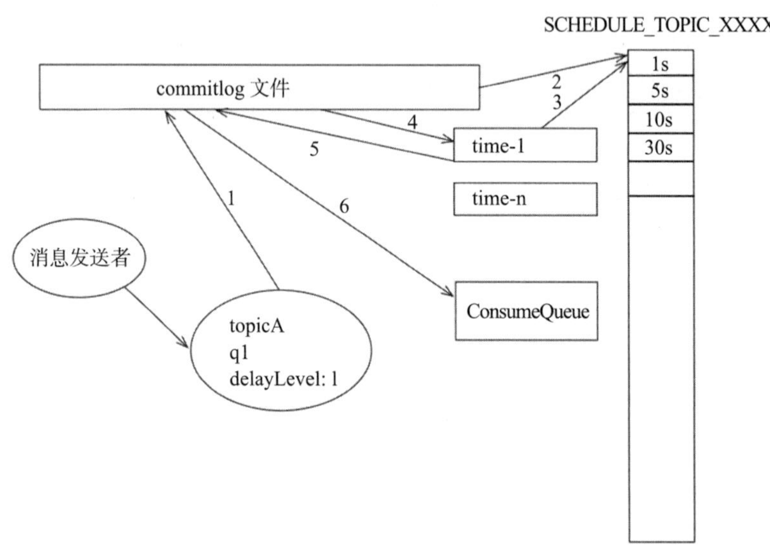

图 5-23　定时消息实现流程图

5.8　消息过滤机制

RocketMQ 支持表达式过滤与类过滤两种消息过滤机制。表达式模式分为 TAG 与 SQL92 模式，SQL92 模式以消息属性过滤上下文，实现 SQL 条件过滤表达式，而 TAG 模式就是简单为消息定义标签，根据消息属性 tag 进行匹配。消息过滤 API 如图 5-24 所示。

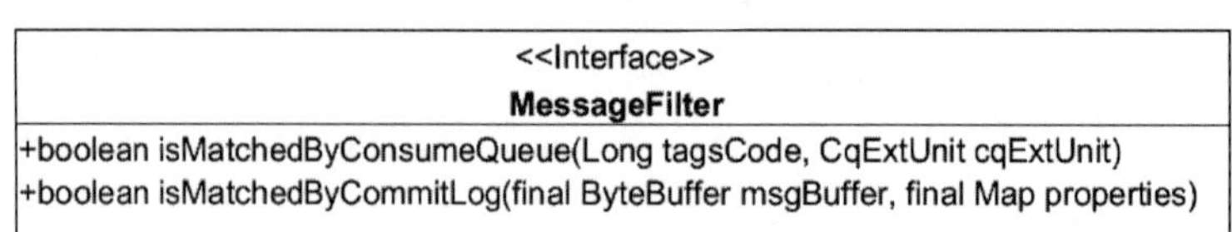

图 5-24　MessageFilter 类图

下面逐一分析 MessageFilter 的核心接口。

1）boolean isMatchedByConsumeQueue(Long tagsCode,CqExtUnit cqExtUnit)：根据

ConsumeQueue 判断消息是否匹配。

- Long tagsCode：消息标志的哈希码。
- CqExtUnit：ConsumeQueue 条目扩展属性。

2）boolean isMatchedByCommitLog(final ByteBuffer msgBuffer, final Map properties)：根据存储在 CommitLog 文件中的内容判断消息是否匹配。

- ByteBuffer msgBuffer：消息内容，如果为空，该方法返回 true。
- Map properties：消息属性，主要用于 SQL92 过滤模式。

本节重点探讨 RocketMQ 基于表达式的消息过滤机制。RocketMQ 消息过滤方式不同于其他消息中间件，是在订阅时进行过滤，从第 4 章的介绍中我们知道 ConsumeQueue 的存储格式如图 5-25 所示。

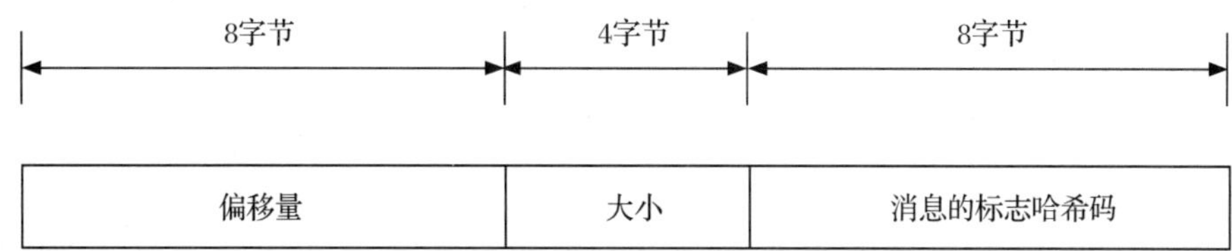

图 5-25　ConsumeQueue 存储格式

消息发送者在消息发送时如果设置了消息的标志属性，便会存储在消息属性中，将其从 CommitLog 文件转发到消息消费队列中，消息消费队列会用 8 个字节存储消息标志的哈希码。之所以不直接存储字符串，是因为将 ConumeQueue 设计为定长结构，以加快消息消费的加载性能。在 Broker 端拉取消息时，遍历 ConsumeQueue，只对比消息标志的哈希码，如果匹配则返回，否则忽略该消息。消费端在收到消息后，同样需要先对消息进行过滤，只是此时比较的是消息标志的值而不是哈希码。

接下来从源码角度探究 RocketMQ 是如何实现消息过滤的，先看代码清单 5-77 所示的代码。

代码清单 5-77　DefaultMQPushConsumerImpl#subscribe

```
public void subscribe(String topic, String subExpression) throws
        MQClientException {
    try {
        SubscriptionData subscriptionData =
            FilterAPI.buildSubscriptionData( this.defaultMQPushConsumer.getConsu
            merGroup(),topic, subExpression);
        this.rebalanceImpl.getSubscriptionInner().put(topic, subscriptionData);
        if (this.mQClientFactory != null) {
            this.mQClientFactory.sendHeartbeatToAllBrokerWithLock();
        }
    } catch (Exception e) {
        throw new MQClientException("subscription exception", e);
    }
}
```

第一步：消费者订阅消息主题与消息过滤表达式。构建订阅信息并加入 RebalanceImpl，以便 RebalanceImpl 进行消息队列负载，订阅过滤数据类图如图 5-26 所示。

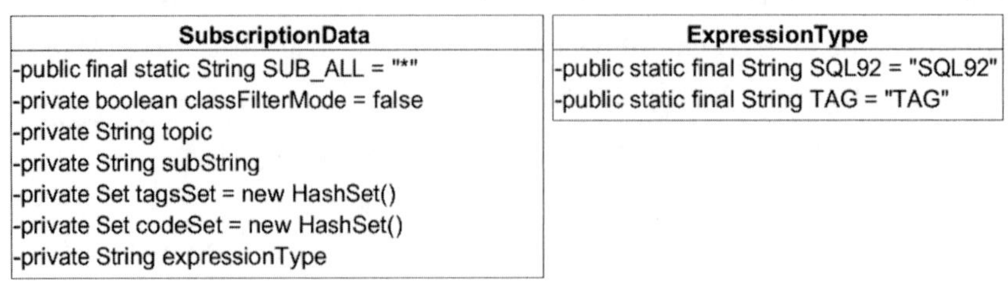

图 5-26　订阅过滤数据类图

如代码清单 5-78 所示，下面逐一介绍 SubscriptionData 的核心属性。

1）String SUB_ALL：过滤模式，默认全匹配。

2）boolean classFilterMode：是否是类过滤模式，默认为 false。

3）String topic：消息主题名称。

4）String subString：消息过滤表达式，多个用双竖线隔开，例如“TAGA|| TAGB”。

5）Set tagsSet：消息过滤标志集合，是消费端过滤时进行消息过滤的依据。

6）Set codeSet：消息过滤标志哈希码集合。

7）String expressionType：过滤类型，TAG 或 SQL92。

代码清单 5-78　DefaultMQPushConsumerImpl#pullMessage

```
String subExpression = null;
boolean classFilter = false;
SubscriptionData sd = this.rebalanceImpl.getSubscriptionInner().
                get(pullRequest.getMessageQueue().getTopic());
if (sd != null) {
    if (this.defaultMQPushConsumer.isPostSubscriptionWhenPull()
            && !sd.isClassFilterMode()) {
        subExpression = sd.getSubString();
    }
    classFilter = sd.isClassFilterMode();
}
int sysFlag = PullSysFlag.buildSysFlag(
            commitOffsetEnable, // commitOffset
            true, // suspend
            subExpression != null, // subscription
            classFilter // class filter
);
```

第二步：根据订阅消息属性构建消息属性拉取标记，设置 subExpression、classFilter 等与消息过滤相关参数，如代码清单 5-79 所示。

代码清单 5-79　PullMessageProcessor#processRequest

```
subscriptionData = FilterAPI.build(
    requestHeader.getTopic(), requestHeader.getSubscription(),
    requestHeader.getExpressionType()
);
if (!ExpressionType.isTagType(subscriptionData.getExpressionType())) {
    consumerFilterData = ConsumerFilterManager.build(
        requestHeader.getTopic(), requestHeader.getConsumerGroup(),
        requestHeader.getSubscription(),requestHeader.getExpressionType(),
        requestHeader.getSubVersion()
    );
    assert consumerFilterData != null;
}
```

第三步：根据主题、消息过滤表达式构建订阅消息实体，如代码清单 5-80。如果不是 TAG 模式，构建过滤数据 ConsumeFilterData。

代码清单 5-80　PullMessageProcessor#processRequest

```
MessageFilter messageFilter;
if (this.brokerController.getBrokerConfig().isFilterSupportRetry()) {
    messageFilter = new ExpressionForRetryMessageFilter(subscriptionData,
        consumerFilterData,this.brokerController.getConsumerFilterManager());
} else {
    messageFilter = new ExpressionMessageFilter(subscriptionData,
        consumerFilterData,this.brokerController.getConsumerFilterManager());
}
```

第四步：构建消息过滤对象，ExpressionForRetryMessageFilter 支持对重试主题的过滤，ExpressionMessageFilter 表示不支持对重试主题的属性进行过滤，也就是如果是 TAG 模式，执行 isMatchedByCommitLog 方法将直接返回 true，如代码清单 5-81 所示。

代码清单 5-81　DefaultMessageStore#getMessage

```
if (messageFilter != null && !messageFilter.isMatchedByConsumeQueue(tagsCode,
            extRet ? cqExtUnit : null)) {
    if (getResult.getBufferTotalSize() == 0) {
        status = GetMessageStatus.NO_MATCHED_MESSAGE;
    }
    continue;
}
```

第五步：根据偏移量拉取消息后，首先根据 ConsumeQueue 条目进行消息过滤，如果不匹配则直接跳过该条消息，继续拉取下一条消息，如代码清单 5-82 所示。

代码清单 5-82　DefaultMessageStore#getMessage

```
if (messageFilter != null
        && !messageFilter.isMatchedByCommitLog(selectResult.getByteBuffer().
```

```
            slice(), null)) {
        if (getResult.getBufferTotalSize() == 0) {
            status = GetMessageStatus.NO_MATCHED_MESSAGE;
        }
        selectResult.release();
        continue;
    }
```

第六步：如果消息根据 ConsumeQueue 条目进行过滤，则需要从 CommitLog 文件中加载整个消息体，然后根据属性进行过滤。当然如果过滤方式是 TAG 模式，该方法默认返回 true，下文会对该方法进行详细讲解。

至此，在消费拉取服务端的消息过滤流程就基本结束了，RocketMQ 会在消息接收端再次进行消息过滤。在讲解消费端消息过滤之前，先以 ExpressionMessageFilter 为例分析一下消息过滤的实现细节，如代码清单 5-83 所示。

代码清单 5-83 ExpressionMessageFilter#isMatchedByConsumeQueue

```
if (null == subscriptionData) {
    return true;
}
if (subscriptionData.isClassFilterMode()) {
    return true;
}
if (ExpressionType.isTagType(subscriptionData.getExpressionType())) {
    if (tagsCode == null || tagsCode < 0L) {
        return true;
    }
    if (subscriptionData.getSubString().equals(SubscriptionData.SUB_ALL)) {
        return true;
    }
    return subscriptionData.getCodeSet().contains(tagsCode.intValue());
}
```

如果订阅消息为空，则返回 true，不过滤消息。如果是类过滤模式，则返回 true，如果是 TAG 模式，并且消息的 tagsCode 参数为空或小于 0，则返回 true，说明消息在发送时没有设置 tag。如果订阅消息的 TAG hashcodes 集合中包含消息的 tagsCode，则返回 true。基于 TAG 模式根据 ConsumeQueue 进行消息过滤时只对比 tag 的哈希码，所以还需要在消息消费端对消息标志进行精确匹配，如代码清单 5-84 所示。

代码清单 5-84 ExpressionMessageFilter#isMatchedByCommitLog

```
if (subscriptionData == null) {
    return true;
}
if (subscriptionData.isClassFilterMode()) {
    return true;
}
```

```
if (ExpressionType.isTagType(subscriptionData.getExpressionType())) {
    return true;
}
```

如代码清单 5-85 所示，如果订阅信息为空，则返回 true。如果是类过滤模式，则返回 true，如果是 TAG 模式，则返回 true。该方法主要是为 SQL92 表达式模式服务的，根据消息属性实现类似于数据库 SQL where 条件的过滤方式。本节不针对 SQL92 表达式模式消息过滤做详细讲解，在第 9 章会给出 SQL92 过滤实例。

代码清单 5-85 PullAPIWrapper#processPullResult

```
if (PullStatus.FOUND == pullResult.getPullStatus()) {
    ByteBuffer byteBuffer = ByteBuffer.wrap(pullResultExt.getMessageBinary());
    List<MessageExt> msgList = MessageDecoder.decodes(byteBuffer);      List<MessageExt>
    msgListFilterAgain = msgList;
    if (!subscriptionData.getTagsSet().isEmpty()
            && !subscriptionData.isClassFilterMode()) {
    msgListFilterAgain = new ArrayList<MessageExt>(msgList.size());
    for (MessageExt msg : msgList) {
        if (msg.getTags() != null) {
            if (subscriptionData.getTagsSet().contains(msg.getTags())) {
                msgListFilterAgain.add(msg);
            }
        }
    }
}
```

消息拉取线程 PullMessageService 默认会使用异步方式从服务器拉取消息，消息消费端会通过 PullAPIWrapper 从响应结果解析拉取到的消息。如果消息过滤模式为 TAG，并且订阅 TAG 集合不为空，则对消息的标志进行判断，如果集合中包含消息的 TAG，则返回给消费者消费，否则跳过。

5.9 顺序消息

RocketMQ 支持局部消息顺序消费，可以确保同一个消息消费队列中的消息按顺序消费，如果需要做到全局顺序消费，则可以将主题配置成一个队列，适用于数据库 BinLog 等严格要求顺序消息消费的场景。并发消息消费包含 4 个步骤：消息队列负载、消息拉取、消息消费、消息消费进度存储。

5.9.1 消息队列负载

RocketMQ 首先需要通过 RebalanceService 线程实现消息队列的负载，集群模式下同一个消费组内的消费者共同承担其订阅主题下消息队列的消费，同一个消息消费队列在同一时刻只会被消费组内的一个消费者消费，一个消费者同一时刻可以分配多个消费队列，如代码清单 5-86 所示。

代码清单 5-86 RebalanceImpl#updateProcessQueueTableInRebalance

```
List<PullRequest> pullRequestList = new ArrayList<PullRequest>();
for (MessageQueue mq : mqSet) {
    if (!this.processQueueTable.containsKey(mq)) {
        if (isOrder && !this.lock(mq)) {
            log.warn("doRebalance, {}, add a new mq failed, {}, because lock failed",
                consumerGroup, mq);
            continue;
        }
        this.removeDirtyOffset(mq);
        ProcessQueue pq = new ProcessQueue();
            // 省略部分代码
        long nextOffset = this.computePullFromWhere(mq);
        PullRequest pullRequest = new PullRequest();
        pullRequest.setProcessQueue(pq);
        pullRequestList.add(pullRequest);
    }
}
```

经过消息队列重新负载（分配）后，分配到新的消息队列时，首先需要尝试向 Broker 发起锁定该消息队列的请求，如果返回加锁成功，则创建该消息队列的拉取任务，否则跳过，等待其他消费者释放该消息队列的锁，然后在下一次队列重新负载时再尝试加锁。

顺序消息消费与并发消息消费的一个关键区别是，顺序消息在创建消息队列拉取任务时，需要在 Broker 服务器锁定该消息队列。

5.9.2 消息拉取

RocketMQ 消息拉取由 PullMessageService 线程负责，根据消息拉取任务循环拉取消息，如代码清单 5-87 所示。

代码清单 5-87 DefaultMQPushConsumerImpl#pullMessage

```
if (this.consumeOrderly) {
    if (processQueue.isLocked()) {
        if (!pullRequest.isLockedFirst()) {
            final long offset = this.rebalanceImpl.computePullFromWhere
                    (pullRequest.getMessageQueue());
            boolean brokerBusy = offset < pullRequest.getNextOffset(); log.info("the
            first time to pull message, so fix offset from broker.
                pullRequest: {} NewOffset: {} brokerBusy: {}",
                pullRequest, offset, brokerBusy);
            if (brokerBusy) {
                log.info("[NOTIFYME]the first time to pull message, but pull request offset
                larger than broker consume offset. pullRequest: {} NewOffset:
                {}",pullRequest, offset);
```

```
            }
            pullRequest.setLockedFirst(true);
            pullRequest.setNextOffset(offset);
        }
    } else {
        this.executePullRequestLater(pullRequest,
                    PULL_TIME_DELAY_MILLS_WHEN_EXCEPTION);
        log.info("pull message later because not locked in broker, {}", pullRequest);
        return;
    }
}
```

如果消息处理队列未被锁定，则延迟 3s 后再将 PullRequest 对象放入拉取任务中，如果该处理队列是第一次拉取任务，则首先计算拉取偏移量，然后向消息服务端拉取消息。

5.9.3　消息消费

顺序消息消费实现类 org.apache.rocketmq.client.impl.consumer.ConsumeMessageOrderlyService 的核心类图如图 5-27 所示。

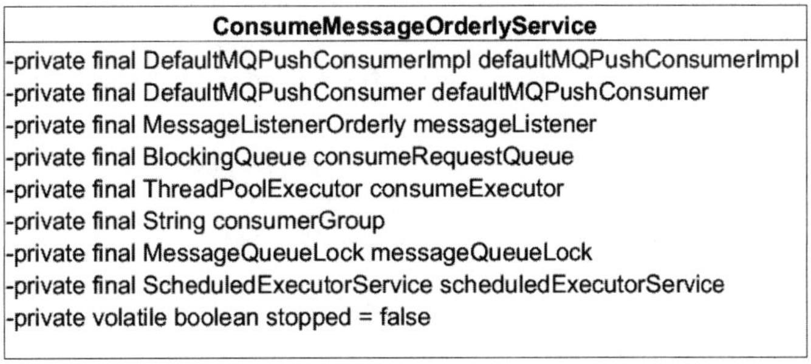

ConsumeMessageOrderlyService
-private final DefaultMQPushConsumerImpl defaultMQPushConsumerImpl
-private final DefaultMQPushConsumer defaultMQPushConsumer
-private final MessageListenerOrderly messageListener
-private final BlockingQueue consumeRequestQueue
-private final ThreadPoolExecutor consumeExecutor
-private final String consumerGroup
-private final MessageQueueLock messageQueueLock
-private final ScheduledExecutorService scheduledExecutorService
-private volatile boolean stopped = false

图 5-27　ConsumeMessageOrderlyService 类图

下面逐一介绍 ConsumeMessageOrderlyService 的核心属性。

1）DefaultMQPushConsumerImpl defaultMQPushConsumerImpl：消息消费者实现类。

2）DefaultMQPushConsumer defaultMQPushConsumer：消息消费者。

3）MessageListenerOrderly messageListener：顺序消息消费监听器。

4）BlockingQueue consumeRequestQueue：消息消费任务队列。

5）ThreadPoolExecutor consumeExecutor：消息消费线程池。

6）String consumerGroup：消息组名。

7）MessageQueueLock messageQueueLock：消息消费端消息消费队列锁容器，内部持有 ConcurrentMap<MessageQueue, Object> mqLockTable =new ConcurrentHashMap<MessageQueue, Object>()。

8）ScheduledExecutorService scheduledExecutorService：调度任务线程池。

1. ConsumeMessageOrderlyService 构造方法

ConsumeMessageOrderlyService 构造方法如代码清单 5-88 所示。

代码清单 5-88 ConsumeMessageOrderlyService 构造方法

```
    this.consumeExecutor = new
            ThreadPoolExecutor( this.defaultMQPushConsumer.getConsumeTh
            readMin(),
            this.defaultMQPushConsumer.getConsumeThreadMax(),1000 * 60,
            TimeUnit.MILLISECONDS,this.consumeRequestQueue,
                new ThreadFactoryImpl("ConsumeMessageThread_"));
    this.scheduledExecutorService =
        Executors.newSingleThreadScheduledExecutor(new
            ThreadFactoryImpl("ConsumeMessageScheduledThread_"));
}
```

初始化实例参数，这里的关键是消息任务队列为 LinkedBlockingQueue，消息消费线程池最大运行时线程个数为 consumeThreadMin，consumeThreadMax 参数将失效。

2. ConsumeMessageOrderlyService 启动方法

ConsumeMessageOrderlyService 启动方法如代码清单 5-89 所示。

代码清单 5-89 ConsumeMessageOrderlyService#start

```
public void start() {
    if (MessageModel.CLUSTERING.equals(ConsumeMessageOrderlyService.this.
            defaultMQPushConsumerImpl.messageModel())) {
        this.scheduledExecutorService.scheduleAtFixedRate(new Runnable() {
                public void run() {
                    ConsumeMessageOrderlyService.this.lockMQPeriodically();
                }
        }, 1000 * 1, ProcessQueue.REBALANCE_LOCK_INTERVAL, TimeUnit.MILLISECONDS);
    }
}
```

如果消费模式为集群模式，启动定时任务，默认每隔 20s 锁定一次分配给自己的消息消费队列。通过 Drocketmq.client.rebalance.lockInterval=20000 设置间隔，该值建议与一次消息负载频率相同。从上文可知，集群模式下顺序消息消费在创建拉取任务时并未将 ProcessQueue 的 locked 状态设置为 true，在未锁定消息队列时无法执行消息拉取任务，ConsumeMessageOrderlyService 以 20s 的频率对分配给自己的消息队列进行自动加锁操作，从而消费加锁成功的消息消费队列。接下来分析一下解锁的具体实现，如代码清单 5-90 所示。

代码清单 5-90 RebalanceImpl#buildProcessQueueTableByBrokerName

```
private HashMap<String/* brokerName */, Set<MessageQueue>>
            buildProcessQueueTableByBrokerName() {
    HashMap<String, Set<MessageQueue>> result = new HashMap<String,
        Set<MessageQueue>>();
```

```
    for (MessageQueue mq : this.processQueueTable.keySet()) {
        Set<MessageQueue> mqs = result.get(mq.getBrokerName());
        if (null == mqs) {
            mqs = new HashSet<MessageQueue>();
            result.put(mq.getBrokerName(), mqs);
        }
        mqs.add(mq);
    }
    return result;
}
```

第一步：ConcurrentMap<MessageQueue, ProcessQueue> processQueueTable 表示将消息队列按照 Broker 组织成 Map<String/*brokerName*,Set<MessageQueue>>，方便下一步向 Broker 发送锁定消息队列请求，如代码清单 5-91 所示。

代码清单 5-91　RebalanceImpl#lockAll

```
LockBatchRequestBody requestBody = new LockBatchRequestBody();
requestBody.setConsumerGroup(this.consumerGroup);
requestBody.setClientId(this.mQClientFactory.getClientId());
requestBody.setMqSet(mqs);
Set<MessageQueue> lockOKMQSet = this.mQClientFactory.
    getMQClientAPIImpl().lockBatchMQ(findBrokerResult.getBrokerAddr(),
        requestBody, 1000);
```

第二步：向 Broker（主节点）发送锁定消息队列，该方法会返回成功被当前消费者锁定的消息消费队列，如代码清单 5-92 所示。

代码清单 5-92　RebalanceImpl#lockAll

```
for (MessageQueue mq : lockOKMQSet) {
    ProcessQueue processQueue = this.processQueueTable.get(mq);
    if (processQueue != null) {
    if (!processQueue.isLocked()) {
        log.info("the message queue locked OK, Group: {} {}", this.consumerGroup, mq);
    }
    processQueue.setLocked(true);
    processQueue.setLastLockTimestamp(System.currentTimeMillis());
    }
}
```

第三步：将成功锁定的消息消费队列对应的处理队列设置为锁定状态，同时更新加锁时间，如代码清单 5-93 所示。

代码清单 5-93　RebalanceImpl#lockAll

```
for (MessageQueue mq : mqs) {
    if (!lockOKMQSet.contains(mq)) {
        ProcessQueue processQueue = this.processQueueTable.get(mq);
```

```
        if (processQueue != null) {
                processQueue.setLocked(false);
            log.warn("the message queue locked Failed, Group: {} {}",
                this.consumerGroup, mq);
        }
    }
}
```

第四步：遍历当前处理队列中的消息消费队列，如果当前消费者不持该消息队列的锁，则将处理队列锁的状态设置为 false，暂停该消息消费队列的消息拉取与消息消费。

3. ConsumeMessageOrderlyService 提交消费任务

ConsumeMessageOrderlyService 提交消费任务如代码清单 5-94 所示。

代码清单 5-94　ConsumeMessageOrderlyService#submitConsumeRequest

```
public void submitConsumeRequest(final List<MessageExt> msgs,final ProcessQueue
    processQueue,final MessageQueue messageQueue,final boolean dispathToConsume) {
    if (dispathToConsume) {
        ConsumeRequest consumeRequest = new ConsumeRequest(processQueue,
            messageQueue);
        this.consumeExecutor.submit(consumeRequest);
    }
}
```

构建消费任务 ConsumeRequest 并提交到消费线程池中。ConsumeRequest 类图如图 5-28 所示。

ConsumeMessageOrderlyService$ConsumeRequest
-private final ProcessQueue processQueue -private final MessageQueue messageQueue

图 5-28　ConsumeMessageOrderlyService$ConsumeRequest 类图

顺序消息的 ConsumeRequest 消费任务不会直接消费本次拉取的消息，而是在消息消费时从处理队列中拉取消息，接下来详细分析 ConsumeRequest 的 run() 方法，如代码清单 5-95 所示。

代码清单 5-95　ConsumeMessageOrderlyService$ConsumeRequest#run

```
if (this.processQueue.isDropped()) {
    log.warn("run, the message queue not be able to consume, because it's dropped.
        {}", this.messageQueue);
    return;
}
```

第一步：如果消息处理队列为丢弃，则停止本次消费任务，如代码清单 5-96 所示。

代码清单 5-96　ConsumeMessageOrderlyService$ConsumeRequest#run

```
final Object objLock = messageQueueLock.fetchLockObject(this.messageQueue);
synchronized (objLock) {
```

第二步：根据消息队列获取一个对象。消费消息时申请独占 objLock，顺序消息消费的并发度为消息队列，也就是一个消息消费队列同一时刻只会被一个消费线程池中的一个线程消费，如代码清单 5-97 所示。

代码清单 5-97　ConsumeMessageOrderlyService$ConsumeRequest#run

```
if(MessageModel.BROADCASTING.equals(ConsumeMessageOrderlyService.this.default
    MQPushConsumerImpl.messageModel()) ||
    (this.processQueue.isLocked() && !this.processQueue.isLockExpired())) {
    // 消息消费逻辑
} else {
    if (this.processQueue.isDropped()) {
        log.warn("the message queue not be able to consume, because it's dropped.
            {}", this.messageQueue); return;
    }
    ConsumeMessageOrderlyService.this.tryLockLaterAndReconsume(
        this.messageQueue, this.processQueue, 100);
}
```

第三步：如果是广播模式，则直接进入消费，无须锁定处理队列，因为相互之间无竞争。如果是集群模式，消息消费的前提条件是 proceessQueue 被锁定并且锁未超时。思考一下，如果消息队列重新负载时，原先由自己处理的消息队列被另外一个消费者分配，还未来得及将 processQueue 解除锁定，就被另外一个消费者添加进去，此时会不会出现多个消息消费者同时消费一个消息队列的情况？答案是不会的，因为当一个新的消费队列分配给消费者时，在添加其拉取任务之前必须先向 Broker 发送对该消息队列加锁的请求，只有加锁成功后，才能添加拉取消息，否则等到下一次负载后，只有消费队列被原先占有的消费者释放后，才能开始新的拉取任务。集群模式下，如果未锁定处理队列，则延迟该队列的消息消费，如代码清单 5-98 所示。

代码清单 5-98　ConsumeMessageOrderlyService$ConsumeRequest#run

```
final long beginTime = System.currentTimeMillis();
for (boolean continueConsume = true; continueConsume; ) {
    // 省略相关代码
    long interval = System.currentTimeMillis() - beginTime;
    if (interval > MAX_TIME_CONSUME_CONTINUOUSLY) {
        ConsumeMessageOrderlyService.this.submitConsumeRequestLater(
            processQueue, messageQueue, 10);
        break;
    }
}
```

第四步：顺序消息消费处理逻辑，每一个 ConsumeRequest 消费任务不是以消费消息条数来计算的，而是根据消费时间，默认当消费时长大于 MAX_TIME_CONSUME_CONTINUOUSLY 后，结束本次消费任务，由消费组内其他线程继续消费，如代码清单 5-99 所示。

代码清单 5-99 ConsumeMessageOrderlyService$ConsumeRequest#run

```
final int consumeBatchSize = ConsumeMessageOrderlyService.this.
    defaultMQPushConsumer.getConsumeMessageBatchMaxSize();
List<MessageExt> msgs = this.processQueue.takeMessags(consumeBatchSize);
```

第五步：每次从处理队列中按顺序取出 consumeBatchSize 消息，如果未取到消息，则设置 continueConsume 为 false，本次消费任务结束。消费顺序消息时，从 ProceessQueue 中取出的消息会临时存储在 ProcessQueue 的 consumingMsgOrderlyTreeMap 属性中。

第六步：执行消息消费钩子函数（消息消费之前 before 方法）。通过 DefaultMQPushConsumerImpl#registerConsumeMessageHook（ConsumeMessageHook consumeMessagehook）注册消息消费钩子函数并可以注册多个，如代码清单 5-100 所示。

代码清单 5-100 ConsumeMessageOrderlyService$ConsumeRequest#run

```
long beginTimestamp = System.currentTimeMillis();
ConsumeReturnType returnType = ConsumeReturnType.SUCCESS;
boolean hasException = false;
try {
    this.processQueue.getLockConsume().lock();
    if (this.processQueue.isDropped()) {
        log.warn("consumeMessage, the message queue not be able to consume, because it's
            dropped. {}", this.messageQueue);
        break;
    }
    status = messageListener.consumeMessage(
            Collections.unmodifiableList(msgs), context);
} catch (Throwable e) {
    hasException = true;
} finally {
    this.processQueue.getLockConsume().unlock();
```

第七步：申请消息消费锁，如果消息队列被丢弃，则放弃消费该消息消费队列，然后执行消息消费监听器，调用业务方具体的消息监听器执行真正的消息消费处理逻辑，并通知 RocketMQ 消息消费结果。

第八步：执行消息消费钩子函数，计算消息消费过程中应用程序抛出的异常，钩子函数的后处理逻辑也会被调用。

第九步：如果消息消费结果为 ConsumeOrderlyStatus.SUCCESS，执行 ProcessQueue 的 commit() 方法，并返回待更新的消息消费进度，如代码清单 5-101 所示。

代码清单 5-101　ProcessQueue#commit

```
public long commit() {
    try {
        this.lockTreeMap.writeLock().lockInterruptibly();
        try {
            Long offset = this.msgTreeMapTemp.lastKey();
            msgCount.addAndGet(this.msgTreeMapTemp.size() * (-1));
            this.msgTreeMapTemp.clear();
            if (offset != null) {
                    return offset + 1;
            }
        } finally {
                this.lockTreeMap.writeLock().unlock();
            }
        } catch (InterruptedException e)
            { log.error("commit exception", e);
        }
        return -1;
}
```

提交就是将该批消息从 ProcessQueue 中移除，维护 msgCount（消息处理队列中的消息条数）并获取消息消费的偏移量 offset，然后将该批消息从 msgTreeMapTemp 中移除，并返回待保存的消息消费进度（offset+1）。从中可以看出，offset 表示消息消费队列的逻辑偏移量，类似于数组的下标，代表第 n 个 ConsumeQueue 条目，如代码清单 5-102 所示。

代码清单 5-102　ConsumeMessageOrderlyService#processConsumeResult

```
if (checkReconsumeTimes(msgs)){ consumeRequest.getProcessQueue().ma
    keMessageToCosumeAgain(msgs);
        this.submitConsumeRequestLater(consumeRequest.getProcessQueue(),
            consumeRequest.getMessageQueue(),
            context.getSuspendCurrentQueueTimeMillis());
        continueConsume = false;
} else {
        commitOffset = consumeRequest.getProcessQueue().commit();
}
```

检查消息的重试次数。如果消息重试次数大于或等于允许的最大重试次数，将该消息发送到 Broker 端。该消息在消息服务端最终会进入 DLQ（死信队列），也就是 RocketMQ 不会再次消费，需要人工干预。如果消息成功进入 DLQ 队列，checkReconsumeTimes 返回 false，将直接调用 ProcessQueue#commit 提交该批消息，表示消息消费成功，如果这批消息中有任意一条消息的重试次数小于允许的最大重试次数，将返回 true，执行消息重试。

注意　对于 RocketMQ 顺序消费，失败重试次数为 Integer.MAX_VALUE，即一直重试，会组织消息进度向前推进，故应用需要在超过重试次数时，引入人为干预机制。特别是要区分业务异常与系统异常，业务异常通常是因为不满足某项业务规则，重试将注定无法成功，故一定要设置一定的规则，进行业务降级。

消息消费重试是先将该批消息重新放入 ProcessQueue 的 msgTreeMap，然后清除 consumingMsgOrderlyTreeMap，默认延迟 1s 再加入消费队列并结束此次消息消费。

可以通过 DefaultMQPushConsumer#setSuspendCurrentQueueTimeMillis 设置当前队列的重试挂起时间。执行消息重试时，如果消息消费进度并未向前推进，则将本次消费视为无效消费，将不更新消息消费进度。

第十步：存储消息消费进度。

5.9.4 消息队列锁实现

顺序消息消费的各个环节基本都是围绕消息消费队列（MessageQueue）与消息处理队列（ProcessQueue）展开的。拉取消息消费进度，要判断 ProcessQueue 的 locked 是否为 true，为 true 的前提条件是消息消费者（cid）向 Broker 端发送锁定消息队列的请求并返回加锁成功。服务端关于 MessageQueue 加锁处理类是 org. apache.rocketmq.broker.client.rebalance.RebalanceLockManager。类图如图 5-29 所示。

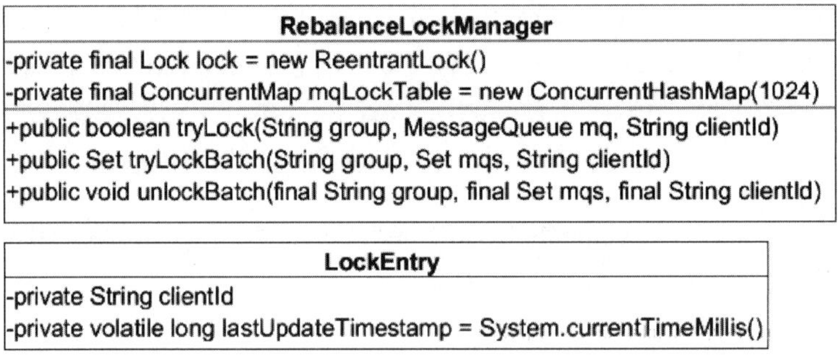

RebalanceLockManager
-private final Lock lock = new ReentrantLock() -private final ConcurrentMap mqLockTable = new ConcurrentHashMap(1024)
+public boolean tryLock(String group, MessageQueue mq, String clientId) +public Set tryLockBatch(String group, Set mqs, String clientId) +public void unlockBatch(final String group, final Set mqs, final String clientId)

LockEntry
-private String clientId -private volatile long lastUpdateTimestamp = System.currentTimeMillis()

图 5-29　RebalanceLockManager 类图

ConcurrentMap mqLockTable：锁容器，以消息消费组分组，每个消息队列对应一个锁对象，表示当前该消息队列被消费组中哪个消费者所持有。核心方法如下。

1）public Set tryLockBatch(String group, Set mqs, String clientId)：申请对 mqs 消息消费队列集合加锁。

- String group：消息消费组名。
- Set mqs：待加锁的消息消费队列集合。
- String clientId：消息消费者（cid）。返回成功加锁的消息队列集合。

2）public void unlockBatch(final String group, final Set mqs, final String clientId)：申请对 mqs 消息消费队列集合解锁。

- String group：消息消费组。
- Set mqs：待解锁消息队列集合。
- Stirng clientId：持有锁的消息消费者。

上述方法都是对 ConcurrentMap<String/* group */, ConcurrentHashMap<MessageQueue, LockEntry>> mqLockTable 数据结构的维护，实现简单，不再对其进行源码分析。

5.10　本章小结

本章主要介绍了消息消费的实现细节，主要关注点包括消息消费方式、消息队列负载、消息拉取、消息消费、消息消费进度存储、消息过滤、定时消息、顺序消息。

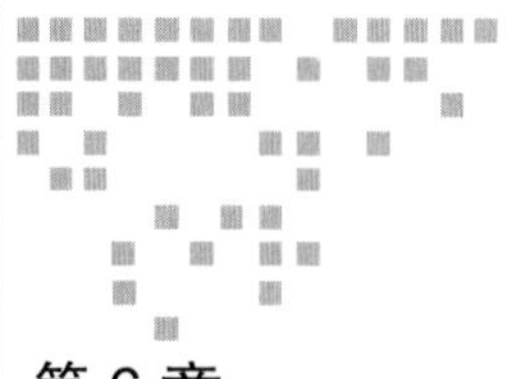

Chapter 6 第 6 章

RocketMQ 的 ACL

本章主要分析 RocketMQ 的访问控制列表（ACL）。访问控制列表广泛应用于路由器和交换机上，起到十分重要的作用，如限制网络流量、提高网络性能、控制通信流量（如ACL 可以限定或简化路由更新信息的长度，从而限制通过路由器某一网段的通信流量）、提供网络安全访问的基本手段、在路由器端口处决定哪种类型的通信流量被转发或被阻塞。

本章重点内容如下。

- 什么是 ACL。
- 如何使用 ACL。
- ACL 实现原理。

6.1 什么是 ACL

ACL（Access Control List，访问控制列表）与我们在应用系统中接触到的用户、资源、权限、角色有些类似，在 RocketMQ 中对应如下对象。

1）用户：用户是访问控制的基本要素。在 RocketMQ ACL 实现中必然也会引入用户的概念，即支持用户名、密码。

2）资源：需要保护的对象。在 RocketMQ 中，消息发送涉及的 topic 和消息消费涉及的消费组等都应该进行保护，故可以抽象成资源。

3）权限：可以简单地将权限理解为可以对资源进行操作，在 RocketMQ ACL 中主要包含 topic 的发送权限、对 topic 的订阅权限等。

4）角色：RocketMQ 中只定义了两种角色，管理员和非管理员。

不难理解，RocketMQ 通过引入 ACL 功能，可以对 topic 的发送与订阅进行强管控。公司内部各个项目组如果需要消费 topic 中的数据，必须得到运维团队的授权，这样极大提高了 MQ 集群的安全性，便于管理。

6.2　如何使用 ACL

客户端（项目组）要使用 ACL 功能，首先需要开启 Broker 服务器端的 ACL 功能。本章将分别从 Broker 端、客户端介绍如何使用 ACL 功能。

6.2.1　Broker 端开启 ACL

第一步：在 Broker 端的配置文件中添加如下参数，表示开启 ACL 功能。

```
aclEnable=true
```

第二步：将 RocketMQ 中的 distribution/conf/plain_acl.yml 文件复制到 ${ROCKETMQ_HOME}/conf 目录下，其配置示例如代码清单 6-1 所示。

代码清单 6-1　配置列表

```
globalWhiteRemoteAddresses:
accounts:
- accessKey: RocketMQ
  secretKey: 12345678
  whiteRemoteAddress:
  admin: false
  defaultTopicPerm: DENY
  defaultGroupPerm: SUB
  topicPerms:
  - TopicTest=PUB
  groupPerms:
  - oms_consumer_group=DENY
- accessKey: admin
  secretKey: 12345678
  whiteRemoteAddress:
  admin: true
```

我们先详细介绍一下 plain_acl.yml 文件中各个配置项的含义。

1. globalWhiteRemoteAddresses

全局白名单，其类型为数组，支持多种配置组合，配置规则如下。

1）空：表示不设置白名单，该条规则默认返回 false。

2）“*”：表示全部匹配，该条规则直接返回 true，将阻断其他规则的判断，请慎重使用。

3）192.168.0.{100,101}：多地址配置模式，IP 地址的最后一组使用 {}，大括号中多个

IP 地址用英文逗号隔开。

4）192.168.1.100,192.168.2.100：直接使用英文逗号分隔多个 IP 地址。

5）192.168.*. 或 192.168.100-200.10-20：每个 IP 段使用“*”或“-”表示范围。

2. accounts

配置账户信息，类型为数组。拥有 accessKey、secretKey、whiteRemoteAddress、admin、defaultTopicPerm、defaultGroupPerm、topicPerms、groupPerms 等子元素。

1）accessKey：登录用户名，长度必须大于 6 个字符。

2）secretKey：登录密码。长度必须大于 6 个字符。

3）whiteRemoteAddress：账户级别的 IP 地址白名单，类型为一个字符串，配置规则与 globalWhiteRemoteAddresses 相同，但只能配置一条规则。

4）admin：boolean 类型，设置是否是超级管理员。如下权限只有 admin 为 true 时才有权限执行。

- UPDATE_AND_CREATE_TOPIC：更新或创建主题。
- UPDATE_BROKER_CONFIG：更新 Broker 配置。
- DELETE_TOPIC_IN_BROKER：删除主题。
- UPDATE_AND_CREATE_SUBSCRIPTIONGROUP：更新或创建订阅组信息。
- DELETE_SUBSCRIPTIONGROUP：删除订阅组信息。

5）defaultTopicPerm：默认 topic 权限，该值默认为 DENY（拒绝）。

6）defaultGroupPerm：默认消费组权限，该值默认为 DENY（拒绝），建议值为 SUB。

7）topicPerms：设置 topic 的权限，其类型为数组。

8）groupPerms：设置消费组的权限，其类型为数组，可以为每一消费组配置不一样的权限。

RocketMQ ACL 中的可选权限编码如下。

1）DENY：拒绝。

2）PUB：拥有发送权限。

3）SUB：拥有订阅权限。

注意 经过上面两个步骤，RocketMQ Broker 端就启用了 ACL 功能。需要特别注意的是，因为要修改 Broker 端的配置文件，所以需要重启 Broker 服务器才能生效。那么如果修改 plain_acl.yml 中的配置，是否需要重启 Broker 服务器呢？

6.2.2 客户端使用 ACL

1. 消息发送端示例代码

消息发送端的示例代码如代码清单 6-2 所示。

代码清单 6-2 AclProducer 示例代码

```
public class AclProducer {
    public static void main(String[] args) throws MQClientException,
      InterruptedException {
      DefaultMQProducer producer = new
      DefaultMQProducer("please_rename_unique_group_name",
                           getAclRPCHook()); //@/
      producer.setNamesrvAddr("127.0.0.1:9876");
      producer.start();
      for (int i = 0; i < 1; i++) {
          try {
                Message msg = new Message("TopicTest3" ,"TagA" , ("Hello RocketMQ" +
                    i).getBytes(RemotingHelper.DEFAULT_CHARSET));
                SendResult sendResult = producer.send(msg);
                System.out.printf("%s%n", sendResult);
            } catch (Exception e) {
                e.printStackTrace();
                Thread.sleep(1000);
            }
        }
        producer.shutdown();
    }
    static RPCHook getAclRPCHook() {
        return new AclClientRPCHook(new SessionCredentials("rocketmq",
            "12345678")); // @2
    }
}
```

上述示例代码有两个关键点。

代码 @1：在创建 DefaultMQProducer 对象时传入一个 AclClientRPCHook 钩子函数。

代码 @2：在构建 AclClientRPCHook 时传入对应的用户名与密码。

2. 消息消费端示例代码

消息消费端的示例代码如代码清单 6-3 所示。

代码清单 6-3 AclConsumer 示例代码

```
public class AclConsumer {
    public static void main(String[] args) throws InterruptedException,
            MQClientException {
        DefaultMQPushConsumer consumer = new DefaultMQPushConsumer("pGroup",
            getAclRPCHook(),new AllocateMessageQueueAveragely());
consumer.setConsumeFromWhere(ConsumeFromWhere.CONSUME_FROM_FIRST_OFFSET);
        consumer.subscribe("TopicTest", "*");
        consumer.setNamesrvAddr("127.0.0.1:9876");
        consumer.registerMessageListener(new MessageListenerConcurrently() {
            @Override
            public ConsumeConcurrentlyStatus consumeMessage(List<MessageExt>
                msgs,ConsumeConcurrentlyContext context) {
```

```
                System.out.printf("%s Receive New Messages: %s %n",
                        Thread.currentThread().getName(), msgs);
                return ConsumeConcurrentlyStatus.CONSUME_SUCCESS;
            }
        });
        consumer.start();
        System.out.printf("Consumer Started.%n");
    }
    static RPCHook getAclRPCHook() {
        return new AclClientRPCHook(new SessionCredentials("rocketmq","pwd"));
    }
}
```

消费端的代码与发送端类似，在构建 DefaultMQPushConsumer 时传入一个 RPC 钩子函数，RocketMQ 已经提供了默认实现的 AclClientRPCHook，只需要传入对应的用户名和密码。

关于如何使用 ACL 就介绍到这里了，接下来详细分析 RocketMQ ACL 的实现原理。

6.3 ACL 实现原理

开启 ACL 功能需要 Broker 端与客户端同时配合，故本节将从 Broker 端与客户端两个维度深入探讨 ACL 的实现原理。

6.3.1 Broker 端 ACL 核心入口

Broker 端的源码入口为 BrokerController 的 initialAcl() 方法，如代码清单 6-4 所示。

代码清单 6-4 BrokerController#initialAcl

```
if (!this.brokerConfig.isAclEnable()) {
    log.info("The broker dose not enable acl");
    return;
}
```

第一步：如果没有开启 ACL 功能，则返回。如果要启用 ACL，则必须在 Broker 配置文件中将属性 aclEnable 设置为 true，该值默认为 false，如代码清单 6-5 所示。

代码清单 6-5 BrokerController#initialAcl

```
List<AccessValidator> accessValidators =
    ServiceProvider.load(ServiceProvider.ACL_VALIDATOR_ID,
        AccessValidator.class);
if (accessValidators == null || accessValidators.isEmpty()) {
    log.info("The broker dose not load the AccessValidator");
    return;
}
```

第二步：使用 SPI 机制加载配置的 AccessValidator 实现类，该方法返回一个列表，具体实现逻辑是读取 METAINF/service/org.apache.rocketmq.acl.AccessValidator 文件中配置的访问验证器，如代码清单 6-6 所示。默认配置内容如图 6-1 所示。

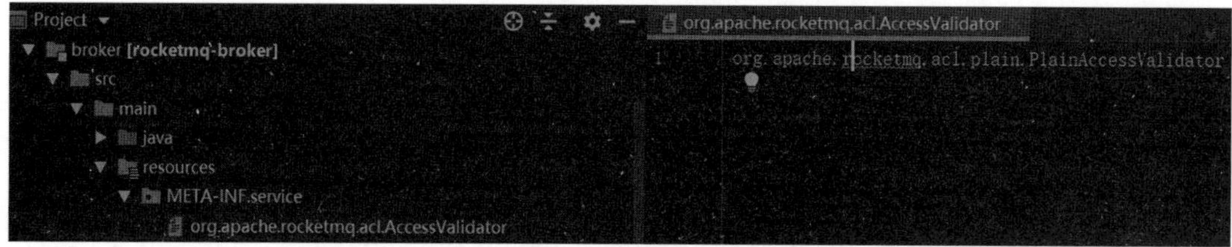

图 6-1 AccessValidator 配置文件

代码清单 6-6 BrokerController#initialAcl

```
for (AccessValidator accessValidator: accessValidators) {
    final AccessValidator validator = accessValidator;
    accessValidatorMap.put(validator.getClass(),validator);
    this.registerServerRPCHook(new RPCHook() {
        @Override
        public void doBeforeRequest(String remoteAddr, RemotingCommand request) {
            // 不要捕获异常
            validator.validate(validator.parse(request, remoteAddr));
        }
        @Override
        public void doAfterResponse(String remoteAddr, RemotingCommand request,
                RemotingCommand response) {
        }
    });
}
```

第三步：遍历配置的访问验证器（AccessValidator）后，向 Broker 处理服务器注册钩子函数，RPCHook 的 doBeforeRequest() 方法将在服务端接收到请求并解码后、执行处理请求前被调用。RPCHook 的 doAfterResponse() 方法会在处理完请求后，将结果返回，其调用关系如图 6-2 所示。

```
NettyRemotingAbstract.java
public void processRequestCommand(final ChannelHandlerContext ctx, final RemotingCommand cmd) {
    final Pair<NettyRequestProcessor, ExecutorService> matched = this.processorTable.get(cmd.getCode());
    final Pair<NettyRequestProcessor, ExecutorService> pair = null == matched ? this.defaultRequestProcessor : matched;
    final int opaque = cmd.getOpaque();

    if (pair != null) {
        Runnable run = () -> {
            try {
                doBeforeRpcHooks(RemotingHelper.parseChannelRemoteAddr(ctx.channel()), cmd);
                final RemotingCommand response = pair.getObject1().processRequest(ctx, cmd);
                doAfterRpcHooks(RemotingHelper.parseChannelRemoteAddr(ctx.channel()), cmd, response);
```

图 6-2 RPCHook 在服务端的调用图示

接下来重点介绍 PlainAccessValidator。

6.3.2 PlainAccessValidator 详解

我们先来看一下 PlainAccessValidator 的核心类图，如图 6-3 所示。

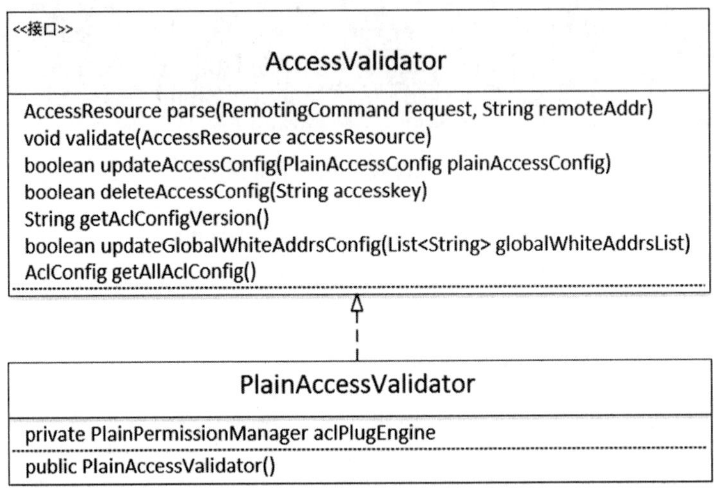

图 6-3　PlainAccessValidator 核心类图

AccessValidator 是访问验证器接口，主要定义如下接口。

1）AccessResource parse(RemotingCommand request, String remoteAddr)：从请求头中解析本次请求对应的访问资源，即本次请求需要的访问权限。

2）void validate(AccessResource accessResource)：根据本次需要访问的权限，与请求用户拥有的权限进行对比验证，判断请求用户是否拥有权限。如果请求用户没有访问该操作的权限，则抛出异常，否则放行。

3）boolean updateAccessConfig(PlainAccessConfig plainAccessConfig)：更新 ACL 访问控制列表的配置。

4）boolean deleteAccessConfig(String accesskey)：根据账户名称删除访问授权规则。

5）String getAclConfigVersion()：获取 ACL 配置当前的版本号。

6）boolean updateGlobalWhiteAddrsConfig(List<String> globalWhiteAddrsList)：更新全局白名单 IP 列表。

7）AclConfig getAllAclConfig()：获取 ACL 相关的配置信息。

PlainAccessValidator 是 RocketMQ 默认提供基于 yml 配置格式的访问验证器。

接下来我们重点探讨 PlainAccessValidator 的 parse() 方法和 validate() 方法的实现细节。在讲解该方法之前，我们先认识一下 RocketMQ 封装访问资源的 PlainAccessResource，如图 6-4 所示。

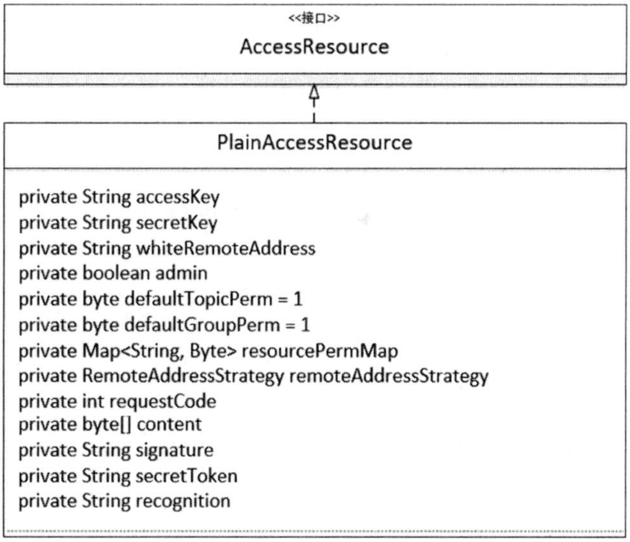

<<接口>>
AccessResource

PlainAccessResource

private String accessKey
private String secretKey
private String whiteRemoteAddress
private boolean admin
private byte defaultTopicPerm = 1
private byte defaultGroupPerm = 1
private Map<String, Byte> resourcePermMap
private RemoteAddressStrategy remoteAddressStrategy
private int requestCode
private byte[] content
private String signature
private String secretToken
private String recognition

图 6-4　PlainAccessResource 类图

下面逐一介绍 PlainAccessResource 的核心属性。

1）String accessKey：访问 Key，用户名。

2）String secretKey：用户密钥。

3）String whiteRemoteAddress：远程 IP 地址白名单。

4）boolean admin：是否是管理员角色。

5）byte defaultTopicPerm=1：默认 topic 的访问权限，如果没有配置 topic 的权限，则 topic 默认的访问权限为 1，表示 DENY。

6）byte defaultGroupPerm=1：消费组默认访问权限，默认为 DENY。

7）Map<String,Byte> resourcePermMap：资源需要的访问权限映射表。

8）RemoteAddressStrategy remoteAddressStrategy：远程 IP 地址验证策略。

9）int requestCode：当前请求的 requestCode。

10）byte[] content：请求头与请求体的内容。

11）String signature：签名字符串，这是通常的套路，在客户端，首先将请求参数排序，然后使用 secretKey 生成签名字符串，在服务端重复这个步骤，然后对比签名字符串，如果相同，则认为登录成功，否则失败。

12）String secretToken：密钥令牌。

13）String recognition：保留字段，目前未被使用。

接下来介绍 PlainAccessValidator 的构造方法，如代码清单 6-7 所示。

代码清单 6-7　PlainAccessValidator 构造方法

```
public PlainAccessValidator() {
    aclPlugEngine = new PlainPermissionManager();
}
```

在构造函数中直接创建 PlainPermissionManager 对象，该对象的主要作用是解析 plain_acl.yml 文件，加载配置文件中的访问控制规则，本节稍候会重点介绍。

parse() 方法的作用是从请求命令中解析出本次访问需要的权限，然后构建 AccessResource 对象，为后续的校验权限做准备，如代码清单 6-8 所示。

代码清单 6-8　PlainAccessValidator#parse

```
PlainAccessResource accessResource = new PlainAccessResource();
if (remoteAddr != null && remoteAddr.contains(":")) {
    accessResource.setWhiteRemoteAddress(remoteAddr.substring(0,
        remoteAddr.lastIndexOf( ‘:’ )));
} else {
    accessResource.setWhiteRemoteAddress(remoteAddr);
}
```

第一步：首先创建 PlainAccessResource 对象，该对象用来表示一次请求需要访问的权限，从远程地址中提取远程访问的 IP 地址，如代码清单 6-9 所示。

代码清单 6-9　PlainAccessValidator#parse

```
accessResource.setRequestCode(request.getCode());
if (request.getExtFields() == null) {
    return accessResource;
}
accessResource.setAccessKey(request.getExtFields().get(SessionCredentials.ACCESS_KEY));
accessResource.setSignature(request.getExtFields().get(SessionCredentials.SIGNATURE));
accessResource.setSecretToken(request.getExtFields().get(SessionCredentials.SECURITY_
    TOKEN));
```

第二步：如果请求中的扩展字段为空，则直接返回该资源，即后续的访问控制只针对 IP 地址，否则从请求体中提取客户端的访问用户名、签名字符串、安全令牌，如代码清单 6-10 所示。

代码清单 6-10　PlainAccessValidator#parse

```
try {
    switch (request.getCode()) {
        case RequestCode.SEND_MESSAGE:
            accessResource.addResourceAndPerm(request.getExtFields().get("topic"),
                Permission.PUB);
            break;
        case RequestCode.SEND_MESSAGE_V2:
                // 省略类似代码
            break;
        case RequestCode.CONSUMER_SEND_MSG_BACK:
            accessResource.addResourceAndPerm(request.getExtFields().get("originTopic"),
                Permission.PUB);
            accessResource.addResourceAndPerm(getRetryTopic(request.getExtFields().
                get("group")), Permission.SUB);
```

```
            break;
        case RequestCode.PULL_MESSAGE:
            accessResource.addResourceAndPerm(request.getExtFields().get("topic"),
                Permission.SUB);
            accessResource.addResourceAndPerm(getRetryTopic(request.getExtFields().
                get("consumerGroup")), Permission.SUB);
            break;
        case RequestCode.QUERY_MESSAGE:
                // 省略类似代码
            break;
        case RequestCode.HEART_BEAT:
                // 省略类似代码
            break;
        case RequestCode.UNREGISTER_CLIENT:
                // 省略类似代码
            break;
        case RequestCode.GET_CONSUMER_LIST_BY_GROUP:
                // 省略类似代码
            break;
        case RequestCode.UPDATE_CONSUMER_OFFSET:
                // 省略类似代码
            break;
        default:
            break;
    }
} catch (Throwable t) {
    throw new AclException(t.getMessage(), t);
}
```

第三步：根据请求命令设置本次请求需要获得的权限，上述代码比较简单，就是从请求中得出本次操作的 topic、消息组名称。为了方便区分 topic 与消费组，消费组将消费者对应的重试主题当作资源的 Key，如代码清单 6-11 所示。从这里也可以看出当前版本需要进行 ACL 权限验证的请求命令如下。

1）SEND_MESSAGE：发送消息。

2）SEND_MESSAGE_V2：发送第 2 版消息。

3）CONSUMER_SEND_MSG_BACK：消费组重试发送消息。

4）PULL_MESSAGE：消息拉取。

5）QUERY_MESSAGE：消息查询。

6）HEART_BEAT：心跳请求。

7）UNREGISTER_CLIENT：取消注册。

8）GET_CONSUMER_LIST_BY_GROUP：根据消费组获取消费者列表。

9）UPDATE_CONSUMER_OFFSET：更新消息消费进度。

代码清单 6-11 PlainAccessValidator#parse

```
// Content 字段
SortedMap<String, String> map = new TreeMap<String, String>();
```

```
for (Map.Entry<String, String> entry : request.getExtFields().entrySet()) {
    if (!SessionCredentials.SIGNATURE.equals(entry.getKey())) {
        map.put(entry.getKey(), entry.getValue());
    }
}
accessResource.setContent(AclUtils.combineRequestContent(request, map));
```

第四步：对扩展字段进行排序，以便于生成签名字符串，然后将扩展字段与请求体（body）写入 content 字段，完成从请求头中解析出请求需要验证的权限。

validate() 方法如代码清单 6-12 所示。

代码清单 6-12　PlainAccessValidator#validate

```
public void validate(AccessResource accessResource) {
    aclPlugEngine.validate((PlainAccessResource) accessResource);
}
```

验证权限是根据本次请求需要的权限与当前用户所拥有的权限进行对比，如果符合，则正常执行；否则抛出 AclException。为了了解权限的验证流程，我们继续学习 PlainPermissionManager。

6.3.3 PlainPermissionManager 详解

PlainPermissionManager 的主要职责是管理 plain_acl.yml 权限配置文件，该文件用于验证访问权限。PlainPermissionManager 类图如图 6-5 所示。

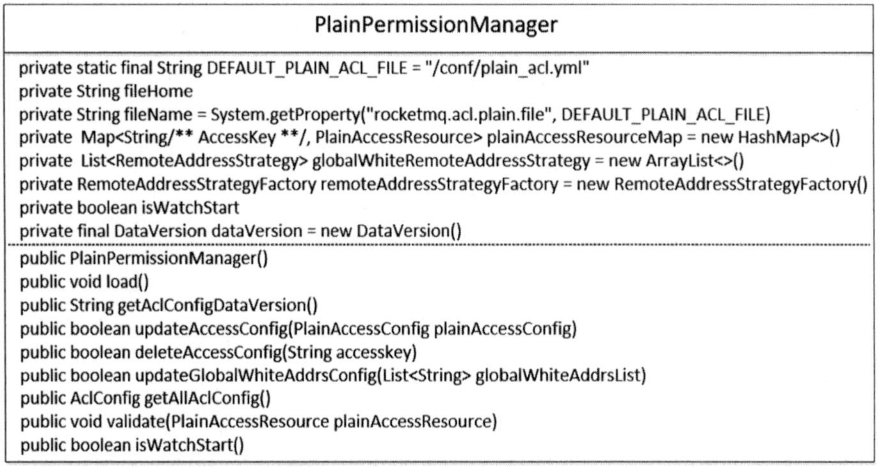

```
PlainPermissionManager
----------------------------------------------------------------
private static final String DEFAULT_PLAIN_ACL_FILE = "/conf/plain_acl.yml"
private String fileHome
private String fileName = System.getProperty("rocketmq.acl.plain.file", DEFAULT_PLAIN_ACL_FILE)
private  Map<String/** AccessKey **/, PlainAccessResource> plainAccessResourceMap = new HashMap<>()
private  List<RemoteAddressStrategy> globalWhiteRemoteAddressStrategy = new ArrayList<>()
private RemoteAddressStrategyFactory remoteAddressStrategyFactory = new RemoteAddressStrategyFactory()
private boolean isWatchStart
private final DataVersion dataVersion = new DataVersion()
................................................................
public PlainPermissionManager()
public void load()
public String getAclConfigDataVersion()
public boolean updateAccessConfig(PlainAccessConfig plainAccessConfig)
public boolean deleteAccessConfig(String accesskey)
public boolean updateGlobalWhiteAddrsConfig(List<String> globalWhiteAddrsList)
public AclConfig getAllAclConfig()
public void validate(PlainAccessResource plainAccessResource)
public boolean isWatchStart()
```

图 6-5　PlainPermissionManager 类图

下面逐一介绍 PlainPermissionManager 的核心属性。

1）DEFAULT_PLAIN_ACL_FILE：ACL 默认配置文件名称，默认值为 conf/plain_acl.yml。

2）String fileHome：配置文件所在的目录，可以通过系统参数 Rocketmq.home.dir 指定，默认为 RocketMQ 的主目录。

3）String fileName：ACL 配置文件名称，默认为 DEFAULT_PLAIN_ACL_FILE，可以通过系统参数 Rocketmq.acl.plain.file=fileName 指定。

4）Map<String/**AccessKey**/, PlainAccessResource> plainAccessResourceMap：权限配置映射表，用户名为键。

5）RemoteAddressStrategyFactory remoteAddressStrategyFactory：远程 IP 解析策略工厂，用于解析白名单 IP 地址。

6）boolean isWatchStart：是否监听 plain_acl.yml 文件，一旦该文件的内容改变，可以在不重启服务器的情况下自动生效。

7）DataVersion dataVersion = new DataVersion()：配置文件版本号。

PlainPermissionManager 构造函数如代码清单 6-13 所示。

代码清单 6-13　PermissionManager 构造函数

```
public PlainPermissionManager() {
    load();
    watch();
}
```

构造函数比较简单，就是调用 load() 方法解析 YAML 格式的文件，并将对应的配置规则加载到内存中。接下来我们分别介绍 load() 与 watch() 方法的细节。

load() 方法主要的职责是解析 ACL 配置文件，将 ACL 配置规则加载到内存，方便执行权限校验，如代码清单 6-14 所示。

代码清单 6-14　PermissionManager#load

```
JSONObject plainAclConfData = AclUtils.getYamlDataObject(fileHome +
    File.separator + fileName,JSONObject.class);
if (plainAclConfData == null || plainAclConfData.isEmpty()) {
    throw new AclException(String.format("%s file  is not data", fileHome +
        File.separator + fileName));
}
```

第一步：通过 YAML 相关的类库将配置文件解析成一个 JSONObject，如代码清单 6-15 所示。

代码清单 6-15　PermissionManager#load

```
JSONArray globalWhiteRemoteAddressesList =
        plainAclConfData.getJSONArray("globalWhiteRemoteAddresses");
if (globalWhiteRemoteAddressesList != null
        && !globalWhiteRemoteAddressesList.isEmpty()) {
    for (int i = 0; i < globalWhiteRemoteAddressesList.size(); i++) {
globalWhiteRemoteAddressStrategy.add(remoteAddressStrategyFactory.
```

```
        getRemoteAddressStrategy(globalWhiteRemoteAddressesList.getString(i)));
    }
}
```

第二步：根据 ACL 配置文件中配置的全局白名单列表，构建对应规则的校验器，如代码清单 6-16 所示。RocketMQ ACL 支持多种全局 IP 白名单的配置规则，具体的类体系如图 6-6 所示。

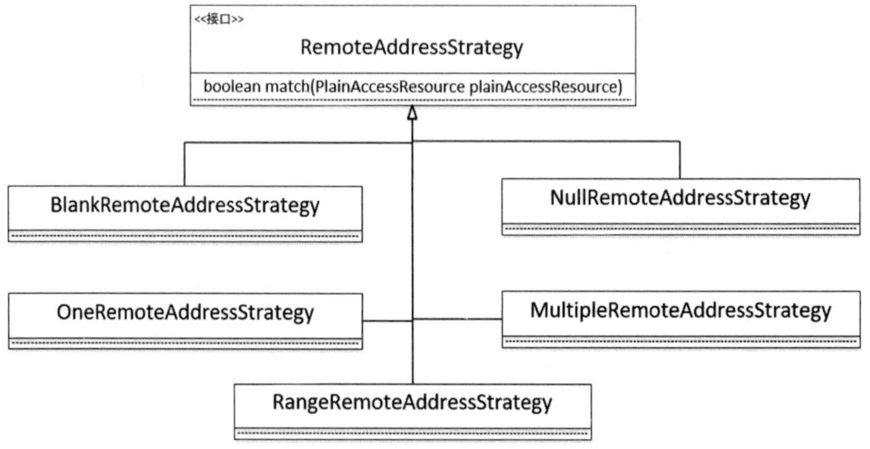

图 6-6 RemoteAddressStrategy 类图

1）BlankRemoteAddressStrategy：空，表示不设置白名单，该条规则默认返回 false。

2）NullRemoteAddressStrategy：表示全部匹配，该条规则直接返回 true，将会阻断其他规则的判断，请慎重使用，其配置风格类似于 "*" "*.*.*.*" "*:*:*:*:*:*:*:*"。

3）MultipleRemoteAddressStrategy：多地址配置模式，IP 地址的最后一组使用 {}，大括号中可以包含多个 IP 地址用英文逗号隔开，例如 192.168.0.{100,101}。

4）RangeRemoteAddressStrategy：范围类地址配置模式，例如 192.168.*. 或 192.168.100-200.10-20。

5）OneRemoteAddressStrategy：单个 IP 地址配置模式，例如 192.168.1.1。

代码清单 6-16 PermissionManager#load

```
JSONArray accounts = plainAclConfData.getJSONArray(
     AclConstants.CONFIG_ACCOUNTS);
if (accounts != null && !accounts.isEmpty()) {
    List<PlainAccessConfig> plainAccessConfigList =
        accounts.toJavaList(PlainAccessConfig.class);
    for (PlainAccessConfig plainAccessConfig : plainAccessConfigList) {
        PlainAccessResource plainAccessResource =
            buildPlainAccessResource(plainAccessConfig);
        plainAccessResourceMap.put(plainAccessResource.getAccessKey(),
```

```
            plainAccessResource);
    }
}
```

第三步：接收 account 的标签，按用户名将其配置规则存入 plainAccessResourceMap。watch() 方法如代码清单 6-17 所示。

代码清单 6-17 PlainPermissionManager#watch

```
private void watch() {
    try {
        String watchFilePath = fileHome + fileName;
        FileWatchService fileWatchService = new FileWatchService(new String[] {
                watchFilePath}, new FileWatchService.Listener() {
            public void onChanged(String path) {
                load();
            }
        });
        fileWatchService.start();
        log.info("Succeed to start AclWatcherService");
        this.isWatchStart = true;
    } catch (Exception e) {
        log.error("Failed to start AclWatcherService", e);
    }
}
```

watch() 方法实现的思路是创建一个 FileWatchService 线程，用于监听 ACL 的规则配置文件，一旦配置文件的内容发生变化，则执行 FileWatchService.Listener 的回调函数 onChange()，执行配置规则的重新加载。

接下来简单介绍一下 RocketMQ 提供的动态监听配置文件变化的实现机制。

FileWatch Service 类图如图 6-7 所示。

从图 6-7 可知，FileWatchService 是一个线程对象，调用其 start() 方法创建一个独立的线程。下面逐一介绍 FileWatchService 的核心属性。

1）List<String> watchFiles：需要监听的文件列表。

2）List<String> fileCurrentHash：当前监听一次文件对应的哈希值。

3）Listener listener：配置变更监听器，即配置发生变化后需要执行的处理逻辑。

4）int WATCH_INTERVAL = 500：检查配置是否频率变更。

5）MessageDigest md = MessageDigest.getInstance("MD5")：对文件的内容进行 md5 加密，计算文件的哈希值。

FileWatchService 构造方法如代码清单 6-18 所示。

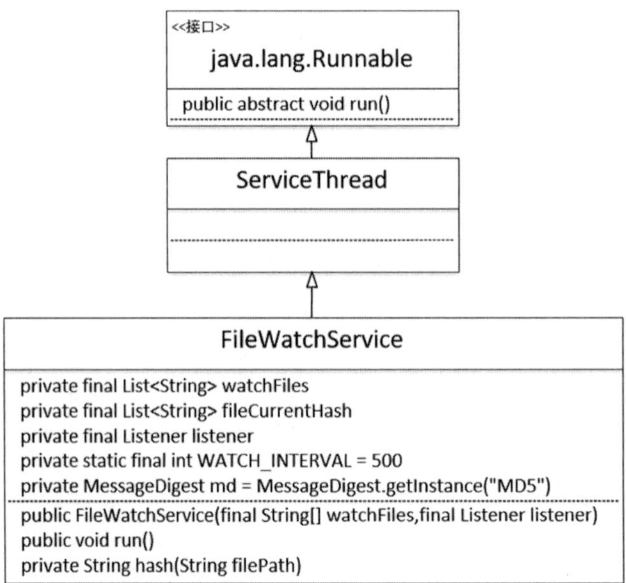

图 6-7　FileWatchService 类图

代码清单 6-18　FileWatchService 构造方法

```
public FileWatchService(final String[] watchFiles,
        final Listener listener) throws Exception {
    this.listener = listener;
    this.watchFiles = new ArrayList<>();
    this.fileCurrentHash = new ArrayList<>();
        for (int i = 0; i < watchFiles.length; i++) {
            if (StringUtils.isNotEmpty(watchFiles[i]) && new
                        File(watchFiles[i]).exists()) {
                this.watchFiles.add(watchFiles[i]);
                this.fileCurrentHash.add(hash(watchFiles[i]));
        }
    }
}
```

上述实现关键点很简单，如果文件存在，则先将文件路径加入 watchFiles，然后在 fileCurrentHash 对应的位置调用 hash() 方法，计算文件的 md5 值，如代码清单 6-19 所示。

代码清单 6-19　FileWatchService#hash

```
private String hash(String filePath) throws IOException,
          NoSuchAlgorithmException {
    Path path = Paths.get(filePath);
    md.update(Files.readAllBytes(path));
    byte[] hash = md.digest();
    return UtilAll.bytes2string(hash);
}
```

代码清单 6-19 调用了 MessageDigest 相关的 API，将配置文件的所有内容进行 md5 加密，得到其 md5 值。文件的内容一旦发生了变化，其生成的 md5 值就会不同，我们可以以此来判断配置文件的内容是否发生变化。

FileWatchService#run 方法如代码清单 6-20 所示。

代码清单 6-20 FileWatchService#run 方法

```
public void run() {
    while (!this.isStopped()) {
        try {
            this.waitForRunning(WATCH_INTERVAL);  // @1
            for (int i = 0; i < watchFiles.size(); i++) {  // @2
                String newHash;
                try {
                    newHash = hash(watchFiles.get(i));   // @3
                } catch (Exception ignored) {
                    continue;
                }
                if (!newHash.equals(fileCurrentHash.get(i))) { // @4
                    fileCurrentHash.set(i, newHash);
                    listener.onChanged(watchFiles.get(i));
                }
            }
        } catch (Exception e) {
            log.warn(this.getServiceName() + " service has exception. ", e);
        }
    }
}
```

该方法的实现比较简单，关键点如下。

代码 @1：每隔 500ms 校验一次文件内容。

代码 @2：遍历该线程监听的文件。

代码 @3：计算当前配置文件的 md5 值。

代码 @4 ：如果两次计算的 md5 值不同，意味着文件内容发生变化，则调用对应的事件处理方法。

> **注意** 目前在 RocketMQ 中，哪些配置支持动态生效呢？
>
> 1）ACL 配置。
>
> 2）TLS 模式相关的密钥等配置。

validate() 方法是实现访问控制的核心实现类，如代码清单 6-21 所示。

代码清单 6-21 PlainPermissionManager#validate

```
for (RemoteAddressStrategy remoteAddressStrategy :
            globalWhiteRemoteAddressStrategy) {
```

```
            if (remoteAddressStrategy.match(plainAccessResource)) {
                return;
            }
        }
    }
```

第一步：使用全局白名单对客户端 IP 进行验证，只需要白名单规则中任意一个规则匹配即通过验证，如代码清单 6-22 所示。

代码清单 6-22　PlainPermissionManager#validate

```
if (plainAccessResource.getAccessKey() == null) {
    throw new AclException(String.format("No accessKey is configured"));
}
if (!plainAccessResourceMap.containsKey(plainAccessResource.getAccessKey())) {
    throw new AclException(String.format("No acl config for %s", ...));
}
```

第二步：如果在 Broker 端的 ACL 配置文件中没有包含请求用户的访问控制规则，则直接抛出 ACL 异常，禁止本次操作，如代码清单 6-23 所示。

代码清单 6-23　PlainPermissionManager#validate

```
PlainAccessResource ownedAccess =
    plainAccessResourceMap.get(plainAccessResource.getAccessKey());
if (ownedAccess.getRemoteAddressStrategy().match(plainAccessResource)) {
    return;
}
```

第三步：验证用户级别配置的 IP 白名单规则，如果客户端 IP 与用户级的 IP 白名单匹配，则直接返回校验通过，如代码清单 6-24 所示。

代码清单 6-24　PlainPermissionManager#validate

```
String signature = AclUtils.calSignature(plainAccessResource.getContent(),
        ownedAccess.getSecretKey());
if (!signature.equals(plainAccessResource.getSignature())) {
    throw new AclException(String.format("Check signature failed for
            accessKey=%s", plainAccessResource.getAccessKey()));
}
```

第四步：验证签名是否一致，思路就是客户端在发送请求时，将请求中的参数进行排序，然后使用特定的密钥对其进行签名。服务端接收到请求后也按照与客户端同样的规则计算签名。如果签名相同，则表示验证签名通过，否则返回 ACL 校验异常，禁止本次操作，如代码清单 6-25 所示。

代码清单 6-25　PlainPermissionManager#validate

```
checkPerm(plainAccessResource, ownedAccess);
```

第五步：调用 checkPerm 校验资源的访问权限。我们继续探讨 checkPerm 的实现细节，如代码清单 6-26 所示。

代码清单 6-26 PlainPermissionManager#checkPerm

```
if (Permission.needAdminPerm(needCheckedAccess.getRequestCode())
        && !ownedAccess.isAdmin()) {
    throw new AclException(String.format("Need admin permission for request
        code=%d, but accessKey=%s is not", needCheckedAccess.getRequestCode(),
        ownedAccess.getAccessKey()));
}
```

第六步：如果当前操作要求必须拥有管理员权限，但当前用户不是管理员角色，则抛出 ACL 访问异常，如代码清单 6-27 所示。当前版本规定图 6-8 所示操作必须拥有管理员权限方可执行。

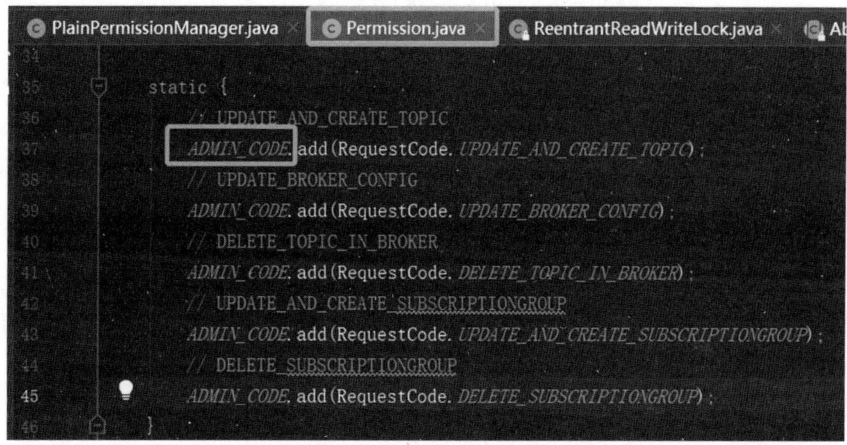

图 6-8 ACL 管理员特有权限

代码清单 6-27 PlainPermissionManager#checkPerm

```
Map<String, Byte> needCheckedPermMap =
            needCheckedAccess.getResourcePermMap();
Map<String, Byte> ownedPermMap = ownedAccess.getResourcePermMap();
if (needCheckedPermMap == null) { return; }
if (ownedPermMap == null && ownedAccess.isAdmin()) {
    return;
}
```

第七步：如果本次操作的资源无需权限验证，则直接通过。如果当前操作的用户是超级管理员角色，但并未设置任何访问规则，则通过验证，如代码清单 6-28 所示。

代码清单 6-28 PlainPermissionManager#checkPerm

```
for (Map.Entry<String, Byte> needCheckedEntry : needCheckedPermMap.entrySet()) {
    String resource = needCheckedEntry.getKey();
    Byte neededPerm = needCheckedEntry.getValue();
    boolean isGroup = PlainAccessResource.isRetryTopic(resource);
    if (ownedPermMap == null || !ownedPermMap.containsKey(resource)) {
        byte ownedPerm = isGroup ? ownedAccess.getDefaultGroupPerm() :
                    ownedAccess.getDefaultTopicPerm();
        if (!Permission.checkPermission(neededPerm, ownedPerm)) {
                throw new AclException(String.format("No default permission
                for %s", PlainAccessResource.printStr(resource, isGroup)));
        }
        continue;
    }
    if (!Permission.checkPermission(neededPerm, ownedPermMap.get(resource))) {
            throw new AclException(String.format("No default permission for %s",
            PlainAccessResource.printStr(resource, isGroup)));
    }
}
```

第八步：遍历需要的权限与拥有的权限并进行对比。如果配置对应的权限，则判断是否匹配；如果未配置权限，则判断默认权限下是否允许操作，如果不允许，则抛出 AclException。

图 6-9 清晰地展示了 ACL 访问权限验证的流程。

注意 PlainPermissionManager 还提供了诸如 updateGlobalWhiteAddrsConfig 等修改 ACL 配置的 API，其实现原理就是修改内存中的配置并持久化到 ACL 的配置文件中，从而实现无须重启 Broker 的动态配置即可生效机制。

前面重点探讨服务端 ACL 的实现原理，接下来我们研究消息发送者、消息消费者如何实现 ACL 机制。

6.3.4 AclClientRPCHook 详解

在前面介绍如何使用 ACL 的时候，大家应该注意到了 AclClientRPCHook 这个类。ACL 客户端的 RPCHook 俗称钩子函数，在执行具体 RPC 请求的前后嵌入对应的逻辑。

AclClientRPCHook 的类体系如图 6-10 所示。

1）RPCHook：RPC 钩子接口，声明在 RPC 调用之前和调用之后分别需要执行的扩展逻辑。

2）AclClientRPCHook：用于实现 ACL 功能的钩子实现类，用于无缝嵌入与 ACL 访问控制相关的逻辑。

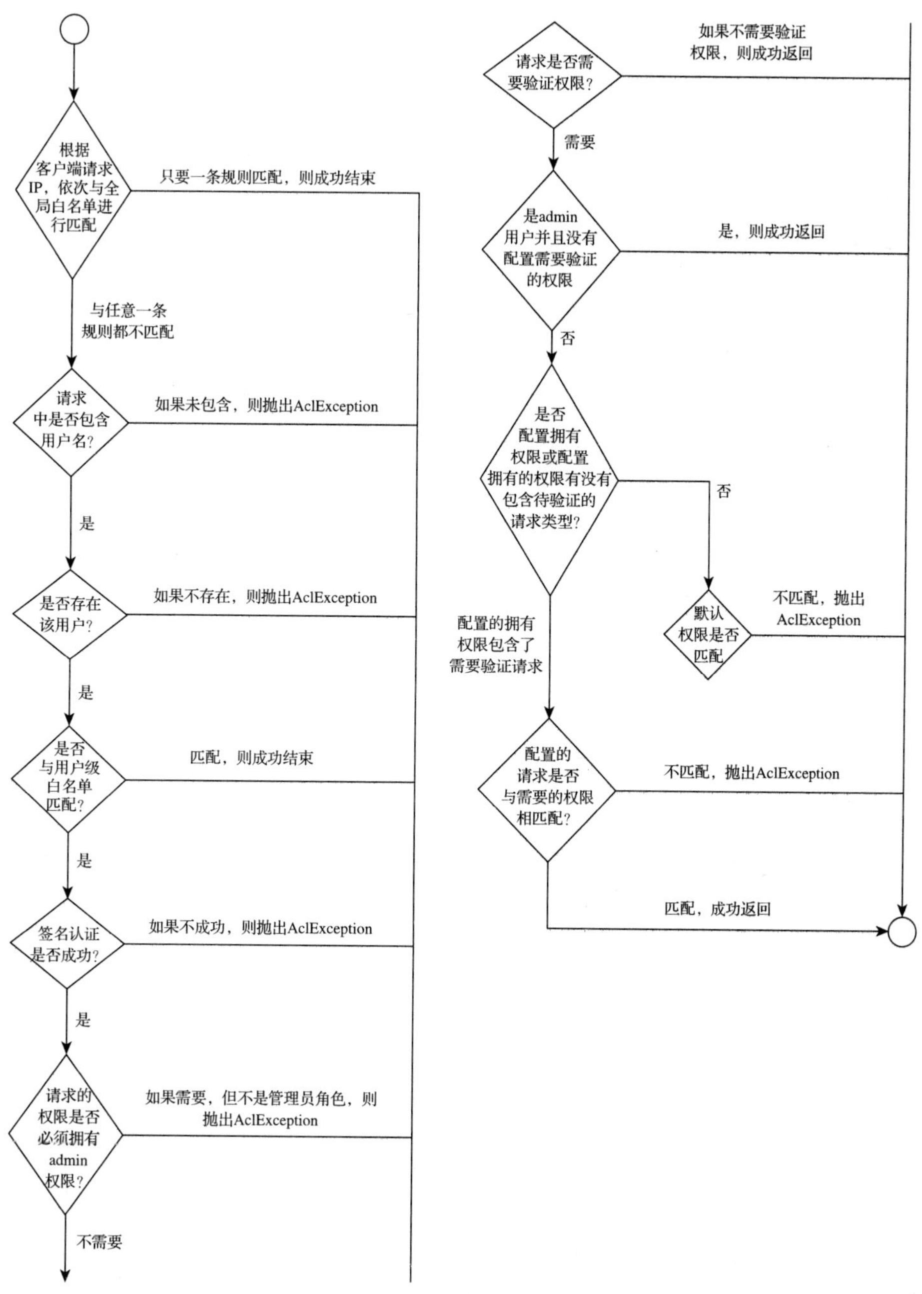

图 6-9　validate 验证流程图

3）SessionCredentials：会话凭证，即用来标识一个用户的信息，其关键字段如下。

- String ACCESS_KEY：用户访问 key，对应配置在 Broker 端的用户名。

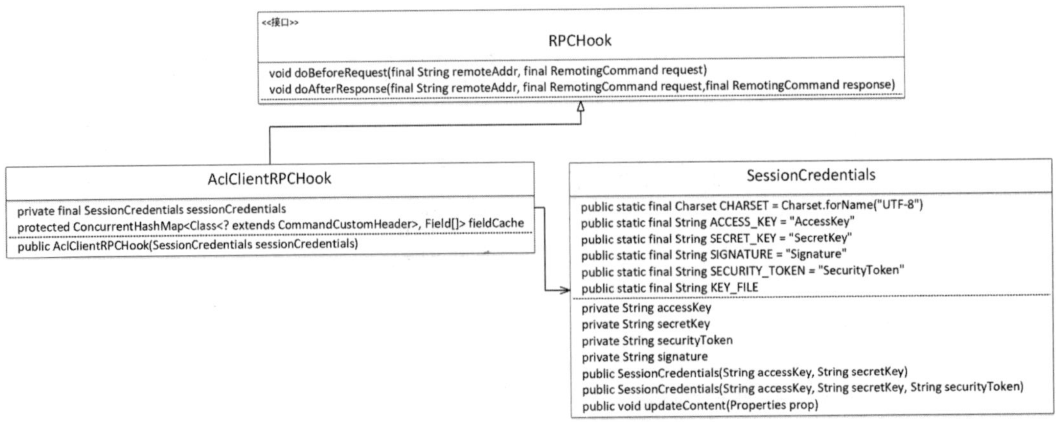

图 6-10　AclClientRPCHook 类图

- String SECRET_KEY：用户访问密钥，客户端首先会对请求参数进行排序，然后使用该密钥对请求参数生成签名验证参数，并随着请求传递到服务端。注意该密钥是不会在网络上进行传输的。
- String SIGNATURE：签名字符串。
- String SECURITY_TOKEN：安全会话令牌，通常只需使用 accessKey 和 secretKey。

接下来我们重点看 AclClientRPCHook#doBeforeRequest 方法的实现细节，如代码清单 6-29 所示。

代码清单 6-29　AclClientRPCHook#doBeforeRequest

```
public void doBeforeRequest(String remoteAddr, RemotingCommand request) {
    byte[] total = AclUtils.combineRequestContent(request,
        parseRequestContent(request, sessionCredentials.getAccessKey(),
        sessionCredentials.getSecurityToken()));
    String signature = AclUtils.calSignature(total,
        sessionCredentials.getSecretKey());
    request.addExtField(SIGNATURE, signature);
    request.addExtField(ACCESS_KEY, sessionCredentials.getAccessKey());
    if (sessionCredentials.getSecurityToken() != null) {
        request.addExtField(SECURITY_TOKEN,
            sessionCredentials.getSecurityToken());
    }
}
```

该方法实现比较简单，其关键点如下。

1）将当前访问的用户名加入请求参数，然后对请求参数进行排序。

2）排序的实现比较简单，就是遍历所有的请求参数，然后存储到 SortedMap 中，即利用 SortedMap 的排序特性来实现请求参数的排序。

3）遍历 SortedMap，将其参数追加到 StringBuffer 中，然后与 secretKey 一起生成签名

字符串，并使用 MD5 算法生成验证签名。值得注意的是，secretKey 不会通过网络传输。

4）将生成的验证参数传递到服务端。

> 注意　这里是一种经典的编程技巧，即实现验证签名。首先客户端会将请求参数进行排序，然后组装成字符串，并与密钥一起使用 md5 算法生成签名字符串，服务端在收到请求参数后同样对请求参数进行排序，以同样的方式生成签名字符串。如果客户端与服务端生成的签名字符串相同，则认为验证签名通过，数据未被篡改。

6.4　本章小结

本节重点介绍了 RocketMQ ACL 的实现原理与使用方式。首先简单介绍了 RocketMQ 引入 ACL 的目的，然后详细介绍如何开启 ACL 功能，最后从源码的角度分析了 ACL 的实现原理。

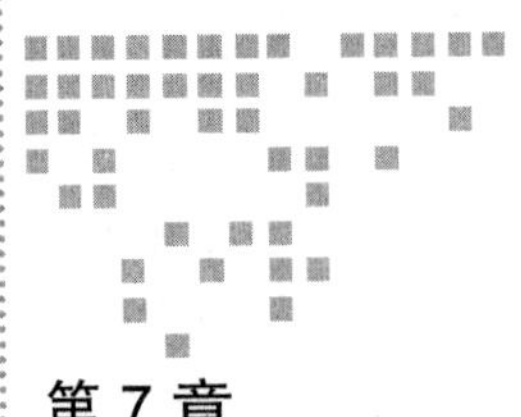

Chapter 7 第7章

RocketMQ 主从同步机制

主从同步高可用特性是目前分布式系统必备的特性之一。对于中间件来说，没有高可用机制是一个重大的缺陷，本章将主要分析 RocketMQ 主从同步高可用机制。

本章重点内容如下。

- 主从同步机制实现原理。
- RocketMQ 读写分离机制。

7.1 RocketMQ 主从同步原理

为了提高消息消费的高可用性，避免 Broker 发生单点故障，使得存储在 Broker 上的消息无法及时消费，RocketMQ 引入了 Broker 主从同步机制，即消息消费到达主服务器后，需要将消息同步到消息从服务器，如果主服务器 Broker 宕机，消息消费者可以从从服务器拉取消息。

接下来详细探讨 RocketMQ 主从同步的实现原理，RocketMQ 高可用核心类图如图 7-1 所示。

从图 7-1 中我们知道 RocketMQ HA 由如下 7 个核心类实现。

1）HAService：RocketMQ 主从同步核心实现类。

2）HAService$AcceptSocketService：高可用主服务器监听客户端连接实现类。

3）HAService$GroupTransferService：主从同步通知实现类。

4）HAService$HAClient：HA 客户端实现类。

5）HAConnection：HA 主服务器高可用连接对象的封装，也是 Broker 从服务器的网络读写实现类。

6）HAConnection$WriteSocketServicce：高可用主节点网络写实现类。

7）HAConnection$ReadSocketService：高可用主节点网络读实现类。

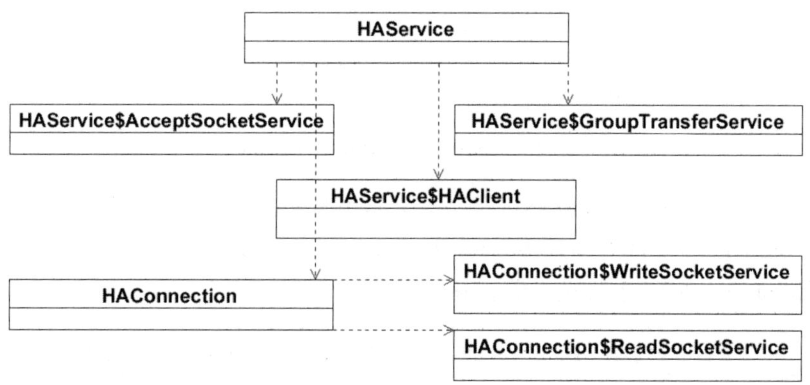

图 7-1　RocketMQ HA 核心类图

7.1.1　HAService 整体工作机制

我们从 HAService 开始，了解 RocketMQ 高可用的工作机制，首先看一下代码清单 7-1。

代码清单 7-1　HAService#start

```
public void start() throws Exception {
    this.acceptSocketService.beginAccept();
    this.acceptSocketService.start();
    this.groupTransferService.start();
    this.haClient.start();
}
```

RocketMQ 高可用的实现原理如下。

1）主服务器启动，并在特定端口上监听从服务器的连接。

2）从服务器主动连接主服务器，主服务器接收客户端的连接，并建立相关 TCP 连接。

3）从服务器主动向主服务器发送待拉取消息的偏移量，主服务器解析请求并返回消息给从服务器。

4）从服务器保存消息并继续发送新的消息同步请求。

7.1.2　AcceptSocketService 实现原理

AcceptSocketService 作为 HAService 的内部类，实现主服务器监听从服务器的连接，类图如图 7-2 所示。

如代码清单 7-2 所示，AcceptSocketService 的属性如下。

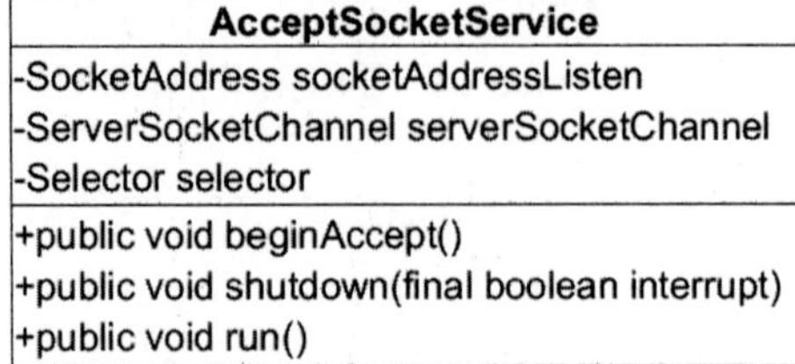

图 7-2 AcceptSocketService 类图

1）SocketAddress socketAddressListen：Broker 服务监听套接字（本地 IP+ 端口号）。

2）ServerSocketChannel serverSocketChannel：服务端 Socket 通道，基于 NIO。

3）Selector selector：事件选择器，基于 NIO。

代码清单 7-2 HAService$AcceptSocketService#beginAccept

```
public void beginAccept() throws Exception {
    this.serverSocketChannel = ServerSocketChannel.open();
    this.selector = RemotingUtil.openSelector();
    this.serverSocketChannel.socket().setReuseAddress(true);
    this.serverSocketChannel.socket().bind(this.socketAddressListen);
    this.serverSocketChannel.configureBlocking(false);
    this.serverSocketChannel.register(this.selector, SelectionKey.OP_ACCEPT);
}
```

创建 ServerSocketChannel 和 Selector、设置 TCP reuseAddress、绑定监听端口、设置为非阻塞模式，并注册 OP_ACCEPT（连接事件），如代码清单 7-3 所示。

代码清单 7-3 HAService$AcceptSocketService#run

```
this.selector.select(1000);
    Set<SelectionKey> selected = this.selector.selectedKeys();
    if (selected != null) {
        for (SelectionKey k : selected) {
            if ((k.readyOps() & SelectionKey.OP_ACCEPT) != 0) {
                SocketChannel sc = ((ServerSocketChannel) k.channel()).accept();
                if (sc != null) {
                    HAService.log.info("HAService receive new connection, "+
                        sc.socket().getRemoteSocketAddress());
                    try {
                        HAConnection conn = new HAConnection(HAService.this, sc);
                        conn.start();
                        HAService.this.addConnection(conn);
                    } catch (Exception e) {
                        log.error("new HAConnection exception", e);
                        sc.close();
                    }
                }
            } else {
                log.warn("Unexpected ops in select " + k.readyOps());
```

```
            }
        }
        selected.clear();
    }
```

该方法是标准的基于 NIO 的服务端程序实例，选择器每 1s 处理一次连接事件。连接事件就绪后，调用 ServerSocketChannel 的 accept() 方法创建 SocketChannel。然后为每一个连接创建一个 HAConnection 对象，该 HAConnection 将负责主从数据同步逻辑。

7.1.3　GroupTransferService 实现原理

本节介绍 GroupTransferService 主从同步阻塞的实现，如果是主从同步模式，消息发送者将消息写入磁盘后，需要继续等待新数据被传输到从服务器，从服务器数据的复制是在另外一个线程 HAConnection 中拉取的，所以消息发送者在这里需要等待数据传输的结果。GroupTransferService 实现了该功能，该类的整体结构与同步刷盘实现类（CommitLog$GroupCommitService）类似，本节只关注该类的核心业务逻辑 doWaitTransfer 的实现，如代码清单 7-4 所示。

代码清单 7-4　HAService$GroupTransferService#doWaitTransfer

```
private void doWaitTransfer() {
    synchronized (this.requestsRead) {
        if (!this.requestsRead.isEmpty()) {
            for (CommitLog.GroupCommitRequest req : this.requestsRead) {
                boolean transferOK = HAService.this.push2SlaveMaxOffset.get() >=
                    req.getNextOffset();
                for (int i = 0; !transferOK && i < 5; i++) {
                    this.notifyTransferObject.waitForRunning(1000);
                    transferOK = HAService.this.push2SlaveMaxOffset.get() >=
                        req.getNextOffset();
            }
            if (!transferOK) {
             log.warn("transfer messsage to slave timeout, " + req.getNextOffset());
            }
            req.wakeupCustomer(transferOK);
        }
        this.requestsRead.clear();
        }
    }
}
```

GroupTransferService 负责在主从同步复制结束后，通知由于等待同步结果而阻塞的消息发送者线程。判断主从同步是否完成的依据是从服务器中已成功复制的消息最大偏移量是否大于、等于消息生产者发送消息后消息服务端返回下一条消息的起始偏移量，如果是则表示主从同步复制已经完成，唤醒消息发送线程，否则等待 1s 再次判断，每一个任务在一批任务中循环判断 5 次。消息发送者返回有两种情况：等待超过 5s 或 GroupTransferService 通知主从复制完成。可以通过 syncFlushTimeout 来设置发送线程的等待超时时间。GroupTransferService 通知主从复制的实现如代码清单 7-5 所示。

代码清单 7-5 HAService$GroupTransferService#notifyTransferSome

```
public void notifyTransferSome(final long offset) {
    for (long value = this.push2SlaveMaxOffset.get(); offset > value; ) {
        boolean ok = this.push2SlaveMaxOffset.compareAndSet(value, offset);
        if (ok) {
            this.groupTransferService.notifyTransferSome();
            break;
        } else {
            value = this.push2SlaveMaxOffset.get();
        }
    }
}
```

该方法在主服务器收到从服务器的拉取请求后被调用，表示从服务器当前已同步的偏移量，既然收到了从服务器的反馈信息，就需要唤醒某些消息发送者线程。如果从服务器收到的确认偏移量大于 push2SlaveMaxOffset，则更新 push2SlaveMaxOffset，然后唤醒 GroupTransferService 线程，最后各消息发送者线程再次判断本次发送的消息是否已经成功复制到了从服务器。

7.1.4 HAClient 实现原理

HAClient 是主从同步从服务端的核心实现类，类图如图 7-3 所示。

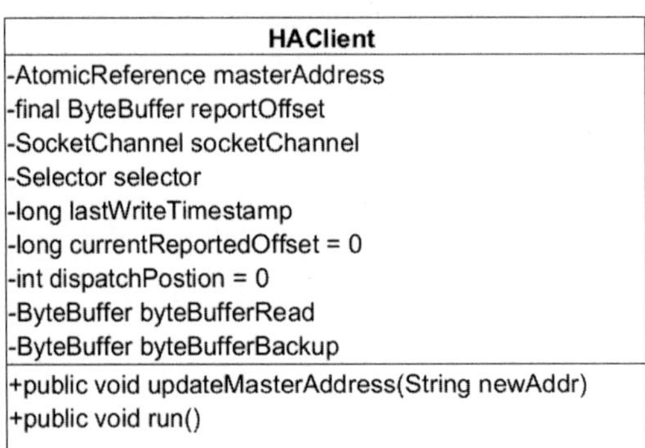

图 7-3 HAClient 类图

HAClient 类的基本属性如下。

1）AtomicReference masterAddress：主服务器地址。

2）ByteBuffer reportOffset：从服务器向主服务器发起主从同步的拉取偏移量。

3）SocketChannel socketChannel：网络传输通道。

4）Selector selector：NIO 事件选择器。

5）long lastWriteTimestamp：上一次写入消息的时间戳。

6）long currentReportedOffset：反馈从服务器当前的复制进度，即 CommitLog 文件的最大偏移量。

7）dispatchPostion：本次已处理读缓存区的指针。

8）ByteBuffer byteBufferRead：读缓存区，大小为 4MB。

9）ByteBuffer byteBufferBackup：读缓存区备份，与 BufferRead 进行交换。

接下来从 run() 方法开始探讨 HAClient 的工作原理，如代码清单 7-6 所示。

代码清单 7-6　HAClient#connectMaster

```
private boolean connectMaster() throws ClosedChannelException {
    if (null == socketChannel) {
        String addr = this.masterAddress.get();
        if (addr != null) {
            SocketAddress socketAddress = RemotingUtil.string2SocketAddress(addr);
            if (socketAddress != null) {
                this.socketChannel = RemotingUtil.connect(socketAddress);
                if (this.socketChannel != null) {
                    this.socketChannel.register(this.selector, SelectionKey.OP_READ);
                }
            }
        }
        this.currentReportedOffset =
            HAService.this.defaultMessageStore.getMaxPhyOffset();
        this.lastWriteTimestamp = System.currentTimeMillis();
    }
    return this.socketChannel != null;
}
```

第一步：从服务器连接主服务器。如果 socketChannel 为空，则尝试连接主服务器。如果主服务器地址为空，返回 false。如果主服务器地址不为空，则建立到主服务器的 TCP 连接，然后注册 OP_READ（网络读事件），初始化 currentReportedOffset 为 CommitLog 文件的最大偏移量、lastWriteTimestamp 上次写入时间戳为当前时间戳，并返回 true。在 Broker 启动时，如果 Broker 角色为从服务器，则读取 Broker 配置文件中的 haMasterAddress 属性并更新 HAClient 的 masterAddrees，如果角色为从服务器，但 haMasterAddress 为空，启动 Broker 并不会报错，但不会执行主从同步复制，该方法最终返回是否成功连接上主服务器，如代码清单 7-7 所示。

代码清单 7-7　HAClient#isTimeToReportOffset

```
private boolean isTimeToReportOffset() {
    long interval = HAService.this.defaultMessageStore.getSystemClock().now() -
        this.lastWriteTimestamp;
    boolean needHeart = interval > HAService.this.defaultMessageStore.
```

```
        getMessageStoreConfig().getHaSendHeartbeatInterval();
    return needHeart;
}
```

第二步：判断是否需要向主服务器反馈当前待拉取消息的偏移量，主服务器与从服务器的高可用心跳发送时间间隔默认为 5s，可通过配置 haSendHeartbeatInterval 来改变间隔时间。

代码清单 7-8 HAClient#reportSlaveMaxOffset

```
private boolean reportSlaveMaxOffset(final long maxOffset) {
    this.reportOffset.position(0);
    this.reportOffset.limit(8);
    this.reportOffset.putLong(maxOffset);
    this.reportOffset.position(0);
    this.reportOffset.limit(8);
    for (int i = 0; i < 3 && this.reportOffset.hasRemaining(); i++) {
        try {
            this.socketChannel.write(this.reportOffset);
        } catch (IOException e) {
            log.error(this.getServiceName()
                + "reportSlaveMaxOffset this.socketChannel.write exception", e);
            return false;
        }
    }
    return !this.reportOffset.hasRemaining();
}
```

第三步：向主服务器反馈拉取消息偏移量。这里有两重含义，对于从服务器来说，是发送下次待拉取消息的偏移量，而对于主服务器来说，既可以认为是从服务器本次请求拉取的消息偏移量，也可以理解为从服务器的消息同步 ACK 确认消息，如代码清单 7-9 所示。

> **注意** RocketMQ 提供了一个基于 NIO 的网络写示例程序：首先将 ByteBuffer 的 position 设置为 0，limit 设置为待写入字节长度；然后调用 putLong 将待拉取消息的偏移量写入 ByteBuffer，需要将 ByteBuffer 从写模式切换到读模式，这里的做法是手动将 position 设置为 0，limit 设置为可读长度，其实也可以直接调用 ByteBuffer 的 flip() 方法来切换 ByteBuffer 的读写状态。特别需要留意的是，调用网络通道的 write() 方法是在一个 while 循环中反复判断 byteBuffer 是否全部写入通道中，这是由于 NIO 是一个非阻塞 I/O，调用一次 write() 方法不一定能将 ByteBuffer 可读字节全部写入。

代码清单 7-9 HAClient#run

```
this.selector.select(1000);
```

第四步：进行事件选择，执行间隔时间为 1s，如代码清单 7-10 所示。

代码清单 7-10 HAClient#processReadEvent

```
private boolean processReadEvent() {
    int readSizeZeroTimes = 0;
    while (this.byteBufferRead.hasRemaining()) {
        try {
            int readSize = this.socketChannel.read(this.byteBufferRead);
            if (readSize > 0) {
                lastWriteTimestamp = HAService.this.defaultMessageStore.
                        getSystemClock().now();
                readSizeZeroTimes = 0;
                boolean result = this.dispatchReadRequest();
                if (!result) {
                    log.error("HAClient, dispatchReadRequest error");
                    return false;
                }
            } else if (readSize == 0) {
                if (++readSizeZeroTimes >= 3) {
                    break;
                }
            } else {
                log.info("HAClient, processReadEvent read socket < 0");
                return false;
            }
        } catch (IOException e) {
            log.info("HAClient, processReadEvent read socket exception", e);
            return false;
        }
    }
    return true;
}
```

第五步：处理网络读请求，即处理从主服务器传回的消息数据。RocketMQ 给出了一个处理网络读请求的 NIO 示例。循环判断 readByteBuffer 是否还有剩余空间，如果存在剩余空间，则调用 SocketChannel#read（ByteBuffer readByteBuffer）方法，将通道中的数据读入读缓存区。

1）如果读取到的字节数大于 0，则重置读取到 0 字节的次数，并更新最后一次写入消息的时间戳（lastWriteTimestamp），然后调用 dispatchReadRequest 方法将读取到的所有消息全部追加到消息内存映射文件中，再次反馈拉取进度给主服务器。

2）如果连续 3 次从网络通道读取到 0 个字节，则结束本次读任务，返回 true。

3）如果读取到的字节数小于 0 或发生 I/O 异常，则返回 false。

HAClient 线程反复执行上述 5 个步骤完成主从同步复制功能。

7.1.5 HAConnection 实现原理

主服务器在收到从服务器的连接请求后，会将主从服务器的连接 SocketChannel 封装成

HAConnection 对象，实现主服务器与从服务器的读写操作，其类图如图 7-4 所示。

HAConnection
-HAService haService -SocketChannel socketChannel -String clientAddr -WriteSocketService writeSocketService -ReadSocketService readSocketService -volatile long slaveRequestOffset -volatile long slaveAckOffset

图 7-4　HAConnection 类图

HAConnection 类属性如下。

1）HAService haService：HAService 对象。

2）SocketChannel socketChannel：网络 socket 通道。

3）String clientAddr：客户端连接地址。

4）WriteSocketService writeSocketService：服务端向从服务器写数据服务类。

5）ReadSocketService readSocketService：服务端从从服务器读数据服务类。

6）long slaveRequestOffset：从服务器请求拉取消息的偏移量。

7）long slaveAckOffset：从服务器反馈已拉取完成的消息偏移量。

HAConnection 的网络读请求由其内部类 ReadSocketService 线程来实现，其类图如图 7-5 所示。

HAConnection$ReadSocketService
-private static final int READ_MAX_BUFFER_SIZE = 1024 * 1024 -private final Selector selector -private final SocketChannel socketChannel -private final ByteBuffer byteBufferRead -private int processPostion = 0 -private volatile long lastReadTimestamp

图 7-5　HAConnection$ReadSocketService 类图

类属性如下。

1）READ_MAX_BUFFER_SIZE：网络读缓存区大小，默认为 1MB。

2）Selector selector：NIO 网络事件选择器。

3）SocketChannel socketChannel：网络通道，用于读写的 socket 通道。

4）ByteBuffer byteBufferRead：网络读写缓存区，默认为 1MB。

5）int processPosition：byteBuffer 当前处理指针。

6）volatile long lastReadTimestamp：上次读取数据的时间戳。

通过观察其 run() 方法，每隔 1s 处理一次读就绪事件，每次读请求调用其 processReadEvent 来解析从服务器的拉取请求。接下来详细剖析处理读请求的实现细节。

第一步：如果 byteBufferRead 没有剩余空间，说明该 position==limit==capacity，调用 byteBufferRead.flip() 方法，产生的效果为 position=0、limit=capacity 并设置 processPostion 为 0，表示从头开始处理，其实这里调用 byteBuffer.clear() 方法会更加容易理解，如代码清单 7-11 所示。

代码清单 7-11　HAConnection$ReadSocketService#processReadEvent

```
int readSizeZeroTimes = 0;
if (!this.byteBufferRead.hasRemaining()) {
    this.byteBufferRead.flip();
    this.processPostion = 0;
}
```

第二步：NIO 网络读的常规方法，一般使用循环的方式进行读写，直到 byteBuffer 中没有剩余的空间，如代码清单 7-12 所示。

代码清单 7-12　HAConnection$ReadSocketService#processReadEvent

```
while (this.byteBufferRead.hasRemaining()) {
    // 处理网络读
    int readSize = this.socketChannel.read(this.byteBufferRead);
}
```

第三步：如果读取的字节大于 0 并且本次读取到的内容大于等于 8，表明收到了从服务器一条拉取消息的请求。由于有新的从服务器反馈拉取偏移量，服务端会通知由于同步等待主从复制结果而阻塞的消息发送者线程，如代码清单 7-13 所示。

代码清单 7-13　HAConnection$ReadSocketService#processReadEvent

```
if (readSize > 0) {
    readSizeZeroTimes = 0;
    this.lastReadTimestamp = HAConnection.this.haService.
        getDefaultMessageStore().getSystemClock().now();
    if ((this.byteBufferRead.position() - this.processPostion) >= 8) {
        int pos = this.byteBufferRead.position() - (this.byteBufferRead.position()
            % 8);
        long readOffset = this.byteBufferRead.getLong(pos - 8);
        this.processPostion = pos;
        HAConnection.this.slaveAckOffset = readOffset;
        if (HAConnection.this.slaveRequestOffset < 0) {
            HAConnection.this.slaveRequestOffset = readOffset;
            log.info("slave[" + HAConnection.this.clientAddr + "] request offset " +
                readOffset);
        }
        HAConnection.this.haService.notifyTransferSome(
            HAConnection.this.slaveAckOffset);
    }
}
```

第四步：如果读取到的字节数等于 0，则重复执行三次读请求，否则结束本次读请求处理。如果读取到的字节数小于 0，表示连接处于半关闭状态，返回 false，意味着消息服务器将关闭该链接，如代码清单 7-14 所示。

代码清单 7-14 HAConnection$ReadSocketService#processReadEvent

```
if (readSize == 0) {
    if (++readSizeZeroTimes >= 3) {
        break;
    }
} else {
    log.error("read socket[" + HAConnection.this.clientAddr + "] < 0");
    return false;
}
```

HAConnction 的读请求就介绍到这里，其网络写请求由内部类 WriteSocketService 线程来实现，类图如图 7-6 所示。

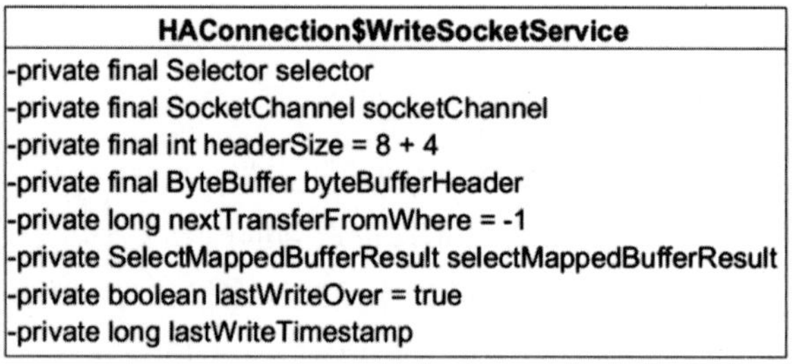

HAConnection$WriteSocketService
-private final Selector selector
-private final SocketChannel socketChannel
-private final int headerSize = 8 + 4
-private final ByteBuffer byteBufferHeader
-private long nextTransferFromWhere = -1
-private SelectMappedBufferResult selectMappedBufferResult
-private boolean lastWriteOver = true
-private long lastWriteTimestamp

图 7-6 HAConnection$WriteSocketService 类图

类属性如下。

1）Selector selector：NIO 网络事件选择器。

2）SocketChannel socketChannel：网络 socket 通道。

3）int headerSize：消息头长度，即消息物理偏移量 + 消息长度。

4）long nextTransferFromWhere：下一次传输的物理偏移量。

5）SelectMappedBufferResult selectMappedBufferResult：根据偏移量查找消息的结果。

6）boolean lastWriteOver：上一次数据是否传输完毕。

7）long lastWriteTimestamp：上次写入消息的时间戳。

接下来分析一下实现原理，重点关注 run() 方法，如代码清单 7-15 所示。

代码清单 7-15 HAConnection$WriteSocketService#run

```
if (-1 == HAConnection.this.slaveRequestOffset) {
    Thread.sleep(10);
    continue;
}
```

第一步：如果 slaveRequestOffset 等于 -1，说明主服务器还未收到从服务器的拉取请求，则放弃本次事件处理。slaveRequestOffset 在收到从服务器拉取请求时更新，如代码清单 7-16 所示。

代码清单 7-16　HAConnection$WriteSocketService#run

```
if (-1 == this.nextTransferFromWhere) {
    if (0 == HAConnection.this.slaveRequestOffset) {
        long masterOffset = HAConnection.this.haService.getDefaultMessageStore().
                getCommitLog().getMaxOffset();
        masterOffset = masterOffset - (masterOffset %
        HAConnection.this.haService.getDefaultMessageStore().
                getMessageStoreConfig().getMapedFileSizeCommitLog());
        if (masterOffset < 0) {
            masterOffset = 0;
        }
        this.nextTransferFromWhere = masterOffset;
    } else {
        this.nextTransferFromWhere = HAConnection.this.slaveRequestOffset;
    }
}
```

第二步：如果 nextTransferFromWhere 为 -1，表示初次进行数据传输，计算待传输的物理偏移量，如果 slaveRequestOffset 为 0，则从当前 CommitLog 文件最大偏移量开始传输，否则根据从服务器的拉取请求偏移量开始传输，如代码清单 7-17 所示。

代码清单 7-17　HAConnection$WriteSocketService#run

```
if (this.lastWriteOver) {
    long interval =HAConnection.this.haService.getDefaultMessageStore().
        getSystemClock().now() - this.lastWriteTimestamp;
    if (interval > HAConnection.this.haService.getDefaultMessageStore().
            getMessageStoreConfig().getHaSendHeartbeatInterval()) {
        this.byteBufferHeader.position(0);
        this.byteBufferHeader.limit(headerSize);
        this.byteBufferHeader.putLong(this.nextTransferFromWhere);
        this.byteBufferHeader.putInt(0);
        this.byteBufferHeader.flip();
        this.lastWriteOver = this.transferData();
        if (!this.lastWriteOver)
            continue;
        }
    } else {
        this.lastWriteOver = this.transferData();
        if (!this.lastWriteOver)
            continue;
}
```

第三步：判断上次写事件是否已将信息全部写入客户端，如代码清单 7-18 所示。

1）如果已全部写入，且当前系统时间与上次最后写入的时间间隔大于高可用心跳检测时间，则发送一个心跳包，心跳包的长度为 12 个字节（从服务器待拉取偏移量 +size），消息长度默认为 0，避免长连接由于空闲被关闭。高可用心跳包发送间隔通过 haSendHeartbeatInterval 设置，默认值为 5s。

2）如果上次数据未写完，则先传输上一次的数据，如果消息还是未全部传输，则结束此次事件处理。

代码清单 7-18　HAConnection$WriteSocketService#run

```
SelectMappedBufferResult selectResult =
        HAConnection.this.haService.getDefaultMessageStore().getCommitLogData(
                this.nextTransferFromWhere);
if (selectResult != null) {
    int size = selectResult.getSize();
    if (size > HAConnection.this.haService.getDefaultMessageStore().
            getMessageStoreConfig().getHaTransferBatchSize()) {
        size = HAConnection.this.haService.getDefaultMessageStore().
                getMessageStoreConfig().getHaTransferBatchSize();
    }
    long thisOffset = this.nextTransferFromWhere;
    this.nextTransferFromWhere += size;
    selectResult.getByteBuffer().limit(size);
    this.selectMappedBufferResult = selectResult;
    this.byteBufferHeader.position(0);
    this.byteBufferHeader.limit(headerSize);
    this.byteBufferHeader.putLong(thisOffset);
    this.byteBufferHeader.putInt(size);
    this.byteBufferHeader.flip();
    this.lastWriteOver = this.transferData();
} else {
    HAConnection.this.haService.getWaitNotifyObject().allWaitForRunning(100);
}
```

第四步：传输消息到从服务器。

1）根据消息从服务器请求的待拉取消息偏移量，查找该偏移量之后所有的可读消息，如果未查到匹配的消息，通知所有等待线程继续等待 100ms。

2）如果匹配到消息，且查找到的消息总长度大于配置高可用传输一次同步任务的最大传输字节数，则通过设置 ByteBuffer 的 limit 来控制只传输指定长度的字节，这就意味着高可用客户端收到的消息会包含不完整的消息。高可用一批次传输消息最大字节通过 haTransferBatchSize 设置，默认值为 32KB。

高可用服务端消息的传输一直以上述步骤循环运行，每次事件处理完成后等待 1s。

RocketMQ 高可用主从同步机制就讲解到这里，其主要交互流程如图 7-7 所示。

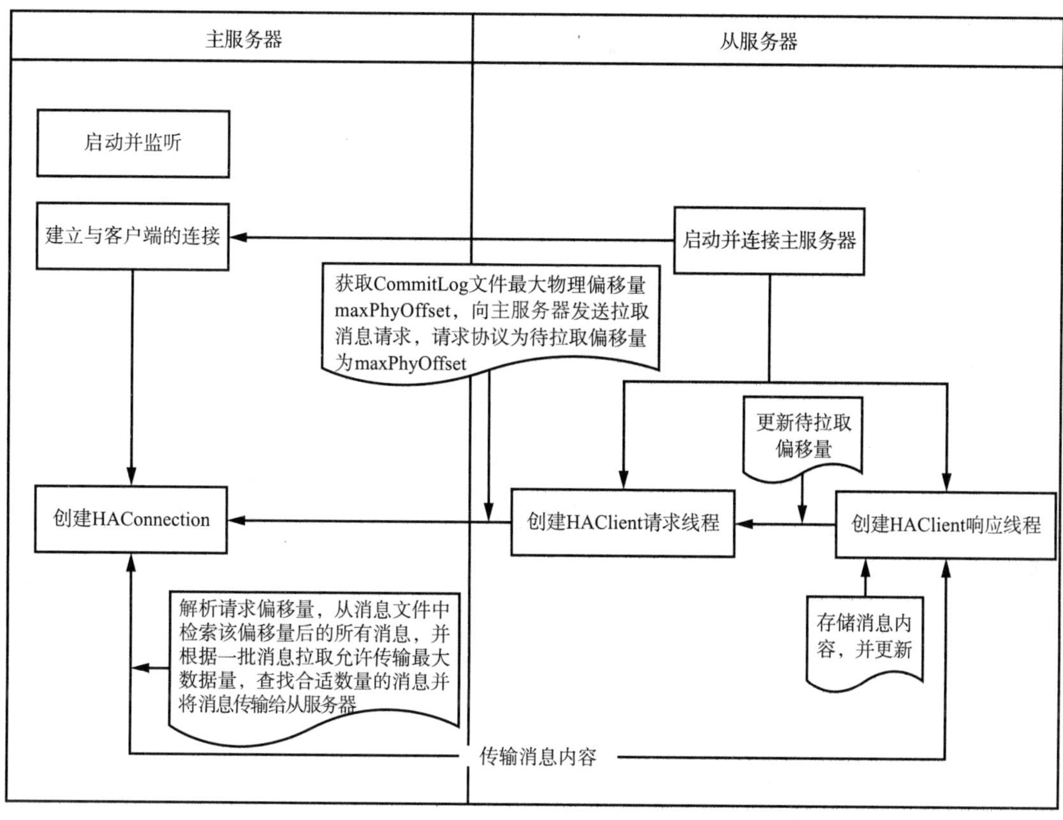

图 7-7 RocketMQ HA 交互类图

7.2 RocketMQ 读写分离机制

7.1 节主要介绍了 RocketMQ 主从服务的实现原理，本节主要介绍从服务器如何参与消息拉取负载。消息消费是基于消息消费队列 MessageQueue 实现的，回顾一下 MessageQueue 的类图，如图 7-8 所示。

MesssageQueue
-private String topic -private String brokerName -private int queueId

图 7-8 MessageQueue 类图

接下来重点分析 RocketMQ 根据 brokerName 查找 Broker 地址的过程。

RocketMQ 根据 MessageQueue 查找 Broker 地址的唯一依据是 brokerName，从 RocketMQ 的 Broker 组织结构中得知，同一组 Broker（主从）服务器，它们的 brokerName 相同但 brokerId

不同，主服务器的 brokerId 为 0，从服务器的 brokerId 大于 0，RocketMQ 提供 MQClientFactory.findBrokerAddressInSubscribe 来实现根据 brokerName、brokerId 查找 Broker 地址，如代码清单 7-19 所示。

代码清单 7-19　PullAPIWrapper#pullKernelImpl

```
FindBrokerResult findBrokerResult =
    this.mQClientFactory.findBrokerAddressInSubscribe(mq.getBrokerName(),
    this.recalculatePullFromWhichNode(mq), false);
```

返回结果类图如图 7-9、代码清单 7-20 所示。

FindBrokerResult
-private final String brokerAddr
-private final boolean slave
-private final int brokerVersion

图 7-9　FindBrokerResult 类图

代码清单 7-20　MQClientInstance#findBrokerAddressInSubscribe

```
public FindBrokerResult findBrokerAddressInSubscribe(
    String brokerName, long brokerId, boolean onlyThisBroker) {
    String brokerAddr = null;
    boolean slave = false;
    boolean found = false;
    HashMap<Long/* brokerId */, String/* address */> map =
            this.brokerAddrTable.get(brokerName);
    if (map != null && !map.isEmpty()) {
        brokerAddr = map.get(brokerId);
        slave = brokerId != MixAll.MASTER_ID;
        found = brokerAddr != null;
        if (!found && !onlyThisBroker) {
            Entry<Long, String> entry = map.entrySet().iterator().next();
            brokerAddr = entry.getValue();
            slave = entry.getKey() != MixAll.MASTER_ID;
            found = true;
        }
    }
    if (found) {
        return new FindBrokerResult(brokerAddr, slave, findBrokerVersion(brokerName,
            brokerAddr));
    }
    return null;
}
```

下面解释一下该方法的参数。

1）brokerName：Broker 名称。

2）brokerId：BrokerID。

3）onlyThisBroker：是否必须返回与 brokerId 的 Broker 对应的服务器信息。

从 ConcurrentMap<String/* Broker Name */, HashMap<Long/* brokerId */, String/* address */>> brokerAddrTable 地址缓存表中根据 brokerName 获取所有的 Broker 信息。

根据 brokerId 从 Broker 主从缓存表中获取指定的 Broker 名称，如果根据 brokerId 未找到相关条目，且 onlyThisBroker 为 false，则随机返回 Broker 中任意一个 broker，否则返回 null。

组装 FindBrokerResult 时，需要设置节点属性是否是 slave。如果 brokerId=0，表示返回的 Broker 是主节点，否则返回的是从节点。

根据消息消费队列获取 brokerId 的实现如代码清单 7-21 所示。

代码清单 7-21　PullAPIWrapper#recalculatePullFromWhichNode

```
public long recalculatePullFromWhichNode(final MessageQueue mq) {
    if (this.isConnectBrokerByUser()) {
        return this.defaultBrokerId;
    }
    AtomicLong suggest = this.pullFromWhichNodeTable.get(mq);
    if (suggest != null) {
        return suggest.get();
    }
    return MixAll.MASTER_ID;
}
```

从 ConcurrentMap<MessageQueue, AtomicLong/* brokerId */> pullFromWhichNodeTable 缓存表中获取该消息消费队列的 brokerId，如果找到，则返回，否则返回 brokerName 的主节点。pullFromWhichNodeTable 消息从何而来呢？原来消息消费拉取线程 PullMessageService 根据 PullRequest 请求从主服务器拉取消息后，会返回下一次建议拉取的 brokerId，消息消费者线程在收到消息后，会根据主服务器的建议拉取 brokerId 来更新 pullFromWhichNodeTable，消息消费者线程更新 pullFromWhichNodeTable，如代码清单 7-22 所示。

代码清单 7-22　PullAPIWrapper#processPullResult

```
this.updatePullFromWhichNode(mq, pullResultExt.getSuggestWhichBrokerId());
public void updatePullFromWhichNode(MessageQueue mq, long brokerId) {
    AtomicLong suggest = this.pullFromWhichNodeTable.get(mq);
    if (null == suggest) {
        this.pullFromWhichNodeTable.put(mq, new AtomicLong(brokerId));
    } else {
        suggest.set(brokerId);
    }
}
```

消息服务端是根据何种规则来建议哪个消息消费队列该从哪台 Broker 服务器上拉取消

息呢？请看代码清单 7-23。

代码清单 7-23　DefaultMessageStore#getMessage

```
long diff = maxOffsetPy - maxPhyOffsetPulling;
long memory = (long) (StoreUtil.TOTAL_PHYSICAL_MEMORY_SIZE *
    (this.messageStoreConfig.getAccessMessageInMemoryMaxRatio() / 100.0));
getResult.setSuggestPullingFromSlave(diff > memory);
```

1）maxOffsetPy：代表当前主服务器消息存储文件的最大偏移量。

2）maxPhyOffsetPulling：此次拉取消息的最大偏移量。

3）diff：对于 PullMessageService 线程来说，当前未被拉取到消息消费端的消息长度。

4）TOTAL_PHYSICAL_MEMORY_SIZE：RocketMQ 所在服务器的总内存大小。AccessMessageInMemoryMaxRatio 表示 RocketMQ 所能使用的最大内存比例，超过该比例，消息将被置换出内存。memory 表示 RocketMQ 消息常驻内存的大小，超过该大小，RocketMQ 会将旧的消息置换回磁盘。

如果 diff 大于 memory，表示当前需要拉取的消息已经超出了常驻内存的大小，表示主服务器繁忙，此时才建议从从服务器拉取消息。

如代码清单 7-24 所示，如果主服务器繁忙则建议下一次从从服务器拉取消息，设置 suggestWhichBrokerId 为配置文件中的 whichBrokerWhenConsumeSlowly 属性，默认为 1。如果一个主服务器拥有多台从服务器，参与消息拉取负载的从服务器只会是其中一个。

代码清单 7-24　PullMessageProcessor#processRequest

```
if (getMessageResult.isSuggestPullingFromSlave()) {
    responseHeader.setSuggestWhichBrokerId(subscriptionGroupConfig.getWhichBrok
        erWhenConsumeSlowly());
} else {
    responseHeader.setSuggestWhichBrokerId(MixAll.MASTER_ID);
}
```

7.3 RocketMQ 元数据同步

7.1 节和 7.2 节详细介绍了 RocketMQ 高可用主从数据同步和读写分离机制，本节将详细介绍 RocketMQ 元数据的同步机制。所谓 RocketMQ 元数据主要是指 topic、消费组订阅信息、消费组消费进度、延迟队列进度。

> **注意**　RocketMQ 高可用机制虽不能提供主从切换，即当主节点宕机后，从节点无法接管写入请求，但能承担读请求，即不影响消费。集群模式下消费进度是存储在 Broker 服务器上的，主节点宕机后，消费进度会存储在从服务器上，如果主节点恢复了，消费进度在主从节点又是如何同步的呢？

7.3.1　从节点主动同步元数据

在 RocketMQ 的设计中，元数据的同步是单向的，即元数据只能由从节点向主节点发起同步请求，而主节点不能向从节点同步元数据，即使主节点宕机后重启，也不会向从节点同步数据。

Broker 在启动的时候，如果节点角色为从节点，会调用 handleSlaveSynchronize 方法，如图 7-10 所示。

```
private void handleSlaveSynchronize(BrokerRole role) {
    if (role == BrokerRole.SLAVE) {
        if (null != slaveSyncFuture) {
            slaveSyncFuture.cancel( mayInterruptIfRunning: false);
        }
        this.slaveSynchronize.setMasterAddr(null);
        slaveSyncFuture = this.scheduledExecutorService.scheduleAtFixedRate(new Runnable() {
            @Override
            public void run() {
                try {
                    BrokerController.this.slaveSynchronize.syncAll();
                }
                catch (Throwable e) {
                    log.error("ScheduledTask SlaveSynchronize syncAll error.", e);
                }
            }
        }, initialDelay: 1000 * 3, period: 1000 * 10, TimeUnit.MILLISECONDS);
    } else {
```

图 7-10　Broker 启动时按照角色启动同步元数据任务示例图

如果 Broker 节点的角色为从节点，会开启一个定时任务，每隔 10s 执行一次元数据同步任务，同步任务的实现逻辑封装在 SlaveSynchronize 中，如代码清单 7-25 所示。

代码清单 7-25　SlaveSynchronize#syncAll

```
public void syncAll() {
    this.syncTopicConfig();
    this.syncConsumerOffset();
    this.syncDelayOffset();
    this.syncSubscriptionGroupConfig();
}
```

从节点会定时执行上述同步任务，从主节点同步 topic 路由信息、消息消费进度、延迟队列调度进度、消费组信息。

接下来主要以消费组消费进度同步为例进行介绍，如代码清单 7-26 所示。

代码清单 7-26　SlaveSynchronize#syncConsumerOffset

```
private void syncConsumerOffset() {
    String masterAddrBak = this.masterAddr;
```

```
        if (masterAddrBak != null &&
                !masterAddrBak.equals(brokerController.getBrokerAddr())) {
            try {
                ConsumerOffsetSerializeWrapper offsetWrapper =         this.
                    brokerController.getBrokerOuterAPI().
                    getAllConsumerOffset(masterAddrBak);
                this.brokerController.getConsumerOffsetManager().getOffsetTable()
                        .putAll(offsetWrapper.getOffsetTable());
                this.brokerController.getConsumerOffsetManager().persist();
            } catch (Exception e) {}
        }
    }
```

如果主节点的地址不为空，则向主节点发送 GET_ALL_CONSUMER_OFFSET 命令，查询主节点中所有存储的消息消费进度，然后直接覆盖从服务器中存储的消费进度。

7.3.2 主节点消息拉取主动同步消费进度

消息消费进度比起其他元数据来说比较特殊，因为消费进度的变化频率非常快，并且与消费端的行为息息相关，为了解答本章开头的疑问，接下来重点介绍消息消费进度额外的同步机制。关于消息消费进度，RocketMQ 还引入了另外一种同步机制：根据消息拉取的偏移量来更新消息消费进度，如代码清单 7-27 所示。

代码清单 7-27 DefaultMQPushConsumerImpl#pullMessage

```
boolean commitOffsetEnable = false;
long commitOffsetValue = 0L;
if (MessageModel.CLUSTERING == this.defaultMQPushConsumer.getMessageModel()) {
    commitOffsetValue = this.offsetStore.readOffset(pullRequest.
        GetMessageQueue(), ReadOffsetType.READ_FROM_MEMORY);
    if (commitOffsetValue > 0) {
        commitOffsetEnable = true;
    }
}
//省略部分代码
int sysFlag = PullSysFlag.buildSysFlag(
        commitOffsetEnable, // commitOffset
        true, // suspend
        subExpression != null, // subscription
        classFilter // class filter
);
```

第一步：消费者在向 Broker 发送拉取消息请求时，会先将客户端存储的消费进度提交到 Broker 端，如代码清单 7-28 所示。

代码清单 7-28 PullMessageProcessor#processRequest

```
boolean storeOffsetEnable = brokerAllowSuspend;
storeOffsetEnable = storeOffsetEnable && hasCommitOffsetFlag;
```

```
storeOffsetEnable = storeOffsetEnable
    && this.brokerController.getMessageStoreConfig().getBrokerRole() !=
        BrokerRole.SLAVE;
if (storeOffsetEnable) {
    this.brokerController.getConsumerOffsetManager().
        commitOffset(RemotingHelper.parseChannelRemoteAddr(channel),
    requestHeader.getConsumerGroup(), requestHeader.getTopic(),
        requestHeader.getQueueId(), requestHeader.getCommitOffset());
}
```

第二步：Broker 收到消息客户端消息拉取请求后，如果拉取请求中有包含消费端的消息消费进度，则使用该进度更新 Broker 端的消费进度，即提供了根据消费端覆盖服务端消费进度的机制。

7.4　本章小结

本章重点介绍了 RocketMQ 高可用主从同步负载机制与主从服务器读写分离机制。RocketMQ 的高可用机制的核心实现是从服务器在启动的时候主动向主服务器建立 TCP 长连接，然后获取服务器 CommitLog 文件的最大偏移量，以此偏移量向主服务器主动拉取消息。主服务器根据偏移量，与自身 CommitLog 文件的最大偏移量进行比较，如果大于从服务器的偏移量，主服务器将向从服务器返回一定数量的消息，该过程循环进行，以此达到主从服务器数据同步的目的。

RocketMQ 读写分离与其他中间件的实现方式完全不同，RocketMQ 是消费者首先向主服务器发起拉取消息请求，然后主服务器返回一批消息，最后会根据主服务器负载压力与主从同步情况，建议消息消费者下次消息拉取是从主服务器还是从从服务器拉取。

RocketMQ 读写分离的特点是默认情况下所有的消费者都从主服务器上消费，只有积压的消息超过物理内存的 40%，消费者才会从从服务器拉取消息。从服务器重新漂移到主服务器消费的条件是从服务器积压的消息未超过 30%。

RocketMQ 从服务器会开启一个定时任务，每隔 10s 向主服务器同步一次元数据，元数据包括 topic 路由信息、消息消费进度、延迟消息处理进度、消费组订阅关系。

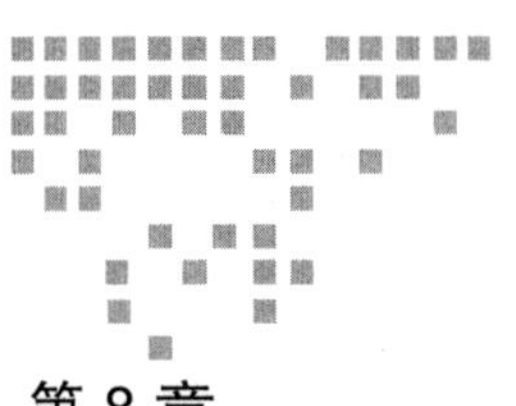

Chapter 8 第8章

RocketMQ 消息轨迹

本章主要分析 RocketMQ 的消息轨迹。消息轨迹简单来说就是日志，把消息的生产、存储、消费等所有的访问和操作日志都详细记录下来，用于查询和分析在使用过程中出现的各种情况。

本章重点内容如下。

- 消息轨迹的引入目的。
- 如何使用消息轨迹。
- 消息轨迹的设计理念。
- 消息轨迹的实现原理。

8.1 消息轨迹的引入目的和使用方法

不知道大家在项目中有没有遇到发送方与消费方相互“扯皮”的情况，发送方说消息已经发送成功，而消费方说没有消费到，发送方与消费方各执一词，谁也无法说服谁，遇到这种情况该怎么办呢?

这个时候，我们迫切希望能记录一条消息的流转轨迹，即消息是由哪个 IP 发送的？什么时候发送的？是被哪个消费者消费的？这就是本章要重点探讨的内容：消息轨迹。

下面详细介绍如何使用消息轨迹。

第一步：首先在 Broker 服务端配置 traceTopicEnable，并将其值设置为 true，该值默认为 false，修改该值需要重启 Broker 服务端。

第二步：使用如下方法构建消息发送者。

```
public DefaultMQProducer(String producerGroup, boolean enableMsgTrace)
public DefaultMQProducer(String producerGroup, boolean enableMsgTrace, String traceTopic)
```

参数说明如下。

1）String producerGroup：消息生产组名称。

2）boolean enableMsgTrace：是否启用跟踪消息轨迹。

3）String traceTopic：用于记录消息轨迹的 topic，默认为 RMQ_SYS_TRACE_TOPIC。

第三步：使用如下方法构建消息消费者。

```
public DefaultMQPushConsumer(final String consumerGroup, boolean enableMsgTrace)
public DefaultMQPushConsumer(String croup, boolean enableMsgTrace, String traceTopic)
```

参数说明如下。

1）String consumerGroup：消息消费组名称。

2）boolean enableMsgTrace：是否启用消息轨迹。

3）String traceTopic：用于记录消息轨迹的 topic。

下面用一个简单的示例来展示消息轨迹的使用。生产者发送示例如代码清单 8-1 所示。

代码清单 8-1　生产者发送示例代码

```
package org.apache.rocketmq.example.tracemessage;
import org.apache.rocketmq.client.exception.MQClientException;
import org.apache.rocketmq.client.producer.DefaultMQProducer;
import org.apache.rocketmq.client.producer.SendResult;
import org.apache.rocketmq.common.message.Message;
import org.apache.rocketmq.remoting.common.RemotingHelper;
public class TraceProducer {
    public static void main(String[] args) throws MQClientException,
                InterruptedException {
        DefaultMQProducer producer = new DefaultMQProducer("pGroup",true);
        producer.setNamesrvAddr("192.168.0.166:9876;192.168.0.168:9876;");
        producer.start();
        try {
            Message msg = new Message("TopicTest", null, "OrderID06",
                "OrderID06".getBytes(RemotingHelper.DEFAULT_CHARSET));
            SendResult sendResult = producer.send(msg);
            System.out.printf("%s%n", sendResult);
        } catch (Exception e) {
            e.printStackTrace();
        }
        producer.shutdown();
    }
}
```

通常，如果启用了消息轨迹，在消息发送的时候尽量为消息指定 Key 属性，这样便于对消息进行高性能的查询。启用消息轨迹进行消息发送后，我们可以在消息轨迹菜单对消息进行查询，如图 8-1 所示。

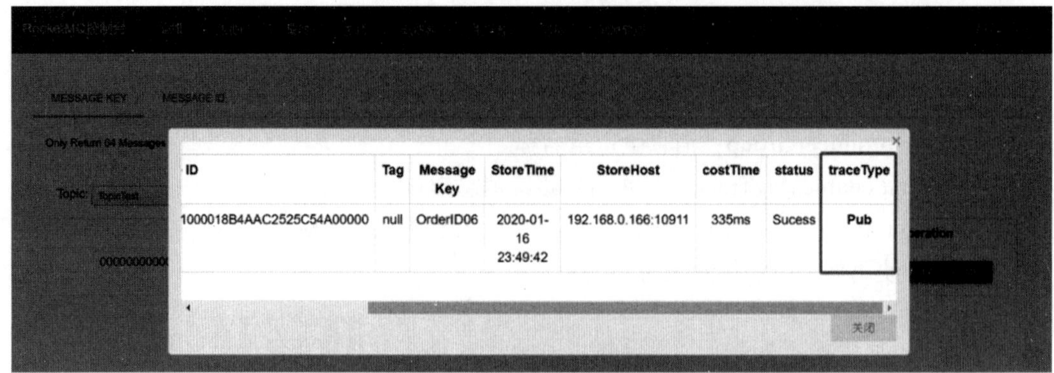

图 8-1　消息轨迹查询界面

当前版本的消息轨迹只记录了消息的存储时间、存储服务器 IP、发送耗时与跟踪类型，Pub 表示消息已成功发送，暂未被消费。消费者开启消息轨迹示例如代码清单 8-2 所示。

代码清单 8-2　消费者消息轨迹示例代码

```
package org.apache.rocketmq.example.tracemessage;
    import java.util.List;
    import org.apache.rocketmq.client.consumer.DefaultMQPushConsumer;
    import org.apache.rocketmq.client.consumer.listener.ConsumeConcurrentlyContext;
    import org.apache.rocketmq.client.consumer.listener.ConsumeConcurrentlyStatus;
    import org.apache.rocketmq.client.consumer.listener.MessageListenerConcurrently;
    import org.apache.rocketmq.client.exception.MQClientException;
    import org.apache.rocketmq.common.consumer.ConsumeFromWhere;
    import org.apache.rocketmq.common.message.MessageExt;
    public class TracePushConsumer {
    public static void main(String[] args) throws InterruptedException,
        MQClientException {
        DefaultMQPushConsumer consumer = new DefaultMQPushConsumer("CID_
            JODIE_1",true);
        consumer.setNamesrvAddr("192.168.0.166:9876;192.168.0.168:9876;");
        consumer.subscribe("TopicTest", "*");
        consumer.setConsumeFromWhere(ConsumeFromWhere.CONSUME_FROM_FIRST_OFFSET);
        consumer.registerMessageListener(new MessageListenerConcurrently() {
            @Override
            public ConsumeConcurrentlyStatus consumeMessage(List<MessageExt>
                msgs, ConsumeConcurrentlyContext context) {
                System.out.printf("%s Receive New Messages: %s %n",
                Thread.currentThread().getName(), msgs);
                return ConsumeConcurrentlyStatus.CONSUME_SUCCESS;
            }
        });
        consumer.start();
        System.out.printf("Consumer Started.%n");
    }
}
```

当消息被成功消费后，其记录的消息轨迹如图 8-2 所示。

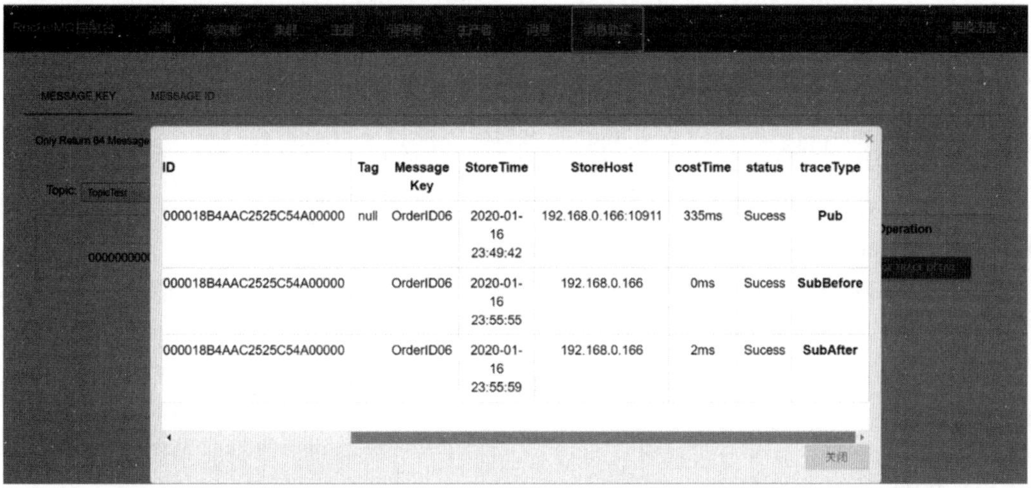

ID	Tag	Message Key	StoreTime	StoreHost	costTime	status	traceType
000018B4AAC2525C54A00000	null	OrderID06	2020-01-16 23:49:42	192.168.0.166:10911	335ms	Sucess	Pub
000018B4AAC2525C54A00000		OrderID06	2020-01-16 23:55:55	192.168.0.166	0ms	Sucess	SubBefore
000018B4AAC2525C54A00000		OrderID06	2020-01-16 23:55:59	192.168.0.166	2ms	Sucess	SubAfter

图 8-2　消息轨迹查询界面

8.2　消息轨迹设计原理

RocketMQ 消息轨迹主要用于跟踪消息发送、消息消费的轨迹，详细记录消息各个处理环节的日志，从设计上至少需要解决如下 3 个核心问题。

1）消息轨迹数据格式。

2）采集轨迹数据。

3）存储消息轨迹数据。

8.2.1　消息轨迹数据格式

RocketMQ 4.6 版的消息轨迹数据主要包含如下信息。

1）traceType：跟踪类型，可选值为 Pub（消息发送）、SubBefore（消息拉取到客户端，在执行业务定义的消费逻辑之前）、SubAfter（消费后）。

2）timeStamp：当前时间戳。

3）regionId：Broker 所在的区域 ID，取自 BrokerConfig#regionId。

4）groupName：组名称，traceType 为 Pub 时表示生产者组的名称，traceType 为 subBefore 或 subAfter 时表示消费组名称。

5）requestId：在 traceType 为 subBefore、subAfter 时使用，消费端的请求 ID。

6）topic：消息主题。

7）msgId：消息唯一 ID。

8）tags：消息标志。

9）keys：消息索引 key，根据该 key 可快速检索消息。

10）storeHost：跟踪类型为 Pub 时存储该消息的 Broker 服务器 IP，跟踪类型为 subBefore、subAfter 时存储消费者 IP。

11）bodyLength：消息体的长度。

12）costTime：耗时。

13）msgType：消息的类型，可选值为 Normal_Msg（普通消息）、Trans_Msg_Half（预提交消息）、Trans_msg_Commit（提交消息）、Delay_Msg（延迟消息）。

14）offsetMsgId：消息偏移量 ID，该 ID 中包含了 Broker 的 IP 以及偏移量。

15）success：发送成功。

16）contextCode：消费状态码，可选值为 SUCCESS、TIME_OUT、EXCEPTION、RETURNNULL、FAILED。

8.2.2 如何采集轨迹数据

消息中间件的两大核心主题是消息发送和消息消费，核心载体是消息。消息轨迹（消息的流转）主要是记录消息何时发送到哪台 Broker、发送耗时是多少、在什么时候被哪个消费者消费等信息。

要记录消息发送的相关信息，最方便的时机就是在消息发送前后将本次调用的信息进行采集。同样，消息消费数据的采集也是在消费处理逻辑的前后进行的。相信各位读者会马上想到 RocketMQ 的钩子机制，RocketMQ 提供了两个接口分别表示消息发送、消费消费的钩子函数，如图 8-3 所示。

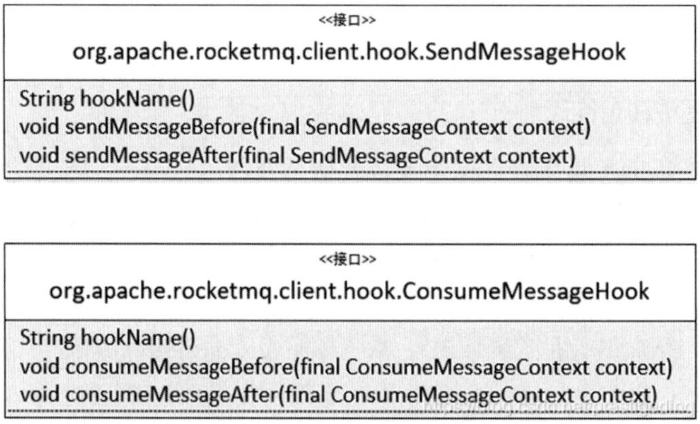

<<接口>>
org.apache.rocketmq.client.hook.SendMessageHook

String hookName()
void sendMessageBefore(final SendMessageContext context)
void sendMessageAfter(final SendMessageContext context)

<<接口>>
org.apache.rocketmq.client.hook.ConsumeMessageHook

String hookName()
void consumeMessageBefore(final ConsumeMessageContext context)
void consumeMessageAfter(final ConsumeMessageContext context)

图 8-3 RocketMQ RPC Hook

通过实行图 8-3 所示的两个接口，可以实现在消息发送、消息消费前后记录消息轨迹，为了不明显增加消息发送与消息消费的时延，最好使用异步发送模式记录消息轨迹。

8.2.3 如何存储消息轨迹数据

消息轨迹需要存储什么内容以及如何采集消息轨迹都已解决，接下来就要思考消息轨迹数据存储在哪里？如果存储在数据库或其他存储媒介中，会加重消息中间件的负担，使其依赖外部组件，最佳的选择还是存储在 Broker 服务器中，将消息轨迹数据当作一条消息。

既然把消息轨迹当作消息存储在 Broker 服务器中，那么存储消息轨迹的 topic 如何确定呢？ RocketMQ 提供了两种方法来定义消息轨迹的 topic。

1）系统默认 topic：如果 Broker 的 traceTopicEnable 配置项设为 true，表示在该 Broker 上创建名为 RMQ_SYS_TRACE_TOPIC 的 topic，队列个数为 1，默认该值为 false。

2）自定义 topic：在创建消息生产者或消息消费者时，可以通过参数自定义用于记录消息轨迹的 topic 名称，不过要注意的是，RokcetMQ 控制台（rocketmq-console）中只支持配置一个消息轨迹 topic，故自定义 topic 在目前这个阶段或许还不是一个最佳实践，建议使用系统默认的 topic。

注意：通常为了避免消息轨迹的数据与正常的业务数据混在一起，官方建议在 Broker 集群中新增一台机器，只在这台机器上开启消息轨迹跟踪，这样该集群内的消息轨迹数据只会发送到这一台 Broker 服务器上，并不会增加集群内原先业务 Broker 的负载压力。

8.3 消息轨迹实现原理

8.3.1 寻找消息轨迹入口

因为开启消息轨迹的关键是通过构建 DefaultMQProducer 或 DefaultMQPushConsumer 时，在其构造函数中指定 enableMsgTrace 参数，所以我们将以 DefaultMQProducer 的构造函数为入口探究其实现细节，如代码清单 8-3 所示。

代码清单 8-3 DefaultMQPushConsumer 构造函数

```
public DefaultMQProducer(final String namespace, final String producerGroup,
    RPCHook rpcHook,boolean enableMsgTrace, final String customizedTraceTopic) {
        this.namespace = namespace;
        this.producerGroup = producerGroup;
        defaultMQProducerImpl = new DefaultMQProducerImpl(this, rpcHook);
    if (enableMsgTrace) {
        try {
            AsyncTraceDispatcher dispatcher = new
                    AsyncTraceDispatcher(customizedTraceTopic, rpcHook);
            dispatcher.setHostProducer(this.getDefaultMQProducerImpl());
            traceDispatcher = dispatcher;
            this.getDefaultMQProducerImpl().registerSendMessageHook(
```

```
                    new SendMessageTraceHookImpl(traceDispatcher));
            } catch (Throwable e) {// 忽略打印日志
            }
        }
    }
```

从构造函数可知与消息轨迹相关的关键信息如下。

1）SendMessageTraceHookImpl：消息发送用于跟踪消息轨迹的钩子函数，与此对应的消息发送用于消息轨迹跟踪的钩子函数实现类为 ConsumeMessageTraceHookImpl。

2）AsyncTraceDispatcher：消息轨迹异步转发器。在详细介绍上述两个关键类之前，先来介绍一下其类层次结构图，如图 8-4 所示。

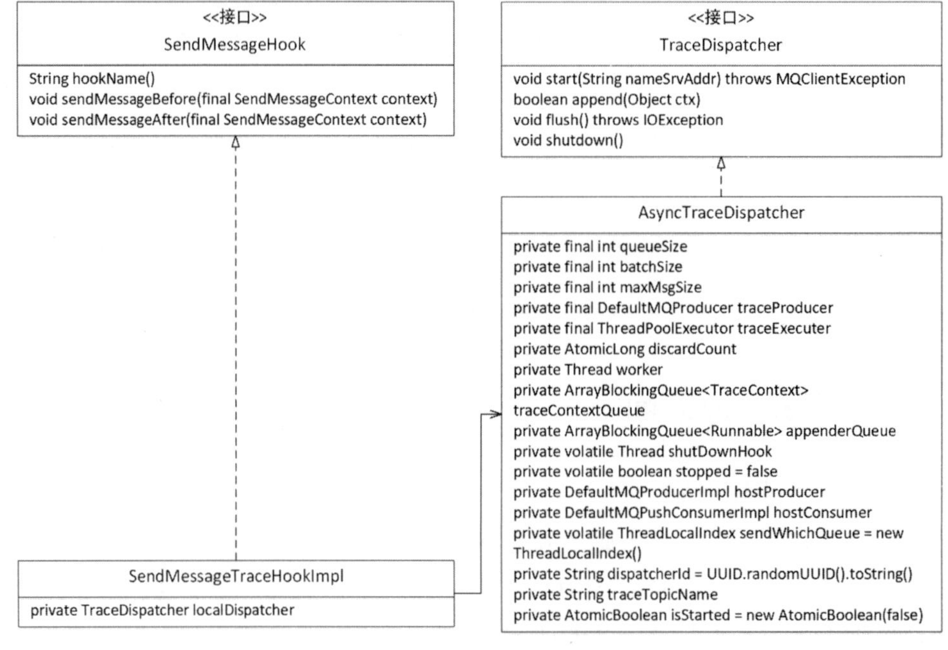

图 8-4　消息轨迹类层次结构图

下面逐一介绍上述核心类及核心属性。

1）SendMessageHook：消息发送钩子函数，用于在消息发送之前、发送之后执行一定的业务逻辑，是记录消息轨迹的最佳扩展点。

2）TraceDispatcher：消息轨迹转发处理器，其默认实现类为 AsyncTraceDispatcher，异步实现消息轨迹数据的发送。下面对其属性进行简单的介绍。

- int queueSize：异步转发队列长度，默认为 2048，当前版本不能修改。
- int batchSize：批量消息条数，消息轨迹一次消息发送请求包含的数据条数，默认为 100，当前版本不能修改。

- int maxMsgSize：消息轨迹一次发送的最大消息大小，默认为 128KB，当前版本不能修改。
- DefaultMQProducer traceProducer：用来发送消息轨迹的消息发送者。
- ThreadPoolExecutor traceExecuter：线程池，用来异步执行消息发送。
- AtomicLong discardCount：记录丢弃的消息个数。
- Thread worker：工作线程，主要负责从追加队列中获取一批待发送的消息轨迹数据，将其提交到线程池中执行。
- ArrayBlockingQueue<TraceContext> traceContextQueue：消息轨迹 TraceContext 队列，用来存放待发送到服务端的消息。
- ArrayBlockingQueue<Runnable> appenderQueue：线程池内部队列，默认长度为 1024。
- DefaultMQPushConsumerImpl hostConsumer：消费者信息，记录消息消费时的轨迹信息。
- String traceTopicName：用于跟踪消息轨迹的 topic 名称。

8.3.2　消息发送轨迹数据

消息发送轨迹的数据是由 SendMessageTraceHookImpl 钩子函数实现的，本文将主要介绍 sendMessageBefore() 和 sendMessageAfter() 方法的实现细节。

1. sendMessageBefore() 方法详解

sendMessageBefore() 方法定义如代码清单 8-4 所示。

代码清单 8-4　SendMessageTraceHookImpl#sendMessageBefore

```
public void sendMessageBefore(SendMessageContext context) {
    if (context == null || context.getMessage().getTopic().startsWith(
            ((AsyncTraceDispatcher) localDispatcher).getTraceTopicName())) {
        return;
    }
    TraceContext tuxeContext = new TraceContext();
    tuxeContext.setTraceBeans(new ArrayList<TraceBean>(1));
    context.setMqTraceContext(tuxeContext);
    tuxeContext.setTraceType(TraceType.Pub);
    tuxeContext.setGroupName(NamespaceUtil.withoutNamespace(context.getProduce
        rGroup()));
    TraceBean traceBean = new TraceBean();
    traceBean.setTopic(NamespaceUtil.withoutNamespace(context.getMessage().getTopic()));
    traceBean.setTags(context.getMessage().getTags());
    traceBean.setKeys(context.getMessage().getKeys());
    traceBean.setStoreHost(context.getBrokerAddr());
    traceBean.setBodyLength(context.getMessage().getBody().length);
    traceBean.setMsgType(context.getMsgType());
    tuxeContext.getTraceBeans().add(traceBean);
}
```

sendMessageBefore() 方法是在发送消息之前被调用的，在消息发送之前先收集消息的 topic、tag、key、存储 Broker 的 IP 地址、消息体的长度等基础信息，并将消息轨迹数据先存储在调用上下文中。

2. sendMessageAfter() 方法详解

sendMessageAfter() 方法是在客户端收到服务端消息发送响应请求后被调用的，如代码清单 8-5 所示。

代码清单 8-5　SendMessageTraceHookImpl#sendMessageAfter

```
if (context == null || context.getMessage().getTopic().startsWith((
    (AsyncTraceDispatcher) localDispatcher).getTraceTopicName())
            || context.getMqTraceContext() == null) {
    return;
}
if (context.getSendResult() == null) {
    return;
}
if (context.getSendResult().getRegionId() == null
        || !context.getSendResult().isTraceOn()) {
    return;
}
```

第一步：如果调用的时候上下文环境为空，那么发送消息的 topic 和消息轨迹存储的 topic，如果服务端未开启消息轨迹跟踪配置，则直接返回，即不记录消息轨迹数据，如代码清单 8-6 所示。

代码清单 8-6　SendMessageTraceHookImpl#sendMessageAfter

```
TraceContext tuxeContext = (TraceContext) context.getMqTraceContext();
TraceBean traceBean = tuxeContext.getTraceBeans().get(0);
int costTime = (int) ((System.currentTimeMillis() -
    tuxeContext.getTimeStamp()) / tuxeContext.getTraceBeans().size());
tuxeContext.setCostTime(costTime);
if (context.getSendResult().getSendStatus().equals(SendStatus.SEND_OK)) {
    tuxeContext.setSuccess(true);
} else {
    tuxeContext.setSuccess(false);
}
tuxeContext.setRegionId(context.getSendResult().getRegionId());
traceBean.setMsgId(context.getSendResult().getMsgId());
traceBean.setOffsetMsgId(context.getSendResult().getOffsetMsgId());
traceBean.setStoreTime(tuxeContext.getTimeStamp() + costTime / 2);
```

第二步：从 MqTraceContext 中获取跟踪的 TraceBean，虽然设计成 List 结构体，但在消息发送场景，这里的数据永远只有一条，即使是批量发送也不例外。然后设置 costTime（消息发送耗时）、success（是否发送成功）、regionId（发送到 Broker 所在的分区）、msgId（消息 ID，全局唯一）、offsetMsgId（消息物理偏移量，如果是批量消息，则是最后一条消息的物理偏移量）、storeTime。注意这个存储时间并没有取消息的实际存储时间，而是取一个估算值，即客户端发送时间一半的耗时来表示消息的存储时间，如代码清单 8-7 所示。

代码清单 8-7 SendMessageTraceHookImpl#sendMessageAfter

```
localDispatcher.append(tuxeContext);
```

第三步：使用 AsyncTraceDispatcher 异步将消息轨迹数据发送到消息服务器（Broker）上。

8.3.3 消息轨迹异步转发实现机制

通过 SendMessageTraceHookImpl 收集每次消息发送的轨迹数据，然后异步转发到消息服务器，尽最大可能减少消息发送的性能损耗，异步消息发送的实现类为 TraceDispatcher。

1. TraceDispatcher 构造函数

AsyncTraceDispatcher 构造函数如代码清单 8-8 所示。

代码清单 8-8 AsyncTraceDispatcher 构造函数

```
public AsyncTraceDispatcher(String traceTopicName, RPCHook rpcHook) {
    this.queueSize = 2048;
    this.batchSize = 100;
    this.maxMsgSize = 128000;
    this.discardCount = new AtomicLong(0L);
    this.traceContextQueue = new ArrayBlockingQueue<TraceContext>(1024);
    this.appenderQueue = new ArrayBlockingQueue<Runnable>(queueSize);
    if (!UtilAll.isBlank(traceTopicName)) {
        this.traceTopicName = traceTopicName;
    } else {
        this.traceTopicName = MixAll.RMQ_SYS_TRACE_TOPIC;
    }
    this.traceExecutor = new ThreadPoolExecutor(10, 20, 1000 * 60,
        TimeUnit.MILLISECONDS, this.appenderQueue,
            new ThreadFactoryImpl("MQTraceSendThread_"));
    traceProducer = getAndCreateTraceProducer(rpcHook);
}
```

初始化 AsyncTraceDispatcher 的核心属性如下。注意，目前这些属性无法改变。

1）queueSize：队列长度，默认为 2048，表示异步线程池能够积压的消息轨迹数量。

2）batchSize：一次向 Broker 批量发送的消息条数，默认为 100。

3）maxMsgSize：向 Broker 汇报消息轨迹时，消息体的大小不能超过该值，默认为 128KB。

4）discardCount：整个运行过程中丢弃的消息轨迹数据，这里要说明一点，如果消息 TPS 发送过大，异步转发线程处理不过来就会主动丢弃消息轨迹数据。

5）traceContextQueue：traceContext 积压队列，客户端（消息发送者、消息消费者）在

收到处理结果后，将消息轨迹提交到这个队列中并立即返回。

6）appenderQueue：提交到 Broker 线程池中的队列。

7）traceTopicName：用于接收消息轨迹的 topic，默认为 RMQ_SYS_TRANS_HALF_TOPIC。

8）traceExecuter：用于发送到 Broker 服务的异步线程池，核心线程数默认为 10，最大线程池为 20，队列堆积长度为 2048，线程名称为 MQTraceSendThread_。

9）traceProducer：发送消息轨迹的 Producer，通过 getAndCreateTraceProducer() 方法创建，其所属的消息发送者组名为 _INNER_TRACE_PRODUCER。在实践中可以通过该组名查看启用了消息轨迹的客户端信息。

2. 启动异步处理任务

通过调用 AsyncTraceDispatcher 的 start() 方法来启动后台异步处理线程，在构建用于发送消息轨迹的发送者后被调用，启动异步处理消息轨迹数据的发送，如代码清单 8-9 所示。

代码清单 8-9　AsyncTraceDispatcher#start

```
public void start(String nameSrvAddr, AccessChannel accessChannel) throws
    MQClientException {
if (isStarted.compareAndSet(false, true)) {
        traceProducer.setNamesrvAddr(nameSrvAddr);
        traceProducer.setInstanceName(TRACE_INSTANCE_NAME + "_" +
            nameSrvAddr);
        traceProducer.start();
    }
    this.accessChannel = accessChannel;
    this.worker = new Thread(new AsyncRunnable(),
            "MQ-AsyncTraceDispatcher-Thread-" + dispatcherId);
    this.worker.setDaemon(true);
    this.worker.start();
    this.registerShutDownHook();
}
```

首先使用 CAS 机制避免 start() 方法重复执行，然后启动一个后台线程，其执行逻辑被封装在 AsyncRunnable 中，我们接着看 AsyncRunnable 的实现细节，学习一种后台异步任务的编程技巧。

3. 转发消息轨迹数据

RocketMQ 通过 AsyncRunnable 实现一个异步任务，从待发送队列中不断获取消息轨迹的数据，并将其异步发送到消息服务器，如代码清单 8-10 所示。

代码清单 8-10　AsyncRunnable#run

```
public void run() {
    while (!stopped) {
        List<TraceContext> contexts = new ArrayList<TraceContext>(batchSize);
```

```
        for (int i = 0; i < batchSize; i++) {
            TraceContext context = null;
            try {
                context = traceContextQueue.poll(5, TimeUnit.MILLISECONDS);
            } catch (InterruptedException e) {
            }
            if (context != null) {
                contexts.add(context);
            } else {
                break;
            }
        }
        if (contexts.size() > 0) {
            AsyncAppenderRequest request = new AsyncAppenderRequest(contexts);
            traceExecutor.submit(request);
        } else if (AsyncTraceDispatcher.this.stopped) {
            this.stopped = true;
        }
    }
}
```

先介绍一种编程技巧，一个线程要“孜孜不倦”地处理任务，通常是在 run() 方法中加上一个 while(!stopped) 结构，然后从一个阻塞队列中不断获取任务。

AsyncRunnable 为了提高消息的发送效率引入批量机制，即一次从队列中获取一批消息，然后封装成 AsyncAppenderRequest 任务并提交到线程池中异步执行，即真正的发送消息轨迹数据的逻辑被封装在 AsyncAppenderRequest 的 run() 方法中。

4. 发送消息轨迹数据

通过上面的转发线程将消息轨迹数据批量提交到线程池中异步执行，具体发送消息轨迹由 AsyncAppenderRequest 的 run() 方法执行，该方法中直接调用 sendTraceData() 方法，如代码清单 8-11 所示。

代码清单 8-11 AsyncAppenderRequest#sendTraceData

```
public void sendTraceData(List<TraceContext> contextList) {}
```

其参数是一个消息轨迹批次列表，如代码清单 8-12 所示。

代码清单 8-12 AsyncAppenderRequest#sendTraceData

```
Map<String, List<TraceTransferBean>> transBeanMap = new HashMap<String,
        List<TraceTransferBean>>();
for (TraceContext context : contextList) {
    if (context.getTraceBeans().isEmpty()) {
        continue;
    }
    String topic = context.getTraceBeans().get(0).getTopic();
```

```
        String regionId = context.getRegionId();
        String key = topic;
        if (!StringUtils.isBlank(regionId)) {
            key = key + TraceConstants.CONTENT_SPLITOR + regionId;
        }
        List<TraceTransferBean> transBeanList = transBeanMap.get(key);
        if (transBeanList == null) {
            transBeanList = new ArrayList<TraceTransferBean>();
            transBeanMap.put(key, transBeanList);
        }
        TraceTransferBean traceData =
                    TraceDataEncoder.encoderFromContextBean(context);
        transBeanList.add(traceData);
    }
```

第一步：将本批消息按照原始消息的 topic 组装成 Map<String, List<TraceTransferBean>>，如代码清单 8-13 所示，其实现关键点如下。

1）如果待发送的消息轨迹数据列表为空，则直接返回，表明没有待发送的消息。

2）临时将原主题的名称与所属 regionId 存入 key 属性。

3）按照消息轨迹的存储协议对消息轨迹内容进行编码，当前版本使用的是字符串追加模式，实现比较简单，对扩展不太友好。

代码清单 8-13　AsyncAppenderRequest#sendTraceData

```
    for (Map.Entry<String, List<TraceTransferBean>> entry : transBeanMap.entrySet()) {
        String[] key = entry.getKey().split(String.valueOf
            (TraceConstants.CONTENT_SPLITOR));
        String dataTopic = entry.getKey();
        String regionId = null;
        if (key.length > 1) {
            dataTopic = key[0];
            regionId = key[1];
        }
        flushData(entry.getValue(), dataTopic, regionId);
    }
```

第二步：按照 topic 分批调用 flushData() 方法将消息发送到 Broker 中，完成消息轨迹数据的存储。

5. 消息轨迹收集序列图

上面以源码的手段详细梳理了消息轨迹的实现流程，为了方便大家理解，再次梳理了执行图，如图 8-5 所示。

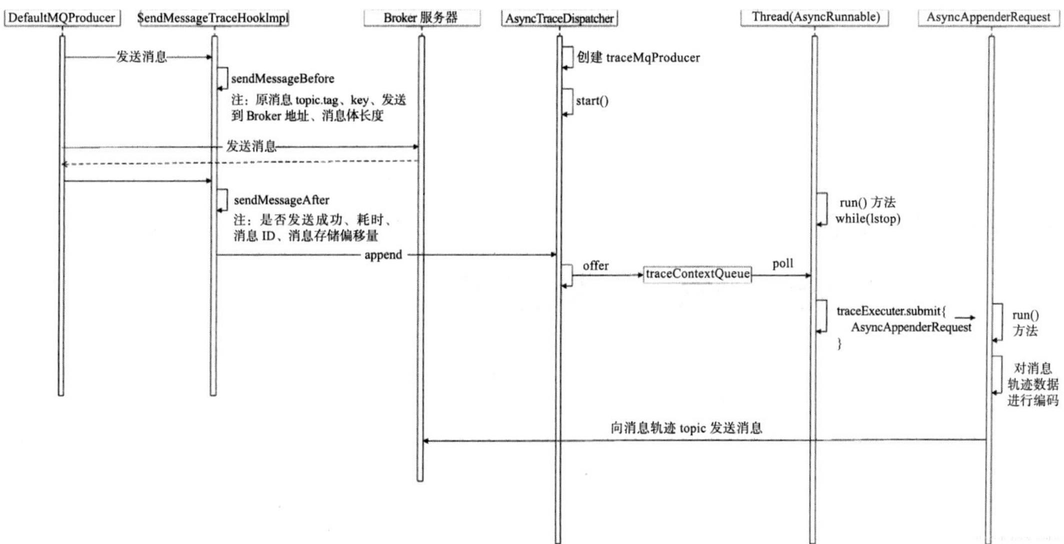

图 8-5　消息轨迹序列图

8.4　本章小结

本节重点介绍了 RocketMQ 消息轨迹的实现原理。首先介绍消息轨迹的引入目的，即消息轨迹的使用场景，然后介绍了如何使用 RocketMQ 消息轨迹以及消息轨迹的设计原理，最后从源码角度介绍了实现细节。

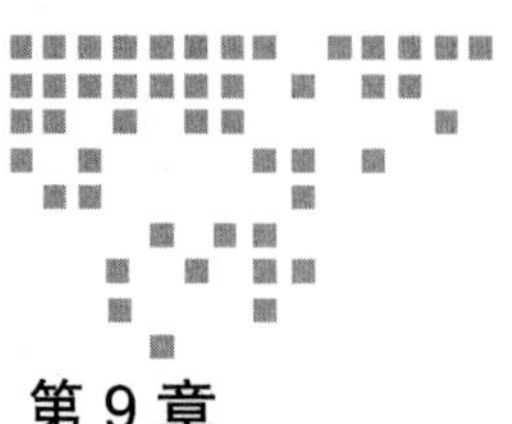

Chapter 9 第 9 章

RocketMQ 主从切换

本章主要分析 RocketMQ 的主从切换机制，也称作多副本机制。随着开源分布式计算和存储平台的发展，一致性算法已成为复制数据的基本工具，在大数据领域一般采用 Paxos 分布式一致性协议实现主从自动切换，比如 Hadoop、Spark 等，但 Paxos 协议本身太复杂，因此需要更易理解的一致性算法。目前很多分布式一致性协议是基于 Raft 算法实现的，很受工程师的欢迎。

本章重点内容如下。

- 主从切换引入目的。
- Raft 协议简介。
- RocketMQ DLedger 主从切换之 Leader 选主。
- RocketMQ DLedger 主从切换之存储实现。
- RocketMQ DLedger 主从切换之日志追加。
- RocketMQ DLedger 主从切换之日志复制。
- RocketMQ 整合 DLedger 主从切换之实现平滑升级的设计技巧。
- RocketMQ 主从切换实战。

9.1 主从切换引入目的

RocketMQ 4.5.0 版之前只提供了主从同步功能，主从同步部署架构如图 9-1 所示。

如果 broker-a 的主节点宕机，消费者无法再向 broker-a 写消息，所有的消息将写入 broker-b，但消息消费者可以继续从 broker-a 的从节点消费，即集群的主节点一旦宕机，整个 Broker 集群的写负载能力会明显下降，这是因为可用的写节点减少了。在分布式领域，

broker-a、broker-b 其实有一个专业术语：复制组。这是因为 broker-a/ 主节点、broker-a/ 从节点这两台 broker 中的数据完成一致，而 broker-a、broker-b 中的数据不同，所以成为分片。

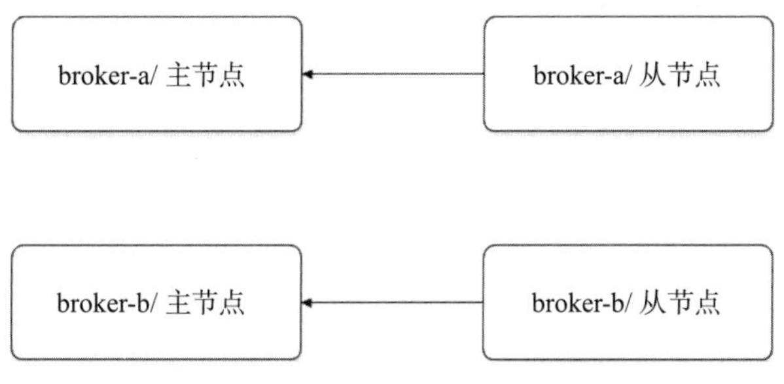

图 9-1　RocketMQ 主从同步部署图

试想一下，如果一个复制组中的主节点宕机，能否由该复制组内的其他节点来代替呢？如果能由复制组内的从节点代替，整个集群的写负载能力就不会因主节点宕机而立即受到影响，这就是采用主从切换机制的目的。

因为主从切换机制能极大地提高集群的可用性，所以 RocketMQ 4.5.0 开始正式支持这一特性。

9.2　Raft 协议简介

在复制组内实现主从切换的一个基本前提是复制组内各个节点的数据必须一致，否则主从切换后将会造成数据丢失。Raft 协议是目前分布式领域一个非常重要的一致性协议，RocketMQ 的主从切换机制也是介于 Raft 协议实现的。Raft 协议主要包含两个部分：Leader 选举和日志复制。

9.2.1　Leader 选举

Raft 协议的核心思想是在一个复制组内选举一个 Leader 节点，后续统一由 Leader 节点处理客户端的读写请求，从节点只是从 Leader 节点复制数据，即一个复制组在接收客户端的读写请求之前，要先从复制组中选择一个 Leader 节点，这个过程称为 Leader 选举。

Raft 协议的选举过程如下。

1）各个节点的初始状态为 Follower，每个节点会设置一个计时器，每个节点的计时时间是 150～300ms 的一个随机值。

2）节点的计时器到期后，状态会从 Follower 变更为 Candidate，进入该状态的节点会发起一轮投票，首先为自己投上一票，然后向集群中的其他节点发起“拉票”，期待得到超过半数的选票支持。

3）当集群内的节点收到投票请求后，如果该节点本轮未进行投票，则投赞成票，否则投反对票，然后返回结果并重置计时器继续倒数计时。如果计算器到期，则状态会由 Follower 变更为 Candidate。

4）如果节点收到的赞成票数超过集群节点数的一半，则将状态变更为主节点。如果本轮没有节点得到集群超过半数节点的赞成票，则继续下一轮投票。

5）主节点会定时向集群内的所有从节点发送心跳包。从节点在收到心跳包后重置计时器，这是主节点维持其“统治地位”的手段。因为从节点一旦计时器到期，就会从 Follower 变更为 Candidate，以此来尝试发起新一轮选举。

注意 上述文字或许不够形象，Raft 官方做了一个动画来动态展示 Leader 的选举过程[㊀]，我在自己的微信公众号上对该动画进行了详细解读[㊁]。

Raft 是一个分布式领域的一致性协议，只是一个方法论，需要使用者根据协议描述通过编程语言具体实现。以下是我结合 Raft 协议的动画，尝试实现 Raft 协议时的一些想法。读者可以将其看作一个“引子”，能体现我阅读源码的技巧。

节点状态：需要引入 3 种节点状态，即 Follower、Candidate 和 Leader。

进入投票状态的计时器：Follower、Candidate 两个状态需要维护一个计时器，每次计时时间从 150～300ms 中随机选取，即每个节点每次计时过期时间大概率是不一样的。Follower 状态在计时器过期后触发一轮投票。节点在收到投票请求、Leader 的心跳请求并做出响应后需要重置计时器。

投票轮次（team）：Candidate 状态的节点每发起一轮投票，投票轮次加 1。节点收到投票请求后会先和当前节点所处的投票轮次进行比较，投票轮次大的有效。

投票机制：每一轮投票中，一个节点只能为一个节点投赞成票。例如节点 A 中维护的投票轮次为 3 并且已经为节点 B 投了赞成票，如果收到其他节点的投票请求并且投票轮次为 3，则会投反对票；如果收到轮次为 4 的节点则又可以投赞成票。

成为 Leader 的条件：得到超过集群半数节点的赞成票。例如集群中有 3 个节点，则必须得到 2 票赞成。如果其中一台服务器宕机，剩下的两个节点还能进行选主吗？答案是可以的，因为可以得到 2 票，超过了初始集群中 3 个节点数的一半，所以通常集群中的机器数量尽量为奇数。

9.2.2 日志复制

日志复制模型如图 9-2 所示。

㊀ 官方链接：http://thesecretlivesofdata.com/raft/。

㊁ 文章链接：https://mp.weixin.qq.com/s/VZSF82NEcCa8NE-WMdXrCA。

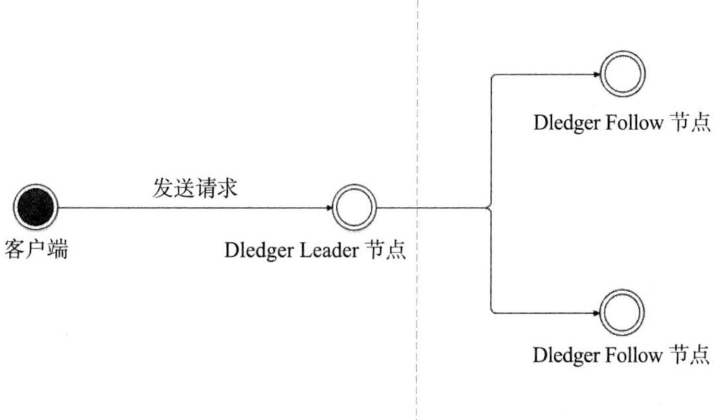

图 9-2　Raft 日志复制模型

图 9-2 中客户端向 DLedger 集群发起一个写数据请求，Leader 节点收到写请求后先将数据存入 Leader 节点，然后将数据广播给它所有的从节点。从节点收到 Leader 节点的数据推送后对数据进行存储，然后向主节点汇报存储的结果。Leader 节点会对该日志的存储结果进行仲裁，如果超过集群数量的一半都成功存储了该数据，则向客户端返回写入成功，否则向客户端返回写入失败。

9.3　RocketMQ DLedger 主从切换之 Leader 选主

本节将介绍 RocketMQ 是如何实现 Raft 协议的，其代码并不在 RocketMQ 工程中，而是在 openmessaging 标准中。DLedger 实现 Raft 协议选主模块的类图如图 9-3 所示。

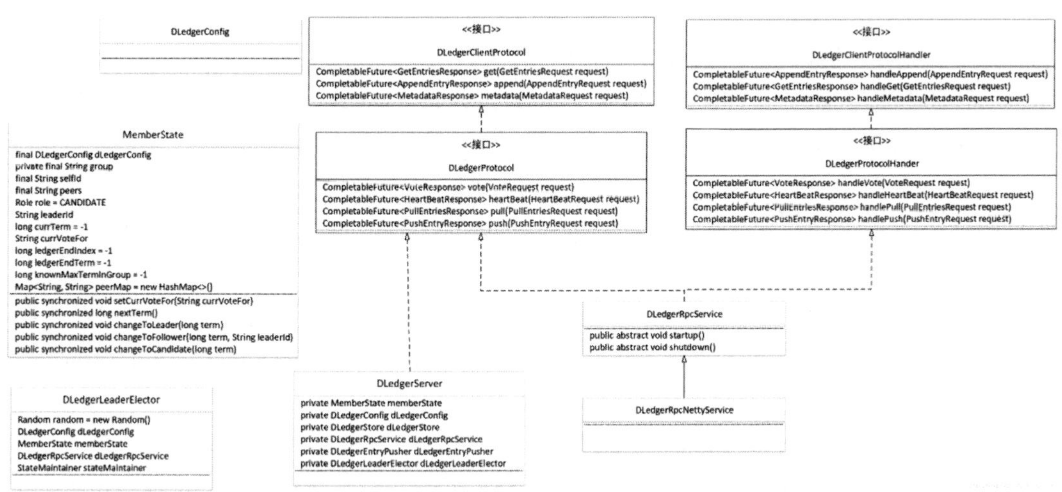

图 9-3　Leader 选举类图

下面逐一介绍主模块核心类及核心属性。

1）DLedgerConfig：主从切换模块相关的配置信息。

2）MemberState：节点状态机，即 Raft 协议中 Follower、Candidate、Leader 三种状态的状态机实现。

3）DLedgerClientProtocol：DLedger 客户端协议，主要定义如下 3 个方法。

- ❑ CompletableFuture< GetEntriesResponse> get(GetEntriesRequest request)：客户端从服务器获取日志条目（获取数据）。
- ❑ CompletableFuture< AppendEntryResponse> append(AppendEntryRequest request)：客户端向服务器追加日志（存储数据）。
- ❑ CompletableFuture< MetadataResponse> metadata(MetadataRequest request)：获取元数据。

4）DLedgerProtocol：DLedger 客户端协议，主要定义如下 4 个方法。

- ❑ CompletableFuture< VoteResponse> vote(VoteRequest request)：发起投票请求。
- ❑ CompletableFuture< HeartBeatResponse> heartBeat(HeartBeatRequest request)：Leader 节点向从节点发送心跳包。
- ❑ CompletableFuture< PullEntriesResponse> pull(PullEntriesRequest request)：拉取日志条目。
- ❑ CompletableFuture< PushEntryResponse> push(PushEntryRequest request)：推送日志条目，用于日志传播。

5）DLedgerClientProtocolHandler：DLedger 客户端协议处理器。

6）DLedgerProtocolHander：DLedger 服务端协议处理器。

7）DLedgerRpcService：DLedger 节点之前的网络通信，默认基于 Netty 实现，默认实现类为 DLedgerRpcNettyService。

8）DLedgerLeaderElector：基于 Raft 协议的 Leader 选举类。

9）DLedgerServer：基于 Raft 协议的集群内节点的封装类。

本节将重点介绍 RocketMQ 如何实现 Raft 协议的 Leader 选举机制，下面重点介绍 DLedgerLeaderElector 类。

9.3.1 DLedgerLeaderElector 核心类及核心属性

DLedgerLeaderElector 的类图如图 9-4 所示。

下面逐一介绍上述核心类及核心属性。

1）Random random：随机数生成器，对应 Raft 协议中选举超时时间，是一个随机数。

2）DLedgerConfig dLedgerConfig：配置参数。

3）MemberState memberState：节点状态机。

4）DLedgerRpcService dLedgerRpcService：RPC 服务，实现向集群内的节点发送心跳包、投票的 RPC。

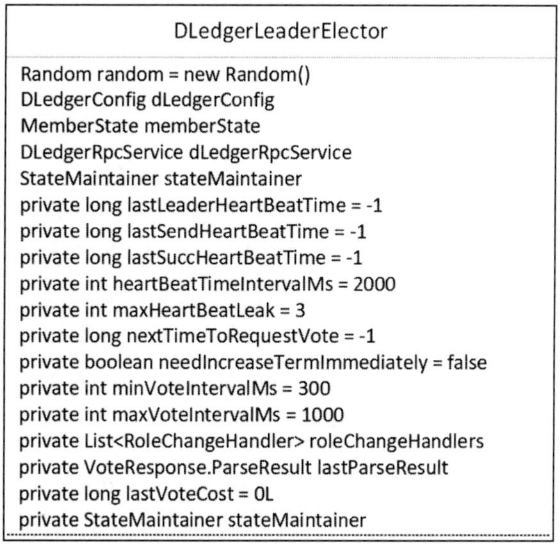

DLedgerLeaderElector

Random random = new Random()
DLedgerConfig dLedgerConfig
MemberState memberState
DLedgerRpcService dLedgerRpcService
StateMaintainer stateMaintainer
private long lastLeaderHeartBeatTime = -1
private long lastSendHeartBeatTime = -1
private long lastSuccHeartBeatTime = -1
private int heartBeatTimeIntervalMs = 2000
private int maxHeartBeatLeak = 3
private long nextTimeToRequestVote = -1
private boolean needIncreaseTermImmediately = false
private int minVoteIntervalMs = 300
private int maxVoteIntervalMs = 1000
private List<RoleChangeHandler> roleChangeHandlers
private VoteResponse.ParseResult lastParseResult
private long lastVoteCost = 0L
private StateMaintainer stateMaintainer

图 9-4　DLedgerLeaderElector 类图

5）long lastLeaderHeartBeatTime：上次收到心跳包的时间戳。

6）long lastSendHeartBeatTime：上次发送心跳包的时间戳。

7）long lastSuccHeartBeatTime：上次成功收到心跳包的时间戳。

8）int heartBeatTimeIntervalMs：一个心跳包的周期，默认为 2s。

9）int maxHeartBeatLeak：允许最大的 *n* 个心跳周期内未收到心跳包，状态为 Follower 的节点只有超过 maxHeartBeatLeak * heartBeatTimeIntervalMs 的时间内未收到主节点的心跳包，才会重新进入 Candidate 状态，进行下一轮选举。

10）long nextTimeToRequestVote：发送下一个心跳包的时间戳。

11）boolean needIncreaseTermImmediately：是否应该立即发起投票。

12）int minVoteIntervalMs：最小的发送投票间隔时间，默认为 300ms。

13）int maxVoteIntervalMs：最大的发送投票间隔时间，默认为 1000ms。

14）List< RoleChangeHandler> roleChangeHandlers：注册的节点状态处理器，通过 addRoleChangeHandler 方法添加。

15）long lastVoteCost：上一次投票的开销。

16）StateMaintainer stateMaintainer：状态机管理器。

9.3.2　选举状态管理器初始化

通过 DLedgerLeaderElector 的 startup() 方法启动状态管理机，如代码清单 9-1 所示。

代码清单 9-1　DLedgerLeaderElector#startup

```
public void startup() {
    stateMaintainer.start();
```

```
    for (RoleChangeHandler roleChangeHandler : roleChangeHandlers) {
        roleChangeHandler.startup();
    }
}
```

实现关键点如下。

1）stateMaintainer 是 Leader 选举内部维护的状态机，即维护节点状态在 Follower、Candidate、Leader 之间转换，需要先调用其 start() 方法启动状态机。

2）依次启动注册的角色转换监听器，即内部状态机的状态发生变更后的事件监听器，是 Leader 选举的功能扩展点。

StateMaintainer 的父类为 ShutdownAbleThread，继承自 Thread，故调用其 start() 方法最终会调用 run() 方法，如代码清单 9-2 所示。

代码清单 9-2　ShutdownAbleThread#run

```
public void run() {
    while (running.get()) {
        try {
            doWork();
        } catch (Throwable t) {// 省略日志
        }
    }
    latch.countDown();
}
```

从代码清单 9-2 可知，StateMaintainer 状态机的实现要点就是“无限死循环”调用 doWork() 方法，直到该状态机被关闭。doWork() 方法在 ShutdownAbleThread 被声明为抽象方法，具体由各个子类实现，我们将目光投向 StateMaintainer 的 doWork() 方法，如代码清单 9-3 所示。

代码清单 9-3　StateMaintainer#doWork

```
public void doWork() {
    try {
        if (DLedgerLeaderElector.this.dLedgerConfig.isEnableLeaderElector()) {
            DLedgerLeaderElector.this.refreshIntervals(dLedgerConfig);
            DLedgerLeaderElector.this.maintainState();
        }
        sleep(10);
    } catch (Throwable t) {
        DLedgerLeaderElector.logger.error("Error in heartbeat", t);
    }
}
```

如果当前节点参与 Leader 选举，则调用 maintainState() 方法驱动状态机，并且每一次驱动状态机后休息 10ms，如代码清单 9-4 所示。

代码清单 9-4 DLedgerLeaderElector#maintainState

```
private void maintainState() throws Exception {
    if (memberState.isLeader()) {
        maintainAsLeader();
    } else if (memberState.isFollower()) {
        maintainAsFollower();
    } else {
        maintainAsCandidate();
    }
}
```

状态机的驱动实现思路比较简单，就是根据状态机当前状态对应的方法，在该状态下检测状态机是否满足状态变更的条件，如果满足则变更状态。接下来对上述 3 个方法进行详细介绍，帮助读者理解节点在各个状态时需要处理的核心逻辑。为便于理解，先给出在 3 个状态下需要处理的核心逻辑点。

1）Leader：领导者、主节点，该状态下需要定时向从节点发送心跳包，用于传播数据、确保其领导地位。

2）Follower：从节点，该状态下会开启定时器，尝试进入 Candidate 状态，以便发起投票选举，一旦收到主节点的心跳包，则重置定时器。

3）Candidate：候选者，该状态下的节点会发起投票，尝试选择自己为主节点，选举成功后，不会存在该状态下的节点。

9.3.3 选举状态机状态流转

本节将重点梳理状态机的状态转换逻辑，首先我们追溯 MemberState 的初始化，发现其初始状态为 Candidate。接下来深入学习 maintainAsCandidate() 方法，以此探究实现原理。

1. maintainAsCandidate() 方法

如代码清单 9-5 所示，根据状态机的流转代码可知，当集群中节点的状态为 Candidate 时会执行该方法，处于该状态的节点会发起投票请求。

代码清单 9-5 DLedgerLeaderElector#maintainAsCandidate

```
if (System.currentTimeMillis() < nextTimeToRequestVote
        && !needIncreaseTermImmediately) {
    return;
}
long term;
long ledgerEndTerm;
long ledgerEndIndex;
```

第一步：如代码清单 9-6 所示，先介绍几个变量的含义。

1）long nextTimeToRequestVote：下一次可发起投票的时间，如果当前时间小于该值，说明计时器未过期，此时无须发起投票。

2）long needIncreaseTermImmediately：是否应该立即发起投票。如果为 true，则忽略计时器，该值默认为 false。作用是在从节点收到主节点的心跳包，并且当前状态机的轮次大于主节点轮次（说明集群中 Leader 的投票轮次小于从节点的轮次）时，立即发起新的投票请求。

3）long term：投票轮次。

4）long ledgerEndTerm：Leader 节点当前的投票轮次。

5）long ledgerEndIndex：当前日志的最大序列，即下一条日志的开始 index，在 9.6 节会详细介绍。

代码清单 9-6　DLedgerLeaderElector#maintainAsCandidate

```
synchronized (memberState) {
    if (!memberState.isCandidate()) {
        return;
    }
    if (lastParseResult == VoteResponse.ParseResult.WAIT_TO_VOTE_NEXT ||
            needIncreaseTermImmediately) {
        long prevTerm = memberState.currTerm();
        term = memberState.nextTerm();
        lastParseResult = VoteResponse.ParseResult.WAIT_TO_REVOTE;
    } else {
        term = memberState.currTerm();
    }
    ledgerEndIndex = memberState.getLedgerEndIndex();
    ledgerEndTerm = memberState.getLedgerEndTerm();
}
```

第二步：初始化 team、ledgerEndIndex、ledgerEndTerm 属性，如代码清单 9-7 所示，其实现关键点如下。

投票轮次的初始化机制：如果上一次的投票结果为 WAIT_TO_VOTE_NEXT（等待下一轮投票）或应该立即发起投票，则通过状态机获取新一轮投票的序号，默认在当前轮次递增 1，并将 lastParseResult 更新为 WAIT_TO_REVOTE（等待投票）。

如果上一次的投票结果不是 WAIT_TO_VOTE_NEXT，则投票轮次依然为状态机内部维护的投票轮次。

代码清单 9-7　DLedgerLeaderElector#maintainAsCandidate

```
if (needIncreaseTermImmediately) {
    nextTimeToRequestVote = getNextTimeToRequestVote();
    needIncreaseTermImmediately = false;
    return;
}
private long getNextTimeToRequestVote() {
    return System.currentTimeMillis() + lastVoteCost + minVoteIntervalMs +
        random.nextInt(maxVoteIntervalMs - minVoteIntervalMs);
```

```
}
```

第三步：如果 needIncreaseTermImmediately 为 true，则重置该标记位为 false，并重新设置下一次投票超时时间，其实现逻辑为当前时间戳 + 上次投票的开销 + 最小投票间隔之间的随机值，这里是 Raft 协议的一个关键点，即每个节点的投票超时时间引入了随机值，如代码清单 9-8 所示。

代码清单 9-8　DLedgerLeaderElector#maintainAsCandidate

```
final List<CompletableFuture<VoteResponse>> quorumVoteResponses =
    voteForQuorumResponses(term, ledgerEndTerm, ledgerEndIndex);
```

第四步：向集群内的其他节点发起投票请求，并等待各个节点的响应结果，如代码清单 9-9 所示。在这里我们先将其当作黑盒，具体的投票请求与结果响应将在下文重点阐述。

代码清单 9-9　DLedgerLeaderElector#maintainAsCandidate

```
final AtomicLong knownMaxTermInGroup = new AtomicLong(-1);
final AtomicInteger allNum = new AtomicInteger(0);
final AtomicInteger validNum = new AtomicInteger(0);
final AtomicInteger acceptedNum = new AtomicInteger(0);
final AtomicInteger notReadyTermNum = new AtomicInteger(0);
final AtomicInteger biggerLedgerNum = new AtomicInteger(0);
final AtomicBoolean alreadyHasLeader = new AtomicBoolean(false);
```

如代码清单 9-10 所示，在进行投票结果仲裁之前，先介绍几个局部变量的含义。

1）knownMaxTermInGroup：已知的最大投票轮次。

2）allNum：所有投票数。

3）validNum：有效投票数。

4）acceptedNum：赞成票数量。

5）notReadyTermNum：未准备投票的节点数量，如果对端节点的投票轮次小于发起投票的轮次，则认为对端未准备好，对端节点使用本轮次进入 Candidate 状态。

6）biggerLedgerNum：发起投票的节点的 ledgerEndTerm 小于对端节点的个数。

7）alreadyHasLeader：是否已经存在 Leader。

> **注意**　上述变量值都来自当前节点向集群内其他节点发送投票请求的响应结果，即投票与响应投票。读者可以思考一下投票请求的响应逻辑，为后续进行深入研究打下一定的基础，即先思考再探究，事半功倍。

代码清单 9-10　DLedgerLeaderElector#maintainAsCandidate

```
CountDownLatch voteLatch = new CountDownLatch(1);
for (CompletableFuture<VoteResponse> future : quorumVoteResponses) {
    future.whenComplete((VoteResponse x, Throwable ex) -> {
```

```
        // 具体的业务逻辑，即当请求得到对端的响应结果后的回调方法
    });
}
try {
    voteLatch.await(3000 + random.nextInt(maxVoteIntervalMs),
        TimeUnit.MILLISECONDS);
} catch (Throwable ignore) {
}
```

第五步：在第四步异步向集群内的各个节点发送投票请求，接下来需要同步等待所有的响应结果。这里 RocketMQ 向我们展示了一种非常优雅的编程技巧，在收到对端的响应结果后触发 CountDownLatch 与 Future 的 whenComplete 方法。在业务处理过程中，如果条件满足则调用 CountDownLatch 的 countDown 方法，唤醒 await() 方法，使之接受全部响应结果后执行后续逻辑。

接下来继续看收到请求结果后的具体处理逻辑，如代码清单 9-11 所示。

代码清单 9-11　DLedgerLeaderElector#maintainAsCandidate

```
if (x.getVoteResult() != VoteResponse.RESULT.UNKNOWN) {
    validNum.incrementAndGet();
}
synchronized (knownMaxTermInGroup) {
    switch (x.getVoteResult()) {
        case ACCEPT:
            acceptedNum.incrementAndGet();
            break;
        case REJECT_ALREADY_VOTED:
            break;
        case REJECT_ALREADY__HAS_LEADER:
            alreadyHasLeader.compareAndSet(false, true);
            break;
        case REJECT_TERM_SMALL_THAN_LEDGER:
        case REJECT_EXPIRED_VOTE_TERM:
            if (x.getTerm() > knownMaxTermInGroup.get()) {
                knownMaxTermInGroup.set(x.getTerm());
            }
            break;
        case REJECT_EXPIRED_LEDGER_TERM:
        case REJECT_SMALL_LEDGER_END_INDEX:
            biggerLedgerNum.incrementAndGet();
            break;
        case REJECT_TERM_NOT_READY:
            notReadyTermNum.incrementAndGet();
            break;
        default:
            break;
    }
}
```

第六步：统计投票结果，后续会根据投票结果决定是否可以成为Leader，从而决定当前节点的状态，如代码清单9-12所示，具体实现逻辑如下。

1）VoteResponse.RESULT.UNKNOWN：如果投票结果不是UNKNOWN，则有效票数（validNum）加1。

2）ACCEPT：赞成票（acceptedNum）加1，只有得到的赞成票超过集群节点数量的一半才能成为Leader。

3）REJECT_ALREADY_VOTED：拒绝票，原因是已经投给了其他节点。

4）REJECT_ALREADY_HAS_LEADER：拒绝票，原因是集群中已经存在Leaer节点了。alreadyHasLeader设置为true，无须再判断其他投票结果了，结束本轮投票。

5）REJECT_TERM_SMALL_THAN_LEDGER：拒绝票，原因是自己维护的term小于远端维护的ledgerEndTerm。如果对端的team大于自己的team，需要记录对端最大的投票轮次，以便更新自己的投票轮次。

6）REJECT_EXPIRED_VOTE_TERM：拒绝票，原因是自己维护的投票轮次小于远端维护的投票轮次，并且更新自己维护的投票轮次。

7）REJECT_EXPIRED_LEDGER_TERM：拒绝票，原因是自己维护的ledgerTerm小于对端维护的ledgerTerm，此种情况下需要增加计数器biggerLedgerNum的值。

8）REJECT_SMALL_LEDGER_END_INDEX：拒绝票，原因是对端的ledgerTeam与自己维护的ledgerTeam相等，但自己维护的dedgerEndIndex小于对端维护的值，这种情况下需要增加biggerLedgerNum计数器的值。

9）REJECT_TERM_NOT_READY：拒绝票，原因是对端的投票轮次小于自己的投票轮次，即对端还未准备好投票。此时对端节点使用自己的投票轮次进入Candidate状态。

代码清单9-12　DLedgerLeaderElector#maintainAsCandidate

```
lastVoteCost = DLedgerUtils.elapsed(startVoteTimeMs);
VoteResponse.ParseResult parseResult;
if (knownMaxTermInGroup.get() > term) {
    parseResult = VoteResponse.ParseResult.WAIT_TO_VOTE_NEXT;
    nextTimeToRequestVote = getNextTimeToRequestVote();
    changeRoleToCandidate(knownMaxTermInGroup.get());
} else if (alreadyHasLeader.get()) {
    parseResult = VoteResponse.ParseResult.WAIT_TO_VOTE_NEXT;
    nextTimeToRequestVote = getNextTimeToRequestVote() +
        heartBeatTimeIntervalMs * maxHeartBeatLeak;
} else if (!memberState.isQuorum(validNum.get())) {
    parseResult = VoteResponse.ParseResult.WAIT_TO_REVOTE;
    nextTimeToRequestVote = getNextTimeToRequestVote();
} else if (memberState.isQuorum(acceptedNum.get())) {
    parseResult = VoteResponse.ParseResult.PASSED;
} else if (memberState.isQuorum(acceptedNum.get() + notReadyTermNum.get())) {
    parseResult = VoteResponse.ParseResult.REVOTE_IMMEDIATELY;
} else if (memberState.isQuorum(acceptedNum.get() + biggerLedgerNum.get())) {
```

```
        parseResult = VoteResponse.ParseResult.WAIT_TO_REVOTE;
        nextTimeToRequestVote = getNextTimeToRequestVote();
    } else {
        parseResult = VoteResponse.ParseResult.WAIT_TO_VOTE_NEXT;
        nextTimeToRequestVote = getNextTimeToRequestVote();
    }
    lastParseResult = parseResult;
    if (parseResult == VoteResponse.ParseResult.PASSED) {
        changeRoleToLeader(term);
    }
```

第七步：根据投票结果进行仲裁，从而驱动状态机，下面对代码清单 9-12 进行一个详细的解读。

1）如果对端的投票轮次大于当前节点维护的投票轮次，则先重置投票计时器，然后在定时器到期后使用对端的投票轮次重新进入 Candidate 状态。

2）如果集群内已经存在 Leader 节点，当前节点将继续保持 Candidate 状态，重置计时器，但这个计时器还需要增加 heartBeatTimeIntervalMs*maxHeartBeatLeak，其中 heartBeatTimeIntervalMs 为一次心跳间隔时间，maxHeartBeatLeak 为允许丢失的最大心跳包。增加这个时间是因为集群内既然已经存在 Leader 节点了，就会在一个心跳周期内发送心跳包，从节点在收到心跳包后会重置定时器，即阻止 Follower 节点进入 Candidate 状态。这样做的目的是在指定时间内收到 Leader 节点的心跳包，从而驱动当前节点的状态由 Candidate 向 Follower 转换。

3）如果收到的有效票数未超过半数，则重置计时器并等待重新投票，注意当前状态为 WAIT_TO_REVOTE，该状态下的特征是下次投票时不增加投票轮次。

4）如果得到的赞同票超过半数，则成为 Leader 节点，调用 changeRoleToLeader 方法驱动状态机向 Leader 状态转换。

5）如果得到的赞成票加上未准备投票的节点数超过半数，则立即发起投票，故其结果为 REVOTE_IMMEDIATELY。

6）如果得到的赞成票加上对端维护的 ledgerEndIndex 超过半数，则重置计时器，继续本轮选举。

7）maintainAsCandidate() 方法的流程就介绍到这里了，下面介绍 maintainAsLeader() 方法。

2. maintainAsLeader() 方法

经过 maintainAsCandidate 投票选举被其他节点选举为 Leader 后，在该状态下会执行 maintainAsLeader() 方法，其他节点的状态还是 Candidate，并在计时器过期后，又尝试发起选举。接下来重点分析成为 Leader 节点后，该节点会做些什么，如代码清单 9-13 所示。

代码清单 9-13 DLedgerLeaderElector#maintainAsLeader

```
private void maintainAsLeader() throws Exception {
    if (DLedgerUtils.elapsed(lastSendHeartBeatTime) >
```

```
        heartBeatTimeIntervalMs) {  // @1
        long term;
        String leaderId;
        synchronized (memberState) {
            if (!memberState.isLeader()) {// @2
                return;
            }
            term = memberState.currTerm();
            leaderId = memberState.getLeaderId();
            lastSendHeartBeatTime = System.currentTimeMillis();//@3
        }
        sendHeartbeats(term, leaderId);//@4
    }
}
```

Leader 状态的节点主要按固定频率向集群内的其他节点发送心跳包，实现细节如下。

@1：如果当前时间与上一次发送心跳包的间隔时间大于一个心跳包周期（默认为 2s），则进入心跳包发送处理逻辑，否则忽略。

@2：如果当前状态机的状态已经不是 Leader，则忽略。

@3：记录本次发送心跳包的时间戳。

@4：调用 sendHeartbeats() 方法向集群内的从节点发送心跳包，具体逻辑将在 9.3.5 节详细介绍。

3. maintainAsFollower() 方法

Candidate 状态的节点在收到 Leader 节点发送的心跳包后，状态变更为 Follower，我们先来看在 Follower 状态下，节点会做些什么，如代码清单 9-14 所示。

代码清单 9-14 DLedgerLeaderElector#maintainAsFollower

```
private void maintainAsFollower() {
    if (DLedgerUtils.elapsed(lastLeaderHeartBeatTime) > 2 *
            heartBeatTimeIntervalMs) {
        synchronized (memberState) {
            if (memberState.isFollower() &&
                    (DLedgerUtils.elapsed(lastLeaderHeartBeatTime) >
                        maxHeartBeatLeak * heartBeatTimeIntervalMs)) {
                changeRoleToCandidate(memberState.currTerm());
            }
        }
    }
}
```

如果节点在 maxHeartBeatLeak 个心跳包（默认为 3 个）周期内未收到心跳包，则将状态变更为 Candidate。从这里也不得不佩服 RocketMQ 在性能方面如此追求极致，即在不加锁的情况下判断是否超过了 2 个心跳包周期，减少加锁次数，提高性能。

上面 3 个方法就是状态机在当前状态下执行的处理逻辑，主要是结合当前实际的运行情况将状态机进行驱动，例如调用 changeRoleToCandidate() 方法将自身状态变更为 Candidate，调用 changeRoleToLeader() 方法将状态变更为 Leader，调用 changeRoleToFollower() 方法将状态变更为 Follower。这 3 个方法的实现类似，接下来以 changeRoleToLeader() 方法为例进行讲解。

4. changeRoleToLeader() 方法

当状态机从 Candidate 状态变更为 Leader 节点后会调用该方法，即当处于 Candidate 状态的节点在得到集群内超过半数节点的支持后将进入该状态，我们来看该方法的实现细节，如代码清单 9-15 所示。

代码清单 9-15 DLedgerLeaderElector#changeRoleToLeader

```
public void changeRoleToLeader(long term) {
    synchronized (memberState) {
        if (memberState.currTerm() == term) {
            memberState.changeToLeader(term);
            lastSendHeartBeatTime = -1;
            handleRoleChange(term, MemberState.Role.LEADER);
            logger.info("[{}] [ChangeRoleToLeader] from term: {} and currTerm:
                {}", memberState.getSelfId(), term, memberState.currTerm());
        } else {
            logger.warn("[{}] skip to be the leader in term: {}, but currTerm
                is: {}", memberState.getSelfId(), term, memberState.currTerm());
        }
    }
}
```

首先更新状态机（MemberState）的角色为 Leader，并设置 leaderId 为当前节点的 ID，然后调用 handleRoleChange 方法触发角色状态转换事件，从而执行扩展点的逻辑代码。

选举状态机状态的流转就介绍到这里，在上面的流程中我们忽略了两个重要的过程：发起投票请求与投票请求响应、发送心跳包与心跳包响应，接下来重点介绍这两个过程。

9.3.4 发送投票请求与处理投票请求

节点的状态为 Candidate 时会向集群内的其他节点发起投票请求（个人认为理解为拉票更好），向对方询问是否愿意选举“我”为 Leader，对端节点会根据自己的情况对其投赞成票或拒绝票，如果投拒绝票，还会给出拒绝的原因，具体由 voteForQuorumResponses()、handleVote() 这两个方法实现，接下来我们分别对这两个方法进行详细分析。

1. voteForQuorumResponses() 方法

当节点状态为 Candidate 时会向集群内的其他节点发起投票请求，voteForQuorumResponses() 方法是发送请求的具体实现，如代码清单 9-16 所示。

代码清单 9-16 DLedgerLeaderElector#voteForQuorumResponses

```
private List<CompletableFuture<VoteResponse>> voteForQuorumResponses(long
        term, long ledgerEndTerm,long ledgerEndIndex) throws Exception {
    List<CompletableFuture<VoteResponse>> responses = new ArrayList<>();
    for (String id : memberState.getPeerMap().keySet()) {
        VoteRequest voteRequest = new VoteRequest();
        voteRequest.setGroup(memberState.getGroup());
        voteRequest.setLedgerEndIndex(ledgerEndIndex);
        voteRequest.setLedgerEndTerm(ledgerEndTerm);
        voteRequest.setLeaderId(memberState.getSelfId());
        voteRequest.setTerm(term);
        voteRequest.setRemoteId(id);
        CompletableFuture<VoteResponse> voteResponse;
        if (memberState.getSelfId().equals(id)) {
            voteResponse = handleVote(voteRequest, true);
        } else {
            voteResponse = dLedgerRpcService.vote(voteRequest);
        }
        responses.add(voteResponse);
    }
    return responses;
}
```

各参数含义如下。

1）long term：发起投票节点当前维护的投票轮次。

2）long ledgerEndTerm：发起投票节点当前维护的最大投票轮次。

3）long ledgerEndIndex：发起投票节点维护的最大日志条目索引。

遍历集群内的所有节点，依次构建投票请求并通过网络异步发送到对端节点，发起投票节点会默认为自己投上一票，投票逻辑被封装在 handleVote() 方法中。

2. handleVote() 方法

因为一个节点可能会收到多个节点的“拉票”请求，存在并发问题，所以需要引入 synchronized 机制，锁定状态机 memberState 对象。接下来我们详细了解其实现逻辑，如代码清单 9-17 所示。

代码清单 9-17 DLedgerLeaderElector#handleVote

```
if (request.getTerm() < memberState.currTerm()) {
    return CompletableFuture.completedFuture(new VoteResponse(request).term
        (memberState.currTerm()).voteResult(VoteResponse.
            RESULT.REJECT_EXPIRED_VOTE_TERM));
} else if (request.getTerm() == memberState.currTerm()) {
    if (memberState.currVoteFor() == null) {
    } else if (memberState.currVoteFor().equals(request.getLeaderId())) {
    } else {
        if (memberState.getLeaderId() != null) {
            return CompletableFuture.completedFuture(new VoteResponse(reque
```

```
                st).term(memberState.currTerm()).voteResult(
                    VoteResponse.RESULT.REJECT_ALREADY__HAS_LEADER));
        } else {
            return CompletableFuture.completedFuture(new VoteResponse(reque
                st).term(memberState.currTerm()).voteResult(
                    VoteResponse.RESULT.REJECT_ALREADY_VOTED));
        }
    }
} else {
    changeRoleToCandidate(request.getTerm());
    needIncreaseTermImmediately = true;
    return CompletableFuture.completedFuture(new VoteResponse(request).term
        (memberState.currTerm()).voteResult(VoteResponse.
            RESULT.REJECT_TERM_NOT_READY));
}
```

第一步：如代码清单 9-18 所示，根据发起投票节点、当前响应节点维护的投票轮次进行投票仲裁，分如下 3 种情况。

1）发起投票节点的投票轮次小于当前节点的投票轮次：投拒绝票，也就是说在 Raft 协议中，term 越大，越有话语权。

2）发起投票节点的投票轮次等于当前节点的投票轮次：说明两者都处在同一个投票轮次中，地位平等，接下来看该节点是否已经投过票。

- 如果未投票或已投票给请求节点，则继续下面的逻辑。
- 如果该节点已存在 Leader 节点，则拒绝并告知已存在 Leader 节点。
- 如果该节点还未有 Leader 节点，但已经投了其他节点的票，则拒绝请求节点，并告知已投票。

3）发起投票节点的投票轮次大于当前节点的投票轮次：拒绝发起投票节点的投票请求，并告知对方自己还未准备投票，会使用发起投票节点的投票轮次立即进入 Candidate 状态。

代码清单 9-18 DLedgerLeaderElector#handleVote

```
if (request.getLedgerEndTerm() < memberState.getLedgerEndTerm()) {
    return CompletableFuture.completedFuture(new VoteResponse(request).
        term(memberState.currTerm()).voteResult(
            VoteResponse.RESULT.REJECT_EXPIRED_LEDGER_TERM));
} else if (request.getLedgerEndTerm() == memberState.getLedgerEndTerm() &&
        request.getLedgerEndIndex() < memberState.getLedgerEndIndex()) {
    return CompletableFuture.completedFuture(new VoteResponse(request)
            .term(memberState.currTerm()).voteResult(
                VoteResponse.RESULT.REJECT_SMALL_LEDGER_END_INDEX));
}
if (request.getTerm() < memberState.getLedgerEndTerm()) {
    return CompletableFuture.completedFuture(new VoteResponse(request).
        term(memberState.getLedgerEndTerm()).voteResult(
            VoteResponse.RESULT.REJECT_TERM_SMALL_THAN_LEDGER));
}
```

第二步：如代码清单 9-19 所示，根据发起投票节点、当前响应节点维护的 ledgerEndTerm 进行投票仲裁，分如下 3 种情况。

1）如果发起投票节点的 ledgerEndTerm 小于当前响应节点的 ledgerEndTerm 则拒绝，原因是发起投票节点的日志复制进度比当前节点低，这种情况是不能成为主节点的，否则会造成数据丢失。

2）如果发起投票节点的 ledgerEndTerm 与当前响应节点维护的 ledgerEndTerm 相等，但是 ledgerEndIndex 比当前节点小，则拒绝，原因与上一条相同。

3）如果发起投票节点的投票轮次小于 ledgerEndTerm，则以同样的理由拒绝。

代码清单 9-19 DLedgerLeaderElector#handleVote

```
memberState.setCurrVoteFor(request.getLeaderId());
return CompletableFuture.completedFuture(new VoteResponse(request).term
    (memberState.currTerm()).voteResult(VoteResponse.RESULT.ACCEPT));
```

第三步：经过层层筛选，将宝贵的赞成票投给发起投票的节点，完成整个投票过程。

9.3.5 发送心跳包与处理心跳包

经过几轮投票，其中一个节点会被推举出来成为 Leader 节点。Leader 节点为了维持其领导地位，会定时向从节点发送心跳包，接下来我们重点看心跳包的发送与响应。

1. sendHeartbeats() 方法

发送心跳包由 sendHeartbeats() 方法实现，如代码清单 9-20 所示。

代码清单 9-20 DLedgerLeaderElector#sendHeartbeats

```
final AtomicInteger allNum = new AtomicInteger(1);
final AtomicInteger succNum = new AtomicInteger(1);
final AtomicInteger notReadyNum = new AtomicInteger(0);
final AtomicLong maxTerm = new AtomicLong(-1);
final AtomicBoolean inconsistLeader = new AtomicBoolean(false);
final CountDownLatch beatLatch = new CountDownLatch(1);
long startHeartbeatTimeMs = System.currentTimeMillis();
```

如代码清单 9-21 所示，先介绍几个局部变量的含义。

1）AtomicInteger allNum：集群内节点的个数。

2）AtomicInteger succNum：收到成功响应的节点个数。

3）AtomicInteger notReadyNum：收到对端没有准备好反馈的节点个数。

4）AtomicLong maxTerm：当前集群中各个节点维护的最大的投票轮次。

5）AtomicBoolean inconsistLeader：是否存在 Leader 节点不一致。

6）CountDownLatch beatLatch：用于等待异步请求结果。

7）long startHeartbeatTimeMs：本次心跳包开始发送的时间戳。

代码清单 9-21 DLedgerLeaderElector#sendHeartbeats

```
for (String id : memberState.getPeerMap().keySet()) {
    if (memberState.getSelfId().equals(id)) {
        continue;
    }
    HeartBeatRequest heartBeatRequest = new HeartBeatRequest();
    heartBeatRequest.setGroup(memberState.getGroup());
    heartBeatRequest.setLocalId(memberState.getSelfId());
    heartBeatRequest.setRemoteId(id);
    heartBeatRequest.setLeaderId(leaderId);
    heartBeatRequest.setTerm(term);
    CompletableFuture<HeartBeatResponse> future =
        dLedgerRpcService.heartBeat(heartBeatRequest);
    // 省略异步结果事件处理逻辑
}
```

第一步：遍历集群中所有的节点，构建心跳数据包并异步向集群内的从节点发送心跳包，心跳包中主要包含 Raft 复制组名、当前节点 ID、远程节点 ID、当前集群中的 leaderId、当前节点维护的投票轮次，如代码清单 9-22 所示。

代码清单 9-22 DLedgerLeaderElector#sendHeartbeats

```
future.whenComplete((HeartBeatResponse x, Throwable ex) -> {
    try {
        switch (DLedgerResponseCode.valueOf(x.getCode())) {
            case SUCCESS:
                succNum.incrementAndGet();
                break;
            case EXPIRED_TERM:
                maxTerm.set(x.getTerm());
                break;
            case INCONSISTENT_LEADER:
                inconsistLeader.compareAndSet(false, true);
                break;
            case TERM_NOT_READY:
                notReadyNum.incrementAndGet();
                break;
            default:
                break;
        }
        if (memberState.isQuorum(succNum.get())
                || memberState.isQuorum(succNum.get() + notReadyNum.get())) {
            beatLatch.countDown();
        }
    } finally {
        allNum.incrementAndGet();
        if (allNum.get() == memberState.peerSize()) {
            beatLatch.countDown();
        }
    }
});
```

第二步：当收到一个节点的响应结果后触发回调函数，统计响应结果，先介绍一下对端节点的返回结果。

1）SUCCESS：心跳包成功响应。

2）EXPIRED_TERM：节点的投票轮次小于从节点的投票轮次。

3）INCONSISTENT_LEADER：从节点已经有了新的主节点。

4）TERM_NOT_READY：从节点未准备好。

如果收到 SUCCESS 的从节点数量超过集群节点的半数，或者收到集群内所有节点的响应结果后调用 CountDownLatch 的 countDown() 方法从而唤醒了主线程，则继续执行后续流程，如代码清单 9-23 所示。

代码清单 9-23　DLedgerLeaderElector#sendHeartbeats

```
if (memberState.isQuorum(succNum.get())) {
    lastSuccHeartBeatTime = System.currentTimeMillis();
} else {
    if (memberState.isQuorum(succNum.get() + notReadyNum.get())) {
        lastSendHeartBeatTime = -1;
    } else if (maxTerm.get() > term) {
        changeRoleToCandidate(maxTerm.get());
    } else if (inconsistLeader.get()) {
        changeRoleToCandidate(term);
    } else if (DLedgerUtils.elapsed(lastSuccHeartBeatTime) > maxHeartBeatLeak
        * heartBeatTimeIntervalMs) {
        changeRoleToCandidate(term);
    }
}
```

第三步：对响应结果进行仲裁，关键点如下。

1）如果当前 Leader 节点收到超过集群半数节点的认可（SUCCESS），表示集群状态正常，则正常按照心跳包间隔发送心跳包。

2）如果当前 Leader 节点收到 SUCCESS 的响应数加上未准备投票的节点数超过集群节点的半数，则立即发送心跳包。

3）如果从节点的投票轮次比主节点大，则使用从节点的投票轮次，或从节点已经有了另外的主节点，节点状态从 Leader 转换为 Candidate。

2. handleHeartBeat() 方法详解

该方法是从节点在收到主节点的心跳包后的响应逻辑，如代码清单 9-24 所示。

代码清单 9-24　DLedgerLeaderElector#handleHeartBeat

```
if (request.getTerm() < memberState.currTerm()) {
    return CompletableFuture.completedFuture(new HeartBeatResponse().term
        (memberState.currTerm()).code(DLedgerResponseCode.EXPIRED_TERM.getC
            ode()));
```

```
} else if (request.getTerm() == memberState.currTerm()) {
    if (request.getLeaderId().equals(memberState.getLeaderId())) {
        lastLeaderHeartBeatTime = System.currentTimeMillis();
        return CompletableFuture.completedFuture(new HeartBeatResponse());
    }
}
```

第一步：如果发送心跳包的节点（Leader 节点）的投票轮次小于从节点的投票轮次，返回 EXPIRED_TERM，告知对方它的投票轮次已经过期，需要重新进入选举。如果 Leader 节点的投票轮次与当前从节点的投票轮次相同，并且发送心跳包的节点（Leader 节点）是当前从节点的主节点，则返回成功，如代码清单 9-25 所示。

代码清单 9-25 DLedgerLeaderElector#handleHeartBeat

```
synchronized (memberState) {
    if (request.getTerm() < memberState.currTerm()) {
        return CompletableFuture.completedFuture(new HeartBeatResponse()
            .term(memberState.currTerm()).code(
                DLedgerResponseCode.EXPIRED_TERM.getCode()));
    } else if (request.getTerm() == memberState.currTerm()) {
        if (memberState.getLeaderId() == null) {
            changeRoleToFollower(request.getTerm(), request.getLeaderId());
            return CompletableFuture.completedFuture(new HeartBeatResponse());
        } else if (request.getLeaderId().equals(memberState.getLeaderId())) {
            lastLeaderHeartBeatTime = System.currentTimeMillis();
            return CompletableFuture.completedFuture(new HeartBeatResponse());
        } else {
            // 省略错误日志输出代码
            return CompletableFuture.completedFuture(new HeartBeatResponse()
                .code(DLedgerResponseCode.INCONSISTENT_LEADER.getCode()));
        }
    } else {
        changeRoleToCandidate(request.getTerm());
        needIncreaseTermImmediately = true;
        return CompletableFuture.completedFuture(new HeartBeatResponse()
            .code(DLedgerResponseCode.TERM_NOT_READY.getCode()));
    }
}
```

第二步：通常情况下第一步将直接返回，本步骤主要用于处理异常情况，需要加锁以确保线程安全，核心处理逻辑如下。

1）如果发送心跳包的节点（Leader 节点）的投票轮次小于当前从节点的投票轮次，返回 EXPIRED_TERM，告知对方它的投票轮次已经过期，需要重新进入选举。

2）如果发送心跳包的节点的投票轮次等于当前从节点的投票轮次，需要根据当前从节点维护的 leaderId 来继续判断下列情况。

- 如果当前从节点维护的主节点 ID(leaderId) 为空，则使用主节点的 ID，并返回成功。

- 如果当前从节点的维护的主节点 ID（leaderId）与发送心跳包的节点 ID 相同，则更新上一次收到心跳包的时间戳，并返回成功。
- 如果当前从节点的维护的主节点 ID 与发送心跳包的节点 ID 不同，说明集群中存在另外一个 Leader 节点，则返回 INCONSISTENT_LEADER，对端节点将进入 Candidate 状态。

3）如果发送心跳包的节点的投票轮次大于当前从节点的投票轮次，则认为从节点并未准备好，从节点将进入 Candidate 状态，并立即发起一次投票。

上面从源码的角度详细分析了 RocketMQ DLedger 基于 Raft 协议实现的 Leader 选举，下面通过图 9-5 所示的流程图更加直观地阐述其实现原理。

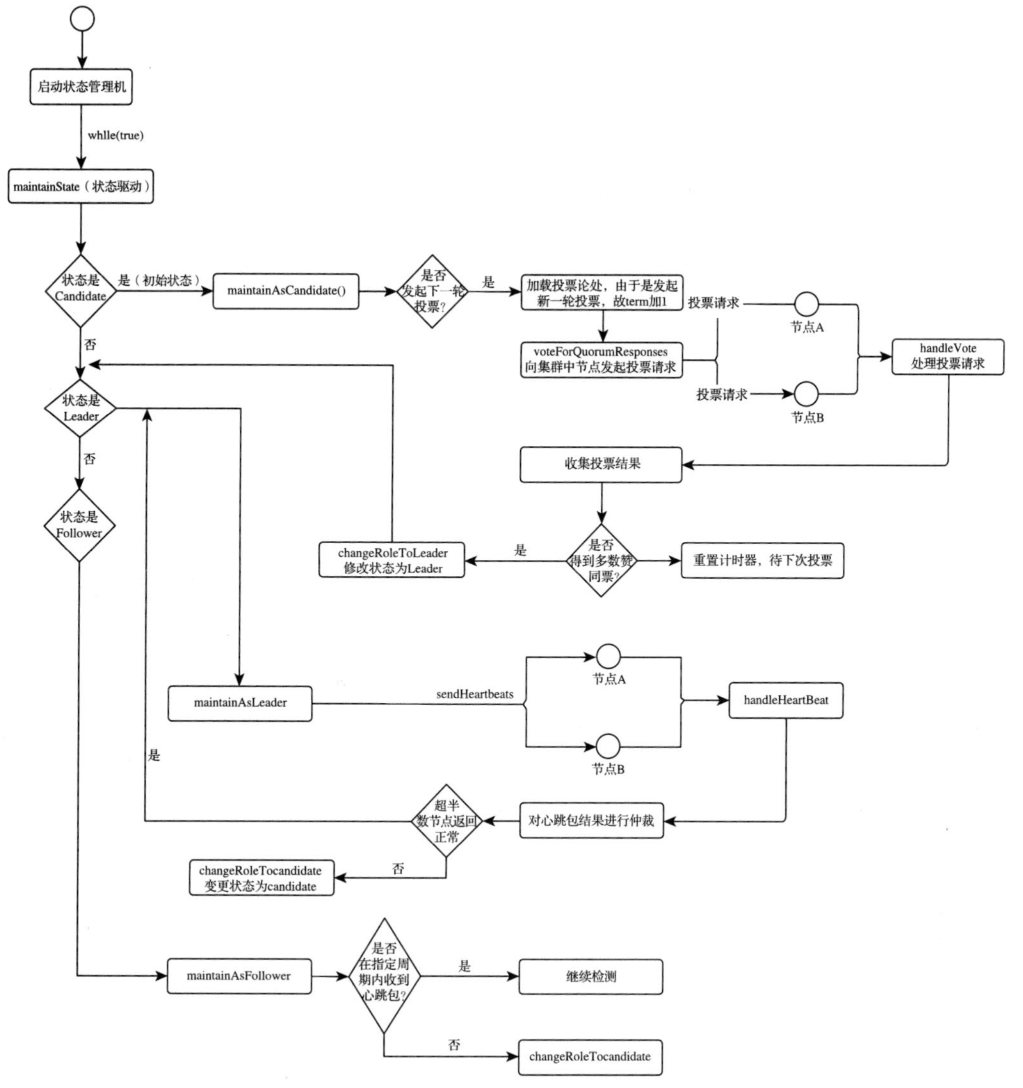

图 9-5　RocketMQ DLedger Raft Leader 选举流程图

9.4 RocketMQ DLedger 主从切换之存储实现

RocketMQ DLedger 的存储实现思路与 RocketMQ 的存储实现思路相似，本节不会详细介绍其实现原理，只是点到为止，抛砖引玉。

9.4.1 RocketMQ DLedger 核心类及核心属性

RocketMQ DLedger 类图如图 9-6 所示。

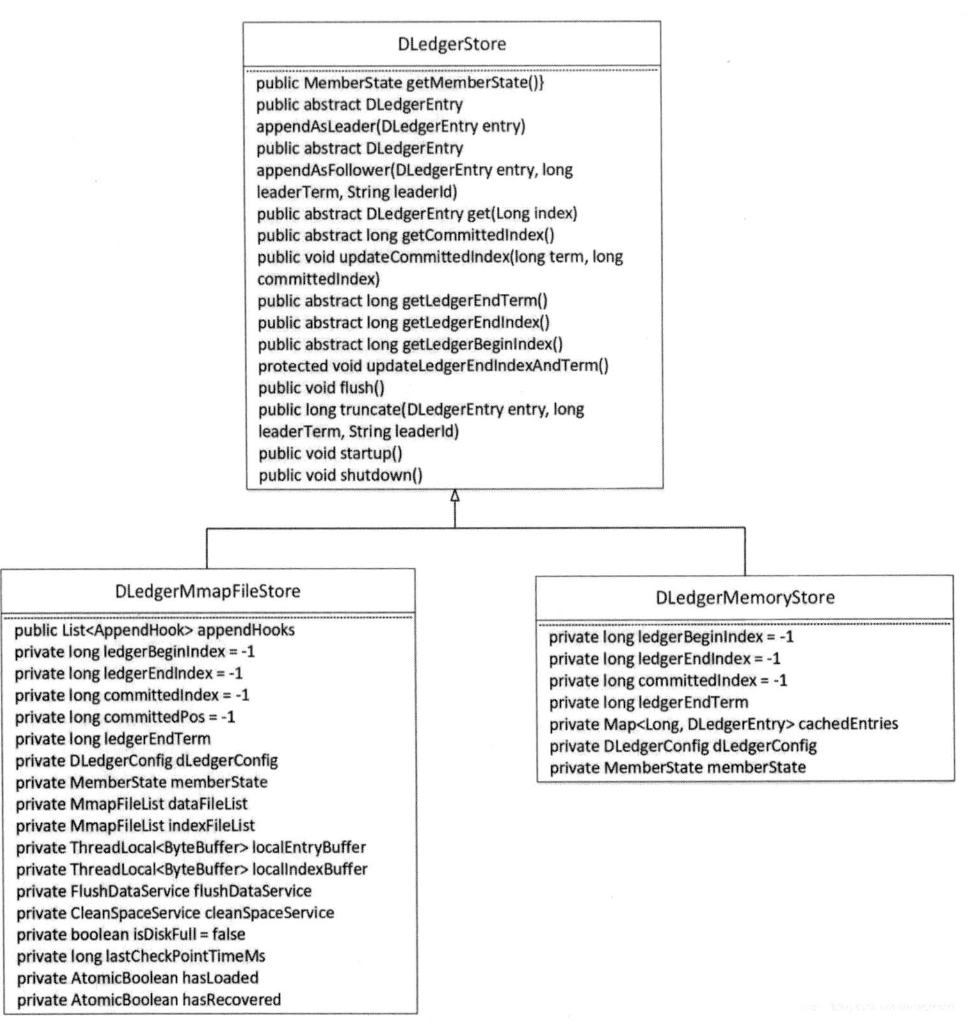

图 9-6 RocketMQ DLedger 存储类图

下面逐一介绍上述核心类及核心属性。

1）DLedgerStore：存储抽象类，定义如下核心方法。

- public abstract DLedgerEntry appendAsLeader(DLedgerEntry entry)：向主节点追加日志（数据）。
- public abstract DLedgerEntry appendAsFollower(DLedgerEntry entry, long leaderTerm, String leaderId)：向从节点广播日志。
- public abstract DLedgerEntry get(Long index)：根据日志下标查找日志。
- public abstract long getCommittedIndex()：获取已提交的日志序号。
- public abstract long getLedgerEndTerm()：获取 Leader 节点当前最大的投票轮次。
- public abstract long getLedgerEndIndex()：获取 Leader 节点下一条日志写入的日志序号（最新日志的下标）。
- public abstract long getLedgerBeginIndex()：获取 Leader 节点第一条消息的日志序号。
- public void updateCommittedIndex(long term, long committedIndex)：更新 commitedIndex 的值，为空实现，由具体的存储子类实现。
- protected void updateLedgerEndIndexAndTerm()：更新 Leader 节点维护的 ledgerEndIndex 和 ledgerEndTerm。
- public void flush()：刷盘，空方法，由具体子类实现。
- public long truncate(DLedgerEntry entry, long leaderTerm, String leaderId)：删除日志，空方法，由具体子类实现。
- public void startup()：启动存储管理器，空方法，由具体子类实现。
- public void shutdown()：关闭存储管理器，空方法，由具体子类实现。

2）DLedgerMemoryStore：DLedger 基于内存实现的日志存储实现类。

3）DLedgerMmapFileStore：基于文件内存映射机制的存储实现，核心属性如下。

- long ledgerBeginIndex = -1：日志的起始序号，默认为 -1。
- long ledgerEndIndex = -1：下一条日志下标，默认为 -1。
- long committedIndex = -1：已提交的日志序号，默认为 -1。
- long ledgerEndTerm：当前最大的投票轮次。

4）DLedgerConfig dLedgerConfig：DLedger 的配置信息。

- MemberState memberState：状态机。
- MmapFileList dataFileList：日志文件（数据文件）的内存映射队列。
- MmapFileList indexFileList：索引文件的内存映射文件集合。
- ThreadLocal<ByteBuffer> localIndexBuffer：本地线程变量，用来缓存索引 ByteBuffer。
- ThreadLocal<ByteBuffer> localEntryBuffer：本地线程变量，用来缓存数据索引 ByteBuffer。
- FlushDataService flushDataService：数据文件刷盘线程。
- CleanSpaceService cleanSpaceService：清除过期日志文件线程。
- boolean isDiskFull = false：磁盘是否已满。
- long lastCheckPointTimeMs：上一次检测点（时间戳）。

- AtomicBoolean hasLoaded：是否已经加载，主要用来避免重复加载（初始化）日志文件。
- AtomicBoolean hasRecovered：是否已恢复。

RocketMQ DLedger 的上述核心类与 RocketMQ 存储模块的对应关系如表 9-1 所示。

表 9-1 RocketMQ 存储模块与 DLedger 模块

RocketMQ 存储模块	DLedger 存储模块	描　述
MappedFile	DefaultMmapFIle	表示一个物理文件
MappedFileQueue	MmapFileList	表示逻辑上连续多个物理文件
DefaultMessageStore	DLedgerMmapFileStore	存储实现类
Commitlog$FlushCommitLogService	DLedgerMmapFileStore$FlushDataService	实现文件刷盘机制
DefaultMessageStore$CleanCommitlogService	DLedgerMmapFileStore$CleanSpaceService	清理过期文件

9.4.2 RocketMQ DLedger 数据存储协议

RocketMQ DLedger 数据存储协议如图 9-7 所示。

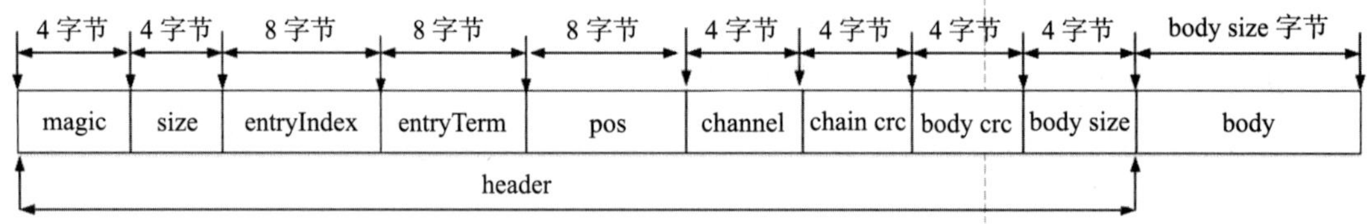

图 9-7 RocketMQ DLedger 数据存储格式

存储协议各个字段的含义如下。

1）magic：魔数，4 字节。

2）size：条目总长度，包含 header（协议头）+body（消息体），占 4 字节。

3）entryIndex：当前条目的日志序号，占 8 字节。

4）entryTerm：条目所属的投票轮次，占 8 字节。

5）pos：条目的物理偏移量，类似 CommitLog 文件的物理偏移量，占 8 字节。

6）channel：保留字段，当前版本未使用，占 4 字节。

7）chain crc：当前版本未使用，占 4 字节。

8）body crc：消息体的 CRC 校验和，用来区分数据是否损坏，占 4 字节。

9）body size：用来存储消息体的长度，占 4 个字节。

10）body：消息体的内容。

9.4.3 RocketMQ DLedger 索引存储协议

RocketMQ DLedger 索引的存储协议如图 9-8 所示。

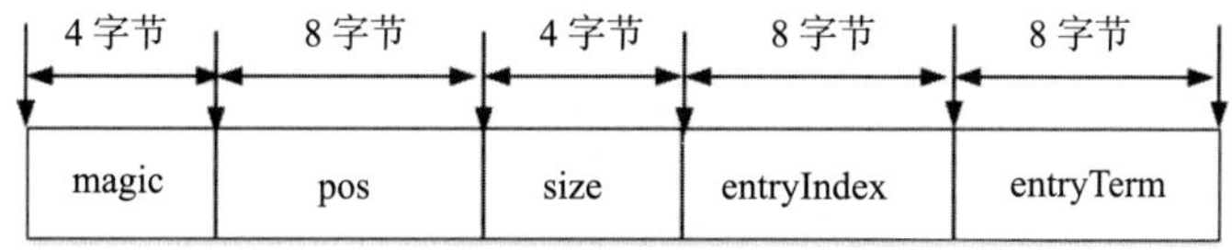

图 9-8 RocketMQ DLedger 索引存储格式

存储协议中各个字段的含义如下。

1）magic：魔数。

2）pos：条目的物理偏移量，类似 CommitLog 文件的物理偏移量，占 8 字节。

3）size：条目长度。

4）entryIndex：当前条目的日志序号，占 8 字节。

5）entryTerm：条目所属的投票轮次，占 8 字节。

9.5 RocketMQ DLedger 主从切换之日志追加

Raft 协议负责组主要包含两个步骤：Leader 选举和日志复制。使用 Raft 协议的集群在向外提供服务之前需要先在集群中进行 Leader 选举，推举一个主节点接受客户端的读写请求。Raft 协议负责组的其他节点只需要复制数据，不对外提供服务。当 Leader 节点接受客户端的写请求后，先将数据存储在 Leader 节点上，然后将日志数据广播给它的从节点，只有超过半数的节点都成功存储了该日志，Leader 节点才会向客户端返回写入成功。

本节将详细探讨 Leader 节点在接受客户端请求后是如何存储数据的，9.6 节将详细介绍日志复制过程。

9.5.1 日志追加流程概述

在详细探讨 RockctMQ DLedger 日志追加流程之前，我们先了解一下客户端发送日志的请求协议字段，其类图如图 9-9 所示。

下面逐一介绍上述核心类及核心属性。

1）String group：Raft 复制组所属组名。

2）String remoteId：请求目的节点 ID。

3）String localId：发起请求节点 ID。

4）int code：请求响应字段，表示返回响应码。

5）String leaderId：集群中的 Leader 节点 ID。

6）long term：集群当前选举轮次。

7）byte[] body：待发送的数据。

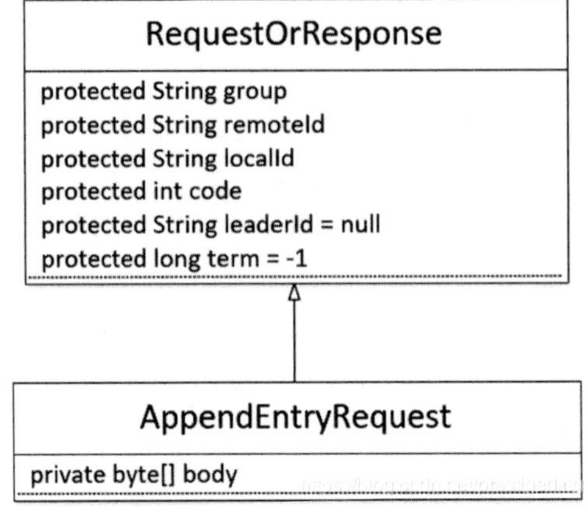

图 9-9　RocketMQ 日志追加请求类图

Leader 节点处理日志写入请求的入口为 DLedgerServer 的 handleAppend() 方法。接下来我们详细介绍该方法的实现逻辑，如代码清单 9-26 所示。

代码清单 9-26　DLedgerServer#handleAppend

```
PreConditions.check(memberState.getSelfId().equals(request.getRemoteId()),
    DLedgerResponseCode.UNKNOWN_MEMBER, "%s != %s", request.getRemoteId(),
        memberState.getSelfId());
PreConditions.check(memberState.getGroup().equals(request.getGroup()),
    DLedgerResponseCode.UNKNOWN_GROUP, "%s != %s", request.getGroup(),
        memberState.getGroup());
PreConditions.check(memberState.isLeader(),
    DLedgerResponseCode.NOT_LEADER);
```

第一步：验证请求的合理性，如代码清单 9-27 所示。

1）如果请求目的节点不是当前节点，则抛出异常。

2）如果请求的集群不是当前节点所在的集群，则抛出异常。

3）如果当前节点不是 Leader 节点，则抛出异常。

代码清单 9-27　DLedgerServer#handleAppend

```
long currTerm = memberState.currTerm();
if (dLedgerEntryPusher.isPendingFull(currTerm)) {
    AppendEntryResponse appendEntryResponse = new AppendEntryResponse();
    appendEntryResponse.setGroup(memberState.getGroup());
    appendEntryResponse.setCode(DLedgerResponseCode.LEADER_PENDING_FULL.getCode());
    appendEntryResponse.setTerm(currTerm);
    appendEntryResponse.setLeaderId(memberState.getSelfId());
    return AppendFuture.newCompletedFuture(-1, appendEntryResponse);
```

```
} else {
    DLedgerEntry dLedgerEntry = new DLedgerEntry();
    dLedgerEntry.setBody(request.getBody());
    DLedgerEntry resEntry = dLedgerStore.appendAsLeader(dLedgerEntry);
    return dLedgerEntryPusher.waitAck(resEntry);
}
```

第二步：消息的追加是一个异步过程，会将内容暂存到内存队列中。首先检查内存队列是否已满，如果已满则向客户端返回错误码，表示本次消息发送失败。如果队列未满，则先将数据追加到 Leader 节点的 PageCache 中，然后转发给 Leader 的所有从节点，最后 Leader 节点等待从节点日志复制的结果。上述消息追加主要包括如下步骤。

1）判断推送队列是否已满（DLedgerEntryPusher 的 isPendingFull() 方法）。

2）Leader 节点日志存储（DLedgerStore 的 appendAsLeader() 方法）。

3）Leader 节点等待从节点日志复制响应 ACK。

9.5.2　判断 Push 队列是否已满

判断推送队列是否已满，如代码清单 9-28 所示。

代码清单 9-28　DLedgerEntryPusher#isPendingFull

```
public boolean isPendingFull(long currTerm) {
    checkTermForPendingMap(currTerm, "isPendingFull");
    return pendingAppendResponsesByTerm.get(currTerm).size() >
        dLedgerConfig.getMaxPendingRequestsNum();
}
```

pendingAppendResponsesByTerm 的数据存储格式为 Map< Long/* 投票轮次 */, ConcurrentMap <Long/* 日志序号 */, TimeoutFuture< AppendEntryResponse>>>，该方法表示每一个投票轮次积压（未提交）的日志数量默认不能超过 10000 条，可通过配置参数 maxPendingRequestsNum 来改变默认值，即队列的长度默认为 10000。

9.5.3　Leader 节点日志存储

Leader 节点的数据存储主要由 DLedgerStore 的 appendAsLeader() 方法实现。DLedger 提供了基于内存和基于文件两种持久化实现，本节重点关注基于文件的存储实现方法，其实现类为 DLedgerMmapFileStore。

下面重点分析数据存储流程，入口为 DLedgerMmapFileStore 的 appendAsLeader() 方法，如代码清单 9-29 所示。

代码清单 9-29　DLedgerMmapFileStore#appendAsLeader

```
PreConditions.check(memberState.isLeader(), DLedgerResponseCode.
    NOT_LEADER);
PreConditions.check(!isDiskFull, DLedgerResponseCode.DISK_FULL);
```

第一步：判断是否可以追加数据，如代码清单 9-30 所示，其判断依据有如下两点。

1）当前节点的角色是否为 Leader，如果不是，则抛出异常。

2）当前节点磁盘是否已满，判断依据是 DLedger 的根目录或数据文件目录的使用率是否超过了允许使用的最大值，默认值为 85%。

代码清单 9-30　DLedgerMmapFileStore#appendAsLeader

```
ByteBuffer dataBuffer = localEntryBuffer.get();
ByteBuffer indexBuffer = localIndexBuffer.get();
```

第二步：从本地线程变量获取一个数据 Buffer 与索引 Buffer。其中用于存储数据的 ByteBuffer 容量固定为 4MB，索引的 ByteBuffer 为两个索引条目的长度，固定为 64 字节，如代码清单 9-31 所示。

代码清单 9-31　DLedgerMmapFileStore#appendAsLeader

```
DLedgerEntryCoder.encode(entry, dataBuffer);
public static void encode(DLedgerEntry entry, ByteBuffer byteBuffer) {
    byteBuffer.clear();
    int size = entry.computSizeInBytes();
    byteBuffer.putInt(entry.getMagic());
    byteBuffer.putInt(size);
    byteBuffer.putLong(entry.getIndex());
    byteBuffer.putLong(entry.getTerm());
    byteBuffer.putLong(entry.getPos());
    byteBuffer.putInt(entry.getChannel());
    byteBuffer.putInt(entry.getChainCrc());
    byteBuffer.putInt(entry.getBodyCrc());
    byteBuffer.putInt(entry.getBody().length);
    byteBuffer.put(entry.getBody());
    byteBuffer.flip();
}
```

第三步：对客户端发送的日志进行编码，按照 RocketMQ DLedger 存储协议进行封装，如代码清单 9-32 所示。

代码清单 9-32　DLedgerMmapFileStore#appendAsLeader

```
synchronized (memberState) {
    PreConditions.check(memberState.isLeader(),
        DLedgerResponseCode.NOT_LEADER, null);
    // 省略部分代码
}
```

第四步：锁定状态机，再一次检测节点的状态是否是 Leader，如代码清单 9-33 所示。

代码清单 9-33　DLedgerMmapFileStore#appendAsLeader

```
long nextIndex = ledgerEndIndex + 1;
entry.setIndex(nextIndex);
```

```
entry.setTerm(memberState.currTerm());
entry.setMagic(CURRENT_MAGIC);
DLedgerEntryCoder.setIndexTerm(dataBuffer, nextIndex,
    memberState.currTerm(), CURRENT_MAGIC);
```

第五步：为当前日志条目设置序号，即设置entryIndex与entryTerm（投票轮次），并将魔数、entryIndex、entryTerm等写入byteBuffer，如代码清单9-34所示。

> 注意 关于日志存储有一个非常重要的概念，即Raft会为Leader节点收到的每一条数据在服务端维护一个递增的日志序号，即为每一条数据生成了一个唯一的标记。

代码清单9-34 DLedgerMmapFileStore#appendAsLeader

```
long prePos = dataFileList.preAppend(dataBuffer.remaining());
entry.setPos(prePos);
PreConditions.check(prePos != -1, DLedgerResponseCode.DISK_ERROR, null);
DLedgerEntryCoder.setPos(dataBuffer, prePos);
```

第六步：计算消息的起始物理偏移量，与CommitLog文件的物理偏移量设计思想相同，将该偏移量写入日志的byteBuffer，如代码清单9-35所示。关于dataFileList的preAppend实现后续将详细介绍。

代码清单9-35 DLedgerMmapFileStore#appendAsLeader

```
for (AppendHook writeHook : appendHooks) {
    writeHook.doHook(entry, dataBuffer.slice(), DLedgerEntry.BODY_OFFSET);
}
```

第七步：执行日志追加的钩子函数，如代码清单9-36所示。

代码清单9-36 DLedgerMmapFileStore#appendAsLeader

```
long dataPos = dataFileList.append(dataBuffer.array(), 0,
    dataBuffer.remaining());
PreConditions.check(dataPos != -1, DLedgerResponseCode.DISK_ERROR, null);
PreConditions.check(dataPos == prePos, DLedgerResponseCode.DISK_ERROR, null);
```

第八步：调用DataFileList的append方法，将日志先追加到PageCache中，如代码清单9-37所示。

代码清单9-37 DLedgerMmapFileStore#appendAsLeader

```
DLedgerEntryCoder.encodeIndex(dataPos, entrySize, CURRENT_MAGIC, nextIndex,
    memberState.currTerm(), indexBuffer);
long indexPos = indexFileList.append(indexBuffer.array(), 0,
    indexBuffer.remaining(), false);
PreConditions.check(indexPos == entry.getIndex() * INDEX_UNIT_SIZE,
    DLedgerResponseCode.DISK_ERROR, null);
```

第九步：构建索引条目并追加到 PageCache 中，如代码清单 9-38 所示。

代码清单 9-38 DLedgerMmapFileStore#appendAsLeader

```
ledgerEndIndex++;
ledgerEndTerm = memberState.currTerm();
if (ledgerBeginIndex == -1) {
    ledgerBeginIndex = ledgerEndIndex;
}
updateLedgerEndIndexAndTerm();
```

第十步：一条消息被追加后，日志序号增加 1，并更新当前节点状态机的 leaderEndIndex 与当前投票轮次。

日志追加到 Leader 节点的 PageCache 后，将异步转发给它所有的从节点，然后等待各从节点的反馈，并对这些反馈结果进行仲裁，只有集群内超过半数的节点存储了该条日志，Leader 节点才可以向客户端返回日志写入成功，日志的复制将在 9.6 节详细介绍，在介绍 Leader 节点如何等待从节点复制、响应 ACK 之前，我们再介绍一下与存储相关的两个核心方法：DataFileList 的 preAppend() 与 append() 方法。

1. DataFileList 的 preAppend() 方法详解

DataFileList 的 preAppend() 方法为预写入，主要是根据当前日志的长度计算该条日志的物理偏移量，如代码清单 9-39 所示。

代码清单 9-39 DataFileList#preAppend

```
public long preAppend(int len, boolean useBlank)
```

先介绍一下参数的含义。

1）int len：需要申请的长度。

2）boolean useBlank：是否需要填充，默认为 true。

第一步：获取最后一个文件，其机制与 RocketMQ 存储模块的 MappedFileQueue 类似，就不再展开讲述了，如代码清单 9-40 所示。

代码清单 9-40 DataFileList#preAppend

```
MmapFile mappedFile = getLastMappedFile();
if (null == mappedFile || mappedFile.isFull()) {
    mappedFile = getLastMappedFile(0);
}
```

第二步：如果当前文件剩余空间已不足以存放一条消息的处理逻辑，则执行代码清单 9-41 所示的处理，其实现的关键点如下。

代码清单 9-41 DataFileList#preAppend

```
if (len + blank > mappedFile.getFileSize() - mappedFile.getWrotePosition()) {
    if (blank < MIN_BLANK_LEN) {
```

```
            logger.error("Blank {} should ge {}", blank, MIN_BLANK_LEN);
            return -1;
        } else {
            ByteBuffer byteBuffer = ByteBuffer.allocate(mappedFile.getFileSize() -
                mappedFile.getWrotePosition());
            byteBuffer.putInt(BLANK_MAGIC_CODE);
            byteBuffer.putInt(mappedFile.getFileSize() -
                mappedFile.getWrotePosition());
            if (mappedFile.appendMessage(byteBuffer.array())) {
                mappedFile.setWrotePosition(mappedFile.getFileSize());
            } else {
                logger.error("Append blank error for {}", storePath);
                return -1;
            }
            mappedFile = getLastMappedFile(0);
            if (null == mappedFile) {
                logger.error("Create mapped file for {}", storePath);
                return -1;
            }
        }
    }
```

1）如果当前文件剩余的空间少于 MIN_BLANK_LEN，将返回 -1，表示存储错误，需要人工干预，正常情况下是不会出现这种情况的，因为写入一条消息之前会确保能容纳待写入的消息，并且还需要空余 MIN_BLANK_LEN 个字节，因为一个独立的物理文件，默认会填充文件结尾魔数（BLANK_MAGIC_CODE）。

2）如果空余空间大于 MIN_BLANK_LEN，会首先写入文件结尾魔数（4 字节），然后将该文件剩余的字节数写入接下来的 4 个字节，表示该文件全部用完。

第三步：如果当前文件有剩余的空间容纳当前日志，则返回待写入消息的物理起始偏移量，如代码清单 9-42 所示。

代码清单 9-42 DataFileList#preAppend

```
return mappedFile.getFileFromOffset() + mappedFile.getWrotePosition();
```

2. DataFileList 的 append() 方法详解

DataFileList 的 append() 方法主要实现将消息写入 pagecache，其关键点就是先根据待写入偏移量获取待写入的文件，用 MmapFile 表示，然后向该文件追加消息，接下来我们主要看一下其追加实现逻辑，如代码清单 9-43 所示。

代码清单 9-43 DataFileList#append

```
public boolean appendMessage(final byte[] data, final int offset, final int length) {
    int currentPos = this.wrotePosition.get();
        if ((currentPos + length) <= this.fileSize) {
            ByteBuffer byteBuffer = this.mappedByteBuffer.slice();
```

```
            byteBuffer.position(currentPos);
            byteBuffer.put(data, offset, length);
            this.wrotePosition.addAndGet(length);
            return true;
        }
        return false;
    }
```

该方法的主要工作是将消息写入 mappedByteBuffer，该对象是通过 FileChannel 的 map() 方法创建的，即日志首先写入 pageCache。

9.5.4 Leader 节点等待从节点日志复制响应 ACK

Leader 节点等待日志复制主要由 DLedgerEntryPusher 的 waitAck() 方法实现，如代码清单 9-44 所示。

代码清单 9-44 DLedgerEntryPusher#waitAck

```
updatePeerWaterMark(entry.getTerm(), m.getSelfId(), entry.getIndex());
private void updatePeerWaterMark(long term, String peerId, long index) {
    synchronized (peerWaterMarksByTerm) {
        checkTermForWaterMark(term, "updatePeerWaterMark");
        if (peerWaterMarksByTerm.get(term).get(peerId) < index) {
            peerWaterMarksByTerm.get(term).put(peerId, index);
        }
    }
}
```

第一步：Leader 节点首先更新自身的水位线，我们先来看一下 peerWaterMarksByTerm 的数据结构：Map<Long/*team，投票轮次 */, ConcurrentMap<String/* 节点编号 */, Long/* 日志序号 */>>，即以投票轮次为维度，存储复制组内每一个节点当前已存储（已追加到 PageCache)）的数据的日志序号，其主要作用是判断已提交日志的序号，该数据结构用于计算一条日志是否已被超过半数的节点存储，如代码清单 9-45 所示。

代码清单 9-45 DLedgerEntryPusher#waitAck

```
if (memberState.getPeerMap().size() == 1) {
    AppendEntryResponse response = new AppendEntryResponse();
    response.setGroup(memberState.getGroup());
    response.setLeaderId(memberState.getSelfId());
    response.setIndex(entry.getIndex());
    response.setTerm(entry.getTerm());
    response.setPos(entry.getPos());
    return AppendFuture.newCompletedFuture(entry.getPos(), response);
}
```

第二步：如果一个复制集群中只有一台机器，则直接返回成功响应，如代码清单 9-46 所示。

代码清单 9-46　DLedgerEntryPusher#waitAck

```
checkTermForPendingMap(entry.getTerm(), "waitAck");
AppendFuture<AppendEntryResponse> future = new
    AppendFuture<>(dLedgerConfig.getMaxWaitAckTimeMs());
future.setPos(entry.getPos());
CompletableFuture<AppendEntryResponse> old = pendingAppendResponsesByTerm
    .get(entry.getTerm()).put(entry.getIndex(), future);
```

第三步：这里是一种通用的异步编程技巧，Leader 节点需要等待从节点复制完数据，通常会返回给客户端一个 Future 对象，客户端可以调用该 Future 的 get() 方法同步等待结果，而服务端会将日志序号作为键，Future 作为值存储在内存（ConcurrentMap）中。当结果异步返回后，需要根据日志序号找到对应的 Future 对象，最后填充结果，以便客户端被唤醒，从而得到响应结果，如代码清单 9-47 所示。

代码清单 9-47　DLedgerEntryPusher#waitAck

```
wakeUpDispatchers();
public void wakeUpDispatchers() {
    for (EntryDispatcher dispatcher : dispatcherMap.values()) {
        dispatcher.wakeup();
    }
}
```

第四步：唤醒日志转发线程，即将 Leader 节点中的数据推送到各个从节点，Leader 节点在启动时会为每一个从节点单独创建一个 EntryDispatcher 线程，单独异步转发日志到从节点，这部分内容将在 9.6 节详细介绍。

9.6　RocketMQ DLedger 主从切换之日志复制

Leader 节点首先将客户端发送过来的日志按照指定格式存储在 Leader 节点上，但此时并不会向客户端返回写入成功，而是需要将日志转发给它的所有从节点，只有超过半数的节点都存储了该条日志，Leader 节点才会向客户端返回日志写入成功。

日志的复制主要包括如下 3 个步骤。

1）Leader 节点将日志推送到从节点。

2）从节点收到 Leader 节点推送的日志并存储，然后向 Leader 节点汇报日志复制结果。

3）Leader 节点对日志复制进行仲裁，如果成功存储该条日志的节点超过半数，则向客户端返回写入成功。

在介绍日志复制流程之前，先介绍日志复制的一些设计理念。

9.6.1 日志复制设计理念

1. 日志编号

为了方便对日志进行管理与辨别，Raft 协议对每条日志进行编号，每一条消息到达主节点时会生成一个全局唯一的递增号，这样可以根据日志序号来快速判断日志中的数据在主从复制过程中是否保持一致，在 DLedger 的实现中对应 DLedgerMemoryStore 中的 ledgerBeginIndex、ledgerEndIndex，分别表示当前节点最小的日志序号与最大的日志序号，下一条日志的序号为 ledgerEndIndex+1。

2. 日志追加与提交机制

Leader 节点收到客户端的数据写入请求后，先通过解析请求提取数据，构建日志对象，并生成日志序号，用 seq 表示。然后将日志存储到 Leader 节点内，将日志广播（推送）给其所有从节点。这个过程存在网络延时，如果客户端向主节点查询日志序号为 seq 的日志，日志已经存储在 Leader 节点中了，直接返回给客户端显然是有问题的，这是因为网络等原因导致从节点未能正常存储该日志，导致数据不一致，该如何避免出现这个问题呢？

为了解决上述问题，DLedger 引入了已提交指针（committedIndex）。当主节点收到客户端的请求时，先将数据进行存储，此时数据是未提交的，这一过程被称为日志追加，此时该条日志对客户端不可见，只有当集群内超过半数的节点都将日志追加完成后，才会更新 committedIndex 指针，该条日志才会向客户端返回写入成功。一条日志被提交成功的充分必要条件是已超过集群内半数节点成功追加日志。

3. 保证日志一致性

一个拥有 3 个节点的 Raft 集群，只需要主节点和其中一个从节点成功追加日志，就可以认为是成功提交了日志，客户端即可通过主节点访问该日志。因为部分数据存在延迟，所以在 DLedger 的实现中，读写请求都将由 Leader 节点负责。那么落后的从节点如何再次跟上集群的进度呢？

DLedger 的实现思路是按照日志序号向从节点源源不断地转发日志，从节点接收日志后，将这些待追加的数据放入一个待写队列。从节点并不是从挂起队列中处理一个个追加请求的，而是先查找从节点当前已追加的最大日志序号，用 ledgerEndIndex 表示，然后尝试追加 ledgerEndIndex+1 的日志，根据日志序号从待写队列中查找日志，如果该队列不为空，并且待写日志不在待写队列中，说明从节点未接收到这条日志，发生了数据缺失。从节点在响应主节点的 append 请求时会告知数据不一致，然后主节点的日志转发线程状态变更为 COMPARE，向该从节点发送 COMPARE 命令，用来比较主从节点的数据差异。根据比较出的差异重新从主节点同步数据或删除从节点上多余的数据，最终达到一致。同时，主节点也会对推送超时的消息发起重推，尽最大可能帮助从节点及时更新到主节点的数据。

9.6.2　日志复制类设计体系

日志复制（日志转发）由 DLedgerEntryPusher 实现，具体类图如图 9-10 所示。

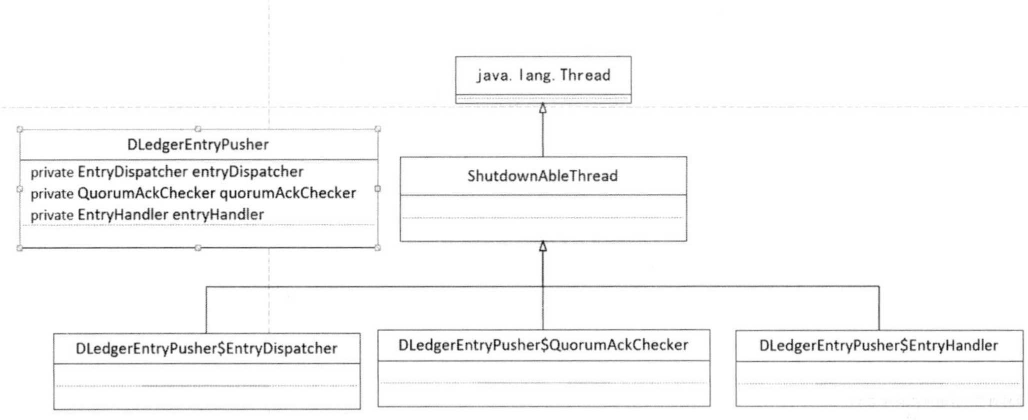

图 9-10　日志复制类体系

DledgerEntryPusher 是 DLedger 日志转发与处理核心类，该类构建如下 3 个对象，每一个对象对应一个线程。

1）EntryDispatcher：日志转发线程，当前节点为主节点时追加。

2）QuorumAckChecker：日志追加 ACK 投票仲裁线程，当前节点为主节点时激活。

3）EntryHandler：日志接收处理线程，当节点为从节点时激活。

DLedger 的日志复制使用推送模式，其核心入口为 DLedgerEntryPusher，接下来我们探究其实现细节。DLedgerEntryPusher 的详细类图如图 9-11 所示。

```
DLedgerEntryPusher
private DLedgerConfig dLedgerConfig
private DLedgerStore dLedgerStore
private final MemberState memberState
private DLedgerRpcService dLedgerRpcService
private Map<Long, ConcurrentMap<String, Long>> peerWaterMarksByTerm = new ConcurrentHashMap<>()
private Map<Long, ConcurrentMap<Long, TimeoutFuture<AppendEntryResponse>>> pendingAppendResponsesByTerm
private EntryHandler entryHandler = new EntryHandler(logger)
private QuorumAckChecker quorumAckChecker = new QuorumAckChecker(logger)
private Map<String, EntryDispatcher> dispatcherMap = new HashMap<>()
public DLedgerEntryPusher(DLedgerConfig c, MemberState state, DLedgerStore store, DLedgerRpcService rpc)
public void startup()
public void shutdown()
public CompletableFuture<PushEntryResponse> handlePush(PushEntryRequest request)
public boolean isPendingFull(long currTerm)
public CompletableFuture<AppendEntryResponse> waitAck(DLedgerEntry entry)
public void wakeUpDispatchers()
```

图 9-11　DLedgerEntryPusher 类图

下面逐一介绍上述核心类及核心属性。

1）DLedgerConfig dLedgerConfig：DLedger 多副本相关配置。

2）DLedgerStore dLedgerStore：存储实现类。

3）MemberState memberState：节点状态机。

4）DLedgerRpcService dLedgerRpcService：RPC 服务实现类，用于与集群内的其他节点进行网络通信。

5）Map<Long, ConcurrentMap<String, Long>> peerWaterMarksByTerm：每个节点基于投票轮次的水位线标记。键为投票轮次，值为 ConcurrentMap<String/** 节点 ID*/, Long/** 节点对应的日志序号 */>。

6）Map<Long, ConcurrentMap<Long, TimeoutFuture<AppendEntryResponse>>> pendingAppendResponsesByTerm：用于存放日志追加请求的响应结果（Future 模式）。

7）EntryHandler entryHandler：从节点上开启的线程，用于接收主节点的推送请求（append、commit、append）。

8）QuorumAckChecker quorumAckChecker：主节点上的日志复制结果仲裁器，用于判断日志是否可提交。

9）Map<String, EntryDispatcher> dispatcherMap：日志请求转发器，负责向从节点转发日志，主节点为每一个从节点构建一个 EntryDispatcher。

通常了解一个类需要从其构造函数开始，我们先看一下 DLedgerEntryPusher 的构造函数，如代码清单 9-48 所示。

代码清单 9-48　DLedgerEntryPusher 构造函数

```
public DLedgerEntryPusher(DLedgerConfig dLedgerConfig, MemberState
    memberState, DLedgerStore dLedgerStore,
    DLedgerRpcService dLedgerRpcService) {
    this.dLedgerConfig = dLedgerConfig;
    this.memberState = memberState;
    this.dLedgerStore = dLedgerStore;
    this.dLedgerRpcService = dLedgerRpcService;
    for (String peer : memberState.getPeerMap().keySet()) {
        if (!peer.equals(memberState.getSelfId())) {
            dispatcherMap.put(peer, new EntryDispatcher(peer, logger));
        }
    }
}
```

这里主要是根据集群的配置，为每一个从节点创建一个 EntryDispatcher 转发线程，即每一个从节点的日志转发相互不干扰。

接下来看一下用来开启日志推送的 startup() 方法，如代码清单 9-49 所示。

代码清单 9-49 DLedgerEntryPusher#startup

```
public void startup() {
    entryHandler.start();
    quorumAckChecker.start();
    for (EntryDispatcher dispatcher : dispatcherMap.values()) {
        dispatcher.start();
    }
}
```

启动 EntryDispatcher、EntryHandler、QuorumAckChecker 线程，对应日志复制的 3 个核心流程。

1）Leader 节点将日志推送到从节点。

2）从节点收到 Leader 节点推送的日志并存储，然后向 Leader 节点汇报日志复制结果。

3）Leader 节点对日志复制进行仲裁，如果成功存储该条日志的节点超过半数节点，则向客户端返回写入成功。

9.6.3 日志转发

1. EntryDispatcher 类图

日志转发由 EntryDispatcher 实现，先来看一下类图，如图 9-12 所示。

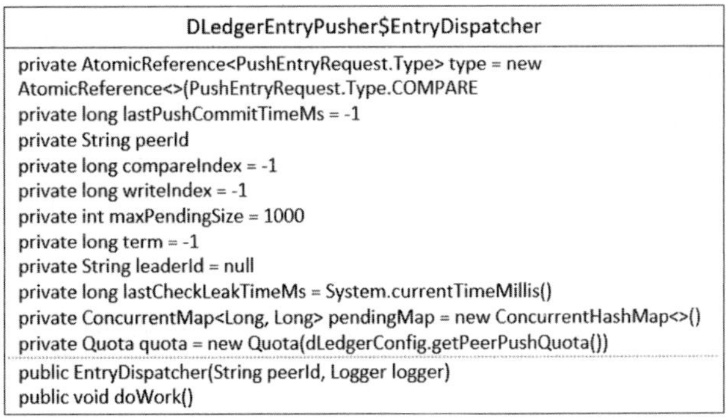

DLedgerEntryPusher$EntryDispatcher
private AtomicReference<PushEntryRequest.Type> type = new AtomicReference<>(PushEntryRequest.Type.COMPARE private long lastPushCommitTimeMs = -1 private String peerId private long compareIndex = -1 private long writeIndex = -1 private int maxPendingSize = 1000 private long term = -1 private String leaderId = null private long lastCheckLeakTimeMs = System.currentTimeMillis() private ConcurrentMap<Long, Long> pendingMap = new ConcurrentHashMap<>() private Quota quota = new Quota(dLedgerConfig.getPeerPushQuota())
public EntryDispatcher(String peerId, Logger logger) public void doWork()

图 9-12 EntryDispatcher 类图

下面逐一介绍上述核心类及核心属性。

1）AtomicReference<PushEntryRequest.Type>type=new AtomicReference <>(PushEntryReque st.Type.COMPARE)：向从节点发送命令的类型，可选值为 COMPARE、TRUNCATE、APPEND、COMMIT。

2）long lastPushCommitTimeMs =-1：上一次发送 commit 请求的时间戳。

3）String peerId：目标节点 ID。

4）long compareIndex = -1：已完成 COMPARE 的日志序号。

5）long writeIndex = -1：已写入的日志序号。

6）int maxPendingSize = 1000：允许的最大挂起日志数量。

7）long term = -1：Leader 节点当前的投票轮次。

8）String leaderId = null：Leader 节点 ID。

9）long lastCheckLeakTimeMs = System.currentTimeMillis()：上次检测泄漏的时间，所谓泄漏，指的是挂起的日志请求数量超过了 maxPendingSize。

10）ConcurrentMap<Long, Long> pendingMap = new ConcurrentHashMap<>()：记录日志的挂起时间，key 表示日志的序列（entryIndex），value 表示挂起时间戳。

11）Quota quota = new Quota(dLedgerConfig.getPeerPushQuota())：配额。

2. 推送请求类型

在详细介绍日志转发流程之前，先介绍一下主节点向从节点发送推送请求的类型，在 PushEntryRequest.Type 中定义，可选值如下。

1）COMPARE：如果 Leader 节点发生变化，新的 Leader 节点需要与它的从节点日志条目进行比较，以便截断从节点多余的数据。

2）TRUNCATE：如果 Leader 节点通过索引完成日志对比后，发现从节点存在多余的数据（未提交的数据），则 Leader 节点将发送 TRUNCATE 给它的从节点，删除多余的数据，实现主从节点数据一致性。

3）APPEND：将日志条目追加到从节点。

4）COMMIT：通常 Leader 节点会将提交的索引附加到 append 请求，如果 append 请求很少且分散，Leader 节点将发送一个单独的请求来通知从节点提交索引。

3. 日志转发流程

EntryDispatcher 是一个线程类，继承自 ShutdownAbleThread，其 run() 方法会循环执行 doWork() 方法，即 doWork() 方法为 EntryDispatcher 的核心入口，如代码清单 9-50 所示。

代码清单 9-50 EntryDispatcher#doWork

```
public void doWork() {
    try {
        if (!checkAndFreshState()) {
            waitForRunning(1);
            return;
        }
        if (type.get() == PushEntryRequest.Type.APPEND) {
            doAppend();
        } else {
            doCompare();
        }
        waitForRunning(1);
    } catch (Throwable t) {
        DLedgerUtils.sleep(500);
    }
}
```

该方法主要完成如下两件事。

1）检查当前节点的状态，确定当前节点状态是否可以发送 append 或 compare 请求。

2）根据当前转发器的状态向从节点发送 append 或 compare 请求。

checkAndFreshState() 方法不只是简单地检测一下状态，而是会根据运行状态改变日志转发器的状态，从而驱动转发器是发送 append 请求还是发送 compare 请求，下面详细看一下该方法的实现细节，如代码清单 9-51 所示。

代码清单 9-51 EntryDispatcher#checkAndFreshState

```
private boolean checkAndFreshState() {
    if (!memberState.isLeader()) {
        return false;
    }
    if (term != memberState.currTerm() || leaderId == null
            || !leaderId.equals(memberState.getLeaderId())) {
        synchronized (memberState) {
            if (!memberState.isLeader()) {
                return false;
            }
            PreConditions.check(memberState.getSelfId().equals(memberState.
                GetLeaderId()), DLedgerResponseCode.UNKNOWN);
            term = memberState.currTerm();
            leaderId = memberState.getSelfId();
            changeState(-1, PushEntryRequest.Type.COMPARE);
        }
    }
    return true;
}
```

如果当前节点的状态不是 Leader 则直接返回。如果日志转发器（EntryDispatcher）的投票轮次为空或与状态机的投票轮次不相等，将日志转发器的 term、leaderId 与状态机同步，即发送 compare 请求。这种情况通常是由于集群触发了重新选举，当前节点刚被选举成 Leader 节点。

changeState 改变日志转发器的状态，该方法非常重要，我们来看一下状态转换过程中需要处理的核心逻辑，如代码清单 9-52 所示。

代码清单 9-52 EntryDispatcher#changeState

```
private synchronized void changeState(long index, PushEntryRequest.Type target) {
    logger.info("[Push-{}]Change state from {} to {} at {}", peerId, type.get(),
        target, index);
    switch (target) {
        case APPEND:
            compareIndex = -1;
            updatePeerWaterMark(term, peerId, index);
            quorumAckChecker.wakeup();
            writeIndex = index + 1;
```

```
                break;
            case COMPARE:
                if (this.type.compareAndSet(PushEntryRequest.Type.APPEND,
                        PushEntryRequest.Type.COMPARE)) {
                    compareIndex = -1;
                    pendingMap.clear();
                }
                break;
            case TRUNCATE:
                compareIndex = -1;
                break;
            default:
                break;
        }
        type.set(target);
    }
```

先介绍一下该方法两个参数的含义。

1）Long index：已写入日志序号。

2）PushEntryRequest.Type target：日志转发器即将进入的状态。

接下来说明一下进入各个状态后的初始化逻辑。

1）APPEND：日志转发器即将进入 APPEND 状态，该状态下主节点将向从节点转发日志，重置 compareIndex 指针，更新当前节点已追加日志序号为 index，并唤醒 QuorumAckChecker 线程，以便对 append 响应结果进行仲裁。最后更新待追加日志序号（writeIndex）。

2）COMPARE：日志转发器即将进入 COMPARE 状态，该状态下先重置 compareIndex 为 -1，然后清除已挂起的日志转发请求，与从节点进行协商，以确保主从节点数据一致。

3）TRUNCATE：日志转发器即将进入 TRUNCATE 状态，该状态下先重置 compareIndex 为 -1，然后向从节点发起 truncate 请求，清除从节点未提交且在主节点上不存在的数据，确保主从节点数据一致。

（1）compare 请求

日志转发器 EntryDispatcher 的初始状态为 COMPARE，当一个节点被选举为 Leader 后，日志转发器的状态同样会先设置为 COMPARE，Leader 节点先向从节点发送该请求的目的是比较主、从节点之间数据的差异，以此确保发送主从切换时不会丢失数据，并且重新确定待转发的日志序号。

通过 EntryDispatcher 的 doWork() 方法可知，如果节点状态为 COMPARE，会调用 doCompare() 方法。doCompare() 方法内部代码都是 while(true) 包裹，在查看其代码时注意其退出条件，如代码清单 9-53 所示。

代码清单 9-53 EntryDispatcher#doCompare

```
if (!checkAndFreshState()) {
    break;
```

```
    }
    if (type.get() != PushEntryRequest.Type.COMPARE
            && type.get() != PushEntryRequest.Type.TRUNCATE) {
        break;
    }
    if (compareIndex == -1 && dLedgerStore.getLedgerEndIndex() == -1) {
        break;
    }
```

第一步：再次验证当前状态下是否可以发送 compare 请求，如代码清单 9-54 所示，其关键点如下。

1）如果当前节点不是 Leader 节点，则直接跳出。

2）如果请求类型不是 compare 或 truncate，则直接跳出。

3）如果 compareIndex 和 ledgerEndIndex 都为 -1，表示这是一个新的集群，没有存储任何数据，故无须比较主从是否一致。

代码清单 9-54　EntryDispatcher#doCompare

```
if (compareIndex == -1) {
    compareIndex = dLedgerStore.getLedgerEndIndex();
} else if (compareIndex > dLedgerStore.getLedgerEndIndex() || compareIndex <
    dLedgerStore.getLedgerBeginIndex()) {
    compareIndex = dLedgerStore.getLedgerEndIndex();
}
```

第二步：重置 compareIndex，其实现逻辑为如果 compareIndex 为 -1 或 compareIndex 不在有效范围内，则重置 compareIndex 为 Leader 节点当前存储的最大日志序号，如代码清单 9-55 所示。

代码清单 9-55　EntryDispatcher#doCompare

```
DLedgerEntry entry = dLedgerStore.get(compareIndex);
PushEntryRequest request = buildPushRequest(entry,
    PushEntryRequest.Type.COMPARE);
CompletableFuture<PushEntryResponse> responseFuture =
    dLedgerRpcService.push(request);
PushEntryResponse response = responseFuture.get(3, TimeUnit.SECONDS);
```

第三步：根据待比较的日志序号查询日志，并向从节点发起 compare 请求，默认超时时间为 3s，如代码清单 9-56 所示。这里会涉及网络通信，从节点对 compare 请求的响应将在下文详细介绍。

代码清单 9-56　EntryDispatcher#doCompare

```
long truncateIndex = -1;
if (response.getCode() == DLedgerResponseCode.SUCCESS.getCode()) {
    if (compareIndex == response.getEndIndex()) {
```

```
                changeState(compareIndex, PushEntryRequest.Type.APPEND);
                break;
            } else {
                truncateIndex = compareIndex;
            }
        } else if (response.getEndIndex() < dLedgerStore.getLedgerBeginIndex()
            truncateIndex = dLedgerStore.getLedgerBeginIndex();
        } else if (compareIndex < response.getBeginIndex()) {
            truncateIndex = dLedgerStore.getLedgerBeginIndex();
        } else if (compareIndex > response.getEndIndex()) {
            compareIndex = response.getEndIndex();
        } else {
            compareIndex--;
        }
        if (compareIndex < dLedgerStore.getLedgerBeginIndex()) {
            truncateIndex = dLedgerStore.getLedgerBeginIndex();
        }
        if (truncateIndex != -1) {
            changeState(truncateIndex, PushEntryRequest.Type.TRUNCATE);
            doTruncate(truncateIndex);
            break;
        }
```

第四步：根据从节点的响应结果计算 truncateIndex（需要截断的日志序号），即计算从节点中多余的数据，如代码清单 9-57 所示，其实现关键点如下。

1）如果主从节点已存储的日志序号相同，则无须截断，日志转发器的状态将变更为 APPEND，主节点将开始向从节点转发日志，否则设置 truncateIndex 为从节点返回的 compareIndex，将向从节点发送 truncate 请求。

2）如果从节点存储的最大日志序号小于主节点的最小序号，或者从节点的最小日志序号大于主节点的最大日志序号，即两者不相交，则设置 truncateIndex 为主节点的 ledgerBeginIndex，即主节点目前最小的偏移量，这样意味着将会删除从节点所有的数据，然后从 truncateIndex 开始向从节点重新转发日志。这种情况通常发生在从节点崩溃很长一段时间，而主节点删除了过期的条目时。

3）如果 compareIndex 小于从节点的开始日志序号，则从主节点最小日志序号开始同步。

4）如果 compareIndex 大于从节点的最大日志序号，并且不小于 Leader 节点的最小存储日志序号，则将 compareIndex 设置为从节点最大的日志序号，继续发起 compare 请求。

5）如果 compareIndex 大于从节点的开始日志序号，但小于从节点的最大日志序号，表示主节点与从节点数据有相交的情况，故将 compareIndex 减 1，继续比较，直到找到需要截断的日志序号。

6）如果 compareIndex 小于主节点的最小日志序号，则将 truncateIndex 设置为主节点的最小日志序号。

代码清单 9-57　EntryDispatcher#doCompare

```
if (truncateIndex != -1) {
    changeState(truncateIndex, PushEntryRequest.Type.TRUNCATE);
    doTruncate(truncateIndex);
    break;
}
```

第五步：如果 truncateIndex 不等于 -1，则日志转发器状态设置为 TRUNCATE，然后向从节点发送 truncate 请求，具体由 doTruncate() 方法实现。

（2）truncate 请求

Leader 节点在发送 compare 请求后，得知与从节点的数据存在差异，将向从节点发送 truncate 请求，指示从节点应该将 truncateIndex 及以后的日志删除，如代码清单 9-58 所示。

代码清单 9-58　EntryDispatcher#doTruncate

```
private void doTruncate(long truncateIndex) throws Exception {
    PreConditions.check(type.get() == PushEntryRequest.Type.TRUNCATE,
        DLedgerResponseCode.UNKNOWN);
    DLedgerEntry truncateEntry = dLedgerStore.get(truncateIndex);
    PreConditions.check(truncateEntry != null, DLedgerResponseCode.UNKNOWN);
    PushEntryRequest truncateRequest = buildPushRequest(truncateEntry,
        PushEntryRequest.Type.TRUNCATE);
    PushEntryResponse truncateResponse =
        dLedgerRpcService.push(truncateRequest).get(3, TimeUnit.SECONDS);
    lastPushCommitTimeMs = System.currentTimeMillis();
    changeState(truncateIndex, PushEntryRequest.Type.APPEND);
}
```

该方法的实现比较简单，主节点构建 truncate 请求包并通过网络向从节点发送请求，从节点在收到请求后会清理多余的数据，使主从节点数据保持一致。日志转发器在处理完 truncate 请求后，状态将变更为 APPEND，开始向从节点转发日志。

（3）append 请求

Leader 节点在确认主从数据一致后，开始将新的消息转发到从节点。doAppend() 方法内部的逻辑被包裹在 while(true) 中，故在查看其代码时应注意退出条件，如代码清单 9-59 所示。

代码清单 9-59　EntryDispatcher#doAppend

```
if (!checkAndFreshState()) {
    break;
}
if (type.get() != PushEntryRequest.Type.APPEND) {
    break;
}
```

第一步：再次判断节点状态，确保当前节点是 Leader 节点并且日志转发器内部的状态为 APPEND，如代码清单 9-60 所示。

代码清单 9-60　EntryDispatcher#doAppend

```
if (writeIndex > dLedgerStore.getLedgerEndIndex()) {
    doCommit();
    doCheckAppendResponse();
    break;
}
```

第二步：writeIndex 表示当前已追加到从节点的日志序号。通常情况下，主节点向从节点发送 append 请求时会带上主节点已提交的指针，但如果 append 请求发送不频繁，pending 请求超过其队列长度（默认为 1 万字节）时，会阻止数据的追加，此时有可能会出现 writeIndex 大于 leaderEndIndex 的情况，需要单独发送 commit 请求，并检查 append 请求响应，如代码清单 9-61 所示，稍后详细介绍。

代码清单 9-61　EntryDispatcher#doAppend

```
if (pendingMap.size() >= maxPendingSize ||
        (DLedgerUtils.elapsed(lastCheckLeakTimeMs) > 1000)) {
    long peerWaterMark = getPeerWaterMark(term, peerId);
    for (Long index : pendingMap.keySet()) {
        if (index < peerWaterMark) {
            pendingMap.remove(index);
        }
    }
    lastCheckLeakTimeMs = System.currentTimeMillis();
}
```

第三步：检测 pendingMap（挂起的请求数量）是否发生泄露，即挂起队列的容量是否超过了最大挂起阈值。获取当前节点的水位线（已成功 append 请求的日志序号），如果挂起请求的日志序号小于水位线，则丢弃，并记录最后一次检查的时间戳，如代码清单 9-62 所示。

代码清单 9-62　EntryDispatcher#doAppend

```
if (pendingMap.size() >= maxPendingSize) {
    doCheckAppendResponse();
    break;
}
```

第四步：如果挂起的请求（等待从节点追加结果）大于 maxPendingSize，并且下一条日志的推送请求已经超时，则重新发起推送请求，即重新发送日志，避免网络丢包等异常，如代码清单 9-63 所示。

代码清单 9-63　EntryDispatcher#doAppend

```
doAppendInner(writeIndex);
writeIndex++;
```

第五步：调用 doAppendInner 方法将日志转发到从节点，如代码清单 9-64 所示。

代码清单 9-64　EntryDispatcher#doAppendInner

```
DLedgerEntry entry = dLedgerStore.get(index);
PreConditions.check(entry != null, DLedgerResponseCode.UNKNOWN,
    "writeIndex=%d", index);
checkQuotaAndWait(entry);
```

第六步：如代码清单 9-65 所示，根据日志序号查询对应的日志内容，并检查是否超出配额，如果超出会触发限流，触发规则如下。

1）append 挂起请求数已超过最大允许挂起数，默认为 1000。

2）主从同步差异超过 300MB，可通过 peerPushThrottlePoint 进行配置。

3）每秒追加的日志超过 20MB（可通过 peerPushQuota 进行配置），则会休眠 1s 中后再追加。

代码清单 9-65　EntryDispatcher#doAppendInner

```
PushEntryRequest request = buildPushRequest(entry,
    PushEntryRequest.Type.APPEND);
CompletableFuture<PushEntryResponse> responseFuture =
    dLedgerRpcService.push(request);
pendingMap.put(index, System.currentTimeMillis());
```

第七步：构建 append 请求包，通过网络异步发送并返回 Future，然后保存该条日志的发送时间戳，用于区分推送请求是否发送超时，从而触发重推，如代码清单 9-66 所示。关于 append 在从节点的响应处理逻辑将在下文详细介绍，在这里先把其当成“黑盒”。

代码清单 9-66　EntryDispatcher#doAppendInner

```
DLedgerResponseCode responseCode = DLedgerResponseCode.valueOf(x.getCode());
switch (responseCode) {
    case SUCCESS:
        pendingMap.remove(x.getIndex());
        updatePeerWaterMark(x.getTerm(), peerId, x.getIndex());
        quorumAckChecker.wakeup();
        break;
    case INCONSISTENT_STATE:
        changeState(-1, PushEntryRequest.Type.COMPARE);
        break;
    default:
        logger.warn("[Push-{}]Get error response code {} {}", peerId,
            responseCode, x.baseInfo());
        break;
}
```

第八步：Leader 节点收到从节点的 append 响应结果后，对结果进行处理，其核心逻辑如下。

1）从节点返回 SUCCESS。

- 移除 pendingMap 中对应的日志条目，表示已经成功收到响应结果。
- 更新已成功追加的日志序号（按投票轮次组织，并且每个从服务器一个键值对）。
- 唤醒 quorumAckChecker 线程（主要用于仲裁 append 结果），后续会详细介绍。

2）从节点返回 INCONSISTENT_STATE。

3）如果 append 请求出现状态不一致的情况，Leader 节点将发送 compare 请求到从节点，以便对比主从节点的数据是否一致。

（4）append 重推机制

如果因网络等原因，主节点在向从节点追加日志时失败，该如何保证从节点与主节点一致呢？从上文我们可以得知，Leader 节点在向从节点转发日志后，会存储该日志的推送时间戳到 pendingMap，其存储结构为 ConcurrentMap<Long/* 日志序号 */, Long/*PUSH 时间戳 */> pendingMap。当 pendingMap 的积压超过 1000ms 时会触发重推机制，该逻辑封装在 doCheckAppendResponse() 方法中，如代码清单 9-67 所示。

代码清单 9-67 EntryDispatcher#doCheckAppendResponse

```
private void doCheckAppendResponse() throws Exception {
    long peerWaterMark = getPeerWaterMark(term, peerId);
    Long sendTimeMs = pendingMap.get(peerWaterMark + 1);
    if (sendTimeMs != null && System.currentTimeMillis() - sendTimeMs >
        dLedgerConfig.getMaxPushTimeOutMs()) {
        logger.warn("[Push-{}]Retry to push entry at {}", peerId, peerWaterMark + 1);
        doAppendInner(peerWaterMark + 1);
    }
}
```

首先从 Map<Long/*term*/, ConcurrentMap<String/* 从节点 ID*/, Long/* 日志序号 */>> peerWaterMarksByTerm 中获取从节点已复制的日志序号 peerWaterMark，然后用在 pendingMap 中尝试查找该日志序号加 1 的记录，如果能找到，说明从服务下一条需要追加的消息已经存储在主节点中，接着在尝试推送，如果该条推送已经超时，默认超时时间为 1s，调用 doAppendInner 重新推送。

（5）日志转发流程图

为了更加直观地展示日志转发的全过程，整理其流程如图 9-13 所示。

4. 日志复制流程

Leader 节点实时向从节点转发消息，从节点接收到日志后进行存储，然后向 Leader 节点反馈复制进度，从节点的日志接收主要由 EntryHandler 实现。

（1）EntryHandler 类图

EntryHandler 的类图如图 9-14 所示。

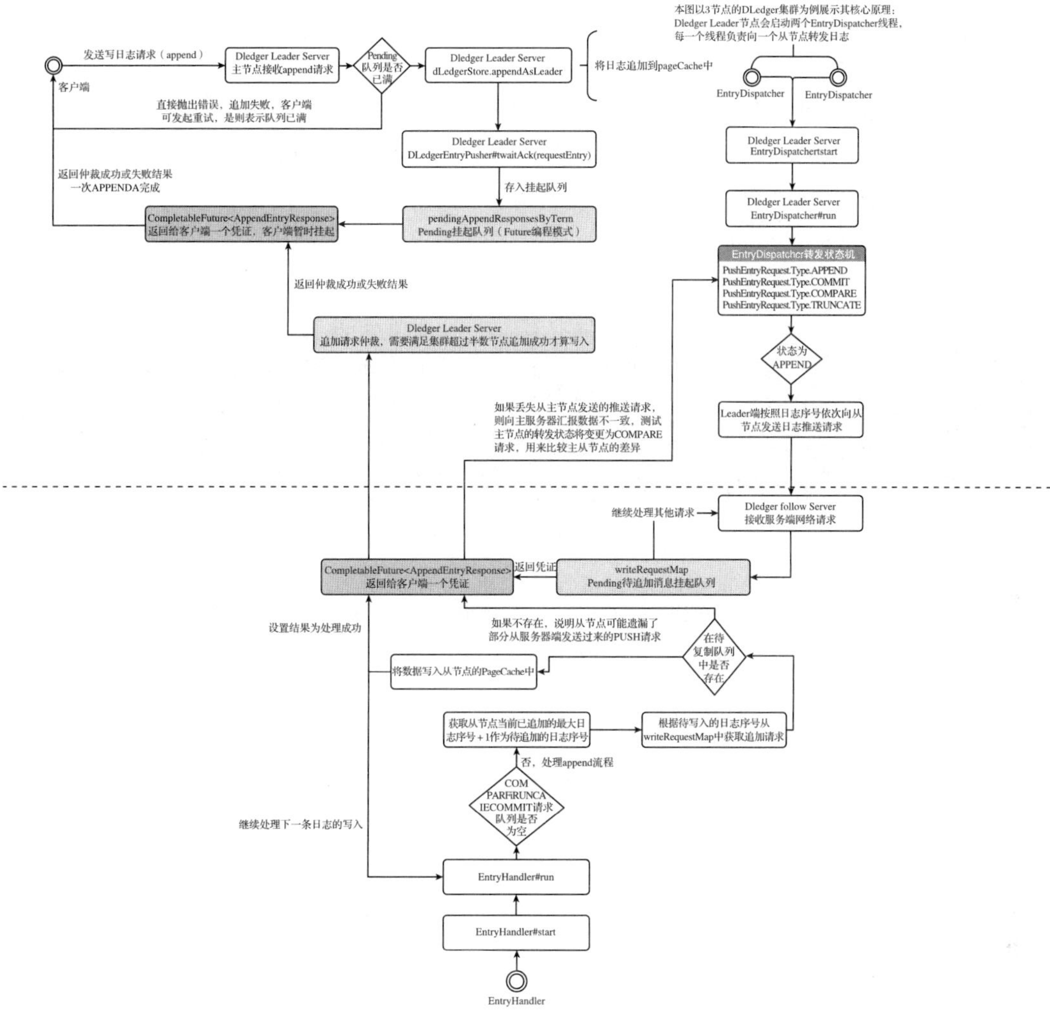

图 9-13　日志转发流程图

DLedgerEntryPusher$EntryHandler
private long lastCheckFastForwardTimeMs ConcurrentMap<Long, Pair<PushEntryRequest, CompletableFuture<PushEntryResponse>>> writeRequestMap BlockingQueue<Pair<PushEntryRequest, CompletableFuture<PushEntryResponse>>> compareOrTruncateRequests
public EntryHandler(Logger logger) public CompletableFuture<PushEntryResponse> handlePush(PushEntryRequest request public void doWork()

图 9-14　EntryHandler 类图

下面逐一介绍上述核心类及核心属性。

1）long lastCheckFastForwardTimeMs：上一次检查主服务器是否有推送消息的时间戳。

2）ConcurrentMap<Long,Pair<PushEntryRequest,CompletableFuture<PushEntryResponse>>> writeRequestMap：append 请求处理队列。

3）BlockingQueue<Pair<PushEntryRequest,CompletableFuture<PushEntryResponse>>> compareOrTruncateRequests：COMMIT、COMPARE、TRUNCATE 相关请求的处理队列。

（2）请求处理等待队列

从上文得知，Leader 节点会主动向从节点传播日志，从节点通过网络接收请求数据并处理，其调用链如图 9-15 所示。

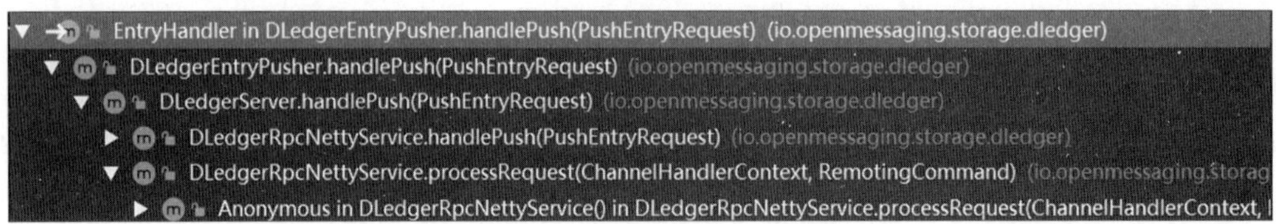

图 9-15　从节点日志处理调用链

从节点收到 Leader 节点的推送请求后（无论是 APPEND、COMMIT、COMPARE、TRUNCATE），由 EntryHandler 的 handlePush() 方法执行，如代码清单 9-68 所示。

代码清单 9-68　EntryHandler#handlePush

```
public CompletableFuture<PushEntryResponse> handlePush(PushEntryRequest request)
    throws Exception {
    CompletableFuture<PushEntryResponse> future = new TimeoutFuture<>(1000);
    switch (request.getType()) {
        case APPEND:
            long index = request.getEntry().getIndex();
            Pair<PushEntryRequest,
            CompletableFuture<PushEntryResponse>> old = writeRequestMap.
                putIfAbsent(index, new Pair<>(request, future));
            if (old != null) {
                future.complete(buildResponse(request, DLedgerResponseCode.
                    REPEATED_PUSH.getCode()));
            }
            break;
        case COMMIT:
            compareOrTruncateRequests.put(new Pair<>(request, future));
            break;
        case COMPARE:
        case TRUNCATE:
            writeRequestMap.clear();
            compareOrTruncateRequests.put(new Pair<>(request, future));
            break;
        default:
            future.complete(buildResponse(request, DLedgerResponseCode.
            UNEXPECTED_ARGUMENT.getCode()));
```

```
            break;
        }
        return future;
    }
```

handlePush() 方法的主要职责是将处理请求放入队列，由 doWork() 方法从处理队列中拉取任务进行处理。

1）如果是 append 请求，将请求放入 writeRequestMap 集合，如果已存在该条日志的推送请求，表示 Leader 重复推送，则返回状态码 REPEATED_PUSH。

2）如果是 commit 请求，将请求存入 compareOrTruncateRequests 请求处理队列。

3）如果是 compare 或 truncate 请求，将待追加队列 writeRequestMap 清空，并将请求放入 compareOrTruncateRequests 请求队列，由 doWork() 方法进行异步处理。

（3）EntryHandler 任务分发机制

EntryHandler 的 handlePush() 方法主要是接收请求并将其放入队列的处理队列，而 doWork() 方法是从指定队列中获取待执行任务。

第一步：如果当前节点的状态不是从节点，则跳出，如代码清单 9-69 所示。

代码清单 9-69　EntryHandler#doWork

```
    if (!memberState.isFollower()) {
            waitForRunning(1);
        return;
    }
```

第二步：如果 compareOrTruncateRequests 队列不为空，说明优先处理 COMMIT、COMPARE、TRUNCATE 等请求，如代码清单 9-70 所示。值得注意的是，这里使用的是 peek、poll 等非阻塞方法，然后根据请求的类型，调用对应的方法。

代码清单 9-70　EntryHandler#doWork

```
    if (compareOrTruncateRequests.peek() != null) {
        Pair<PushEntryRequest, CompletableFuture<PushEntryResponse>> pair =
                compareOrTruncateRequests.poll();
        PreConditions.check(pair != null, DLedgerResponseCode.UNKNOWN);
        switch (pair.getKey().getType()) {
            case TRUNCATE:
                handleDoTruncate(pair.getKey().getEntry().getIndex(),
                    pair.getKey(), pair.getValue());
                break;
            case COMPARE:
                handleDoCompare(pair.getKey().getEntry().getIndex(),
                    pair.getKey(), pair.getValue());
                break;
            case COMMIT:
                handleDoCommit(pair.getKey().getCommitIndex(), pair.getKey(),
                    pair.getValue());
                break;
```

```
        default:
            break;
    }
}
```

如代码清单 9-71 所示，处理日志追加 append 请求，根据当前节点已存储的最大日志序号计算下一条待写日志的日志序号，从待写队列中获取日志的处理请求。如果能查找到对应日志的追加请求，则执行 doAppend() 方法追加日志；如果从待写队列中没有找到对应的追加请求，则调用 checkAbnormalFuture 检查追加请求是否丢失，详细逻辑将在下文介绍。

代码清单 9-71　EntryHandler#doWork

```
long nextIndex = dLedgerStore.getLedgerEndIndex() + 1;
Pair<PushEntryRequest, CompletableFuture<PushEntryResponse>> pair =
    writeRequestMap.remove(nextIndex);
if (pair == null) {
    checkAbnormalFuture(dLedgerStore.getLedgerEndIndex());
    waitForRunning(1);
    return;
}
PushEntryRequest request = pair.getKey();
handleDoAppend(nextIndex, request, pair.getValue());
```

（4）compare 请求响应

从上文得知，Leader 节点首先会向从节点发送 compare 请求，以此比较两者的数据是否存在差异，这一步由 EntryHandler 的 handleDoCompare() 方法实现，如代码清单 9-72 所示。

代码清单 9-72　EntryHandler#handleDoCompare

```
private CompletableFuture<PushEntryResponse> handleDoCompare(
        long compareIndex, PushEntryRequest request,
        CompletableFuture<PushEntryResponse> future) {
    try {
        DLedgerEntry local = dLedgerStore.get(compareIndex);
        PreConditions.check(request.getEntry().equals(local),
            DLedgerResponseCode.INCONSISTENT_STATE);
        future.complete(buildResponse(request,
            DLedgerResponseCode.SUCCESS.getCode()));
    } catch (Throwable t) {
        logger.error("[HandleDoCompare] compareIndex={}", compareIndex, t);
        future.complete(buildResponse(request,
            DLedgerResponseCode.INCONSISTENT_STATE.getCode()));
    }
    return future;
}
```

这一步的逻辑实现较为简单，其核心思想是判断 Leader 节点传来的日志序号在从节点中是否存在，如果存在则返回状态码 SUCCESS，否则返回状态码 INCONSISTENT。同时将当前从节点已存储的最小日志序号、最大日志序号、当前投票轮次返回给 Leader 节点，方便 Leader 节点进行比较，从而计算出应该截断的日志序号。

（5）truncate 请求响应

Leader 节点与从节点进行数据对比后，如果发现数据有差异，将计算出需要截断的日志序号，发送 truncate 请求给从节点，从节点对多余的日志进行截断，由 EntryHandler 的 handleDoTruncate() 方法实现，如代码清单 9-73 所示。

代码清单 9-73　EntryHandler#handleDoTruncate

```
private CompletableFuture<PushEntryResponse> handleDoTruncate(long
        truncateIndex, PushEntryRequest request,
        CompletableFuture<PushEntryResponse> future) {
    try {
        long index = dLedgerStore.truncate(request.getEntry(),
            request.getTerm(), request.getLeaderId());
        future.complete(buildResponse(request,
            DLedgerResponseCode.SUCCESS.getCode()));
        dLedgerStore.updateCommittedIndex(request.getTerm(),
            request.getCommitIndex());
    } catch (Throwable t) {
        future.complete(buildResponse(request,
DLedgerResponseCode.INCONSISTENT_STATE.getCode()));
    }
    return future;
}
```

handleDoTruncate() 方法的实现比较简单，删除节点上 truncateIndex 日志序号之后的所有日志，会调用 dLedgerStore 的 truncate() 方法，根据日志序号定位到日志文件。如果命中具体的文件，则修改相应的读写指针、刷盘指针等，并将所在物理文件之后的所有文件删除。因为其实现原理与 RocketMQ 存储、删除过期日志文件类似，所以这里不再深入展开。

（6）append 请求响应

Leader 节点与从节点进行差异对比，截断从节点多余的数据文件后，会实时转发日志到从节点，具体由 EntryHandler 的 handleDoAppend() 方法实现，如代码清单 9-74 所示。

代码清单 9-74　EntryHandler#handleDoAppend

```
private void handleDoAppend(long writeIndex, PushEntryRequest request,
    CompletableFuture<PushEntryResponse> future) {
    try {
        DLedgerEntry entry = dLedgerStore.appendAsFollower(request.getEntry(),
            request.getTerm(), request.getLeaderId());
        future.complete(buildResponse(request,
                DLedgerResponseCode.SUCCESS.getCode()));
        dLedgerStore.updateCommittedIndex(request.getTerm(),
                request.getCommitIndex());
    } catch (Throwable t) {
        future.complete(buildResponse(request,
```

```
            DLedgerResponseCode.INCONSISTENT_STATE.getCode()));
        }
    }
```

将从 Leader 节点的日志追加到从节点，具体调用 DLedgerStore 的 appendAsFollower() 方法实现，其实现细节与服务端追加日志的流程基本类似，只是少了日志转发这个流程。然后使用 Leader 节点的已提交指针更新从节点的已提交指针，即 append 请求会附带有 commit 请求的效果。

（7）从节点日志复制异常检测机制

收到 Leader 节点的 append 请求后，从节点首先会将这些写入请求存储在 writeRequestMap 处理队列中，从节点并不是直接从该队列中获取一个待写入处理请求进行数据追加，而是查找当前节点已存储的最大日志序号 leaderEndIndex，然后加 1 得出下一条待追加的日志序号 nextIndex。如果该日志序号在 writeRequestMap 中不存在日志推送请求，则有可能是因为发生了推送请求丢失，在这种情况下，需要进行异常检测，以便尽快恢复异常，使主节点与从节点最终保持一致性。从节点的日志复制异常检测由 checkAbnormalFuture() 方法实现，如代码清单 9-75 所示。

代码清单 9-75　EntryHandler#checkAbnormalFuture

```
if (DLedgerUtils.elapsed(lastCheckFastForwardTimeMs) < 1000) {
    return;
}
lastCheckFastForwardTimeMs  = System.currentTimeMillis();
if (writeRequestMap.isEmpty()) {
    return;
}
```

第一步：检测是否需要进行异常检测，如代码清单 9-76 所示，以下两种情况无须进行检测。

1）上一次检查距现在不到 1s。

2）当前没有积压的 append 请求，因此可以同样明确地判断出主节点没有推送新的日志。

代码清单 9-76　EntryHandler#checkAbnormalFuture

```
for (Pair<PushEntryRequest, CompletableFuture<PushEntryResponse>> pair :
        writeRequestMap.values()) {
    long index = pair.getKey().getEntry().getIndex();
    if (index <= endIndex) {
        try {
            DLedgerEntry local = dLedgerStore.get(index);
            PreConditions.check(pair.getKey().getEntry().equals(local),
                DLedgerResponseCode.INCONSISTENT_STATE);
            pair.getValue().complete(buildResponse(pair.getKey(),
                DLedgerResponseCode.SUCCESS.getCode()));
```

```
            logger.warn("[PushFallBehind]The leader pushed an entry index={}
                smaller than current ledgerEndIndex={}, maybe the last ack is
                missed", index, endIndex);
        } catch (Throwable t) {
            logger.error("[PushFallBehind]The leader pushed an entry index={}
                smaller than current ledgerEndIndex={}, maybe the last ack is
                missed", index, endIndex, t);
            pair.getValue().complete(buildResponse(pair.getKey(),
                DLedgerResponseCode.INCONSISTENT_STATE.getCode()));
        }
        writeRequestMap.remove(index);
        continue;
    }
    //省略下一步代码
}
```

第二步：遍历所有待写请求，如果待追加的日志序号小于从节点已经存储的最大日志序号，且从节点存储的该条日志内容与推送请求中包含的日志内容相同，说明从节点已成功存储该条日志，则向 Leader 节点返回 SUCCESS。如果从节点存储的该条日志与推送请求中的不一样，则向 Leader 节点返回 INCONSISTENT_STATE，告知从节点从这条日志开始与 Leader 节点的数据不一致，需要发送 compare 请求和 truncate 请求修正数据，如代码清单 9-77 所示。

代码清单 9-77　EntryHandler#checkAbnormalFuture

```
for (Pair<PushEntryRequest, CompletableFuture<PushEntryResponse>> pair :
        writeRequestMap.values()) {
        //省略上一步代码
    if (index ==  endIndex + 1) {
        return;
    }
}
```

第三步：如果待追加的日志序号等于 endIndex+1，即从节点当前存储的最大日志序号加 1，表示从节点下一条期望追加的日志 Leader 节点已经推送过来了，如代码清单 9-78 所示。这种情况非常正常，故可结束异常检测逻辑。

代码清单 9-78　EntryHandler#checkAbnormalFuture

```
TimeoutFuture<PushEntryResponse> future  =
    (TimeoutFuture<PushEntryResponse>) pair.getValue();
if (!future.isTimeOut()) {
    continue;
}
if (index < minFastForwardIndex) {
    minFastForwardIndex = index;
}
```

第四步：主要处理待追加日志的序号大于 endIndex+1 的情况，可以认为有追加积压，处理要点如下。

1）如果挂起时间（排队时间）未超时，则继续检查下一条待追加日志。

2）如果已经超时，说明该日志没有正常写入从节点，则记录其日志序号，然后向主节点汇报，因为这里是在遍历检查每一条待追加日志，所以最终需要反馈的是最小超时的日志序号，如代码清单 9-79 所示。

代码清单 9-79 EntryHandler#checkAbnormalFuture

```
if (minFastForwardIndex == Long.MAX_VALUE) {
    return;
}
Pair<PushEntryRequest, CompletableFuture<PushEntryResponse>> pair =
        writeRequestMap.get(minFastForwardIndex);
if (pair == null) {
    return;
}
logger.warn("[PushFastForward] ledgerEndIndex={} entryIndex={}", endIndex,
    minFastForwardIndex);
pair.getValue().complete(buildResponse(pair.getKey(),
    DLedgerResponseCode.INCONSISTENT_STATE.getCode()));
```

第五步：如果找到已经超时的待追加请求，则向 Leader 节点返回错误码 INCONSISTENT_STATE，即快速失败机制，尽快通知 Leader 节点与从节点进行数据比对，使主从数据保持一致性。

日志复制流程如图 9-16 所示。

5. 日志复制仲裁

Raft 协议判断一条日志写入成功的标准是集群中超过半数的节点存储了该日志，Leader 节点首先存储数据，然后异步向它所有的从节点推送日志。不需要所有的从节点都返回日志追加成功才认为是成功写入，故 Leader 节点需要对返回结果进行仲裁，这部分功能主要由 QuorumAckChecker 实现。

（1）QuorumAckChecker 类图

QuorumAckChecker 的类图如图 9-17 所示。

下面逐一介绍上述核心类及核心属性。

1）long lastPrintWatermarkTimeMs：上次打印水位线的时间戳，单位为 ms。

2）long lastCheckLeakTimeMs：上次检测泄露的时间戳，单位为 ms。

3）long lastQuorumIndex：已投票仲裁的日志序号。

（2）日志仲裁流程

日志仲裁流程主要封装在 QuorumAckChecker 的 doWork() 方法中，如代码清单 9-80 所示。

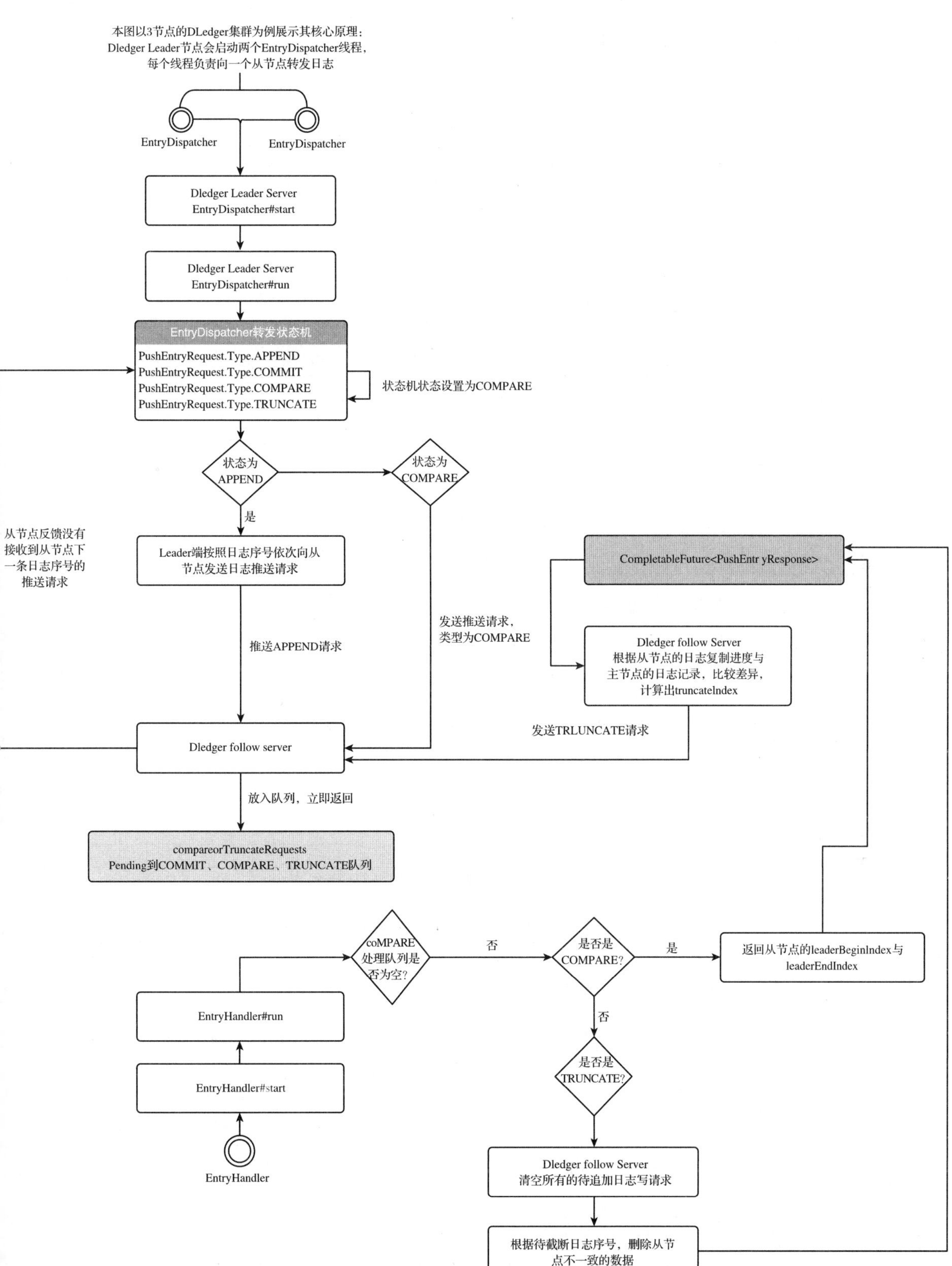

图 9-16　从节点日志复制流程图

DLedgerEntryPusher$QuorumAckChecker
private long lastPrintWatermarkTimeMs = System.currentTimeMillis() private long lastCheckLeakTimeMs = System.currentTimeMillis() private long lastQuorumIndex = -1
public QuorumAckChecker(Logger logger) public void doWork()

图 9-17 QuorumAckChecker 类图

代码清单 9-80 QuorumAckChecker#doWork

```
if (DLedgerUtils.elapsed(lastPrintWatermarkTimeMs) > 3000) {
    logger.info("[{}][{}] term={} ledgerBegin={} ledgerEnd={} committed={}
        watermarks={}",memberState.getSelfId(), memberState.getRole(),
        memberState.currTerm(), dLedgerStore.getLedgerBeginIndex(),
        dLedgerStore.getLedgerEndIndex(), dLedgerStore.getCommittedIndex(),
        JSON.toJSONString(peerWaterMarksByTerm));
    lastPrintWatermarkTimeMs = System.currentTimeMillis();
}
```

第一步：主要是输出日志相关日志。如果距上一次打印日志的时间超过 3s，则输出当前的 term、ledgerBegin、ledgerEnd、committed、peerWaterMarksByTerm 等日志，如代码清单 9-81 所示。

代码清单 9-81 QuorumAckChecker#doWork

```
if (!memberState.isLeader()) {
    waitForRunning(1);
    return;
}
```

第二步：如果当前节点不是 Leader，直接返回，如代码清单 9-82 所示。

代码清单 9-82 QuorumAckChecker#doWork

```
if (pendingAppendResponsesByTerm.size() > 1) {
    for (Long term : pendingAppendResponsesByTerm.keySet()) {
        if (term == currTerm) {
            continue;
        }
        for (Map.Entry<Long, TimeoutFuture<AppendEntryResponse>>
            futureEntry : pendingAppendResponsesByTerm.get(term).entrySet()) {
            AppendEntryResponse response = new AppendEntryResponse();
            response.setCode(DLedgerResponseCode.TERM_CHANGED.getCode());
            futureEntry.getValue().complete(response);
        }
        pendingAppendResponsesByTerm.remove(term); }}
```

第三步：清除已过期被挂起的请求，向客户端返回错误码 TERM_CHANGED，所谓的过期请求就是投票轮次与当前投票轮次不同，如代码清单 9-83 所示。

代码清单 9-83　QuorumAckChecker#doWork

```
if (peerWaterMarksByTerm.size() > 1) {
    for (Long term : peerWaterMarksByTerm.keySet()) {
        if (term == currTerm) {
            continue;
        }
        peerWaterMarksByTerm.remove(term);
    }
}
```

第四步：清除已过期的日志复制水位线，即投票轮次不为当前投票轮次的所有复制水位线都是过期数据，及时清除以避免内存泄露，如代码清单 9-84 所示。内存结构为 Map<Long/* 投票轮次 */, ConcurrentMap<String/* 节点 nodeId*/, Long/* 从节点对应已存储日志序号 */>>，这个数据结构是进行日志复制仲裁的关键，即主节点收到从节点的日志复制响应后，会将复制进度存储在该数据结构中。

代码清单 9-84　QuorumAckChecker#doWork

```
Map<String, Long> peerWaterMarks = peerWaterMarksByTerm.get(currTerm);
    long quorumIndex = -1;
    for (Long index : peerWaterMarks.values()) {
        int num = 0;
        for (Long another : peerWaterMarks.values()) {
            if (another >= index) {
                num++;
            }
        }
        if (memberState.isQuorum(num) && index > quorumIndex) {
            quorumIndex = index;
        }
    }
dLedgerStore.updateCommittedIndex(currTerm, quorumIndex);
```

第五步：根据各个节点的日志复制进度进行仲裁，确定已提交日志的序号，日志一旦提交，就可以向客户端返回回写入成功。为了更容易理解仲裁逻辑，我们先以 3 个节点集群为例，展示 peerWaterMarksByTerm 的内存结构，如图 9-18 所示。

```
{
    5":{//当前投票轮次为5
        "dledger_group_01_0" : 101,  //其中dledger_group_01_0为 Leader节点
        "dledger_group_01_1" : 101,
        "dledger_group_01_2" : 100,
    }
}
```

图 9-18　peerWaterMarksByTerm 内存结构图

结合图 9-18 来看一下日志仲裁的实现关键点，如代码清单 9-85 所示。

1）遍历 peerWaterMarks 的 value 集合，即 {101, 101,100}，用临时变量 index 来记录待投票的日志序号，集群内超过半数节点的已复制序号超过该值，则该日志能被确认提交。

2）遍历 peerWaterMarks 中 value 集合，与 index 进行比较，如果已提交序号大于、等于待投票的日志序号（index），则 num 加 1，表示该日志进度的已复制节点数加 1。

3）对 index 进行仲裁，如果超过半数节点已成功负责仲裁，并且 index 大于 quorumIndex，更新 quorumIndex 的值为 index。quorumIndex 是 peerWaterMarks 最终最大的已提交日志序号，如图 9-18 所示的数据，quorumIndex 的值为 101。

4）更新 committedIndex 索引，方便 DLedgerStore 定时将 committedIndex 写入 checkpoint。

代码清单 9-85　QuorumAckChecker#doWork

```
ConcurrentMap<Long, TimeoutFuture<AppendEntryResponse>> responses =
    pendingAppendResponsesByTerm.get(currTerm);
boolean needCheck = false;
int ackNum = 0;
if (quorumIndex >= 0) {
    for (Long i = quorumIndex; i >= 0; i--) {
        try {
            CompletableFuture<AppendEntryResponse> future = responses.remove(i);
            if (future == null) {
                needCheck = lastQuorumIndex != -1 && lastQuorumIndex != quorumIndex
                    && i != lastQuorumIndex;
                break;
            } else if (!future.isDone()) {
                AppendEntryResponse response = new AppendEntryResponse();
                response.setGroup(memberState.getGroup());
                response.setTerm(currTerm);
                response.setIndex(i);
                response.setLeaderId(memberState.getSelfId());
                response.setPos(((AppendFuture) future).getPos());
                future.complete(response);
            }
            ackNum++;
        } catch (Throwable t) {
            logger.error("Error in ack to index={} term={}", i, currTerm, t);
        }
    }
}
```

第六步：处理 quorumIndex（已提交指针）之前的挂起请求。唤醒该日志序号之前挂起的请求，向客户端发送成功响应，如代码清单 9-86 所示，这里是 Future 模式，实现关键点如下。

1）从 quorumIndex 开始倒推，逐条向客户端返回写入成功请求。

2）从 ConcurrentMap<Long, TimeoutFuture<AppendEntryResponse>> 中移除对应的条

目，并得到待通知的 Future 对象。

3）如果未找到 quorumIndex 挂起请求，说明前面挂起的请求已经全部处理完毕，则结束本次通知。结束之前再判断一次是否需要进行泄露检测，依据如下（三个条件必须同时满足）。

- 本次不是第一次进行日志复制仲裁。
- 上一次仲裁的日志序号与本次仲裁的日志序号不相同，即本次执行新的日志。
- 本次最后一条唤醒的日志序号与上一次仲裁的日志序号不相同，说明两次仲裁的日志不连续，需要对小于已仲裁日志序号的日志进行响应。

4）调用 future.complete 方法向客户端返回响应结果，并将 ackNum 加 1，表示本次仲裁向客户端返回响应结果的数量。

代码清单 9-86 QuorumAckChecker#doWork

```
if (ackNum == 0) {
    for (long i = quorumIndex + 1; i < Integer.MAX_VALUE; i++) {
        TimeoutFuture<AppendEntryResponse> future = responses.get(i);
        if (future == null) {
            break;
        } else if (future.isTimeOut()) {
            AppendEntryResponse response = new AppendEntryResponse();
            response.setGroup(memberState.getGroup());
            response.setCode(DLedgerResponseCode.WAIT_QUORUM_ACK_TIMEOUT.get
                Code());
            response.setTerm(currTerm);
            response.setIndex(i);
            response.setLeaderId(memberState.getSelfId());
            future.complete(response);
        } else {
            break;
        }
    }
    waitForRunning(1);
}
```

第七步：如果本次日志仲裁没有日志被成功追加，则检查被挂起的追加请求，判断其日志序号大于已仲裁的日志序号是否超时，如果超时，向客户端返回错误码 WAIT_QUORUM_ACK_TIMEOUT，如代码清单 9-87 所示。

代码清单 9-87 QuorumAckChecker#doWork

```
if (DLedgerUtils.elapsed(lastCheckLeakTimeMs) > 1000 || needCheck) {
    updatePeerWaterMark(currTerm, memberState.getSelfId(),
        dLedgerStore.getLedgerEndIndex());
    for (Map.Entry<Long, TimeoutFuture<AppendEntryResponse>> futureEntry :
        responses.entrySet()) {
        if (futureEntry.getKey() < quorumIndex) {
```

```
                AppendEntryResponse response = new AppendEntryResponse();
                response.setGroup(memberState.getGroup());
                response.setTerm(currTerm);
                response.setIndex(futureEntry.getKey());
                response.setLeaderId(memberState.getSelfId());
                response.setPos(((AppendFuture)
                    futureEntry.getValue()).getPos());
                futureEntry.getValue().complete(response);
                responses.remove(futureEntry.getKey());
            }
        }
        lastCheckLeakTimeMs = System.currentTimeMillis();
    }
```

第八步：进行日志追加挂起请求泄露检测，主要是遍历已挂起的请求，如果日志序号小于已仲裁的序号，向客户端返回成功，将其移出待挂起队列。

日志仲裁的流程就分析到这里了，为了更加清晰的展示实现原理，流程图如图 9-19 所示。

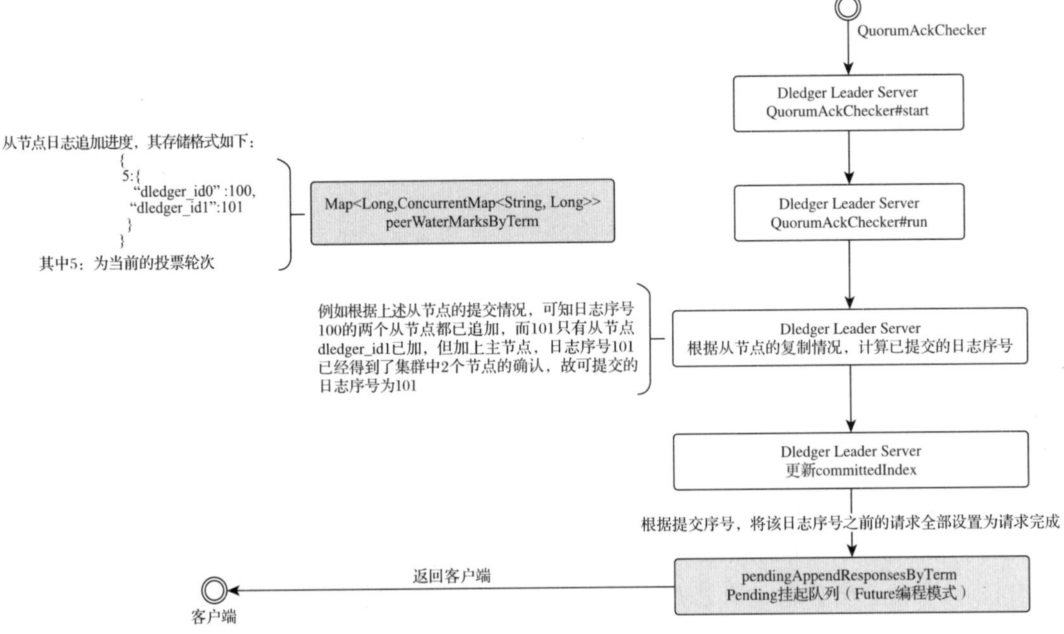

图 9-19 日志仲裁流程图

9.7 RocketMQ 整合 DLedger 设计技巧与实现原理

本章花了大量篇幅介绍 RocketMQ DLedger 的实现原理，即 Raft 协议的 Leader 选举与日志复制两个部分，这是实现主从切换的基础，本节开始探讨 RocketMQ 如何通过 DLedger 实现主从切换。

要实现集群内的主从切换，至少需要解决如下两个问题。

1）数据存储如何兼容？

2）主从节点元数据如何同步？

9.7.1　数据存储兼容设计

RocketMQ 的消息存储文件主要包括 CommitLog 文件、ConsumeQueue 文件与 Index 文件。其中 CommitLog 文件存储全量消息，ConsumeQueue 和 Index 文件都是基于 CommitLog 文件构建的。如果要引入 DLedger 实现消息在集群中的一致性，只需要保证 CommitLog 文件的一致性。

RocketMQ 的日志存储文件、DLedger 的日志文件都是基于文件编程的，使用内存映射提高其读写性能。基于文件编程通常有一个共同点，就是日志存储通常会设计一套存储协议，例如 RocketMQ 的 CommitLog 文件中每一个条目都包含魔数、消息长度、消息属性、消息体等，我们回顾一下 DLedger 日志的存储格式，如图 9-20 所示。

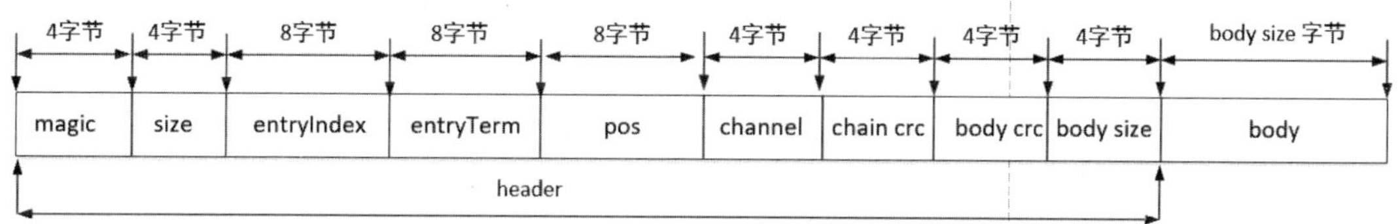

图 9-20　DLedger 日志存储协议

大家肯定和我一样，看到 DLedger 的日志存储协议马上会蹦出一个想法：只需要将 CommitLog 文件每个条目的内容放入 DLedger 日志条目的 body 字段，就能实现 CommitLog 文件在一个集群内的数据一致性。通过 CommitLog 文件转发生成 ConsumeQueue 文件，我们再来看一下 RocketMQ ConsumeQueue 文件的存储协议，如图 9-21 所示。

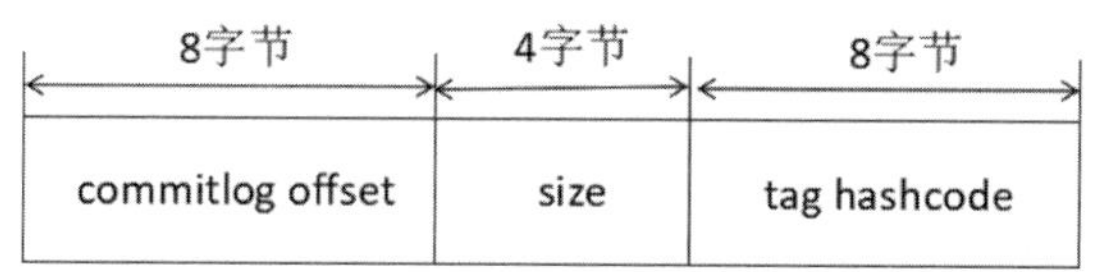

图 9-21　RocketMQ ConsumeQueue 文件存储协议

CommitLog 文件转发形成 ConsumeQueue 文件时有一个非常重要的字段，即物理偏移量，在消息消费时可以根据物理偏移量直接从 CommitLog 文件中读取指定长度的消息，但如果引入了 DLedger，我们会发现 CommitLog 文件中存在一些与“业务无关”的数据，即 DLedger 相关的头信息，如果将 DLedger 条目的起始物理偏移量作为 CommitLog 文件的物理偏移量存储在 ConsumeQueue 条目中，显然是不合适的，因为 ConsumeQueue 相关的处理逻辑是无法感知 DLedger 存在的。为了解决这个问题，每写入一条 DLedger 消息，返回给 RocketMQ 的物理偏移量不应该是 DLedger 条目的起始位置，而应该是返回 DLedger 条目中 body 字段的起始位置，这样才能与未引入 DLedger 的语义保持一致，实现无缝兼容。

9.7.2 数据存储兼容实现原理

9.6 节阐述了在存储方面 DLedger 如何整合 RocketMQ 存储文件并实现无缝兼容，本节从源码的角度分析其实现原理。

1. 从 Broker 启动流程探究数据存储兼容设计

Broker 启动流程涉及 DLedger 的关键点如图 9-22 所示。

图 9-22 Broker 启动流程与主从切换关键点

接下来逐一分析这些关键点。

构建 DefaultMessageStore，如代码清单 9-88 所示。

代码清单 9-88 DefaultMessageStore 构造函数

```
if(messageStoreConfig.isEnableDLegerCommitLog()) {
    this.commitLog = new DLedgerCommitLog(this);
else {
    this.commitLog = new CommitLog(this);
}
```

在 broker.conf 配置文件中启用主从切换时会创建 DLedgerCommitLog 对象，用于重写 CommitLog 文件管理相关的逻辑，即改变日志写入逻辑，引入 DLedger 日志存储格式。

增加节点状态变更事件监听器，如代码清单 9-89 所示。

代码清单 9-89 DefaultMessageStore 构造函数

```
if (messageStoreConfig.isEnableDLegerCommitLog()) {
    DLedgerRoleChangeHandler roleChangeHandler = new
        DLedgerRoleChangeHandler(this, (DefaultMessageStore) messageStore);
    ((DLedgerCommitLog)((DefaultMessageStore)messageStore).getCommitLog()).
        getdLedgerServer().getdLedgerLeaderElector().addRoleChangeHandler
        (roleChangeHandler);
}
```

调用 LedgerLeaderElector 的 addRoleChanneHandler() 方法为每个节点新增角色变更事件监听器，当发生主从切换时触发事件监听器，例如发生主从切换后需要触发元数据的同步。

DefaultMessageStore 的 load() 方法如代码清单 9-90 所示。

代码清单 9-90　DefaultMessageStore#load

```
result = result && this.commitLog.load();
result = result && this.loadConsumeQueue();
if (result) {
    this.storeCheckpoint = new StoreCheckpoint(StorePathConfigHelper.
        getStoreCheckpoint(this.messageStoreConfig.getStorePathRootDir()));
    this.indexService.load(lastExitOK);
    this.recover(lastExitOK);
    log.info("load over, and the max phy offset = {}", this.getMaxPhyOffset());
}
```

加载数据文件，如果开启了主从切换，则 CommitLog 的实现类为 DLedgerCommitLog，由其负责 CommitLog 文件的加载，该实例会引入 Raft 协议，实现集群数据的一致性。

经过上面的层层铺垫，用来实现数据存储的主角 DLedgerCommitLog 出场了。

2. DLedgerCommitLog 详解

DLedgerCommitlog 集成在 CommitLog 类中，主要实现基于 DLedger 的日志存储，CommitLog 在第 4 章已经详细介绍过，本节的讲解只会点到为止。

DLedgerCommitLog 的类图如图 9-23 所示。

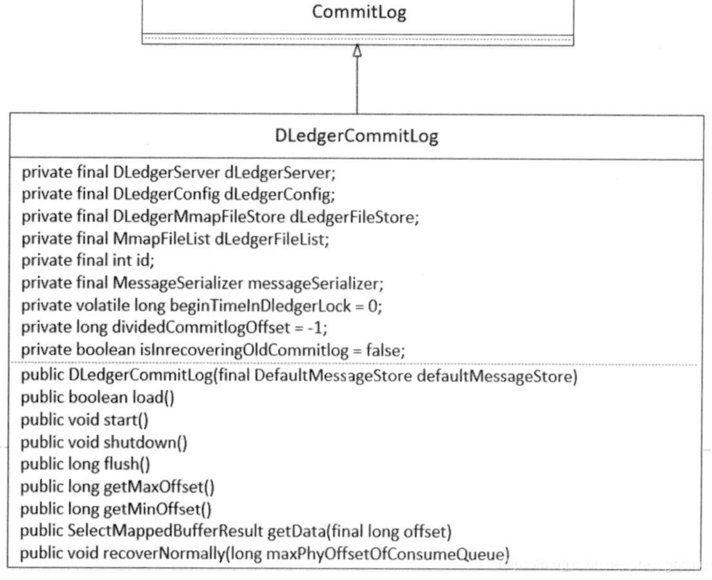

图 9-23　DLedgerCommitLog 类图

下面逐一介绍上述核心类及核心属性。

1）DLedgerServer dLedgerServer：基于 Raft 协议实现的集群内的一个节点，用 DLedgerServer 实例表示。

2）DLedgerConfig dLedgerConfig：DLedger 的配置信息。

3）DLedgerMmapFileStore dLedgerFileStore：DLedger 基于文件映射的存储实现。

4）MmapFileList dLedgerFileList：DLedger 管理的存储文件集合，对标 RocketMQ 中的 MappedFileQueue。

5）int id：节点 ID，0 表示主节点，非 0 表示从节点。

6）MessageSerializer messageSerializer：消息序列器。

7）long beginTimeInDledgerLock = 0：用于记录消息追加的耗时（日志追加所持有锁时间）。

8）long dividedCommitlogOffset = -1：记录旧的 CommitLog 文件中的最大偏移量，如果访问的偏移量大于它，则访问 Dledger 管理的文件。

9）boolean isInrecoveringOldCommitlog = false：是否正在恢复旧的 CommitLog 文件。

DLedgerCommitLog 构造函数如代码清单 9-91 所示。

代码清单 9-91 DLedgerCommitLog 构造函数

```
super(defaultMessageStore);
```

第一步：调用父类，即 CommitLog 的构造函数，加载 ${ROCKETMQ_HOME}/store/comitlog 下的 CommitLog 文件，即开启主从切换后需要兼容之前的消息，如代码清单 9-92 所示。

代码清单 9-92 DLedgerCommitLog 构造函数

```
dLedgerConfig = new DLedgerConfig();
dLedgerConfig.setEnableDiskForceClean(defaultMessageStore.getMessageStoreConfig().
    isCleanFileForciblyEnable());
dLedgerConfig.setStoreType(DLedgerConfig.FILE);
dLedgerConfig.setSelfId(defaultMessageStore.getMessageStoreConfig().getdLegerSelfId());
dLedgerConfig.setGroup(defaultMessageStore.getMessageStoreConfig().getdLegerGroup());
dLedgerConfig.setPeers(defaultMessageStore.getMessageStoreConfig().getdLegerPeers());
dLedgerConfig.setStoreBaseDir(defaultMessageStore.getMessageStoreConfig().
getStorePathRootDir());
dLedgerConfig.setMappedFileSizeForEntryData(defaultMessageStore.getMessageStoreConfig().
    getMappedFileSizeCommitLog());
dLedgerConfig.setDeleteWhen(defaultMessageStore.getMessageStoreConfig().getDeleteWhen());
dLedgerConfig.setFileReservedHours(defaultMessageStore.getMessageStoreConfig().
    getFileReservedTime() + 1);
id = Integer.valueOf(dLedgerConfig.getSelfId().substring(1)) + 1;
```

第二步：构建 DLedgerConfig 相关配置属性，如代码清单 9-93 所示，其主要属性如下。

1）enableDiskForceClean：是否强制删除文件，取自 Broker 配置属性 cleanFileForcibly

Enable，默认为 true。

2）storeType：DLedger 存储类型，固定为基于文件的存储模式。

3）dLegerSelfId：节点的 ID 名称，示例配置为 n0，配置要求是第二个字符后必须是数字。

4）dLegerGroup：DLegergroup 的名称，即一个复制组的组名称，建议与 Broker 配置属性 brokerName 保持一致。

5）dLegerPeers：DLegergroup 中所有的节点信息，其配置显示为 n0-127.0.0.1:40911; n1-127.0.0.1:40912; n2-127.0.0.1:40913。多个节点使用分号隔开。

6）storeBaseDir：设置 DLedger 日志文件的根目录，取自 Borker 配件文件中的 storePath RootDir，即 RocketMQ 的数据存储根路径。

7）mappedFileSizeForEntryData：设置 DLedger 单个日志文件的大小，取自 Broker 配置文件中的 mapedFileSizeCommitLog。

8）deleteWhen：DLedger 日志文件的过期删除时间，取自 Broker 配置文件中的 deleteWhen，默认为凌晨 4 点。

9）fileReservedHours：DLedger 日志文件保留时长，取自 Broker 配置文件中的 fileReserved Hours，默认为 72h。

代码清单 9-93　DLedgerCommitLog 构造函数

```
dLedgerServer = new DLedgerServer(dLedgerConfig);
dLedgerFileStore = (DLedgerMmapFileStore) dLedgerServer.getdLedgerStore();
```

第三步：使用 DLedger 相关的配置创建 DLedgerServer，即每一个 Broker 节点为 Raft 集群中的一个节点，同一个复制组会使用 Raft 协议进行日志复制，如代码清单 9-94 所示。

代码清单 9-94　DLedgerCommitLog 构造函数

```
DLedgerMmapFileStore.AppendHook appendHook = (entry, buffer, bodyOffset)
        -> {
    assert bodyOffset == DLedgerEntry.BODY_OFFSET;
    buffer.position(buffer.position() + bodyOffset +
        MessageDecoder.PHY_POS_POSITION);
    buffer.putLong(entry.getPos() + bodyOffset);
};
dLedgerFileStore.addAppendHook(appendHook);
```

第四步：添加消息 Append 事件的处理钩子，主要是完成 CommitLog 文件的物理偏移量在启用主从切换后与未开启主从切换的语义保持一致性，即如果启用了主从切换机制，消息追加时返回的物理偏移量并不是 DLedger 日志条目的起始位置，而是其 body 字段的开始位置。

DLedgerCommitLog#load 方法如代码清单 9-95 所示。

代码清单 9-95　DLedgerCommitLog#load

```
public boolean load() {
    return super.load();
}
```

DLedgerCommitLog 在加载时先调用其父类 CommitLog 文件的 load() 方法，即启用主从切换后依然会加载原 CommitLog 中的文件。

在 Broker 启动时会加载 CommitLog、ConsumeQueue 等文件，需要恢复其相关的数据结构，特别是写入、刷盘、提交等指针，具体调用 recover() 方法实现，如代码清单 9-96 所示。

代码清单 9-96　DLedgerCommitLog#recover

```
dLedgerFileStore.load();
```

第一步：加载 DLedger 相关的存储文件，并逐一构建对应的 MmapFile。初始化三个重要的指针 wrotePosition、flushedPosition、committedPosition 表示文件的大小，如代码清单 9-97 所示。

代码清单 9-97　DLedgerCommitLog#recover

```
if (dLedgerFileList.getMappedFiles().size() > 0) {
    dLedgerFileStore.recover();
    dividedCommitlogOffset = dLedgerFileList.getFirstMappedFile()
        .getFileFromOffset();
    MappedFile mappedFile = this.mappedFileQueue.getLastMappedFile();
    if (mappedFile != null) {
        disableDeleteDledger();
    }
    long maxPhyOffset = dLedgerFileList.getMaxWrotePosition();
    if (maxPhyOffsetOfConsumeQueue >= maxPhyOffset) {
        log.warn("[TruncateCQ]maxPhyOffsetOfConsumeQueue({}) >=
            processOffset({}), truncate dirty logic files",
            maxPhyOffsetOfConsumeQueue, maxPhyOffset);
        this.defaultMessageStore.truncateDirtyLogicFiles(maxPhyOffset);
    }
    return;
}
```

第二步：如果已存在 DLedger 的数据文件，则只需要恢复 DLedger 相关的数据文件，因为在加载旧的 CommitLog 文件时已经将重要的数据指针设置为最大值，如代码清单 9-98 所示。恢复完 DLedger 相关日志后接手该方法，关键实现点如下。

1）调用 DLedger 文件存储实现类 DLedgerFileStore 的 recover() 方法，恢复管辖的 MMapFile 对象（一个文件对应一个 MMapFile 实例）的相关指针，其实现方法与 RocketMQ 的 DefaultMessageStore 恢复过程类似。

2）设置 dividedCommitlogOffset 的值为 DLedger 中物理文件的最小偏移量。消息的物理偏移量如果小于该值，则从 CommitLog 文件中查找消息，消息的物理偏移量如果大于或等于该值，则从 DLedger 相关的文件中查找消息。

3）如果存在旧的 CommitLog 文件，则禁止删除 DLedger 文件，具体做法就是禁止强制删除文件，并将文件的有效存储时间设置为 10 年。

4）如果 ConsumeQueue 中存储的最大物理偏移量大于 DLedger 中最大的物理偏移量，则删除多余的 ConsumeQueue 文件。

代码清单 9-98　DLedgerCommitLog#recover

```
isInrecoveringOldCommitlog = true;
super.recoverNormally(maxPhyOffsetOfConsumeQueue);
```

第三步：从该步骤开始，只针对开启主从切换并且是初次启动（并没有生成 DLedger 相关的数据文件）的相关流程，调用 CommitLog 的 recoverNormally 文件恢复旧的 CommitLog 文件，如代码清单 9-99 所示。

代码清单 9-99　DLedgerCommitLog#recover

```
MappedFile mappedFile = this.mappedFileQueue.getLastMappedFile();
if (mappedFile == null) {
    return;
}
```

第四步：如果不存在旧的 CommitLog 文件，直接结束日志文件的恢复流程，如代码清单 9-100 所示。

代码清单 9-100　DLedgerCommitLog#recover

```
ByteBuffer byteBuffer = mappedFile.sliceByteBuffer();
byteBuffer.position(mappedFile.getWrotePosition());
boolean needWriteMagicCode = true;
byteBuffer.getInt(); //size
int magicCode = byteBuffer.getInt();
if (magicCode == CommitLog.BLANK_MAGIC_CODE) {
    needWriteMagicCode = false;
} else {
    log.info("Recover old commitlog found a illegal magic code={}", magicCode);
}
dLedgerConfig.setEnableDiskForceClean(false);
dividedCommitlogOffset = mappedFile.getFileFromOffset() +
    mappedFile.getFileSize();
if (needWriteMagicCode) {
    byteBuffer.position(mappedFile.getWrotePosition());
    byteBuffer.putInt(mappedFile.getFileSize() -
        mappedFile.getWrotePosition());
```

```
        byteBuffer.putInt(BLANK_MAGIC_CODE);
        mappedFile.flush(0);
    }
    mappedFile.setWrotePosition(mappedFile.getFileSize());
    mappedFile.setCommittedPosition(mappedFile.getFileSize());
    mappedFile.setFlushedPosition(mappedFile.getFileSize());
    dLedgerFileList.getLastMappedFile(dividedCommitlogOffset);
```

第五步：如果存在旧的 CommitLog 文件，需要将文件剩余部分全部填充数据，即不再接受新的数据写入，使新的数据全部写入 DLedger 的数据文件，关键实现点如下。

1）尝试查找最后一个 CommitLog 文件，如果未找到则结束查找。

2）从最后一个文件的最后写入点（原 CommitLog 文件的待写入位点），尝试查找写入的魔数，如果存在魔数并等于 CommitLog.BLANK_MAGIC_CODE，则无须写入魔数，在升级 DLedger 第一次启动时，魔数为空，故需要写入魔数。

3）初始化 dividedCommitlogOffset，等于最后一个文件的起始偏移量加上文件的大小，即该指针指向最后一个文件的结束位置。

4）将最后一个未写满数据的 CommitLog 文件全部写满，其方法为设置消息体的大小与魔数。

5）设置最后一个文件的 wrotePosition、flushedPosition、committedPosition 为文件的大小，同样意味着最后一个文件已经写满，下一条消息将写入 DLedger。

recover() 方法的流程就介绍到这里，上文提到如果启用主从切换机制并且存在旧的 CommitLog 文件，则不能删除 DLedger 相关的日志文件，这又是为什么呢？

因为在这种情况下，如果 DLedger 中的物理文件被删除，则物理偏移量会断层，如图 9-24 所示。

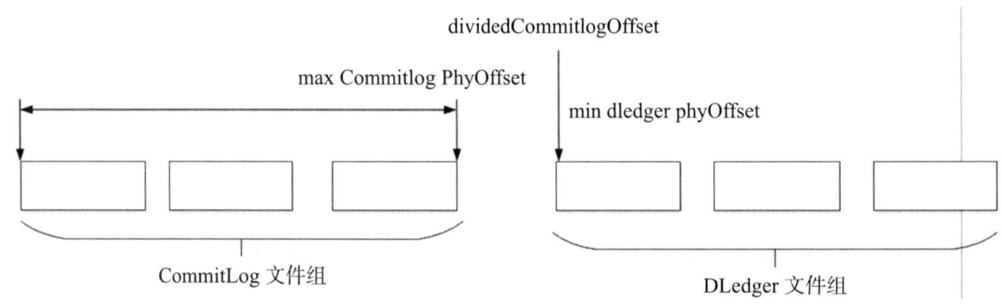

图 9-24　dividedCommitlogOffset 示例图

正常情况下，maxCommitlogPhyOffset 与 dividedCommitlogOffset 是连续的，非常方便访问 CommitLog 和 DLedger，但 DLedger 部分文件删除后，这两个值就不连续了，会造成中间文件空洞，无法连续访问。

注意　从 RocketMQ DLedger 的设计理念来看，升级到 RocketMQ 主从切换可以兼容原先的 CommitLog 文件，运行一段时间后，尽量将原先的 CommitLog 文件彻底删除，否则新创建的文件无法删除，有可能引发磁盘空间竞争。

3. 从消息追加探究数据存储兼容设计

消息追加的实现由 DLedgerCommitLog 的 putMessage() 方法实现，如代码清单 9-101 所示。

代码清单 9-101　DLedgerCommitLog#putMessage

```
AppendEntryRequest request = new AppendEntryRequest();
request.setGroup(dLedgerConfig.getGroup());
request.setRemoteId(dLedgerServer.getMemberState().getSelfId());
request.setBody(encodeResult.data);
dledgerFuture = (AppendFuture<AppendEntryResponse>)
    dLedgerServer.handleAppend(request);
if (dledgerFuture.getPos() == -1) {
    return new PutMessageResult(PutMessageStatus.OS_PAGECACHE_BUSY, new
        AppendMessageResult(AppendMessageStatus.UNKNOWN_ERROR));
}
```

关键点 1：消息追加时不再写入原先的 CommitLog 文件，而是调用 DLedgerServer 的 handleAppend 进行消息追加，然后将消息实时转发到从节点，只有超过集群内的半数节点成功写入消息后才会返回写入成功。如果追加成功，将返回本次追加成功后的起始偏移量，即 pos 属性，类似 RocketMQ 中 CommitLog 文件的物理偏移量，如代码清单 9-102 所示。

代码清单 9-102　DLedgerCommitLog#putMessage

```
long wroteOffset = dledgerFuture.getPos() + DLedgerEntry.BODY_OFFSET;
appendResult = new AppendMessageResult(AppendMessageStatus.PUT_OK,
wroteOffset, encodeResult.data.length, msgId,
System.currentTimeMillis(), queueOffset, elapsedTimeInLock);
```

关键点 2：根据 DLedger 的起始偏移量计算真正的消息物理偏移量。DLedger 自身有存储协议，body 字段存储真实的消息，即 CommitLog 条目的存储结构，返回给客户端的消息偏移量为 body 字段的开始偏移量，即通过 putMessage 返回的物理偏移量与不使用 Dledger 方式返回的物理偏移量含义是一样的。从偏移量开始，可以正确读取消息，这样 DLedger 就完美地兼容了 RocketMQ CommitLog。关于 pos 以 wroteOffset 的图解如图 9-25 所示。

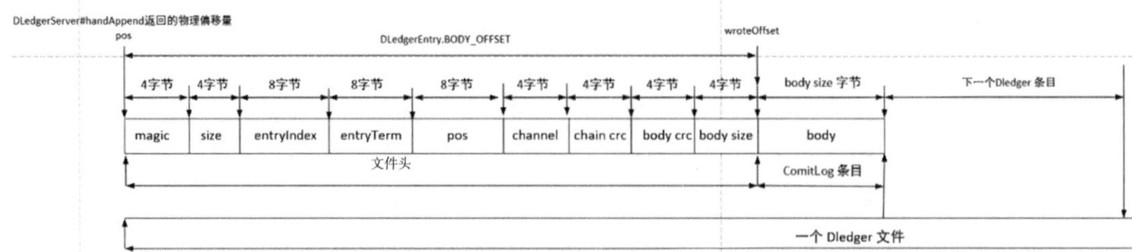

图 9-25 RocketMQ pos 与 wroteOffset 示例图

4. 从消息读取探究数据存储兼容设计

消息查找比较简单，因为返回给客户端消息、转发给 consumequeue 的消息物理偏移量并不是 DLedger 条目的起始偏移量，而是 DLedger 条目中 body 字段的起始偏移量，即真正存储真实消息的起始偏移量，所以实现消息的查找比较简单，如代码清单 9-103 所示。

代码清单 9-103 消息查找代码

```
public SelectMappedBufferResult getMessage(final long offset, final int size) {
    if (offset < dividedCommitlogOffset) {
        return super.getMessage(offset, size);
    }
    int mappedFileSize = this.dLedgerServer.getdLedgerConfig().
            getMappedFileSizeForEntryData();
    MmapFile mappedFile = this.dLedgerFileList.findMappedFileByOffset(offset,
            offset == 0);
    if (mappedFile != null) {
        int pos = (int) (offset % mappedFileSize);
        return  convertSbr(mappedFile.selectMappedBuffer(pos, size));
    }
    return null;
}
```

实现关键点如下。

1）如果查找的物理偏移量小于 dividedCommitlogOffset，则从原先的 CommitLog 文件中查找。

2）如果查找的物理偏移量大于 dividedCommitlogOffset，则从 DLedger 自身维护的日志文件中查找。根据物理偏移量查找具体文件使用的方式是二分查找，这里主要突出 dividedCommitlogOffset 的作用。

5. 数据存储兼容小结

数据存储兼容的设计思想基本可以归纳为如下 4 点。

1）DLedger 在整合时使用 DLedger 条目包裹 RocketMQ 中的 CommitLog 条目，即 DLedger 条目的 body 字段来于存储整个 CommitLog 条目。

2）引入 dividedCommitlogOffset 变量，物理偏移量小于该值的消息存储在旧的 CommitLog

文件中，实现升级 DLedger 集群后能依然能访问旧的数据。

3）新 DLedger 集群启动后，会将最后一个 CommitLog 文件填充，即新的数据不会再写入原先的 CommitLog 文件。

4）消息追加到 DLedger 数据日志文件中，返回的偏移量不是 DLedger 条目的起始偏移量，而是 DLedger 条目中 body 字段的起始偏移量，即真实消息的起始偏移量，保证消息物理偏移量的语义与 RocketMQ CommitLog 一致。

9.7.3　主从切换元数据同步机制

RocketMQ 主从同步中，从节点不仅会从主节点同步消息数据，也会同步 topic 路由信息、消费进度、延迟队列处理进度、消费组订阅信息等元数据。那么主从切换后，如何同步元数据呢？数据同步可以通过 Raft 协议保证 CommitLog 文件的一致性，那么是如果保证元数据同步的呢？

1. BrokerController 中与主从相关的方法详解

startProcessorByHa() 方法如代码清单 9-104 所示。

代码清单 9-104　BrokerController#startProcessorByHa

```
private void startProcessorByHa(BrokerRole role) {
    if (BrokerRole.SLAVE != role) {
        if (this.transactionalMessageCheckService != null) {
            this.transactionalMessageCheckService.start();
        }
    }
}
```

该方法的作用是开启事务状态，回查处理器，即当节点切换为主节点时，需要开启对应的事务状态回查处理器，对 PREPARE 状态的消息发起事务状态回查请求。

shutdownProcessorByHa() 方法如代码清单 9-105 所示。

代码清单 9-105　BrokerController#shutdownProcessorByHa

```
private void shutdownProcessorByHa() {
    if (this.transactionalMessageCheckService != null) {
        this.transactionalMessageCheckService.shutdown(true);
    }
 }
```

关闭事务状态回查处理器，从主节点切换为从节点后，该方法会被调用。

handleSlaveSynchronize() 方法如代码清单 9-106 所示。

代码清单 9-106　BrokerController#handleSlaveSynchronize

```
private void handleSlaveSynchronize(BrokerRole role) {
    if (role == BrokerRole.SLAVE) {
```

```
        if (null != slaveSyncFuture) {
            slaveSyncFuture.cancel(false);
        }
        this.slaveSynchronize.setMasterAddr(null);
        slaveSyncFuture = this.scheduledExecutorService
            .scheduleAtFixedRate(new Runnable() {
                @Override
                public void run() {
                    try {
                        BrokerController.this.slaveSynchronize.syncAll();
                    }
                    catch (Throwable e) {
                    }
                }
         }, 1000 * 3, 1000 * 10, TimeUnit.MILLISECONDS);
    } else {
        if (null != slaveSyncFuture) {
            slaveSyncFuture.cancel(false);
        }
        this.slaveSynchronize.setMasterAddr(null);
    }
}
```

当节点是从节点时，开启定时任务从主节点同步元数据处理从节点的元数据，即从节点向主节点主动同步 topic 的路由信息、消费进度、延迟队列处理队列、消费组订阅配置等信息。

1）如果当前节点的角色为从节点，且上次同步的 future 不为空，则先取消，然后设置 slaveSynchronize 的主节点地址为空。不知大家是否有疑问，既然节点为从节点，那为什么将主节点地址设置为空呢？如何同步元数据，这个值会在什么时候设置呢？其实大家大可不必担心，Broker 向 NameServere 发送心跳包的响应结果中，包含当前该复制组的 Leader 节点，即主节点的地址信息。开启定时同步任务后，每 10s 从主节点同步一次元数据。

2）如果当前节点的角色为主节点，则取消定时同步任务并设置主节点的地址为空。

基于 Raft 协议的一轮 Leader 选举完成后，当节点的状态变更为 FOLLOWER 时，在事件回调函数中会调用该方法，将当前节点的角色变更为从节点，如代码清单 9-107 所示。

代码清单 9-107 BrokerController#changeToSlave

```
public void changeToSlave(int brokerId) {
    log.info("Begin to change to slave brokerName={} brokerId={}",
        brokerConfig.getBrokerName(), brokerId);
    brokerConfig.setBrokerId(brokerId == 0 ? 1 : brokerId); //TO DO check
    messageStoreConfig.setBrokerRole(BrokerRole.SLAVE);
    try {
        this.messageStore.handleScheduleMessageService(BrokerRole.SLAVE);
    } catch (Throwable t) {
        log.error("[MONITOR] handleScheduleMessageService failed when changing to slave", t);
    }
```

```
    try {
        this.shutdownProcessorByHa();
    } catch (Throwable t) {
        log.error("[MONITOR] shutdownProcessorByHa failed when changing to slave", t);
    }
    handleSlaveSynchronize(BrokerRole.SLAVE);
        try {
            this.registerBrokerAll(true, true, brokerConfig.isForceRegister());
    } catch (Throwable ignored) {
    }
    log.info("Finish to change to slave brokerName={} brokerId={}",
        brokerConfig.getBrokerName(), brokerId);
}
```

Broker 角色切换到从节点需要执行的核心逻辑如下。

1）设置 brokerId，如果 Broker 的 ID 为 0，则 brokerId 设置为 1。使用的时候，注意规划好集群内节点的 brokerId。

2）设置 Broker 的状态为 BrokerRole.SLAVE。

3）如果当前节点是从节点，则关闭定时调度线程（处理 RocketMQ 延迟队列）。如果当前节点是主节点，则启动该线程。

4）关闭事务状态回查处理器。

5）从节点需要启动元数据同步处理器，即启动 SlaveSynchronize，定时从主服务器同步元数据。

6）立即向集群内所有的 NameServer 告知 Broker 信息状态的变更。

基于 Raft 协议的一轮 Leader 选举完成后，当节点的状态变更为 LEADER，在其事件回调函数中会调用 changeToMaster() 方法，将当前节点的角色变更为主节点，如代码清单 9-108 所示。

代码清单 9-108　BrokerController#changeToMaster

```
public void changeToMaster(BrokerRole role) {
        if (role == BrokerRole.SLAVE) {
            return;
        }
        handleSlaveSynchronize(role);
        try {
            this.messageStore.handleScheduleMessageService(role);
        } catch (Throwable t) {
            log.error("[MONITOR] handleScheduleMessageService failed when
                changing to master", t);
        }
        try {
            this.startProcessorByHa(BrokerRole.SYNC_MASTER);
        } catch (Throwable t) {
```

```
            log.error("[MONITOR] startProcessorByHa failed when changing to
                master", t);
        }
        brokerConfig.setBrokerId(0); //TO DO check
        messageStoreConfig.setBrokerRole(role);
        try {
            this.registerBrokerAll(true, true,
                brokerConfig.isForceRegister());
        } catch (Throwable ignored) {}
}
```

Broker 角色切换到主节点需要执行的核心逻辑如下。

1）关闭元数据同步器，这是因为主节点无须同步。

2）开启定时任务处理线程。

3）开启事务状态回查处理线程。

4）设置 brokerId 为 0。

5）立即向 NameServer 发送心跳包，以便告知 Broker 服务器当前最新的状态。

2. 如何触发主从切换

RocketMQ DLedger 是基于 Raft 协议实现的，在该协议中实现了主节点的选举以及主节点失效后，集群自动重新选举，经过协商投票产生新的主节点，从而实现高可用，如代码清单 9-109 所示。

代码清单 9-109　BrokerController#initialize

```
if (messageStoreConfig.isEnableDLegerCommitLog()) {
    DLedgerRoleChangeHandler roleChangeHandler = new
        DLedgerRoleChangeHandler(this, (DefaultMessageStore) messageStore);
    ((DLedgerCommitLog)((DefaultMessageStore) messageStore).
        getCommitLog()).getdLedgerServer().getdLedgerLeaderElector()
        .addRoleChangeHandler(roleChangeHandler);
}
```

上述代码片段截取自 BrokerController 的 initialize() 方法，在 Broker 启动时，如果开启了主从切换机制，即 enableDLedgerCommitLog 参数设置为 true，会为 Raft 协议的集群节点选主器添加 roleChangeHandler 事件处理器，即节点发生变更后的事件处理器。

RoleChangeHandler 类图如图 9-26 所示。

DLedgerRoleChangeHandler 继承自 RoleChangeHandler，即节点状态发生变更后的事件处理器。它的属性比较简单明了，这里重点介绍一下 ExecutorService executorService 事件处理线程池，它只会开启一个线程，事件将一个一个按顺序执行。

通过 Raft 协议进行 Leader 选举后，节点状态变更就会调用 DLedgerRoleChangeHandler 的 handler() 方法，如代码清单 9-110 所示。

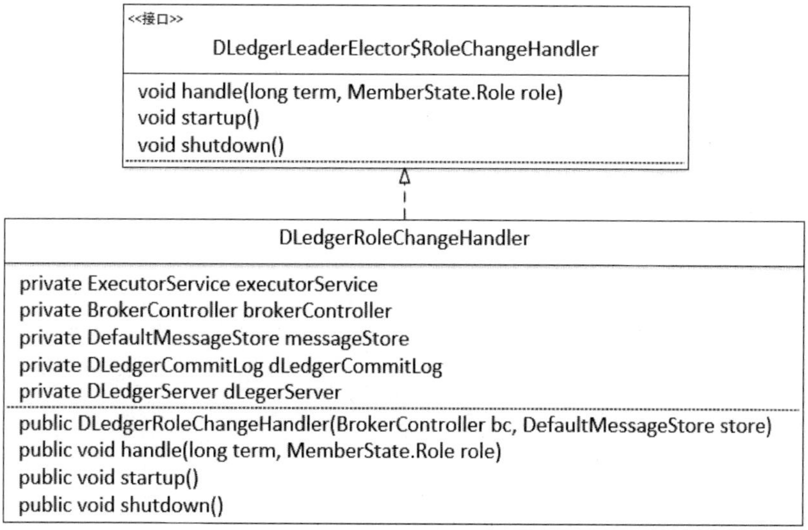

```
<<接口>>
DLedgerLeaderElector$RoleChangeHandler
-----------------------------------------
void handle(long term, MemberState.Role role)
void startup()
void shutdown()
```

```
DLedgerRoleChangeHandler
-----------------------------------------
private ExecutorService executorService
private BrokerController brokerController
private DefaultMessageStore messageStore
private DLedgerCommitLog dLedgerCommitLog
private DLedgerServer dLegerServer
-----------------------------------------
public DLedgerRoleChangeHandler(BrokerController bc, DefaultMessageStore store)
public void handle(long term, MemberState.Role role)
public void startup()
public void shutdown()
```

图 9-26　RoleChangeHandler 类图

代码清单 9-110　DLedgerRoleChangeHandler#handle

```
case CANDIDATE:
    if (messageStore.getMessageStoreConfig().getBrokerRole() !=
            BrokerRole.SLAVE) {
        brokerController.changeToSlave(dLedgerCommitLog.getId());
    }
    break;
```

接下来详细探究该方法触发主从切换的实现细节。

第一步：如果当前节点状态机状态变更为 CANDIDATE，表示正处于 Leader 选举阶段，如果当前节点的初始角色不是从节点，需要将状态切换为 SLAVE，如代码清单 9-111 所示。

代码清单 9-111　DLedgerRoleChangeHandler#handle

```
case FOLLOWER:
    brokerController.changeToSlave(dLedgerCommitLog.getId());
    break;
```

第二步：如果当前节点状态机状态变更为 FOLLOWER，表示 Leader 选举阶段完成，当前节点未被选为 Leader，故需要将状态切换为 SLAVE，如代码清单 9-112 所示。

代码清单 9-112　DLedgerRoleChangeHandler#handle

```
case LEADER:
    while (true) {
        if (!dLegerServer.getMemberState().isLeader()) {
            succ = false;
            break;
```

```
        }
        if (dLegerServer.getdLedgerStore().getLedgerEndIndex() == -1) {
            break;
        }
        if (dLegerServer.getdLedgerStore().getLedgerEndIndex() ==
            dLegerServer.getdLedgerStore().getCommittedIndex()
                && messageStore.dispatchBehindBytes() == 0) {
            break;
        }
        Thread.sleep(100);
    }
    if (succ) {
        messageStore.recoverTopicQueueTable();
        brokerController.changeToMaster(BrokerRole.SYNC_MASTER);
    }
    break;
```

第三步：如果当前节点状态机状态变更为 Leader，说明该节点被选举为 Leader，在切换到主节点之前，需要等待当前节点追加的数据都被提交后，才可以将状态变更为 Master，其关键实现如下。

1）如果 ledgerEndIndex 为 -1，表示当前节点还没有数据转发，直接跳出循环，通过调用 changeToMaster 方法将其状态变更为主节点。

2）如果 ledgerEndIndex 不为 -1，则必须等待数据全部提交，即 ledgerEndIndex 与 committedIndex 必须相等，并且需要等待 CommitLog 日志全部转发到 ConsumeQueue 文件中，即 ReputMessageService 中的 reputFromOffset 与 CommitLog 的 maxOffset 相等。

我们通过流程图完整地看一下主从切换的基本流程，如图 9-27 所示。

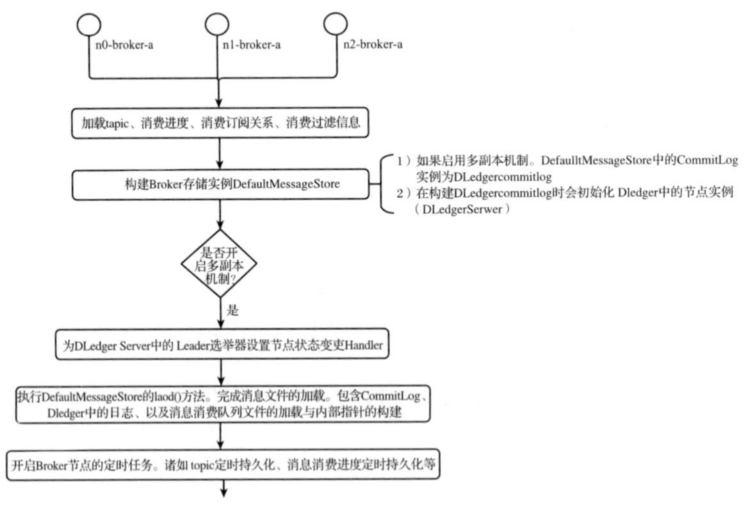

图 9-27　主从切换流程图

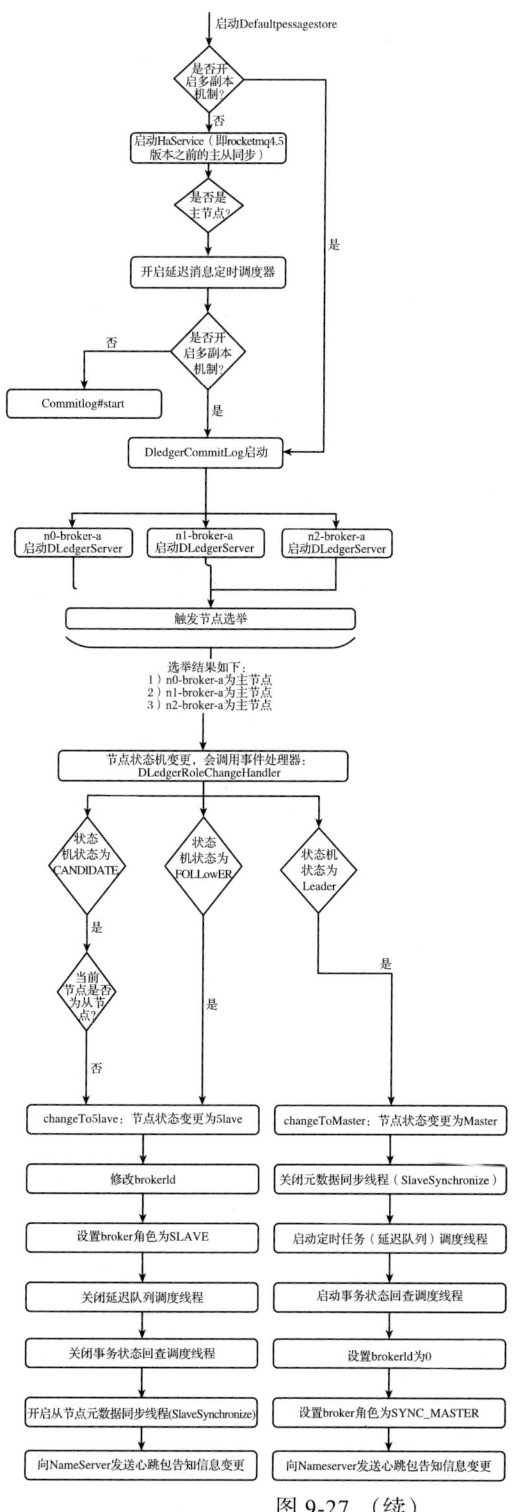
启动Defaultpessagestore
是否开启多副本机制?
否
是
启动HaService（即rocketmq4.5版本之前的主从同步）
是否是主节点?
开启延迟消息定时调度器
是否开启多副本机制?
否
Commitlog#start
是
DledgerCommitLog启动
n0-broker-a 启动DLedgerServer
n1-broker-a 启动DLedgerServer
n2-broker-a 启动DLedgerServer
触发节点选举
选举结果如下：
1）n0-broker-a为主节点
2）n1-broker-a为主节点
3）n2-broker-a为主节点
节点状态机变更，会调用事件处理器：DLedgerRoleChangeHandler
状态机状态为CANDIDATE
状态机状态为FOLLowER
状态机状态为Leader
是
当前节点是否为从节点?
否
是
是
changeTo5lave：节点状态变更为5lave
修改brokerId
设置broker角色为SLAVE
关闭延迟队列调度线程
关闭事务状态回查调度线程
开启从节点元数据同步线程(SlaveSynchronize)
向NameServer发送心跳包告知信息变更
changeToMaster：节点状态变更为Master
关闭元数据同步线程（SlaveSynchronize）
启动定时任务（延迟队列）调度线程
启动事务状态回查调度线程
设置brokerId为0
设置broker角色为SYNC_MASTER
向Nameserver发送心跳包告知信息变更

图 9-27 （续）

9.8 RocketMQ 主从切换实战

经过前文的理论分析，相信大家对 RocketMQ 的主从切换实现原理已经有了非常清晰的认识，也能很容易地得出如下结论：RocketMQ 主从切换机制能够从原先的主从同步部署模式，平滑升级到主从切换，即无须对数据进行任何处理，即可兼容旧数据。本节从运维使用的角度来详细介绍其升级过程。

9.8.1 主从切换核心配置属性

主从切换的核心配置参数如下所示。

1）enableDLegerCommitLog：是否开启主从切换机制，默认为 false。如果需要开启主从切换，将该值设置为 true。

2）dLegerGroup：节点所属的 raft 复制组，建议与 brokerName 保持一致，例如 broker-a。

3）dLegerPeers：集群节点信息，示例配置为 n0-127.0.0.1:40911;n1-127.0.0.1:40912;n2-127.0.0.1:40913，多个节点用英文冒号隔开，单个条目遵循节点 ID、IP 地址、端口，这里的端口用于 Raft 集群内部通信。

4）dLegerSelfId：当前节点 ID。取自 legerPeers 中条目的开头，即上述示例中的 n0，并且只能第一个字符为英文，其他字符需要配置成数字。

5）storePathRootDir：日志文件的存储根目录，为了支持平滑升级，该值应该与 storePath-CommitLog 设置为不同的目录。

9.8.2 搭建主从同步环境

先搭建一个传统意义上的主从同步架构，向集群中存入一定量的数据，然后升级到主从切换模式。在 Linux 服务器上搭建一个 RocketMQ 主从同步集群不是一件很难的事情，本节不详细介绍其安装过程，只给出相关配置。实验环境的部署结构采取一主一从，部署图如图 9-28 所示。

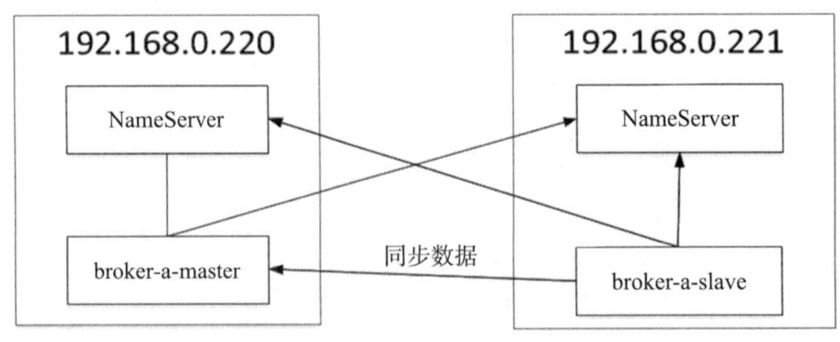

图 9-28 RocketMQ 一主一从部署架构图

192.168.0.220 上的 broker 配置文件如下。

```
brokerClusterName = DefaultCluster
brokerName = broker-a
brokerId = 0
deleteWhen = 04
fileReservedTime = 48
brokerRole = ASYNC_MASTER
flushDiskType = ASYNC_FLUSH
brokerIP1=192.168.0.220
brokerIP2=192.168.0.220
namesrvAddr=192.168.0.221:9876;192.168.0.220:9876
storePathRootDir=/opt/application/rocketmq-all-4.5.2-bin-release/store
storePathCommitLog=/opt/application/rocketmq-all-4.5.2-bin-release/store/c
ommitlog
autoCreateTopicEnable=false
autoCreateSubscriptionGroup=false
```

192.168.0.220 上的 broker 配置文件如下。

```
brokerClusterName = DefaultCluster
brokerName = broker-a
brokerId = 1
deleteWhen = 04
fileReservedTime = 48
brokerRole = SLAVE
flushDiskType = ASYNC_FLUSH
brokerIP1=192.168.0.221
brokerIP2=192.168.0.221
namesrvAddr=192.168.0.221:9876;192.168.0.220:9876
storePathRootDir=/opt/application/rocketmq-all-4.5.2-bin-release/store
storePathCommitLog=/opt/application/rocketmq-all-4.5.2-bin-release/store/commitlog
autoCreateTopicEnable=false
autoCreateSubscriptionGroup=false
```

相关的启动命令如下。

```
nohup bin/mqnamesrv  /dev/null  2>&1 &
nohup bin/mqbroker -c conf/broker.conf  /dev/null  2>&1 &
```

安装后的集群信息如图 9-29 所示。

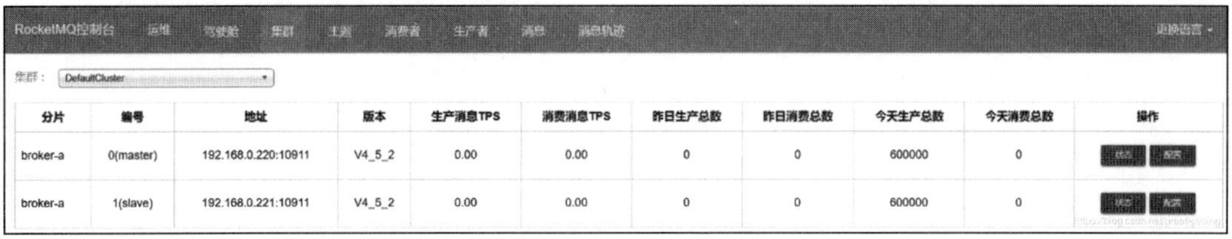
RocketMQ控制台
运维
驾驶舱
集群
主题
消费者
生产者
消息
消息轨迹
更换语言
集群：
DefaultCluster
分片
编号
地址
版本
生产消息TPS
消费消息TPS
昨日生产总数
昨日消费总数
今天生产总数
今天消费总数
操作
broker-a
0(master)
192.168.0.220:10911
V4_5_2
0.00
0.00
0
0
600000
0
broker-a
1(slave)
192.168.0.221:10911
V4_5_2
0.00
0.00
0
0
600000
0

图 9-29　RocketMQ 集群部署图

9.8.3 主从同步集群升级到主从切换

1. 部署架构

主从切换集群至少需要 3 台机器，故搭建 Raft 集群还需要再引入一台机器，其部署结构如图 9-30 所示。

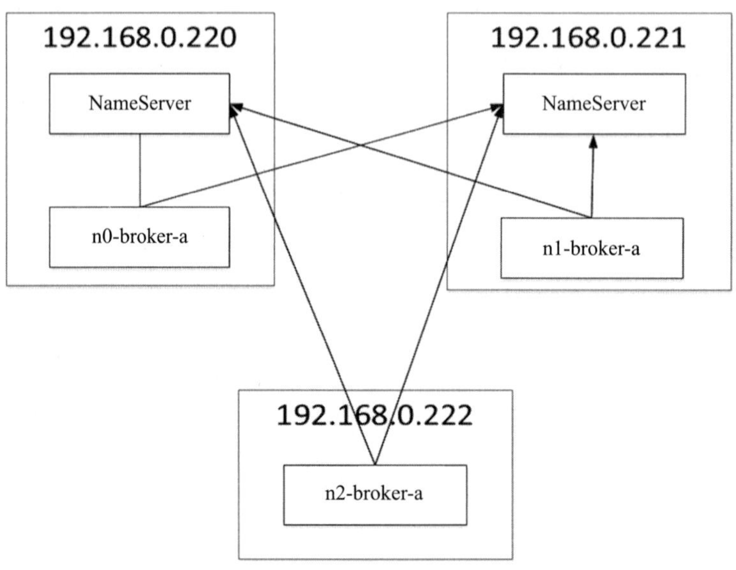

图 9-30 RocketMQ 主从切换部署图

从主从同步集群升级到主从切换集群，用户关心的问题之一就是升级后的集群是否能够兼容原先的数据，即原先存储的消息能否被消费者继续消费。为了方便后续验证，我使用代码清单 9-113 所示的程序向主从同步 mq 集群添加了一批方便查询的消息（设置消息的 key）。

代码清单 9-113 消息发送示例代码

```
public class Producer {
    public static void main(String[] args) throws MQClientException,
        InterruptedException {
        DefaultMQProducer producer = new
            DefaultMQProducer("producer_dw_test");
        producer.setNamesrvAddr("192.168.0.220:9876;192.168.0.221:9876");
        producer.start();
        for(int i =600000; i < 600100; i ++) {
            try {
                Message msg = new Message("topic_dw_test_by_order_01",null , "m" +
                    i,("Hello RocketMQ" + i ).getBytes(RemotingHelper.DEFAULT_
                    CHARSET));
                SendResult sendResult = producer.send(msg);
```

```
            } catch (Exception e) {
                e.printStackTrace();
                Thread.sleep(1000);
            }
        }
        producer.shutdown();
        System.out.println("end");
    }
}
```

消息的查询结果如图 9-31 所示。

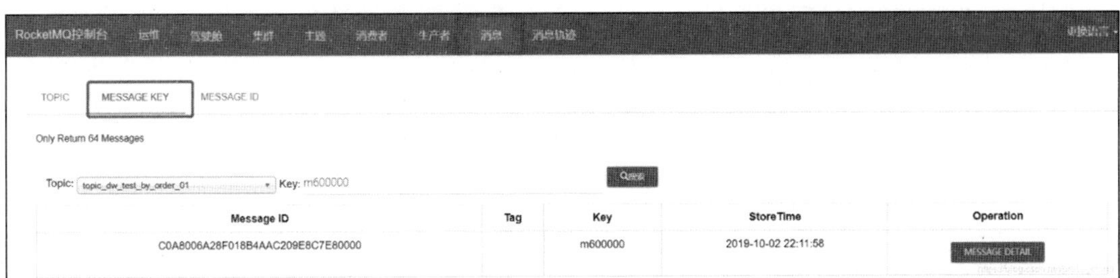

图 9-31　消息查询结果

2. 升级步骤

第一步：使用如下命令将 192.168.0.220 的 rocketmq 复制到 192.168.0.222。

```
scp -r rocketmq-all-4.5.2-bin-release/ root@192.168.0.222:/opt/application/
rocketmq-all-4.5.2-bin-release
```

第二步：依次在三台服务器的 broker.conf 配置文件中添加与主从切换相关的配置属性。192.168.0.220 broker 配置文件如下。

```
brokerClusterName = DefaultCluster
brokerId = 0
deleteWhen = 04
fileReservedTime = 48
brokerRole = ASYNC_MASTER
flushDiskType = ASYNC_FLUSH
brokerIP1=192.168.0.220
brokerIP2=192.168.0.220
namesrvAddr=192.168.0.221:9876;192.168.0.220:9876
storePathRootDir=/opt/application/rocketmq-all-4.5.2-bin-release/store
storePathCommitLog=/opt/application/rocketmq-all-4.5.2-bin-release/store/commitlog
autoCreateTopicEnable=false
autoCreateSubscriptionGroup=false
# 与 dledger 相关的属性
enableDLegerCommitLog=true
storePathRootDir=/opt/application/rocketmq-all-4.5.2-bin-release/store/dledger_store
```

```
dLegerGroup=broker-a
dLegerPeers=n0-192.168.0.220:40911;n1-192.168.0.221:40911;n2-192.168.0.222:40911
dLegerSelfId=n0
```

192.168.0.221 broker 配置文件如下。

```
brokerClusterName = DefaultCluster
brokerName = broker-a
brokerId = 1
deleteWhen = 04
fileReservedTime = 48
brokerRole = SLAVE
flushDiskType = ASYNC_FLUSH
brokerIP1=192.168.0.221
brokerIP2=192.168.0.221
namesrvAddr=192.168.0.221:9876;192.168.0.220:9876
storePathRootDir=/opt/application/rocketmq-all-4.5.2-bin-release/store
storePathCommitLog=/opt/application/rocketmq-all-4.5.2-bin-release/store/commitlog
autoCreateTopicEnable=false
autoCreateSubscriptionGroup=false
# 与 dledger 相关的配置属性
enableDLegerCommitLog=true
storePathRootDir=/opt/application/rocketmq-all-4.5.2-bin-release/store/dledger_store
dLegerGroup=broker-a
dLegerPeers=n0-192.168.0.220:40911;n1-192.168.0.221:40911;n2-192.168.0.222:40911
dLegerSelfId=n1
```

192.168.0.222 broker 配置文件如下。

```
brokerClusterName = DefaultCluster
brokerName = broker-a
brokerId = 0
deleteWhen = 04
fileReservedTime = 48
brokerRole = ASYNC_MASTER
flushDiskType = ASYNC_FLUSH
brokerIP1=192.168.0.222
brokerIP2=192.168.0.222
namesrvAddr=192.168.0.221:9876;192.168.0.220:9876
storePathRootDir=/opt/application/rocketmq-all-4.5.2-bin-release/store
storePathCommitLog=/opt/application/rocketmq-all-4.5.2-bin-release/store/commitlog
autoCreateTopicEnable=false
autoCreateSubscriptionGroup=false
# 与 dledger 相关的配置
enableDLegerCommitLog=true
storePathRootDir=/opt/application/rocketmq-all-4.5.2-bin-release/store/dledger_store
dLegerGroup=broker-a
dLegerPeers=n0-192.168.0.220:40911;n1-192.168.0.221:40911;n2-192.168.0.222:40911
dLegerSelfId=n2
```

注意：legerSelfId 分别为 n0、n1、n2。在真实的生产环境中，broker 配置文件中的 storePathRootDir、storePathCommitLog 尽量使用单独的根目录，这样判断其磁盘使用率时才不会相互影响。

第三步：将 store/config 目录下的所有文件复制到 dledger store 的 congfig 目录下。

```
cd /opt/application/rocketmq-all-4.5.2-bin-release/store/
cp config/* dledger_store/config/
```

第四步：依次启动 3 台 Broker。

```
nohup bin/mqbroker -c conf/broker.conf  /dev/null  2>&1 &
```

如果启动成功，则在 rocketmq-console 中看到如图 9-32 所示的集群信息。

分片	编号	地址	版本	生产消息TPS	消费消息TPS	昨日生产总数	昨日消费总数	今天生产总数	今天消费总数	操作
broker-a	0(master)	192.168.0.222:10911	V4_5_2	0.00	0.00	0	0	0	0	
broker-a	1(slave)	192.168.0.220:10911	V4_5_2	0.00	0.00	0	0	0	0	
broker-a	2(slave)	192.168.0.221:10911	V4_5_2	0.00	0.00	0	0	0	0	

图 9-32　RocketMQ 主从切换集群信息

接下来介绍验证消息发送与消息查找的过程。

首先我们验证是否能查询到升级之前的消息。以查找 key 为 m600000 的消息为例，查找结果如图 9-33 所示。

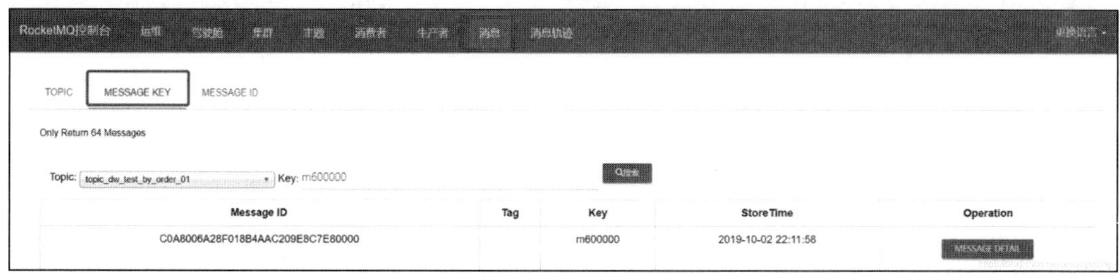

图 9-33　消息查找界面

图 9-33 表明能兼容升级之前的数据。

然后我们测试消息发送，使用代码清单 9-112 所示的代码发送消息，发送结果如图 9-34 所示。

```
Producer-dwtest
 [topic=topic_dw_test_by_order_01, brokerName=broker-a, queueId=15], queueOffset=37513]
SendResult [sendStatus=SEND_OK, msgId=C0A8006A32C818B4AAC20C5C6E880063, offsetMsgId=C0A800DE00002A9F000000004000607B, messageQueue=MessageQueue
 [topic=topic_dw_test_by_order_01, brokerName=broker-a, queueId=0], queueOffset=37513]
09:36:24.238 [NettyClientSelector_1] INFO  RocketmqRemoting - closeChannel: close the connection to remote address[192.168.0.222:10909] result: true
09:36:24.240 [NettyClientSelector_1] INFO  RocketmqRemoting - closeChannel: close the connection to remote address[192.168.0.220:10911] result: true
09:36:24.240 [NettyClientSelector_1] INFO  RocketmqRemoting - closeChannel: close the connection to remote address[192.168.0.221:9876] result: true
09:36:24.240 [NettyClientSelector_1] INFO  RocketmqRemoting - closeChannel: close the connection to remote address[192.168.0.221:10911] result: true
09:36:24.240 [NettyClientSelector_1] INFO  RocketmqRemoting - closeChannel: close the connection to remote address[192.168.0.222:10911] result: true
end

Process finished with exit code 0
```

图 9-34 消息发送结果界面

再去控制台查询一下消息，其结果表明能查询到新的消息，如图 9-35 所示。

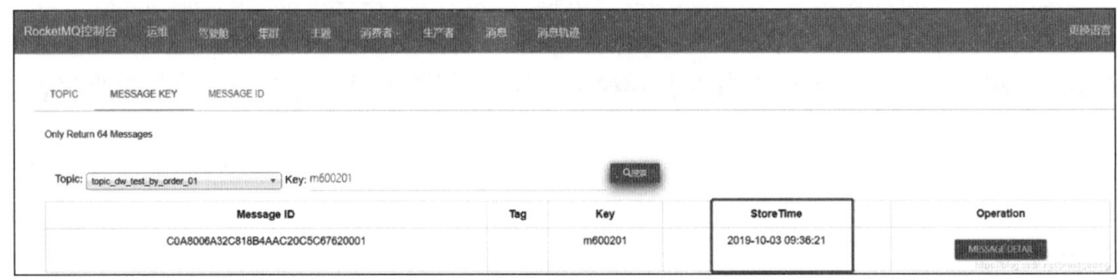

图 9-35 消息查找结果界面

最后我们验证一下主节点宕机，消息发送是否会受到影响。在消息发送的过程中，关闭主节点，集群恢复后的状态如图 9-36 所示。

集群：DefaultCluster

分片	编号	地址	版本	生产消息TPS	消费消息TPS	昨日生产总数	昨日消费总数	今天生产总数	今天消费总数	操作
broker-a	0(master)	192.168.0.221:10911	V4_5_2	0.00	0.00	0	0	1094	0	
broker-a	1(slave)	192.168.0.220:10911	V4_5_2	0.00	0.00	0	0	1094	0	

图 9-36 RocketMQ 集群状态

9.9 本章小结

本章重点介绍了 RocketMQ 主从切换的原理与实战。Raft 协议是 RocketMQ 实现主从切换的基础，Raft 协议主要包含 Leader 选主与日志复制。

在分布式环境中，为了提高数据的可靠性，避免单点故障，通常会将一份数据存储在不同的集群上，形成一个复制组，即数据冗余机制。但引入冗余机制就不得不面对另外一个难题：副本之间的数据一致性。

为了加深读者对 RocketMQ 主从切换机制，特别是 Raft 协议的理解，提出一道思考题与各位读者交流探讨。

一个有 5 个节点的 DLedger 集群。

```
Leader Node: n0-broker-a
folloer Node: n1-broker-a,n2-broker-a,n3-broker-a,n4-broker-a
```

从节点的复制进度可能不一致，例如：

n0-broker-a 复制进度为 120；

n1-broker-a 复制进度为 100；

n2-broker-a 复制进度为 120；

n3-broker-a 复制进度为 90；

n4-broker-a 负载进度为 90。

如果此时 n0-broker-a 主节点宕机，触发主从切换，n0 先发起投票，由于 n1 的复制进度大于 n3、n4，再加上自己的一票，有可能被选举为 Leader，原来 Leader 节点上追加的消息日志序号为 120，此时消息会丢失吗？为什么？

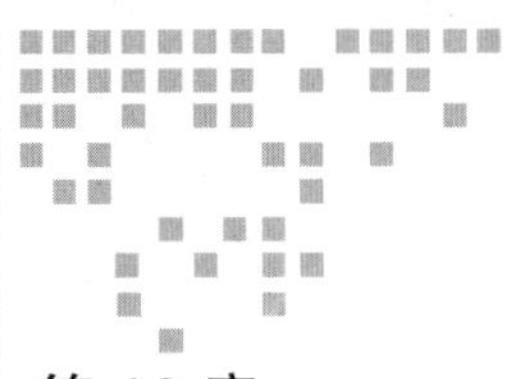

Chapter 10 第 10 章

RocketMQ 监控

从运维的视角衡量一款中间件是否成熟有两个重要指标：可操作性和对监控的友好性。可视化图形界面是监控友好性的基本条件。

RocketMQ 提供了可视化管理界面 rocketmq-console 以及众多运维命令，用于与消息中间件进行交互，方便运维人员便捷地与 RocketMQ 集群交互。消息中间件在线上环境提供服务后有一个迫切的需求：实时了解 RocketMQ 集群当前的运行状态。

本章将详细介绍 RocketMQ 监控的设计理念与实现细节，重点内容如下。

- ❑ 设计理念。
- ❑ 实现原理。
- ❑ 监控数据采样机制。
- ❑ 如何采集监控指标。

10.1 设计理念

中间件类监控设计体系的架构设计如图 10-1 所示。

消息发送者、消息消费者在与 RocketMQ 集群进行交互时会收集相关的统计信息并存储在内存中，一般都会采用滑动窗口机制避免统计数据在内存中不断积压，造成内存溢出。

监控采集客户端可以定时将 RocketMQ 集群中存储的指标抽取到一个存储介质中，通常会使用时序数据库，例如 InfluxDB，监控界面从存储介质中查询数据后进行可视化展示。

实现监控系统需要定义监控指标，即指定服务端需要采集哪些数据，开源的 RocketMQ 当前版本主要采集如下数据。

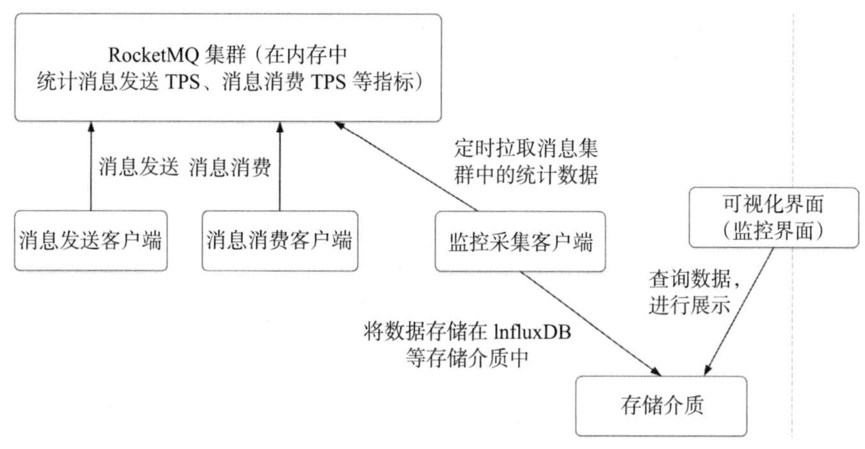

图 10-1 监控设计架构

1）TOPIC_PUT_NUMS：以主题为维度统计消息写入数量。

2）TOPIC_PUT_SIZE：以主题为维度统计消息写入字节数。

3）GROUP_GET_NUMS：以消费组为维度统计消息获取条数。

4）GROUP_GET_SIZE：以消费组为维度统计消息获取字节数。

5）SNDBCK_PUT_NUMS：以消费组为维度统计重试消息发送数量。

6）BROKER_PUT_NUMS：以集群为维度统计消息写入条数。

7）BROKER_GET_NUMS：以集群为维度统计消息获取条数。

8）GROUP_GET_LATENCY：以消费组为维度统计消息拉取延迟时间。

10.2 实现原理

本节详细介绍 RocketMQ 监控的实现原理。

10.2.1 监控相关类图

RocketMQ 监控相关的类体系如图 10-2 所示。

下面逐一介绍图 10-2 中涉及的核心类。

1）BrokerStatsManager：RocketMQ Broker 端的监控数据采集实现类，其内部主要的数据结构如下。

- InternalLogger log：RocketMQ 服务端数据监控统计相关的日志文件为 stats.log。
- HashMap<String, StatsItemSet> statsTable = new HashMap<String, StatsItemSet>()：服务端监控数据采集核心数据结构，用来存储 Broker 端的统计数据。statsTable 的 key 为统计指标，即统计维度，例如 10.1 节提到的 TOPIC_PUT_NUMS、TOPIC_PUT_SIZE 等。其 Value 值为 StatsItemSet，即数据采集项的数据集合。以 TOPIC_

PUT_NUMS 为例，StatsItemSet 中需要按照 topic 进行数据采集，即存储各个 topic 的统计数据。

- ❑ String clusterName：集群名称。

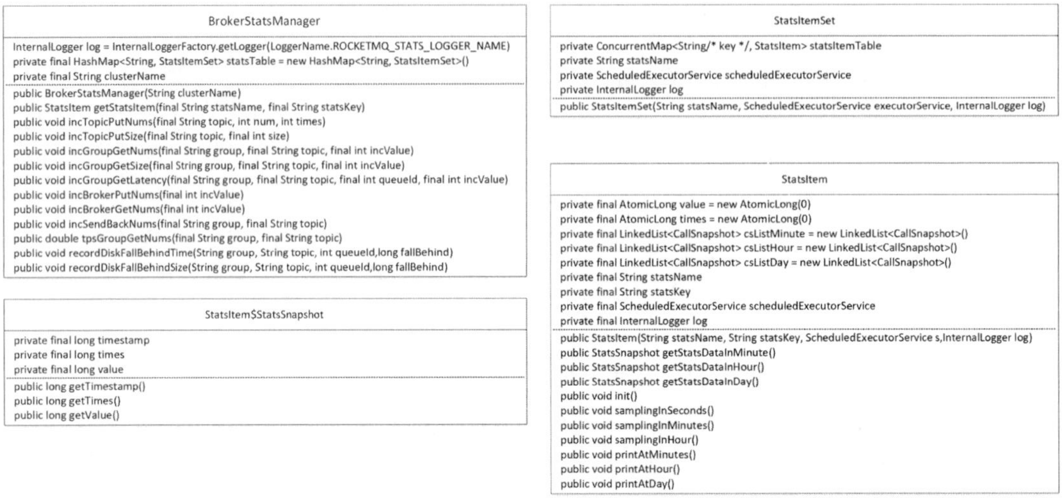

```
BrokerStatsManager
-----------------------------------------------
InternalLogger log = InternalLoggerFactory.getLogger(LoggerName.ROCKETMQ_STATS_LOGGER_NAME)
private final HashMap<String, StatsItemSet> statsTable = new HashMap<String, StatsItemSet>()
private final String clusterName
-----------------------------------------------
public BrokerStatsManager(String clusterName)
public StatsItem getStatsItem(final String statsName, final String statsKey)
public void incTopicPutNums(final String topic, int num, int times)
public void incTopicPutSize(final String topic, final int size)
public void incGroupGetNums(final String group, final String topic, final int incValue)
public void incGroupGetSize(final String group, final String topic, final int incValue)
public void incGroupGetLatency(final String group, final String topic, final int queueId, final int incValue)
public void incBrokerPutNums(final int incValue)
public void incBrokerGetNums(final int incValue)
public void incSendBackNums(final String group, final String topic)
public double tpsGroupGetNums(final String group, final String topic)
public void recordDiskFallBehindTime(String group, String topic, int queueId,long fallBehind)
public void recordDiskFallBehindSize(String group, String topic, int queueId,long fallBehind)
```

```
StatsItem$StatsSnapshot
-----------------------------------------------
private final long timestamp
private final long times
private final long value
-----------------------------------------------
public long getTimestamp()
public long getTimes()
public long getValue()
```

```
StatsItemSet
-----------------------------------------------
private ConcurrentMap<String/* key */, StatsItem> statsItemTable
private String statsName
private ScheduledExecutorService scheduledExecutorService
private InternalLogger log
-----------------------------------------------
public StatsItemSet(String statsName, ScheduledExecutorService executorService, InternalLogger log)
```

```
StatsItem
-----------------------------------------------
private final AtomicLong value = new AtomicLong(0)
private final AtomicLong times = new AtomicLong(0)
private final LinkedList<CallSnapshot> csListMinute = new LinkedList<CallSnapshot>()
private final LinkedList<CallSnapshot> csListHour = new LinkedList<CallSnapshot>()
private final LinkedList<CallSnapshot> csListDay = new LinkedList<CallSnapshot>()
private final String statsName
private final String statsKey
private final ScheduledExecutorService scheduledExecutorService
private final InternalLogger log
-----------------------------------------------
public StatsItem(String statsName, String statsKey, ScheduledExecutorService s,InternalLogger log)
public StatsSnapshot getStatsDataInMinute()
public StatsSnapshot getStatsDataInHour()
public StatsSnapshot getStatsDataInDay()
public void init()
public void samplingInSeconds()
public void samplingInMinutes()
public void samplingInHour()
public void printAtMinutes()
public void printAtHour()
public void printAtDay()
```

图 10-2　RocketMQ 监控相关的类体系

2）StatsItemSet：一类统计指标集合，其内部主要维护的数据结构为 ConcurrentMap<String/* key */, StatsItem>statsItemTable。以指标 TOPIC_PUT_NUMS 对应的 StatsItemSet 为例，StatsItemSet 存储的是主题写入数量（消息发送数量），内部维护的 statsItemTable 的 key 为主题的名称，StatsItem 为该主题对应的统计信息。

3）StatItem：具体统计数据的载体，其主要属性如下。

- ❑ AtomicLong value：当前统计的数量值。
- ❑ AtomicLong times：当前 value 值变化的次数。
- ❑ LinkedList<CallSnapshot> csListMinute：近 1min 内的调用快照信息，每 10s 采集一次，并且超过 6 个则淘汰最早入队的原生快照信息，故其长度不会超过 6。
- ❑ LinkedList<CallSnapshot> csListHour：近 1h 内的调用快照信息，每 10min 采集一次，同样不会超过 6 个元素。
- ❑ LinkedList<CallSnapshot> csListDay：近一天的调用快照信息，每 1h 采集一次，该队列长度不会超过 24，超过则会丢弃最早入队的。
- ❑ String statsName：统计项的名称，与 StatsItemSet 中的 statsName 相同。
- ❑ String statsKey：统计项 Key。如果 statsName 统计各 topic 的写入数量，则 statsKey 为每一个具体的 topic 名称。

4）StatsSnapshot：统计快照，主要包含如下 3 个字段。

- long timestamp：快照生成时间戳。
- long times：快照生成时 value 值发生变化的次数。
- long value：快照生成时当前的统计数量。

10.2.2 监控原始数据采集流程

本节介绍消息发送相关流程，从源码的角度分析采集数据的实现原理。消息发送在 Broker 端的处理逻辑主要由 SendMessageProcessor 实现，如代码清单 10-1 所示。

代码清单 10-1 SendMessageProcessor#handlePutMessageResult

```
if (sendOK) {
    this.brokerController.getBrokerStatsManager().
        incTopicPutNums(msg.getTopic(),
        putMessageResult.getAppendMessageResult().getMsgNum(), 1);
    this.brokerController.getBrokerStatsManager().
        incTopicPutSize(msg.getTopic(),
            putMessageResult.getAppendMessageResult().getWroteBytes());
    this.brokerController.getBrokerStatsManager().
        incBrokerPutNums(putMessageResult.getAppendMessageResult().getMsgNu
        m());
    // 省略部分代码
}
```

从代码片段可以看出，消息发送成功会调用 BrokerStatsManager 的 incTopicPutNums() 方法，增加 topic 的写入个数，即统计调用信息，如代码清单 10-2 所示。

代码清单 10-2 BrokerStatsManager#incTopicPutNums

```
public void incTopicPutNums(final String topic, int num, int times) {
    this.statsTable.get(TOPIC_PUT_NUMS).addValue(topic, num, times);
}
```

在解读这个方法之前，先介绍一下各个参数的含义。

1）String topic：主题的名称。

2）int num：本次写入的消息条数。

3）int times：默认传入 1，表示消息 incTopicPutNums 被调用的次数，也体现了消息写入数量发生变化的次数。

incTopicPutNams() 方法的实现比较简单，从 HashMap<String, StatsItemSet> statsTable 表中按照 TOPIC_PUT_NUMS 获取消息写入统计的 StatsItemSet 对象，然后调用其 addValue() 方法。

接下来继续探究 StatsItemSet 的 addValue() 方法，如代码清单 10-3 所示。

代码清单 10-3 StatsItemSet#addValue

```
public void addValue(final String statsKey, final int incValue, final int
    incTimes) {
```

```
    StatsItem statsItem = this.getAndCreateStatsItem(statsKey);
    statsItem.getValue().addAndGet(incValue);
    statsItem.getTimes().addAndGet(incTimes);
}
```

该方法的实现比较简单：根据统计 key，例如 topic 的名称，从 ConcurrentMap<String/* key */, StatsItem> statsItemTable 中获取该 topic 的统计信息，即在 RocketMQ 中，topic 的写入总数用 StatsItem 表示，如果 statsItemTable 中未包含该 topic 对应的 StatsItem，则创建一个新的对象，然后通过原子的方式新增 Value 与 Times 这两个属性的值。

经过上面的步骤，就完成了 topic 写入数量的收集，接下来介绍如何计算 TPS 等统计信息。

10.3 监控数据采样机制

10.2 节已详细介绍了采集原始数据的内容，那么如何实现 TPS 的计算呢？奥妙就包含在 StatsItemSet 中。在构造 init() 方法的时候定义了 6 个定时任务，用来对监控数据进行采样计算，接下来详细介绍采样计算实现的原理。

10.3.1 监控数据采样

从 StatsItemSet 的 init() 方法得知，RocketMQ 实现了按分钟级、小时级、天级别的数据采样。分钟级采样由 samplingInSeconds() 方法实现，该方法每隔 10s 执行一次，具体实现如代码清单 10-4 所示。

代码清单 10-4 StatsItemSet#samplingInSeconds

```
private void samplingInSeconds() {
    Iterator<Entry<String, StatsItem>> it =
        this.statsItemTable.entrySet().iterator();
    while (it.hasNext()) {
        Entry<String, StatsItem> next = it.next();
        next.getValue().samplingInSeconds();
    }
}
```

该方法依次遍历指标集中的所有指标 StatsItem，并调用 samplingInSeconds() 方法，如代码清单 10-5 所示。

代码清单 10-5 StatsItemSet#samplingInSeconds

```
public void samplingInSeconds() {
    synchronized (this.csListMinute) {
        this.csListMinute.add(new CallSnapshot(System.currentTimeMillis(),
            this.times.get(), this.value.get()));
        if (this.csListMinute.size() > 7) {
```

```
                this.csListMinute.removeFirst();
            }
        }
    }
```

首先根据当前的时间戳、变更次数、调用次数创建一个快照，将其存入 csListMinute 变量，如果该容器中的元素超过 7 个，则将其头部元素移除，即确保 csListMinute 最多存储 7 个元素，这样做有什么好处呢？其实现原理如图 10-3 所示。

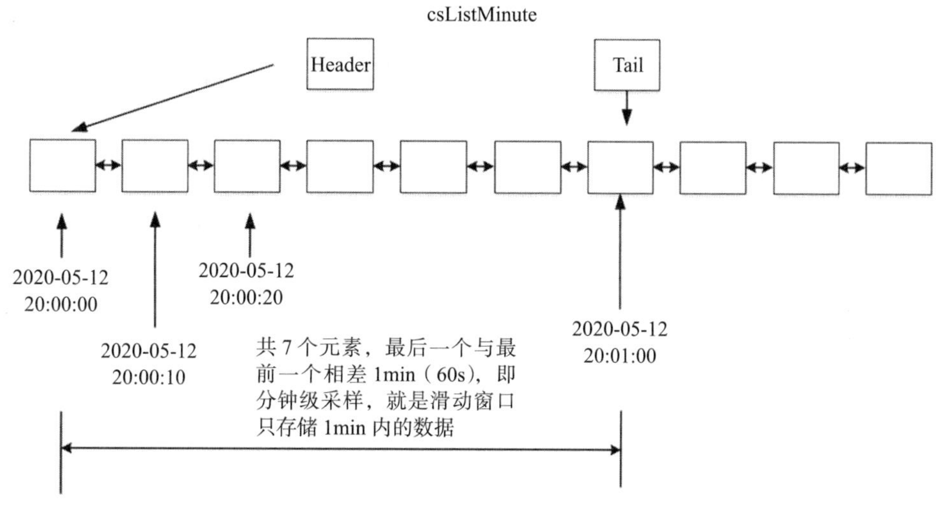

图 10-3　分钟级采样设计原理图

图 10-3 是在分钟级采样容器中存储最近 1min 的采样数据，每隔 10s 采集 1 次快照，在计算 TPS 等统计指标时，只须用两个快照之差除以两个快照之间的时间。

注意　samplingInMinutes 与 samplingInHour 的采样方式与 samplingInSeconds 方法的实现一样，就不重复讲解了。值得注意的是，samplingInMinutes 每 10min 采集 1 次快照，而 samplingInHour 每 1h 采集 1 次，内部维护的 LinkedList<CallSnapshot> csListDay 保存的元素个数为 25，即最后一个元素与第一个元素相隔时间为 1 天。

10.3.2　根据采样计算统计指标

在 RocketMQ 中由 StatsItem 类的 printAtMinutes 方法实现秒级别的统计信息，具体实现如代码清单 10-6 所示。

代码清单 10-6　StatsItem#printAtMinutes

```
public void printAtMinutes() {
    StatsSnapshot ss = computeStatsData(this.csListMinute);
```

```
    log.info(String.format("[%s] [%s] Stats In One Minute, SUM: %d TPS: %.2f
        AVGPT: %.2f",this.statsName, this.statsKey, ss.getSum(),
        ss.getTps(), ss.getAvgpt()));
}
```

该方法每分钟执行 1 次，将计算出来的监控指标以日志文件的形式输出在 RocketMQ 的日志文件中，其路径默认为 ${user.home}/logs/rocketmqlogs/stats.log。下面重点分析其指标计算的逻辑，实现逻辑如代码清单 10-7 所示。

代码清单 10-7 指标计算逻辑代码

```
private static StatsSnapshot computeStatsData(
            final LinkedList<CallSnapshot> csList) {
    StatsSnapshot statsSnapshot = new StatsSnapshot();
    synchronized (csList) {
        double tps = 0;
        double avgpt = 0;
        long sum = 0;
        if (!csList.isEmpty()) {
            CallSnapshot first = csList.getFirst();
            CallSnapshot last = csList.getLast();
            sum = last.getValue() - first.getValue();
            tps = (sum * 1000.0d) / (last.getTimestamp() - first.getTimestamp());
            long timesDiff = last.getTimes() - first.getTimes();
            if (timesDiff > 0) {
                avgpt = (sum * 1.0d) / timesDiff;
            }
        }
        statsSnapshot.setSum(sum);
        statsSnapshot.setTps(tps);
        statsSnapshot.setAvgpt(avgpt);
    }
    return statsSnapshot;
}
```

该方法接受一个采样容器，最终的目标是计算 TPS、总数与平均变更次数。

1）sum 的计算逻辑是将两个采样快照的快照值相减，表示这段时间发生的采样次数。

2）tps 的计算逻辑是用 sum 的值除以变化的时间，单位换算成秒。

3）avgpt 表示单位时间内从一个快照值到另外一个快照值发生变化的速率。

为了便于理解，举例说明如下。

在 1min 内，消息发送者使用了 RocketMQ 的批量消息，一次发送 10 条，共调用批量接口发送了 6 次消息，那上面各个值是怎么计算的呢？

1）sum：60。

2）tps：1tps，用 sum 除以时间即可。

3）avgpt：用 sum 除以 count，最终计算结果为 10，表示一次调用改变的平均数值。

10.4 如何采集监控指标

RocketMQ Broker 端虽然会使用类似滑动窗口机制将监控指标存储在内存中，但只会保留一个采样周期，例如 1min、1h。如果需要将监控数据进行可视化展现，就需要定时将监控数据进行持久化存储，该如何做呢？

其实 RocketMQ 官方已经提供了示例。RocketMQ 提供了 statsAll 命令，用来查看统计数据。接下来，我们通过源码分析 statsAll 命令的实现类来展示如何查询 RocketMQ 中的监控数据。

statsAll 命令的实现类为 StatsAllSubCommand，我们直奔主题进入 StatsAllSubCommand 的 execute() 方法。接下来详细介绍该命令的执行流程，如代码清单 10-8 所示。

代码清单 10-8 StatsAllSubCommand#execute

```
public void execute(CommandLine commandLine, Options options, RPCHook rpcHook)
    throws SubCommandException {
        DefaultMQAdminExt defaultMQAdminExt = new DefaultMQAdminExt(rpcHook);
        defaultMQAdminExt.setInstanceName(Long.toString(
            System.currentTimeMillis()));
        try {
            defaultMQAdminExt.start();
                // 省略部分代码
}
```

第一步：构建 DefaultMQAdminExt 对象，并设置实例名称为当前时间戳，调用 start() 方法启动，RocketMQ 的官方运维命令的执行都是基于该对象。

```
TopicList topicList = defaultMQAdminExt.fetchAllTopicList();
```

第二步：通过 DefaultMQAdminExt 对象的 fetchAllTopicList 方法获取集群中所有的 topic。在 RocketMQ 中所有与运维管理相关的方法都定义在该类中。接着遍历主题列表，从服务器依次获取相关的监控数据，如代码清单 10-9 所示。

代码清单 10-9 StatsAllSubCommand#execute

```
for (String topic : topicList.getTopicList()) {
    try {
        printTopicDetail(defaultMQAdminExt, topic, activeTopic);
    } catch (Exception e) {
    }
}
```

第三步：遍历 topic 的路由信息，向所有的 Broker 查看关于该 topic 的统计信息，具体由 DefaultMQAdminExt 的 viewBrokerStatsData() 方法实现，如代码清单 10-10 所示。

代码清单 10-10 DefaultMQAdminExt#viewBrokerStatsData

```
public BrokerStatsData viewBrokerStatsData(String brokerAddr, String
    statsName, String statsKey) {
```

```
        return this.mqClientInstance.getMQClientAPIImpl().
        viewBrokerStatsData(brokerAddr, statsName, statsKey, timeoutMillis);
    }
```

第四步：调用上述方法向 Broker 发送 VIEW_BROKER_STATS_DATA 查询监控数据，各个参数的含义如下。

1）String brokerAddr：broker 的 IP 与端口号。

2）String statsName：监控指标类型，对应 TOPIC_PUT_NUMS（主题写入数量）。

3）String statsKey：具体的统计 key，如果 statsName 为 TOPIC_PUT_NUMS，则对应的 key 为 topic。

通过对 StatsAllSubCommand 命令进行简单的梳理，可以得出一个非常重要的结论：运维相关的命令可使用 DefaultMQAdminExt 提供的各种方法，将它们进行组合，可以实现特定的需求。

现在，我们可以单独编写监控数据持久化功能，采用定时任务的方式定时向 RocketMQ Broker 查询内存中的统计数据，并将其存储在关系型数据库或时序数据库中，提供报表的方式结合图形化进行可视化展示，实现丰富多彩的监控系统。

10.5 监控实战应用

对于 RocketMQ 的监控应用有较多的实践案例，除了 RocketMQ 原生提供的 console，还支持集成到 Prometheus，搜狐开源的 MQCloud 也是很好的实现方式，下面着重介绍下集成 Promethus 的具体步骤。

Prometheus 是由 SoundCloud 开源的监控告警解决方案，主要结构如图 10-4 所示。

Prometheus Server 是 Prometheus 组件的核心部分，负责实现对监控数据的获取、存储以及查询。Prometheus Server 可以通过静态配置管理监控目标，也可以配合使用 Service Discovery 的方式动态管理监控目标，并从这些监控目标中获取数据。Prometheus Server 需要对采集到的监控数据进行存储，而它本身就是一个时序数据库，可以将采集到的监控数据按照时间序列存储在本地磁盘中。Prometheus Server 对外提供了自定义的 PromQL 语言，实现了对数据的查询及分析。

Exporter 将监控数据采集的端点通过 HTTP 服务的形式暴露给 Prometheus Server，Prometheus Server 访问 Exporter 提供的端点，即可获取需要采集的监控数据。RocketMQ-Exporter 就是这样一个 Exporter，它首先从 RocketMQ 集群采集数据，然后借助 Prometheus 提供的第三方客户端库将采集的数据规范化成符合 Prometheus 系统要求的数据，Prometheus 定时从 Exporter 中拉取数据即可。当前 RocketMQ Exporter 已被 Prometheus 官方收录，地址为 https://github.com/apache/rocketmq-exporter。

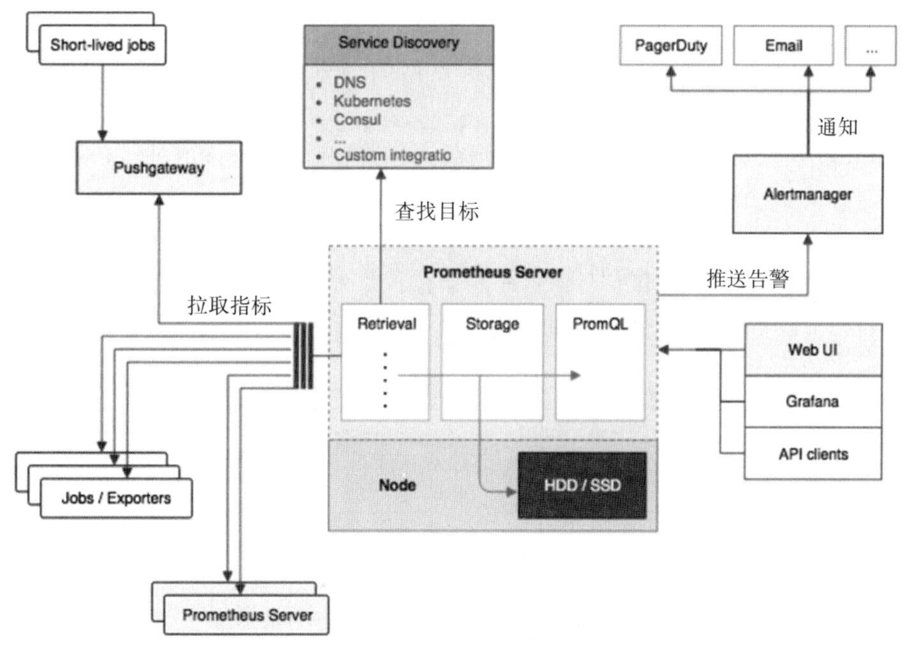

图 10-4　Prometheus 结构图

RocketMQ-Exporter 的核心结构如图 10-5 所示。

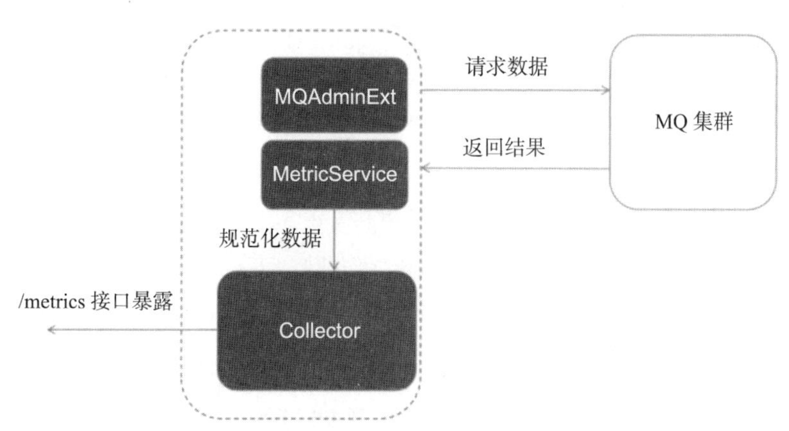

图 10-5　RocketrMQ-Exporter 核心结构

整个系统基于 Spring Boot 框架实现。因为 RocketMQ 内部提供了比较全面的数据统计信息，所以对于 Exporter 而言，只需要将 RocketMQ 集群提供的统计信息取出并进行加工。RocketMQ-Exporter 的基本逻辑是内部启动多个定时任务，周期性地从 RocketMQ 集群拉取数据，然后将数据规范化后通过端点暴露给 Prometheus。其中主要包含如下功能。

1）MQAdminExt 模块通过封装 RocketMQ 系统客户端提供的接口来获取集群内部的统

计信息。

2）MetricService 负责将 RocketMQ 集群返回的结果数据进行加工，使其成为符合 Prometheus 要求的格式化数据。

3）Collect 模块负责存储规范化后的数据，最后当 Prometheus 定时从 Exporter 拉取数据的时候，Exporter 将 Collector 收集的数据通过 HTTP 的形式在 /metrics 端点进行暴露。

通过 RocketMQ-Collector 集成 Prometheus 监控的使用示例如下。

确保有在运行的 borker 和 nameserver 用于监控。编译 RocketMQ-Exporter，用户当前使用需要自行下载 Git 源码并编译，如代码清单 10-11 所示。

代码清单 10-11　下载 Git 源码并编译

```
git clone https://github.com/apache/rocketmq-exporter
cd rocketmq-exporter
mvn clean install
```

RocketMQ-Exporter 的运行选项如表 10-1 所示。

表 10-1　RocketMQ-Exporter 的运行选项

选　项	默认值	含　义
rocketmq.config.namesrvAddr	127.0.0.1:9876	MQ 集群的 nameSrv 地址
rocketmq.config.webTelemetryPath	/metrics	指标搜集路径
server.port	5557	HTTP 服务暴露端口

表 10-1 所示的运行选项既可以在下载代码后在配置文件中更改，也可以通过命令行进行设置。编译出来的 JAR 包为 rocketmq-exporter-0.0.1-SNAPSHOT.jar，可以通过如下命令运行。

```
java -jar rocketmq-exporter-0.0.1-SNAPSHOT.jar
```

下面安装 Prometheus。首先到 Prometheus 官方网站下载安装包，本节以 Linux 系统为例，选择的安装包为 prometheus-2.7.0-rc.1.linux-amd64.tar.gz，如代码清单 10-12 所示，然后就可以启动 prometheus 进程了。

代码清单 10-12　下载安装包

```
tar -xzf prometheus-2.7.0-rc.1.linux-amd64.tar.gz
cd prometheus-2.7.0-rc.1.linux-amd64/
./prometheus  --config.file=prometheus.yml -
```

Prometheus 默认监听端口号为 9090，通过浏览器访问 http://< 服务器 IP 地址 >:9090，可以验证 Prometheus 是否成功安装。

因为 RocketMQ-Exporter 进程已启动，所以此时只需要更改 Prometheus 启动的配置文件，就可以通过 Prometheus 抓取 RocketMQ-Exporter 的数据。配置文件如图 10-6 所示。

```
  # metrics_path defaults to '/metrics'
  # scheme defaults to 'http'.

- job_name: 'exporter'
  static_configs:
  - targets: ['localhost:9090']
```

图 10-6 Prometheus 启动配置文件

更改配置文件后，重启服务。重启后就可以在 Prometheus 界面查询 RocketMQ-Exporter 上报的指标了，例如查询 rocketmq_broker_tps 指标。

接下来介绍如何在 Prometheus 中配置 RocketMQ 的告警指标。在 Prometheus 的配置文件中添加如代码清单 10-13 所示的告警配置项，*.rules 表示可以匹配多个后缀为 rules 的文件。

代码清单 10-13 添加告警配置项

```
rule_files:
    # - "first_rules.yml"
    # - "second_rules.yml"
    - /home/prometheus/prometheus-2.7.0-rc.1.linux-amd64/rules/*.rules
```

当前设置的告警配置文件为 warn.rules，文件具体内容详见 https://github.com/apache/rocketmq-exporter/blob/master/example.rules，其中的阈值只起示例作用，具体的阈值还需根据实际使用情况自行设定。

接下来我们看一下告警效果。RocketMQ-Exporter 主要用于配合 Prometheus 监控，下面我们来看当前定义了哪些告警指标，如表 10-2 所示。

表 10-2 RocketMQ-Exporter 告警指标

告警指标	含 义
sum(rocketmq_producer_tps) by (cluster) >= 10	集群发送 TPS 太高
sum(rocketmq_producer_tps) by (cluster) < 1	集群发送 TPS 太低
sum(rocketmq_consumer_tps) by (cluster) >= 10	集群消费 TPS 太高
sum(rocketmq_consumer_tps) by (cluster) < 1	集群消费 TPS 太低
rocketmq_group_get_latency_by_storetime > 1000	集群消费延时告警
rocketmq_message_accumulation > value	消费堆积告警

消费堆积告警是一个聚合指标，它是根据消费堆积的聚合指标生成的。value 这个阈值对不同的消费者是不固定的，需根据过去 5min 生产者生产的消息数量而定，用户也可以根据实际情况自行设定该阈值。

告警指标设置的值只是个象征性的值，用户可根据实际使用情况自行设定。这里重点介绍消费堆积告警指标，在以往的监控系统中，因为没有像 Prometheus 这样有强大的 PromQL 语言支撑，在处理消费者告警问题时必须为每个消费者设置告警，这就需要 RocketMQ 系统的维护人员为每个消费者添加告警，或者在系统后台检测到有新的消费者创建时自动添加告警。在 Prometheus 中，这可以通过一条如下的语句来实现。

```
(sum(rocketmq_producer_offset) by (topic) - on(topic)  group_right  sum(rocketmq_
    consumer_offset) by (group,topic))
- ignoring(group) group_left sum (avg_over_time(rocketmq_producer_tps[5m])) by
    (topic)*5*60 > 0
```

借助这一条语句不仅可以实现为任意一个消费者创建消费告警堆积告警，还可以使消费堆积的阈值与生产者发送速度相关联，这样大大增加了消费堆积告警的准确性，在日常工作中，大家还可以根据实际情况自定义规则。

Prometheus 自身的指标展示平台没有当前流行的展示平台 Grafana 优秀，为了更好地展示 RocketMQ 的指标，可以使用 Grafana 展示 Prometheus 获取的指标。

首先在官网下载 Grafana 安装包（https://grafana.com/grafana/download），这里仍以二进制文件安装为例进行介绍，安装命令如下。

```
wget https://dl.grafana.com/oss/release/grafana-6.2.5.linux-amd64.tar.gz
tar -zxvf grafana-6.2.5.linux-amd64.tar.gz
cd grafana-5.4.3/
./bin/grafana-server web
```

安装、启动完成后点击 Add data source 按钮，选择 Prometheus 数据源，我们用 Grafana 官网 10477rocektmq 模板进行展示（https://grafana.com/dashboards/10477/revisions）。

以上我们介绍了 RocketMQ-Connector 的实现方式以及使用它集成 Prometheus 和 Grafana 展示监控数据的步骤，具体监控指标如表 10-3 所示。

表 10-3　监控指标

监控指标	含　义
rocketmq_broker_tpsbroker	每秒生产消息数量
rocketmq_broker_qpsbroker	每秒消费消息数量
rocketmq_producer_tps	某个 topic 每秒生产的消息数量
rocketmq_producer_put_size	某个 topic 每秒生产的消息大小（字节）
rocketmq_producer_offset	某个 topic 生产消息的进度
rocketmq_consumer_tps	某个消费组每秒消费的消息数量
rocketmq_consumer_get_size	某个消费组每秒消费的消息大小（字节）
rocketmq_consumer_offset	某个消费组消费消息的进度
rocketmq_group_get_latency_by_storetime	某个消费组消费延时的时间

另外，MQCloud 是集客户端 SDK、运维、监控、预警等功能的 RocketMQ 企业级一站式服务平台，主要特征如下。

1）跨集群：可以同时管理多个集群，对使用者透明，可以把多套 RocketMQ 集群进行统一监控与管理，用户在使用的时候无须关注服务端集群资源信息，只需要关注主题的维度。

2）预警功能：针对生产或消费堆积、失败、异常等情况进行预警，可以灵活配置阈值和预警方式。

3）简单明了：直接展示用户视图，包括拓扑、流量、消费状况等指标，优化了原生 console 的展示界面并提供了更灵活的搜索功能。管理员视图包括集群运维、监控、流程审批，通过管理后台，统一管控集群的启停，创建或删除主题需要经过审核，记录各项操作。

4）安全：用户隔离、操作审批、数据安全，不同用户只能查询和操作自己使用的主题，所有变更操作都需要经过后台管理员审核后才可执行，避免误操作。

MQCloud 的核心功能如图 10-7 所示。

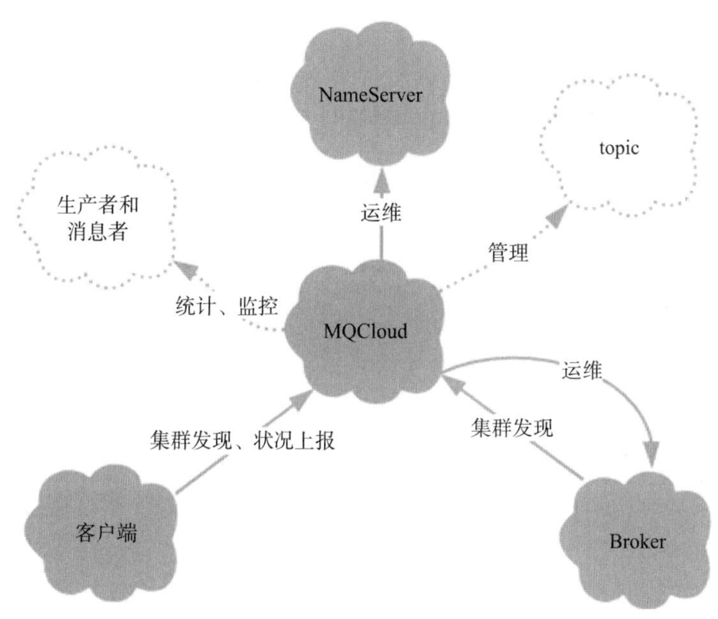

图 10-7　MQCloud 的核心功能

10.6　本章小结

本章重点介绍了监控类的架构设计原理、RocketMQ 监控数据的采集原理、数据采样机制、监控指标的采集、采样数据的数据存储和计算方法及日常监控工具应用的案例，大家可以根据实际情况按需使用。

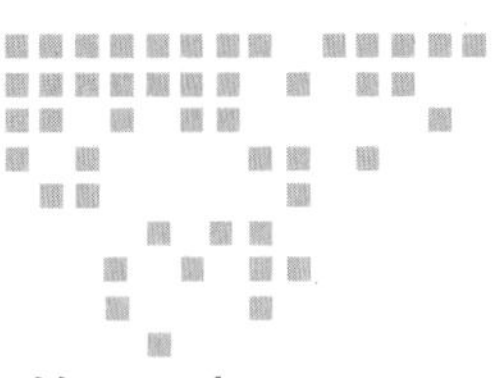

Chapter 11 第 11 章

RocketMQ 实战

本章主要介绍如何在项目中使用 RocketMQ，如何将主流的 Spring 和 Spring Boot 等框架与 RocketMQ 整合。

本章重点内容如下。

- 消息批量发送。
- 消息发送队列自选择。
- 消息过滤。
- 事务消息。
- Spring 整合 RocketMQ。
- Spring Boot 整合 RocketMQ。
- RocketMQ 监控与运维命令。
- 应用场景分析。
- 实战案例。

11.1 消息批量发送

RocketMQ 批量消息发送是将同一主题的多条消息打包后一次性发送到消息服务端，减少网络调用的次数和网络通信资源的损耗，提高网络传输效率。示例如代码清单 11-1 所示。

代码清单 11-1 消息批量发送示例

```
public class SimpleBatchProducer {
    public static void main(String[] args) throws Exception {
```

```
        DefaultMQProducer producer=new DefaultMQProducer("BatchProducerGroupName");
        producer.setNamesrvAddr("127.0.0.1:9876");
        producer.start();
        String topic = "BatchTest";
        List<Message> messages = new ArrayList<>();
        messages.add(new Message(topic, "Tag", "OrderID001", "Hello world
            1".getBytes()));
        messages.add(new Message(topic, "Tag", "OrderID002", "Hello world
            2".getBytes()));
        messages.add(new Message(topic, "Tag", "OrderID003", "Hello world
            3".getBytes()));
        System.out.println(producer.send(messages));
        producer.shutdown();
    }
}
```

11.2 消息发送队列自选择

消息发送默认根据主题的路由信息（主题消息队列）进行负载均衡，负载均衡机制为轮询策略。假设这样一个场景，订单的状态变更消息发送到特定主题，为了避免消息消费者同时消费同一订单不同状态的变更消息，在开发过程中我们应该使用顺序消息。为了提高消息消费的并发度，如果我们能根据某种负载算法，将相同订单不同的消息统一发送到同一个消息消费队列上，则可以避免引入分布式锁，RocketMQ 在消息发送时提供了消息队列选择器 MessageQueueSelector，如代码清单 11-2 所示。

代码清单 11-2　消息发送自定义分片算法

```
String[] tags = new String[] {"TagA", "TagB", "TagC", "TagD", "TagE"};
for (int i = 0; i < 100; i++) {
    int orderId = i % 10;
        Message msg = new Message("TopicTestjjj", tags[i % tags.length], "KEY" + i,
                ("Hello RocketMQ " + i).getBytes(RemotingHelper.DEFAULT_CHARSET));
        SendResult sendResult = producer.send(msg, new MessageQueueSelector() {
            public MessageQueue select(List<MessageQueue> mqs, Message msg, Object arg)
            {
                Integer id = (Integer) arg;
                int index = id % mqs.size();
                return mqs.get(index);
            }
        }, orderId);
        System.out.printf("%s%n", sendResult);
}
```

11.3 消息过滤

消息过滤包括基于表达式和基于类两种过滤模式，其中表达式又分为 TAG 和 SQL92 模式，接下来分别介绍三种过滤模式的使用方法。

11.3.1 TAG 过滤模式

我们先来看 TAG 模式消息过滤的示例，如代码清单 11-3 所示。

代码清单 11-3 消息发送者发送待过滤的消息

```
for (int i = 0; i < 10; i++) {
    if( i % 2 == 0 ) {
        Message msg = new Message("TopicFilter7","TOPICA_TAG_ALL","OrderID001" ,
                "Helloworld".getBytes(RemotingHelper.DEFAULT_CHARSET));
        System.out.printf("%s%n", producer.send(msg));
        } else {
            Message msg = new Message("TopicFilter7","TOPICA_TAG_ORD","OrderID001",
                "Hello world".getBytes(RemotingHelper.DEFAULT_CHARSET));
            System.out.printf("%s%n", producer.send(msg));
        }
}
```

第一步：在消息发送时，我们可以为每一条消息设置一个 TAG 标签，消息消费者订阅自己感兴趣的 TAG。在一般使用场景下，对于同一类功能（数据同步）创建一个主题，该主题下不同的系统关心的数据可能不一样，各个系统的基础数据都需要同步，因此设置标签为 TOPICA_TAG_ALL。而订单数据只有订单下游的子系统关心，其他系统并不关心，因此设置标签为 TOPICA_TAG_ORD。库存子系统关注库存相关的数据，设置标签为 TOPICA_TAG_CAPCITY，如代码清单 11-4 所示。

代码清单 11-4 消息消费者订阅 TAG 模式

```
// 订单系统消费组
DefaultMQPushConsumer orderConsumer = new
        DefaultMQPushConsumer("Order_Data_Syn");
orderConsumer.subscribe("TopicFilter7", "TOPICA_TAG_ALL | TOPICA_TAG_ORD");
// 库存子系统消费组
        DefaultMQPushConsumer kuCunConsumer = new
DefaultMQPushConsumer("Order_Data_Syn");
kuCunConsumer.subscribe(“TopicFilter7”, “TOPICA_TAG_ALL | TOPICA_TAG_CAPCITY”);
```

第二步：消费者订阅相同主题不同的 TAG，多个 TAG 用 | 分隔。注意，同一个消费者订阅的主题的 TAG 必须相同。

11.3.2 SQL 过滤模式

SQL 语句是开发者比较熟悉的，RocketMQ 采用 SQL 表达式是为了降低开发者的学习成本，方便开发者直接上手使用，如代码清单 11-5 所示。

代码清单 11-5　SQL 表达式消息发送方式

```
Message msg = new Message("TopicTest" /* Topic */,"TagA" /* Tag */,
    ("Hello RocketMQ " + i).getBytes(RemotingHelper.DEFAULT_CHARSET) );
msg.putUserProperty("orderStatus", "1");
msg.putUserProperty("sellerId", "21");
SendResult sendResult = producer.send(msg);
System.out.printf( "%s%n" , sendResult);
```

第一步：基于 SQL 表达式进行消息过滤，其实是对消息的属性运用 SQL 过滤表达式进行条件匹配，因此消息发送时应该调用 putUserProperty 方法设置消息属性，如代码清单 11-6 所示。

代码清单 11-6　基于 SQL 过滤消息消费者构建示例

```
consumer.subscribe("TopicTest",
    MessageSelector.bySql( "(orderStatus is not null and orderStatus > 0 )" ));
```

第二步：订阅模式为一条 SQL 条件过滤表达式，上下文环境为消息的属性。

11.3.3　类过滤模式

自定义消息过滤类的实现接口为 org.apache.rocketmq.common.filter.MessageFilter，如代码清单 11-7 所示。

代码清单 11-7　自定义消息过滤类的实现

```
package org.apache.rocketmq.example.filter;
import org.apache.rocketmq.common.filter.FilterContext;
import org.apache.rocketmq.common.filter.MessageFilter;
import org.apache.rocketmq.common.message.MessageExt;
public class MessageFilterImpl implements MessageFilter {
    @Override
    public boolean match(MessageExt msg, FilterContext context) {
        String property = msg.getProperty("SequenceId");
        if (property != null) {
            int id = Integer.parseInt(property);
            if (((id % 10) == 0) &&
                (id > 100)) {
                return true;
            }
        }
        return false;
    }
}
```

第一步：实现自定义消息过滤器，实现 org.apache.rocketmq.common.filter.MessageFilter，MessageExt 实例中封装了整体消息的所有信息，如代码清单 11-8 所示。

代码清单 11-8　自定义消息过滤类，实现 org.apache.rocketmq.common.filter.MessageFilter 接口

```
DefaultMQPushConsumer consumer = new
    DefaultMQPushConsumer("ConsumerGroupNamecc4");
ClassLoader classLoader = Thread.currentThread().getContextClassLoader();
File classFile = new File(classLoader.getResource("MessageFilterImpl.java")
    .getFile());
String filterCode = MixAll.file2String(classFile);
consumer.subscribe("TopicTest",
    "org.apache.rocketmq.example.filter.MessageFilterImpl",filterCode);
```

第二步：消息消费者订阅主题，并上传自定义订阅类源码。

使用类过滤模式的前提是启动 FilterServer。下面给出 Eclipse 调试 FilterServer 的方法，与在 Linux 环境中部署 FilterServer 的原理相同。

第一步：从 distribution 模块中将 logback_filtersrv.xml 复制到 ${ROCKETMQ_HOME}/conf 下，并新增 filtersrv.properties 文件，内容如代码清单 11-9 所示。

代码清单 11-9　filtersrv.properties 文件内容

```
#nameServer 地址，分号分割
namesrvAddr=127.0.0.1:9876
connectWhichBroker=127.0.0.1:10911
```

第二步：展开 filterSrv 模块，右键选中 FiltersrvStartup.java 并移动至 Debug As，然后选中 Debug Configurations，切换到 Arguments 选项卡，之后增加 -c 配置选项，指定 FilterServer 配置文件，如图 11-1 所示。更多 FilterServer 配置文件属性请参考附录。

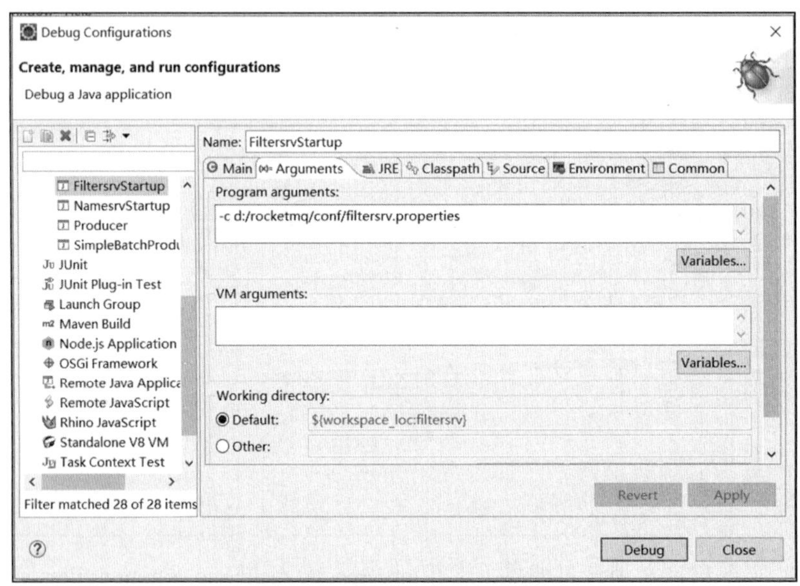

图 11-1　Debug Configurations 界面

第三步：切换到 Environment 选项卡，配置 FilterServer 运行主目录，如图 11-2 所示。

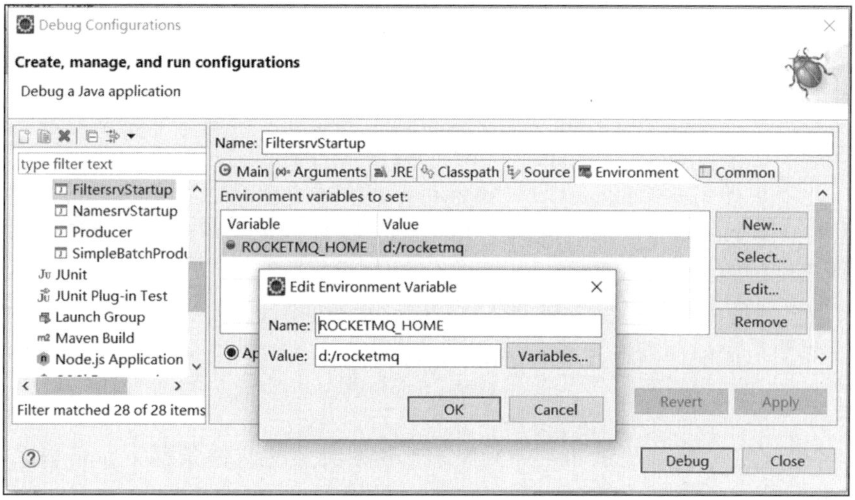

图 11-2 Debug Configurations 界面

第四步：启动 FiltersrvStartup。如果控制台输出如代码清单 11-10 所示日志消息，表示启动成功。如果启动不成功，可以到 logback_broker.xml 配置的日志文件中查看错误日志。

代码清单 11-10 FilterServer 启动成功日志

```
load config properties file OK, d:/rocketmq/conf/filtersrv.properties
The Filter Server boot success, 192.168.1.3:62832
```

11.4 事务消息

我们以电商下单场景为例模拟事务消息的使用方法。订单子系统创建订单，需要将订单数据下发到其他子系统（与第三方系统对接）。我们通常会将两个系统进行解耦，不会直接使用服务调用的方式进行交互，业务实现步骤如下。

1）系统创建订单并入库。

2）发送消息到 MQ。

3）消费者消费消息，发送远程 RPC 服务调用，完成订单数据的同步。

1. 方案一

方案一如代码清单 11-11 所示。

代码清单 11-11 下单伪代码

```
@SuppressWarnings("rawtypes")
public Map createOrder() {
```

```
Map result = new HashMap();
// 执行下单相关的业务流程，例如操作本地数据库落库
// 调用消息发送端 API 发送消息
// 返回结果，提交事务

   return result;
}
```

方案一的弊端如下。

1）如果消息发送成功，但在提交事务的时候 JVM 突然挂掉，导致事务提交失败，那么两个系统之间的数据会不一致。

2）因为消息是在事务提交之前提交的，所以发送的消息内容是订单实体的内容，在消费端进行消费时，可能会出现订单不存在的情况。

2. 方案二

由于存在上述问题，在 RocketMQ 不支持事务消息的前提条件下，可以采用代码清单 11-12 所示的方式进行优化。

代码清单 11-12　下单伪代码

```
@SuppressWarnings("rawtypes")
public Map createOrder() {
Map result = new HashMap();
// 执行下单相关的业务流程，例如操作本地数据库落库
// 生成事务消息唯一业务标识，将该业务标识组装到待发送的消息体中
// 向待发送消息表中插入一条记录，内容包括本次唯一消息发送业务 ID、消息 JSON{ 消息主题、消息 tag、
   消息体 }、创建时间、发送状态

// 将消息体返回到控制器层
// 返回结果，提交事务
   return result;
}
```

在控制器层异步发送消息的同时需要引入定时机制，用于扫描消息发送记录，避免消息丢失。

方案二的弊端如下。

1）消息有可能重复发送，但在消费端可以通过唯一业务编号进行去重设计。

2）实现过于复杂，为了避免极端情况下丢失消息，需要使用定时任务。

3. 方案三

方案三基于 RocketMQ 4.3 版的事务消息实现，如代码清单 11-13 所示。

代码清单 11-13　订单下单伪代码示例

```
import com.alibaba.fastjson.JSON;
import com.example.demo.entry.Order;
```

```
import com.example.demo.help.SpringContextUtils;
import com.example.demo.service.OrderService;
import org.apache.rocketmq.client.exception.MQClientException;
import org.apache.rocketmq.client.producer.TransactionMQProducer;
import org.apache.rocketmq.common.message.Message;
import org.springframework.stereotype.Service;
import java.util.HashMap;
import java.util.Map;
import java.util.concurrent.*;
@Service
public class OrderServiceImpl implements OrderService {
    private TransactionMQProducer mqProducer;
    public OrderServiceImpl() {
        mqProducer = new TransactionMQProducer("order_producer_grpup");
        ExecutorService executorService = new ThreadPoolExecutor(2, 5, 100,
            TimeUnit.SECONDS, new ArrayBlockingQueue<Runnable>(2000), new
            ThreadFactory() {
            @Override
            public Thread newThread(Runnable r) {
                Thread thread = new Thread(r);
                thread.setName("order-producer-grpup_msg-check-thread");
                return thread;
            }
        });

        mqProducer.setExecutorService(executorService);
        // 设置事务消息回调监听器
        mqProducer.setTransactionListener(SpringContextUtils.getBean("orderMessa
            geListener"));
        try {
            mqProducer.start();
        } catch (MQClientException e) {
            e.printStackTrace();
        }
    }
    @Override
    public Map saveOrCreateOrder(Order order) {
        Map result = new HashMap();
        if(order.getBuyerId() == null || order.getBuyerId() < 1) {
            result.put("code","1");
            result.put("msg", "用户购买者不能为空");
            return result;
        }
        // 省略其他业务类校验
        try {
            mqProducer.send( new Message("topic_order", JSON.toJSONString(order).
                getBytes()));
        } catch (Throwable e) {
            e.printStackTrace();
            //可以进行一些重试，在这里直接返回错误
```

```
            result.put("code","1");
            result.put("msg"," 系统异常 ");
            return result;
        }
        result.put("code", 0);
        return result;
    }
}
```

代码清单 11-13 主要是完成业务类规则的校验，然后发送一条消息到 RocketMQ，业务的具体逻辑在事务消息回调函数中实现，具体在 TransactionListener 监听器中实现，如代码清单 11-14 所示。

代码清单 11-14 TransactionListener 监听器实现示例

```
import com.alibaba.fastjson.JSON;
import com.example.demo.entry.Order;
import com.example.demo.entry.OrderTransLog;
import com.example.demo.mapper.OrderMapper;
import com.example.demo.mapper.OrderTransLogMapper;
import org.apache.rocketmq.client.producer.LocalTransactionState;
import org.apache.rocketmq.client.producer.TransactionListener;
import org.apache.rocketmq.common.message.Message;
import org.apache.rocketmq.common.message.MessageExt;
import org.springframework.beans.factory.annotation.Autowired;
import org.springframework.stereotype.Service;

import java.util.Date;

@Service
public class OrderMessageListener implements TransactionListener {

    @Autowired
    private OrderMapper orderMapper;

    @Autowired
    private OrderTransLogMapper orderTransLogMapper;


    /**
     * 温馨提示：该方法需要被包含在事务中
     * @param msg
     * @param arg
     * @return
     */
    @Override
    public LocalTransactionState executeLocalTransaction(Message msg, Object arg) {

        Order order = JSON.parseObject(new String(msg.getBody()), Order.class);

        // 进行一系列业务处理
```

```
        orderMapper.insertOrder(order);

        OrderTransLog log = new OrderTransLog();
        log.setUnionCode(order.getOrderNo());
        log.setCreateDate(new Date(System.currentTimeMillis()));

        return LocalTransactionState.UNKNOW;
    }


    @Override
    public LocalTransactionState checkLocalTransaction(MessageExt msg) {

        Order order = JSON.parseObject(new String(msg.getBody()), Order.class);

        if( orderTransLogMapper.count(order.getOrderNo()) > 0 ) {
            return LocalTransactionState.COMMIT_MESSAGE;
        } else {
            /**
             * 事务消息在回查指定次数后，会自动回滚该消息
             */
            return LocalTransactionState.UNKNOW;
        }
    }
}
```

TransactionListener 实现的要点如下。

1）executeLocalTransaction：该方法实现具体的业务逻辑，包含记录本地事务状态。主要是设置本地事务状态，该方法与业务方代码在一个事务中，例如在 OrderServer#createMap 中，只要本地事务提交成功，该方法也会提交成功。故在这里，主要是向 t_message_transaction 添加一条记录，在事务回查时，如果存在记录，就认为是该消息需要提交，其返回值建议返回 LocalTransactionState.UNKNOW。

2）checkLocalTransaction：该方法主要告知 RocketMQ 消息是否需要提交或者回滚，如果本地事务表（t_message_transaction）存在记录，则认为提交；如果不存在，返回事务状态未知。如果在指定次数内还是未查到消息，RocketMQ 将自动回滚该消息，默认为 15 次，可自定义。

基于实际场景的事务消息实战完整代码已经上传到笔者维护的 GitHub 仓库，欢迎获取（https://github.com/dingwpmz/rocketmq-learning）。

11.5 Spring 整合 RocketMQ

Spring 整合 RocketMQ 非常简单，只需将 Spring 作为 RocketMQ 消息消费者、消息生产者的 Bean 容器，配置文件如代码清单 11-15 所示。

代码清单 11-15 配置文件

```
<bean id = "mqProducer"
        class="persistent.prestige.web.base.mq.rocketmq.MqProducer"
        init-method="init" destroy-method="destroy">
<property name="producerGroup"><value>MyProducerGroup</value></property>
<property name="namesrvAddr">
        <value>192.168.56.166:9876</value>
    </property>
</bean>
<bean id = "mqConsume"
        class="persistent.prestige.web.base.mq.rocketmq.MqConsume"
        init-method="init" destroy-method="destroy">
    <property name="consumerGroup">
        <value>MyConsumerGroup</value>
    </property>
    <property name="namesrvAddr">
        <value>192.168.56.166:9876</value>
    </property>
</bean>
```

11.6 Spring Cloud 整合 RocketMQ

第一步：新建 project 并添加依赖包，如代码清单 11-16 所示。

代码清单 11-16 POM 文件

```
<?xml version="1.0" encoding="UTF-8"?>
<project xmlns="http://maven.apache.org/POM/4.0.0"
        xmlns:xsi="http://www.w3.org/2001/XMLSchema-instance"
        xsi:schemaLocation="http://maven.apache.org/POM/4.0.0 http://maven.
            apache.org/xsd/maven-4.0.0.xsd">
    <modelVersion>4.0.0</modelVersion>
    <groupId>com.rocketmq</groupId>
    <artifactId>test-rocketmq</artifactId>
    <version>1.0-SNAPSHOT</version>
    <packaging>jar</packaging>

    <name>test-rocketmq</name>
    <url>http://maven.apache.org</url>
    <description>RocketMQ</description>
    <properties>
        <project.build.sourceEncoding>UTF-8</project.build.sourceEncoding>
        <java_source_version>1.8</java_source_version>
        <java_target_version>1.8</java_target_version>
        <file_encoding>UTF-8</file_encoding>

        <springboot.version>2.1.3.RELEASE</springboot.version>
        <rocketmq.version>4.6.0</rocketmq.version>
```

```
    </properties>
    <dependencies>
        <!--SpringBoot-->
        <dependency>
            <groupId>org.springframework.boot</groupId>
            <artifactId>spring-boot-starter</artifactId>
            <version>${springboot.version}</version>
        </dependency>
        <dependency>
            <groupId>org.springframework.boot</groupId>
            <artifactId>spring-boot-starter-test</artifactId>
            <version>${springboot.version}</version>
            <scope>test</scope>
        </dependency>
        <!--Rocketmq-->
        <dependency>
            <groupId>org.apache.rocketmq</groupId>
            <artifactId>rocketmq-client</artifactId>
            <version>${rocketmq.version}</version>
        </dependency>
    </dependencies>
    <build>
        <plugins>
            <plugin>
                <groupId>org.apache.maven.plugins</groupId>
                <artifactId>maven-compiler-plugin</artifactId>
                <configuration>
                    <fork>true</fork>
                    <source>${java_source_version}</source>
                    <target>${java_target_version}</target>
                    <encoding>${file_encoding}</encoding>
                </configuration>
            </plugin>
        </plugins>
    </build>
</project>
```

第二步：Spring Boot 启动类非常简单，只要加上 @Configuration 和 @EnableAutoConfiguration 注解即可，如代码清单 11-17 所示。

代码清单 11-17 Spring Boot 启动类

```
package com.rocketmq.test;
import org.springframework.boot.SpringApplication;
import org.springframework.boot.autoconfigure.EnableAutoConfiguration;
import org.springframework.context.annotation.ComponentScan;
import org.springframework.context.annotation.Configuration;
@Configuration
@EnableAutoConfiguration
@ComponentScan(basePackages = {" com.rocketmq.test "})
```

```
public class RocketMQApplicationMain {
    public static void main(String[] args) {
        SpringApplication.run(RocketMQApplicationMain.class, args);
    }
}
```

Spring Boot 启动还需要 application 的配置文件，配置的内容如下。

```
spring:
    rocketmq:
        namesrvaddr: localhost:29876
        producerGroup:TestProducer
        consumerGroup:TestConsumer
```

第三步：生产者和消费者的代码，如代码清单 11-18、代码清单 11-19 所示。

代码清单 11-18 生产者代码

```
package com.rocketmq.test;
import org.apache.rocketmq.client.exception.MQClientException;
import org.apache.rocketmq.client.producer.DefaultMQProducer;
import org.apache.rocketmq.client.producer.SendCallback;
import org.apache.rocketmq.client.producer.SendResult;
import org.apache.rocketmq.common.message.Message;
import org.apache.rocketmq.remoting.common.RemotingHelper;
import org.slf4j.Logger;
import org.slf4j.LoggerFactory;
import org.springframework.beans.factory.annotation.Value;
import org.springframework.stereotype.Component;

import javax.annotation.PostConstruct;
import javax.annotation.PreDestroy;
/**
 * RocketMQ 生产者
*/
@Component
public class MQProducer {

    private static final Logger LOGGER = LoggerFactory.getLogger(MQProducer.class);
    @Value("${spring.rocketmq.namesrvAddr}")
    private String namesrvAddr;
    private final DefaultMQProducer producer = new DefaultMQProducer("TestRocketMQProducer");
    /**
     * 初始化
     */
    @PostConstruct
    public void start() {
        try {
            LOGGER.info("MQ: 启动生产者 ");
            producer.setNamesrvAddr(namesrvAddr);
            producer.start();
```

```
        } catch (MQClientException e) {
            LOGGER.error("MQ：启动生产者失败：{}-{}", e.getResponseCode(), e.get
                ErrorMessage());
            throw new RuntimeException(e.getMessage(), e);
        }
    }

    /**
     * 发送消息
     *
     * @param data  消息内容
     * @param topic 主题
     * @param tags  标签
     * @param keys  唯一主键
     */
    public void sendMessage(String data, String topic, String tags, String keys) {
        try {
            byte[] messageBody = data.getBytes(RemotingHelper.DEFAULT_CHARSET);

            Message mqMsg = new Message(topic, tags, keys, messageBody);

            producer.send(mqMsg, new SendCallback() {
                @Override
                public void onSuccess(SendResult sendResult) {
                    LOGGER.info("MQ: 生产者发送消息 {}", sendResult);
                }

                @Override
                public void onException(Throwable throwable) {
                    LOGGER.error(throwable.getMessage(), throwable);
                }
            });
        } catch (Exception e) {
            LOGGER.error(e.getMessage(), e);
        }
    }

    @PreDestroy
    public void stop() {
        if (producer != null) {
            producer.shutdown();
            LOGGER.info("MQ: 关闭生产者 ");
        }
    }
}
```

代码清单 11-19　消费者代码

```
package com.rocketmq.test;
import org.apache.rocketmq.client.consumer.DefaultMQPushConsumer;
```

```
import org.apache.rocketmq.client.consumer.listener.ConsumeConcurrentlyContext;
import org.apache.rocketmq.client.consumer.listener.ConsumeConcurrentlyStatus;
import org.apache.rocketmq.client.consumer.listener.MessageListenerConcurrently;
import org.apache.rocketmq.client.exception.MQClientException;
import org.apache.rocketmq.common.consumer.ConsumeFromWhere;
import org.apache.rocketmq.common.message.MessageExt;
import org.apache.rocketmq.common.protocol.heartbeat.MessageModel;
import org.apache.rocketmq.remoting.common.RemotingHelper;
import org.slf4j.Logger;
import org.slf4j.LoggerFactory;
import org.springframework.beans.factory.annotation.Value;
import org.springframework.stereotype.Component;

import javax.annotation.PostConstruct;
import javax.annotation.PreDestroy;
import java.util.List;

/**
 * RocketMQ 消费者
*/
@Component
public class MQPushConsumer implements MessageListenerConcurrently {

    private static final Logger LOGGER = LoggerFactory.getLogger(MQPushConsumer.class);

    @Value("${spring.rocketmq.namesrvAddr}")
    private String namesrvAddr;

    private final DefaultMQPushConsumer consumer = new DefaultMQPushConsumer("Te
        stRocketMQPushConsumer");

    /**
     * 初始化
     *
     * @throws MQClientException
     */
    @PostConstruct
    public void start() {
        try {
            LOGGER.info("MQ: 启动消费者");

            consumer.setNamesrvAddr(namesrvAddr);
            // 从消息队列头开始消费

            consumer.setConsumeFromWhere(ConsumeFromWhere.CONSUME_FROM_FIRST_OFFSET);
            // 集群消费模式
            consumer.setMessageModel(MessageModel.CLUSTERING);
            // 订阅主题
```

```
            consumer.subscribe("TopicTest", "*");
            // 注册消息监听器
            consumer.registerMessageListener(this);
            // 启动消费端
            consumer.start();
        } catch (MQClientException e) {
            LOGGER.error("MQ: 启动消费者失败: {}-{}", e.getResponseCode(),
                e.get ErrorMessage());
            throw new RuntimeException(e.getMessage(), e);
        }
    }

    /**
     * 消费消息
     * @param msgs
     * @param context
     * @return
     */
    @Override
    public ConsumeConcurrentlyStatus consumeMessage(List<MessageExt> msgs,
        ConsumeConcurrentlyContext context) {
        int index = 0;
        try {
            for (; index < msgs.size(); index++) {
                MessageExt msg = msgs.get(index);
                String messageBody = new String(msg.getBody(), RemotingHelper.
                    DEFAULT_CHARSET);
                LOGGER.info("MQ : 消费者接收新信息 : {} {} {} {} {}", msg.getMsgId(),
                    msg.getTopic(), msg.getTags(), msg.getKeys(), messageBody);
            }
        } catch (Exception e) {
            LOGGER.error(e.getMessage(), e);
        } finally {
            if (index < msgs.size()) {
                context.setAckIndex(index + 1);
            }
        }
        return ConsumeConcurrentlyStatus.CONSUME_SUCCESS;
    }
    @PreDestroy
    public void stop() {
        if (consumer != null) {
            consumer.shutdown();
            LOGGER.error("MQ: 关闭消费者 ");
        }
    }
}
```

第四步：测试代码如代码清单 11-20 所示。

代码清单 11-20　测试代码

```
package com.rocketmq.test;

import com.xusg.study.producer.MQProducer;
import org.junit.Test;
import org.junit.runner.RunWith;
import org.springframework.boot.test.context.SpringBootTest;
import org.springframework.test.context.junit4.SpringRunner;

import javax.annotation.Resource;

@RunWith(SpringRunner.class)
@SpringBootTest(classes = {RocketMQApplicationMain.class})
public class TestRocketMQ {

    @Resource
    private MQProducer mqProducer;

    @Test
    public void testProducer() {
        for (int i = 0; i < 10; i++) {
            mqProducer.sendMessage("Hello RocketMQ " + i, "TopicTest",
                    "TagTest", "Key" + i);
        }

        try {
            Thread.sleep(10 * 1000);
        } catch (InterruptedException e) {
            e.printStackTrace();
        }
    }
}
```

第五步：测试结果如代码清单 11-21 所示。

代码清单 11-21　测试结果

```
# 控制台日志信息
[02-06 15:08:52 500] main INFO MQPushConsumer - MQ: 启动消费者
[02-06 15:08:53 622] main INFO MQProducer - MQ: 启动生产者
[02-06 15:08:53 988] NettyClientPublicExecutor_1 INFO MQProducer - MQ: 生产者发
    送消息 SendResult [sendStatus=SEND_OK, msgId=C0A81E55346018B4AAC21CFFEB40000
    1, offsetMsgId=C0A8386500002A9F00000000000814BA, messageQueue=MessageQueue
    [topic=TopicTest, brokerName=broker-a, queueId=2], queueOffset=681]
[02-06 15:08:53 989] NettyClientPublicExecutor_1 INFO MQProducer - MQ: 生产者发
    送消息 SendResult [sendStatus=SEND_OK, msgId=C0A81E55346018B4AAC21CFFEB40000
```

```
    3, offsetMsgId=C0A8386500002A9F0000000000081638, messageQueue=MessageQueue
    [topic=TopicTest, brokerName=broker-a, queueId=0], queueOffset=678]
[02-06 15:08:53 989] ConsumeMessageThread_4 INFO MQPushConsumer - MQ：消费者接收新
    信息：C0A81E55346018B4AAC21CFFEB3A0000 TopicTest TagTest Key0 Hello RocketMQ 0
[02-06 15:08:53 989] NettyClientPublicExecutor_1 INFO MQProducer - MQ: 生产者发送
    消息 SendResult [sendStatus=SEND_OK, msgId=C0A81E55346018B4AAC21CFFEB430
    004, offsetMsgId=C0A8386500002A9F00000000000816F7, messageQueue=MessageQueue
    [topic=TopicTest, brokerName=broker-a, queueId=1], queueOffset=680]
[02-06 15:08:53 990] NettyClientPublicExecutor_1 INFO MQProducer - MQ: 生产者发送
    消息 SendResult [sendStatus=SEND_OK, msgId=C0A81E55346018B4AAC21CFFEB430
    005, offsetMsgId=C0A8386500002A9F00000000000817B6, messageQueue=MessageQueue
    [topic=TopicTest, brokerName=broker-a, queueId=2], queueOffset=682]
[02-06 15:08:53 990] NettyClientPublicExecutor_1 INFO MQProducer - MQ: 生产者发送
    消息 SendResult [sendStatus=SEND_OK, msgId=C0A81E55346018B4AAC21CFFEB430
    006, offsetMsgId=C0A8386500002A9F0000000000081875, messageQueue=MessageQueue
    [topic=TopicTest, brokerName=broker-a, queueId=3], queueOffset=682]
[02-06 15:08:53 990] NettyClientPublicExecutor_1 INFO MQProducer - MQ: 生产者发送
    消息 SendResult [sendStatus=SEND_OK, msgId=C0A81E55346018B4AAC21CFFEB430
    007, offsetMsgId=C0A8386500002A9F0000000000081934, messageQueue=MessageQueue
    [topic=TopicTest, brokerName=broker-a, queueId=0], queueOffset=679]
[02-06 15:08:53 990] NettyClientPublicExecutor_1 INFO MQProducer - MQ: 生产者发送
    消息 SendResult [sendStatus=SEND_OK, msgId=C0A81E55346018B4AAC21CFFEB430
    008, offsetMsgId=C0A8386500002A9F00000000000819F3, messageQueue=MessageQueue
    [topic=TopicTest, brokerName=broker-a, queueId=1], queueOffset=681]
[02-06 15:08:53 990] NettyClientPublicExecutor_1 INFO MQProducer - MQ: 生产者发送
    消息 SendResult [sendStatus=SEND_OK, msgId=C0A81E55346018B4AAC21CFFEB430
    009, offsetMsgId=C0A8386500002A9F0000000000081AB2, messageQueue=MessageQueue
    [topic=TopicTest, brokerName=broker-a, queueId=2], queueOffset=683]
[02-06 15:08:53 990] NettyClientPublicExecutor_3 INFO MQProducer - MQ: 生产者发送
    消息 SendResult [sendStatus=SEND_OK, msgId=C0A81E55346018B4AAC21CFFEB400
    002, offsetMsgId=C0A8386500002A9F0000000000081579, messageQueue=MessageQueue
    [topic=TopicTest, brokerName=broker-a, queueId=3], queueOffset=681]
[02-06 15:08:53 990] NettyClientPublicExecutor_2 INFO MQProducer - MQ: 生产者发送
    消息 SendResult [sendStatus=SEND_OK, msgId=C0A81E55346018B4AAC21CFFEB3A0000,
    offsetMsgId=C0A8386500002A9F00000000000813FB, messageQueue=MessageQueue
    [topic=TopicTest, brokerName=broker-a, queueId=1], queueOffset=679]
[02-06 15:08:53 991] ConsumeMessageThread_1 INFO MQPushConsumer - MQ：消费者接收新
    信息：C0A81E55346018B4AAC21CFFEB400001 TopicTest TagTest Key1 Hello RocketMQ 1
[02-06 15:08:53 990] ConsumeMessageThread_3 INFO MQPushConsumer - MQ：消费者接收新
    信息：C0A81E55346018B4AAC21CFFEB400002 TopicTest TagTest Key2 Hello RocketMQ 2
[02-06 15:08:53 998] ConsumeMessageThread_2 INFO MQPushConsumer - MQ：消费者接收新
    信息：C0A81E55346018B4AAC21CFFEB400003 TopicTest TagTest Key3 Hello RocketMQ 3
[02-06 15:08:54 007] ConsumeMessageThread_9 INFO MQPushConsumer - MQ：消费者接收新
    信息：C0A81E55346018B4AAC21CFFEB430008 TopicTest TagTest Key8 Hello RocketMQ 8
[02-06 15:08:54 010] ConsumeMessageThread_5 INFO MQPushConsumer - MQ：消费者接收新
    信息：C0A81E55346018B4AAC21CFFEB430005 TopicTest TagTest Key5 Hello RocketMQ 5
[02-06 15:08:54 010] ConsumeMessageThread_6 INFO MQPushConsumer - MQ：消费者接收新
    信息：C0A81E55346018B4AAC21CFFEB430009 TopicTest TagTest Key9 Hello RocketMQ 9
```

```
[02-06 15:08:54 010] ConsumeMessageThread_7 INFO MQPushConsumer - MQ：消费者接收新
    信息：C0A81E55346018B4AAC21CFFEB430006 TopicTest TagTest Key6 Hello RocketMQ 6
[02-06 15:08:54 011] ConsumeMessageThread_8 INFO MQPushConsumer - MQ：消费者接收新
    信息：C0A81E55346018B4AAC21CFFEB430004 TopicTest TagTest Key4 Hello RocketMQ 4
[02-06 15:08:54 011] ConsumeMessageThread_10 INFO MQPushConsumer - MQ：消费者接收新
    信息：C0A81E55346018B4AAC21CFFEB430007 TopicTest TagTest Key7 Hello RocketMQ 7
[02-06 15:09:03 965] Thread-3 INFO MQProducer - MQ: 关闭生产者
Disconnected from the target VM, address: '127.0.0.1:52407', transport: 'socket'
[02-06 15:09:03 986] Thread-3 ERROR MQPushConsumer - MQ: 关闭消费者
```

11.7 RocketMQ 监控与运维命令

11.7.1 搭建 RocketMQ 监控平台 rocketmq-console

rocketmq-console 下载路径为 https://github.com/875279177/incubator-rocketmq-externals，这是一个标准的 Maven 项目，基于 Spring Boot 并内嵌了 Web 服务器。

第一步：修改配置文件 application.properties，主要修改端口号、rocketmq.config.dataPath，如代码清单 11-22 所示。

代码清单 11-22 rocketmq-console 配置文件

```
server.contextPath=
# Web 服务器端口号
server.port=8080
#spring.application.index=true
spring.application.name=rocketmq-console
spring.http.encoding.charset=UTF-8
spring.http.encoding.enabled=true
spring.http.encoding.force=true
logging.config=classpath:logback.xml
#NameServer 地址
rocketmq.config.namesrvAddr=127.0.0.1:9876
rocketmq.config.isVIPChannel=
#rocketmq-console's data path:dashboard/monitor
rocketmq.config.dataPath=D:/rocketmq/logs/data
rocketmq.config.enableDashBoardCollect=true
rocketmq.config.msgTrackTopicName=
rocketmq.config.ticketKey=ticket
rocketmq.config.loginRequired=false
rocketmq.config.accessKey=rocketadmin
rocketmq.config.secretKey=12345678
```

第二步：修改日志的存放位置。

第三步：运行 org.apache.rocketmq.console.App，启动监控程序，在浏览器中输入

http://url:serverport，打开监控界面。

监控图表界面如图 11-3 所示。

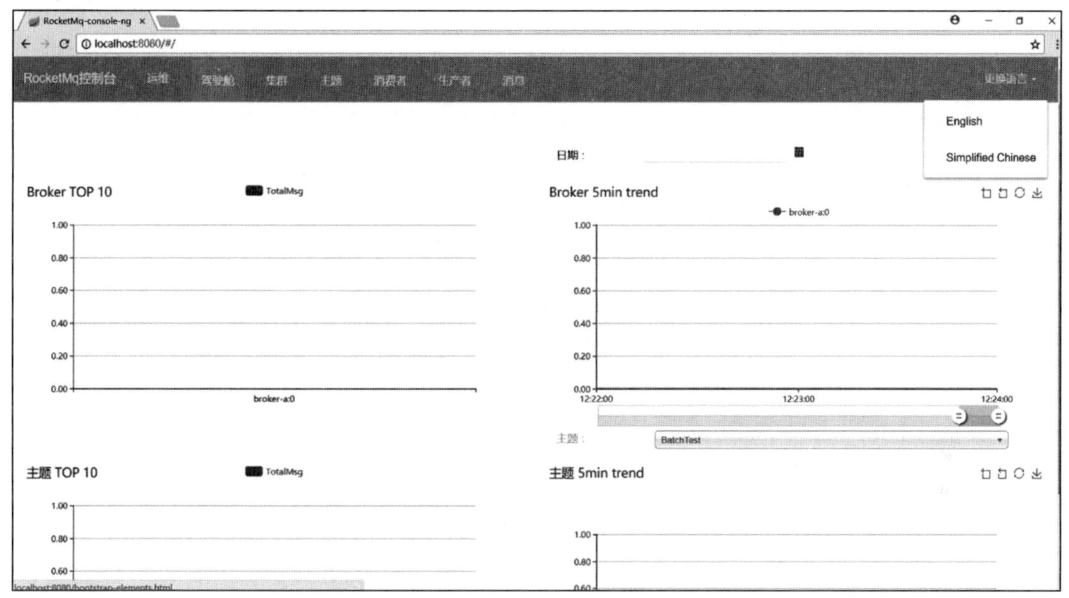

图 11-3 rocketmq-console 监控图表界面

集群信息界面如图 11-4 所示。

RocketMq-console-ng

localhost:8080/#/cluster

RocketMq控制台 运维 驾驶舱 集群 主题 消费者 生产者 消息 更换语言

集群： DefaultCluster

分片	编号	地址	版本	生产消息TPS	消费消息TPS	昨日生产总数	昨日消费总数	今天生产总数	今天消费总数	操作
broker-a	0(master)	192.168.1.3:10911	V4_2_0	0.00	0.00	0	0	0	0	状态 配置

图 11-4 rocketmq-console 集群信息界面

Topic 主题管理界面如图 11-5 所示。

消息消费界面如图 11-6 所示。

生产者界面如图 11-7 所示。

消息查询界面如图 11-8 所示。

对 rocketmq-console 进行打包与部署。修改 application.properties 与 logback.xml 中服务器的端口号、NameServer 地址、rocketmq-console 监控数据目录、日志文件路径，然后执行如下命令进行打包。

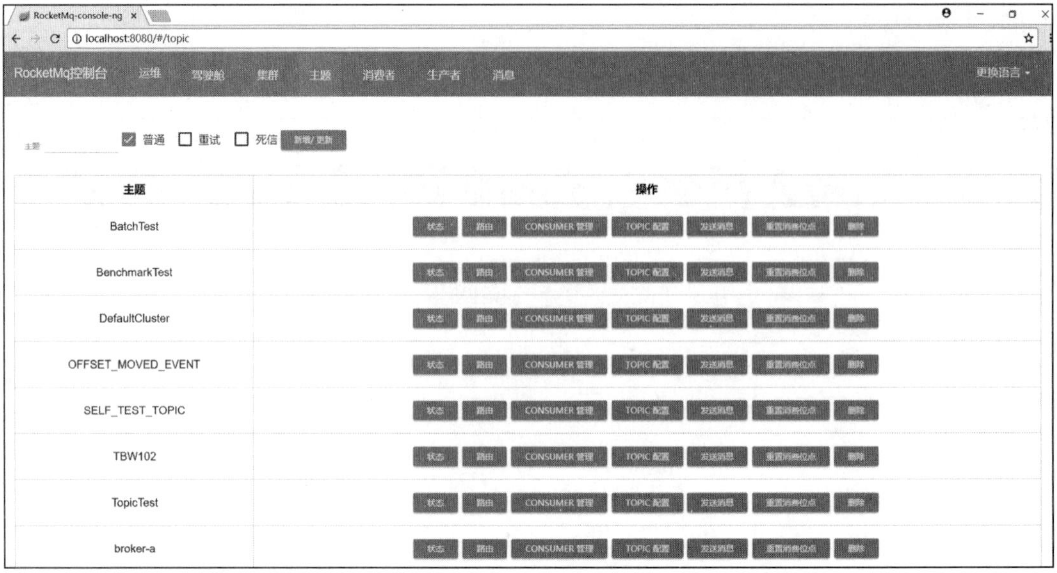

图 11-5　rocketmq-console 主题管理界面

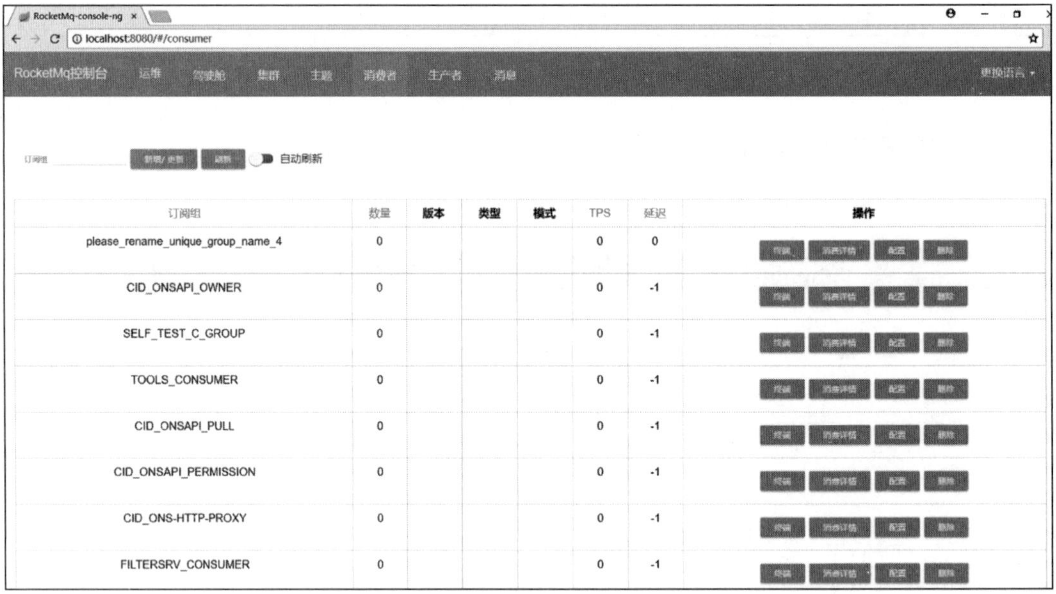

图 11-6　rocketmq-console 消息消费界面

```
mvn clean package -Dmaven.test.skip=true
java -jar target/rocketmq-console-ng-2.0.0.jar
```

rocketmq-console 监控平台的内部调用了 RocketMQ 提供的运维管理命令，下面进行详细介绍。

图 11-7　rocketmq-console 生产者界面

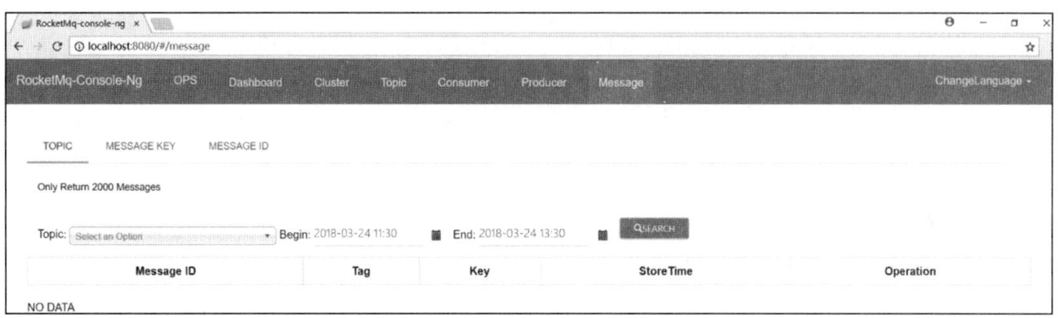

图 11-8　rocketmq-console 消息查询界面

11.7.2　RocketMQ 管理命令

在 ${ROCKETMQ_HOME}/bin/mqadmin 中执行 RocketMQ 运维命令，RocketMQ 命令客户端目前支持的命令如代码清单 11-23 所示。

代码清单 11-23　MQAdminStartup#initCommand

```
public static void initCommand() {
  initCommand(new UpdateTopicSubCommand());
  initCommand(new DeleteTopicSubCommand());
  initCommand(new UpdateSubGroupSubCommand());
  initCommand(new DeleteSubscriptionGroupCommand());
  initCommand(new UpdateBrokerConfigSubCommand());
  initCommand(new UpdateTopicPermSubCommand());
  initCommand(new TopicRouteSubCommand());
  initCommand(new TopicStatusSubCommand());
  initCommand(new TopicClusterSubCommand());
  initCommand(new BrokerStatusSubCommand());
  initCommand(new QueryMsgByIdSubCommand());
  initCommand(new QueryMsgByKeySubCommand());
  initCommand(new QueryMsgByUniqueKeySubCommand());
  initCommand(new QueryMsgByOffsetSubCommand());
  initCommand(new QueryMsgByUniqueKeySubCommand());
  initCommand(new PrintMessageSubCommand());
```

```
    initCommand(new PrintMessageByQueueCommand());
    initCommand(new SendMsgStatusCommand());
    initCommand(new BrokerConsumeStatsSubCommad());
    initCommand(new ConsumerConnectionSubCommand());
    initCommand(new ConsumerProgressSubCommand());
    initCommand(new ConsumerStatusSubCommand());
    initCommand(new CloneGroupOffsetCommand());
    initCommand(new ClusterListSubCommand());
    initCommand(new TopicListSubCommand());
    initCommand(new UpdateKvConfigCommand());
    initCommand(new DeleteKvConfigCommand());
    initCommand(new WipeWritePermSubCommand());
    initCommand(new ResetOffsetByTimeCommand());
    initCommand(new UpdateOrderConfCommand());
    initCommand(new CleanExpiredCQSubCommand());
    initCommand(new CleanUnusedTopicCommand());
    initCommand(new StartMonitoringSubCommand());
    initCommand(new StatsAllSubCommand());
    initCommand(new AllocateMQSubCommand());
    initCommand(new CheckMsgSendRTCommand());
    initCommand(new CLusterSendMsgRTCommand());
    initCommand(new GetNamesrvConfigCommand());
    initCommand(new UpdateNamesrvConfigCommand());
    initCommand(new GetBrokerConfigCommand());
    initCommand(new QueryConsumeQueueCommand());
}
```

1. 创建或更新主题

创新或更新主题的实现类为 org.apache.rocketmq.tools.command.topic.updateTopicSubCommand，参数说明如表 11-1 所示。

表 11-1 updateTopic 命令参数一览表

参数名称	是否必填	说 明
-n	是	NameServer 地址
-h	否	打印命令帮助信息
-b	-b、-c 必须有一个不为空	Broker 地址，表示主题只在指定的 Broker 服务器上创建
-c	-b、-c 必须有一个不为空	Broker 集群名称，如果 -b 不为空，该参数不生效，会根据集群名称依次从 NameServer 中获取集群下的所有主节点
-t	是	主题名称
-r	否	读队列个数，默认 4 个
-w	否	写队列个数，默认 4 个
-p	否	队列权限，默认为 6，表示可读可写
-o	否	是否是顺序消息主题，默认为 false

1）-b：通过 Broker 地址直接定位 Broker 服务器。

2）-c：需要向 NameServer 发送 GET_BROKER_CLUSTER_INFO 命令获取 BrokerMaster 服务器地址，然后向 Broker 发送 UPDATE_AND_CREATE_TOPIC 命令。Broker 存储主题配置信息的默认路径为 ${ROCKETMQ_HOME}/store/config/topic.json，Broker 通过心跳包将主题和 Broker 队列信息上报给 NameServer，即 topic 的路由信息。

使用示例为 $sh ./mqadmin updateTopic -n 127.0.0.1:9876 -c DefaultCluster -t ORDER_TOPIC。

示例返回结果如图 11-9 所示。

```
[root@localhost bin]# sh ./mqadmin updateTopic -n 127.0.0.1:9876 -c DefaultCluster  -t ORDER_TOPIC
RocketMQLog:WARN No appenders could be found for logger (io.netty.util.internal.PlatformDependent0).
RocketMQLog:WARN Please initialize the logger system properly.
create topic to 192.168.0.168:10911 success.
create topic to 192.168.0.166:10911 success.
TopicConfig [topicName=ORDER_TOPIC, readQueueNums=8, writeQueueNums=8, perm=RW-, topicFilterType=SINGLE_TAG, topicSysFlag=0, order=false]
```

图 11-9　updateTopic 示例返回结果

返回字段说明如表 11-2 所示。

表 11-2　updateTopic 命令返回字段一览表

参数名称	说　明
topicName	主题名称
readQueueNums	读队列个数
writeQueueNums	写队列个数
perm	读写权限
topicFilterType	主题过滤类型
topicSysFlag	主题系统级别的标志
order	是否是顺序消息

2. 删除主题

删除主题的实现类为 org.apache.rocketmq.tools.command.topic.DeleteTopicSubCommand，参数说明如表 11-3 所示。

表 11-3　deleteTopic 命令参数一览表

参数名称	是否必填	说　明
-n	是	NameServer 地址
-h	否	打印命令帮助信息
-c	是	Broker 集群名称地址
-t	是	主题名称

从 NameServer 获取当前所有 Broker，向它们发送 DELETE_TOPIC_IN_NAMESRV，从 Broker 中删除 topic 的配置信息，然后通过 NameServer 的心跳机制更新 NameServer 中

关于主题的路由信息。

使用示例为 sh ./mqadmin deleteTopic -n 127.0.0.1:9876 -c DefaultCluster -t ORDER_TOPIC。

示例返回结果如图 11-10 所示。

```
RocketMQLog:WARN No appenders could be found for logger (io.netty.util.internal.PlatformDependent0).
RocketMQLog:WARN Please initialize the logger system properly.
delete topic [ORDER_TOPIC] from cluster [DefaultCluster] success.
delete topic [ORDER_TOPIC] from NameServer success.
[root@localhost bin]#
```

图 11-10　deleteTopic 示例返回结果

3. 获取 topic 所在 Broker 的集群信息

获取 topic 所在 Broker 的集群信息的实现类为 org.apache.rocketmq.tools.command.topic.TopicClusterSubCommand，参数说明如表 11-4 所示。

表 11-4　topicClusterList 命令参数一览表

参数名称	是否必填	说　明
-n	是	NameServer 地址
-h	否	打印命令帮助信息
-t	是	主题名称

向 NameServer 发送 GET_BROKER_CLUSTER_INFO 命令，获取 topic 的集群信息，从路由表中返回 Broker 地址路由表与集群地址列表，然后从这两个表格中抽取集群名称，去重后返回。

使用示例为 sh ./mqadmin topicClusterList -n 127.0.0.1:9876 -t TopicTest。

示例返回结果如图 11-11 所示。

```
RocketMQLog:WARN No appenders could be found for logger (io.netty.util.internal.PlatformDependent0).
RocketMQLog:WARN Please initialize the logger system properly.
DefaultCluster
```

图 11-11　topicClusterList 示例返回结果

4. 查看所有主题信息

查看所有主题信息的实现类为 org.apache.rocketmq.tools.command.topic.TopicListSubCommand，参数说明如表 11-5 所示。

表 11-5　topicList 命令参数一览表

参数名称	是否必填	说　明
-n	是	NameServer 地址
-c	否	是否以集群模式输出，如果不加 -c 选项，直接输出所有的 topic 列表，其输出风格与 topicClusterList 一样。加上 -c 选项会以（集群名称、主题名称、消费组）的格式输出

如果不使用 -c 参数，则直接向 NameServer 节点发送 GET_ALL_TOPIC_LIST_FROM_NAMESERVER 命令，从 NameServer 服务器返回所有的主题列表并输出。如果使用 –c 参数，首先向 NameServer 发送 GET_BROKER_CLUSTER_INFO 命令，获取该 NameServer 服务器上所有的集群信息，然后从 NameServer 获取所有的主题列表。为了组装成“集群名称 + 主题名称 + 订阅消费组”的格式，依次遍历 topic 列表，查询 topic 的路由信息，最后取第一个 Broker 名称，找到该 Broker 所在集群中充当 topic 的集群名称。

使用示例为 sh ./mqadmin topicList -n 127.0.0.1:9876 -c。

示例返回结果如图 11-12 所示。

```
RocketMQLog:WARN No appenders could be found for logger (io.netty.util.internal.PlatformDependent0).
RocketMQLog:WARN Please initialize the logger system properly.
#Cluster Name         #Topic                                            #Consumer Group
DefaultCluster        RMQ_SYS_TRANS_HALF_TOPIC
DefaultCluster        RMQ_SYS_TRACE_TOPIC
DefaultCluster        DefaultCluster_REPLY_TOPIC
DefaultCluster        broker-b
DefaultCluster        BenchmarkTest
DefaultCluster        OFFSET_MOVED_EVENT
DefaultCluster        TopicTest                                         CID_JODIE_1
DefaultCluster        broker-a
DefaultCluster        SELF_TEST_TOPIC
DefaultCluster        PRS_PRE_BILL
DefaultCluster        DefaultCluster
```

图 11-12　topicList 示例返回结果

返回字段说明如表 11-6 所示。

表 11-6　topicList 命令返回字段一览表

参数名称	说　明
Cluster Name	集群名称
Topic	主题名称
Consumer Group	订阅该主题的消费组名称

5. 查看 topic 路由信息

查看 topic 路由信息的实现类为 org.apache.rocketmq.tools.command.topic.TopicRouteSubCommand，参数说明如表 11-7 所示。

表 11-7　topicRoute 命令参数一览表

参数名称	是否必填	说　明
-n	是	NameServer 地址
-h	否	打印命令帮助信息
-t	是	主题名称

向 NameServer 发送 GET_ROUTEINTO_BY_TOPIC 命令，NameServer 将内存中的 topic

队列信息按指定格式组装后返回。

使用示例为 sh ./mqadmin topicRoute-n 127.0.0.1:9876 -t TopicTest。

示例返回结果如图 11-13 所示。

```
RocketMQLog:WARN No appenders could be found for logger (io.netty.util.internal.PlatformDependent0).
RocketMQLog:WARN Please initialize the logger system properly.
{
        "brokerDatas":[
                {
                        "brokerAddrs":{0:"192.168.0.168:10911"
                        },
                        "brokerName":"broker-b",
                        "cluster":"DefaultCluster"
                },
                {
                        "brokerAddrs":{0:"192.168.0.166:10911"
                        },
                        "brokerName":"broker-a",
                        "cluster":"DefaultCluster"
                }
        ],
        "filterServerTable":{},
        "queueDatas":[
                {
                        "brokerName":"broker-a",
                        "perm":6,
                        "readQueueNums":4,
                        "topicSynFlag":0,
                        "writeQueueNums":4
                },
                {
                        "brokerName":"broker-b",
                        "perm":6,
                        "readQueueNums":4,
                        "topicSynFlag":0,
                        "writeQueueNums":4
                }
        ]
}
```

图 11-13　topicRoute 示例返回结果

返回字段说明如表 11-8 所示，路由信息的返回结果为 JSON 格式。

表 11-8　topicList 命令返回字段一览表

字段名称	说　明
brokerDatas	Broker 相关信息
brokerAddrs	Broker 地址信息
brokerName	Broker 名称
cluster	所属集群名称
filterServerTable	过滤服务器列表，该数据结构在 RocketMQ 4.4.0 版本后已剔除，不支持基于 FilterClass 的过滤模式
queueDatas	主题的队列信息，为数组类型
brokerName	Broker 名称
perm	队列的读写权限
readQueueNums	主题在该 Broker 上读队列的个数

（续）

字段名称	说　明
writeQueueNums	主题在该 Broker 上写队列的个数
topicSynFlag	主题系统 tag

6. 更新 topic 的读写权限

更新 topic 的读写权限的实现类为 org.apache.rocketmq.tools.command.topic.UpdateTopicPermSubCommand，参数说明如表 11-9 所示。

表 11-9　updateTopicPerm 命令参数一览表

参数名称	是否必填	说　明
-n	是	NameServer 地址
-h	否	打印命令帮助信息
-b	-b、-c 必须有一个不为空	Broker 地址，只修改指定的 Broker 服务器上执行关于该主题的队列的读写权限
-c	-b、-c 必须有一个不为空	Broker 集群名称，如果 -b 不为空，该参数不生效，会根据集群名称依次从 NameServer 中获取集群下所有的主节点
-t	是	主题名称
-p	是	主题队列权限，可选值为 2:W、4:R、6:RW

根据 -b、-c 定位 Broker 地址，然后发送 UPDATE_AND_CREATE_TOPIC 命令，Broker 在收到该命令后会验证 broker 集群信息并立即返回，然后异步将主题的配置信息（读写权限）更新到内存并持久化到本地文件，最后向 NameServer 发送心跳包，以此更新 NameServer 中的路由信息，稍后会更新到各个消息发送端与消息消费端。

使用示例为 sh./mqadmin updateTopicPerm -n 127.0.0.1:9876 -c DefaultCluster -t TopicTest -p 4。关闭主题 TopicTest 的写权限，即该 topic 只能被消费，通常在删除一个 topic 时，需要先关闭其写权限，等消息全部消费完毕后再删除该 topic，避免消息丢失。

示例返回结果如图 11-14 所示。

```
RocketMQLog:WARN No appenders could be found for logger (io.netty.util.internal.PlatformDependent0).
RocketMQLog:WARN Please initialize the logger system properly.
update topic perm from 6 to 4 in 192.168.0.168:10911 success.
update topic perm from 6 to 4 in 192.168.0.166:10911 success.
```

图 11-14　updateTopicPerm 示例返回结果

7. 查看 topic 队列状态

查看 topic 队列状态的实现类为 org.apache.rocketmq.tools.command.topic.TopicStatusSubCommand，参数说明如表 11-10 所示。

表 11-10 topicStatus 命令参数一览表

参数名称	是否必填	说 明
-n	是	NameServer 地址
-h	否	打印命令帮助信息
-t	是	主题名称

首先获取主题的路由信息，然后向 Broker 发送 GET_TOPIC_STATS_INFO 命令，获取该主题在每一个 Broker 上的配置信息并返回主题的队列信息。

使用示例为 sh ./mqadmin topicStatus -n 127.0.0.1:9876 -t TopicTest。

示例返回结果如图 11-15 所示。

```
RocketMQLog:WARN No appenders could be found for logger (io.netty.util.internal.PlatformDependent0).
RocketMQLog:WARN Please initialize the logger system properly.
#Broker Name                    #QID  #Min Offset          #Max Offset            #Last Updated
broker-a                        0     0                    0
broker-a                        1     0                    2                      2020-01-16 10:49:01,144
broker-a                        2     0                    0
broker-a                        3     0                    1                      2020-01-16 10:49:39,851
broker-b                        0     0                    0
broker-b                        1     0                    2                      2020-01-16 10:49:18,344
broker-b                        2     0                    2                      2020-01-16 10:06:53,185
broker-b                        3     0                    0
```

图 11-15 topicStatus 示例返回结果

返回字段说明如表 11-11 所示。

表 11-11 topicStatus 命令返回字段一览表

字段名称	说 明
Broker Name	队列所在 Broker 的名称
QID	队列 ID、序号
Min Offset	队列的最小偏移量
Max Offset	队列的最大偏移量
Last Update	队列最大的偏移量所对应的消息的存储时间戳，如果为 0，在 RocketMQ-Console 上会显示为 1970-01-01 08:00:00，这是因为该消息可能已经过期被删除了

8. 查看消息队列负载情况

查看消息队列负载情况的实现类为 org.apache.rocketmq.tools.command.topic.AllocateMQSubCommand，参数说明如表 11-12 所示。

表 11-12 allocateMQ 命令参数一览表

参数名称	是否必填	说 明
-n	是	NameServer 地址
-t	是	主题名称
-i	是	消息消费者列表，多个消费者用英文逗号分隔

该命令主要是根据 topic 的路由信息与消息消费者列表，输出各个消息消费者队列的分配情况，分配算法为平均分配（AllocateMessageQueueAveragely）。这个命令有个缺陷，应该再增加一个参数用来指定分配算法。

使用示例为 sh ./mqadmin allocateMQ -n 127.0.0.1:9876 -t TopicTest -i 192.168.0.1,192.168.0.2。

示例返回结果如图 11-16 所示。

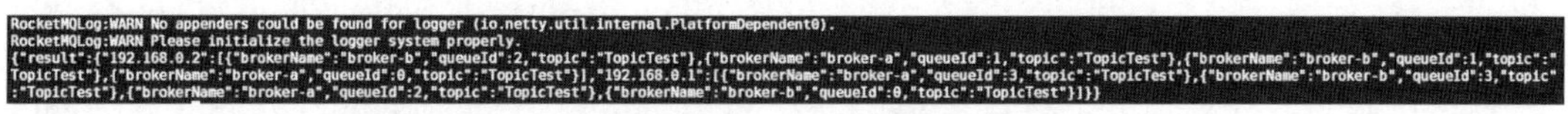

图 11-16　allocateMQ 示例返回结果

9. 创建、更新、删除顺序消息 KV 配置

创建、更新、删除顺序消息 KV 配置的实现类为 org.apache.rocketmq.tools.command.topic.UpdateOrderConfCommand，参数说明如表 11-13 所示。

表 11-13　updateOrderConf 命令参数一览表

参数名称	是否必填	说　明
-n	是	NameServer 地址
-t	是	主题名称
-v	否，创建、更新时必填	顺序消息 KV 配置字符串，格式为 k1:v1;k2:v2
-m	否	操作方式：put，创建或更新；get，获取配置；delete，删除。默认为打印该命令的帮助信息

向 NameServer 发送 PUT_KV_CONFIG、DELETE_KV_CONFIG 或 GET_KV_CONFIG 命令，可以更新、删除或查询该主题的配置信息（顺序消息）。

10. 消息查找、消息发送、消息消费三合一接口

消息查找、消息发送、消息消费的实现类为 org.apache.rocketmq.tools.command.message.QueryMsgByIdSubCommand，参数说明如表 11-14 所示。

表 11-14　queryMsgById 命令参数一览表

参数名称	是否必填	说　明
-n	是	NameServer 地址
-h	否	打印命令帮助信息
-i	是	消息 offsetMsgId（消息存储偏移 ID），多条内容用英文逗号分隔
-g	否	消息消费者名称
-d	否	消息消费者 ID。当 -g、-d 参数不同时为空时生效，此时 -s 参数失效，其主要作用是指定消费组内指定的消息消费者消费该批消息
-s	否	如果为 true 表示再次发送该消息

该命令集合了消息查找、消息发送、消息消费三个功能。

使用示例为 sh ./mqadmin queryMsgById -n 127.0.0.1:9876 -i C0A800A800002A9F0000000000000ABC。

示例返回结果如图 11-17 所示。

```
[root@localhost bin]# sh ./mqadmin queryMsgById -n 127.0.0.1:9876  -i C0A800A800002A9F0000000000000ABC
RocketMQLog:WARN No appenders could be found for logger (io.netty.util.internal.PlatformDependent0).
RocketMQLog:WARN Please initialize the logger system properly.
OffsetID:             C0A800A800002A9F0000000000000ABC
Topic:                TopicTest
Tags:                 [null]
Keys:                 [null]
Queue ID:             1
Queue Offset:         2
CommitLog Offset:     2748
Reconsume Times:      0
Born Timestamp:       2020-03-05 07:47:53,697
Store Timestamp:      2020-03-05 07:47:52,909
Born Host:            192.168.0.101:58058
Store Host:           192.168.0.168:10911
System Flag:          0
Properties:           {UNIQ_KEY=000000000000000000000000000000001000018B4AAC2190FEB5F0000, CLUSTER=DefaultCluster, WAIT=true}
Message Body Path:    /tmp/rocketmq/msgbodys/000000000000000000000000000000001000018B4AAC2190FEB5F0000
```

图 11-17　queryMsgById 示例返回结果

返回字段说明如表 11-15 所示。

表 11-15　字段说明

字段名称	说　明
OffsetID	消息偏移 ID，即 offsetMsgId
Topic	消息所属的主题
Tags	消息 tag
Keys	消息 key
Queue ID	消息所属消息消费队列 ID
Commitlog Offset	消息所属物理偏移量
Reconsume Times	消息消费重试次数
Born Timestamp	消息发送时间戳
Store Timestamp	Broker 服务端存储时间
Born Host	消息发送者 IP 信息
Store Host	Broker 服务器存储 IP 与端口信息
System Flag	消息系统标识
Properties	消息属性
Message Body Path	消息体内容临时存储文件路径，该文件名以消息唯一 ID 为标志

11. 根据消息索引键查询消息

根据消息索引键查询消息的实现类为 org.apache.rocketmq.tools.command.message.QueryMsgByKeySubCommand，参数说明如表 11-16 所示。

表 11-16 queryMsgByKey 命令参数一览表

参数名称	是否必填	说 明
-n	是	NameServer 地址
-h	否	打印命令帮助信息
-t	是	消息所属主题
-k	否	消息索引键，只支持单个索引键

从 NameServer 获取主题的路由信息，然后并发向所有 Broker 发送 QUERY_MESSAGE 查询消息，Broker 服务端在收到该消息后，会从 Index 文件中根据 key 查询消息，然后返回查询结果。在发送消息时可以通过为消息指定消息 key，快速检索消息。

使用示例为 sh ./mqadmin queryMsgByKey -n 127.0.0.1:9876 -t TopicTest -k OD2020031221210301。

示例返回结果如图 11-18 所示。

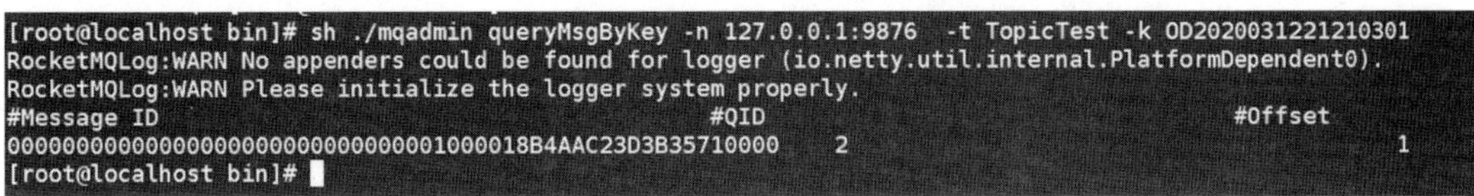

图 11-18 queryMsgByKey 示例返回结果

该命令虽然只返回了消息的全局唯一 ID、队列 ID 和在消息消费队列中的偏移量，其实也能得到 queryMsgById 命令返回的所有字段，只是该命令没有输出而已。

12. 根据消息唯一 ID 查询消息

根据消息唯一 ID 查询消息的实现类为 org.apache.rocketmq.tools.command.message.QueryMsgByUniqueKeySubCommand，参数说明如表 11-17 所示。

表 11-17 queryMsgByUniqueKey 命令参数一览表

参数名称	是否必填	说 明
-n	是	NameServer 地址
-h	否	打印命令帮助信息
-i	是	消息唯一键，多条消息 ID 用英文逗号分隔
-g	否	消息消费组名称
-d	否	消息消费者 ID。当 -g、-d 参数不同时为空时生效。直接使用指定的消息消费者消费该批消息
-t	是	消息主题

根据消息的全局唯一 ID（消息发送端在发送消息时会生成一个全局的消息 ID）查询消息，如果 -d、-g 不同时为空，将直接消费该条消息。根据消息唯一 ID 查询消息的实现逻辑

与 queryMsgByKey 一样，这是因为消息的唯一全局 ID 会存储在 Index 文件中。

使用示例为 sh ./mqadmin queryMsgByUniqueKey -n 127.0.0.1:9876 -t TopicTest -i 00000000000000000000000000000001000018B4AAC23D3B35710000。

示例返回结果如图 11-19 所示。

```
[root@localhost bin]# sh ./mqadmin queryMsgByUniqueKey -n 127.0.0.1:9876  -t TopicTest -i 00000000000000000000000000000001000018B4AAC23D3B35710000
RocketMQLog:WARN No appenders could be found for logger (io.netty.util.internal.PlatformDependent0).
RocketMQLog:WARN Please initialize the logger system properly.
Topic:              TopicTest
Tags:               [null]
Keys:               [0D2020031221210301]
Queue ID:           2
Queue Offset:       1
CommitLog Offset:   6513
Reconsume Times:    0
Born Timestamp:     2020-03-12 09:21:30,482
Store Timestamp:    2020-03-12 09:21:28,093
Born Host:          192.168.0.101:54481
Store Host:         192.168.0.166:10911
System Flag:        0
Properties:         {KEYS=0D2020031221210301, UNIQ_KEY=00000000000000000000000000000001000018B4AAC23D3B35710000, CLUSTER=DefaultCluster, WAIT=true}
Message Body Path:  /tmp/rocketmq/msgbodys/00000000000000000000000000000001000018B4AAC23D3B35710000
```

图 11-19　queryMsgByUniqueKey 示例返回结果

13. 根据消息消费队列偏移量查找消息

根据消息消费队列偏移量查找消息的实现类为 org.apache.rocketmq.tools.command.message.QueryMsgByOffsetSubCommand，参数说明如表 11-18 所示。

表 11-18　queryMsgByOffset 命令参数一览表

参数名称	是否必填	说　明
-n	是	NameServer 地址
-h	否	打印命令帮助信息
-t	是	消息主题
-b	是	Broker 名称
-i	否	消息消费队列 ID
-0	否	消息消费队列偏移量

首先根据消息主题获取路由表，然后从路由表中根据 Broker 名称获取 Broker 的 IP 地址，向 Broker 服务器发送 PULL_MESSAGE 请求，Broker 服务器收到请求后，根据消息队列 ID 与消息偏移量，从消息消费队列中读取一个条目，从而得到该消息的物理偏移量与消息长度，最后从 CommitLog 文件中找到对应的消息。

使用示例为 sh ./mqadmin queryMsgByUniqueKey -n 127.0.0.1:9876 -t TopicTest -i 00000000000000000000000000000001000018B4AAC23D3B35710000。

示例返回结果如图 11-20 所示。

14. 打印消息

打印消息的实现类为 org.apache.rocketmq.tools.command.message.PrintMessageSubCommand，参数说明如表 11-19 所示。

```
[root@localhost bin]# sh ./mqadmin queryMsgByOffset -n 127.0.0.1:9876  -t TopicTest -b broker-b -i 1 -o 2
RocketMQLog:WARN No appenders could be found for logger (io.netty.util.internal.PlatformDependent0).
RocketMQLog:WARN Please initialize the logger system properly.
OffsetID:            C0A800A800002A9F0000000000000ABC
Topic:               TopicTest
Tags:                [null]
Keys:                [null]
Queue ID:            1
Queue Offset:        2
CommitLog Offset:    2748
Reconsume Times:     0
Born Timestamp:      2020-03-05 07:47:53,697
Store Timestamp:     2020-03-05 07:47:52,909
Born Host:           192.168.0.101:58058
Store Host:          192.168.0.168:10911
System Flag:         0
Properties:          {MIN_OFFSET=0, MAX_OFFSET=3, UNIQ_KEY=000000000000000000000000000000001000018B4AAC2190FEB5F0000, CLUSTER=DefaultCluster, WAIT=true}
Message Body Path:   /tmp/rocketmq/msgbodys/000000000000000000000000000000001000018B4AAC2190FEB5F0000
```

图 11-20　queryMsgByOffset 示例返回结果

表 11-19　printMsg 命令参数一览表

参数名称	是否必填	说　明
-n	是	NameServer 地址
-h	否	打印命令帮助信息
-t	是	消息主题
-c	否	字符编码，可选值为 UTF-8、GBK
-s	否	消息过滤表达式，例如可以根据消息 tag 进行过滤
-b	否	开始时间戳，支持 long 或 yyyy-MM-dd#HH:mm:ss:SSS
-e	否	结束时间戳，支持 long 或 yyyy-MM-dd#HH:mm:ss:SSS
-d	否	是否打印消息体，可选值为 true 或 false

该命令其实是实现基于时间戳的消息查询，根据主题的路由信息获取该主题的消息消费队列，循环处理每一个消息消费队列，如果 -b、-e 为空，则从消息消费队列的最小偏移量开始查找，否则根据 -b、-e 时间戳查询最小偏移量和最大偏移量，每次从每个消息消费队列中最多拉取 32 条消息并打印输出。

使用示例为 sh ./mqadmin printMsg -n 127.0.0.1:9876 -t TopicTest -c UTF-8 -b 2020-03-01#00:00:00:000 -e 2020-03-12#00:00:00:000 -d true。

示例返回结果如图 11-21 所示。

```
[root@localhost bin]# sh ./mqadmin printMsg  -n 127.0.0.1:9876  -t TopicTest -c UTF-8 -b 2020-03-01#00:00:00:000 -e 2020-03-12#00:00:00:000 -d true
RocketMQLog:WARN No appenders could be found for logger (io.netty.util.internal.PlatformDependent0).
RocketMQLog:WARN Please initialize the logger system properly.
minOffset=0, maxOffset=0, MessageQueue [topic=TopicTest, brokerName=broker-a, queueId=3]minOffset=0, maxOffset=1, MessageQueue [topic=TopicTest, brokerName=broker-a, queue
Id=2]MSGID: 000000000000000000000000000000001000018B4AAC219114EC80000 MessageExt [queueId=2, storeSize=215, queueOffset=0, sysFlag=0, bornTimestamp=1583412564681, bornHost=
/192.168.0.101:58114, storeTimestamp=1583412563028, storeHost=/192.168.0.166:10911, msgId=C0A800A600002A9F000000000000189A, commitLogOffset=6298, bodyCRC=1032136437, recon
sumeTimes=0, preparedTransactionOffset=0, toString()=Message{topic='TopicTest', flag=0, properties={MIN_OFFSET=0, MAX_OFFSET=2, UNIQ_KEY=000000000000000000000000000000100
0018B4AAC219114EC80000, CLUSTER=DefaultCluster, WAIT=true}, body=[72, 101, 108, 108, 111, 32, 82, 111, 99, 107, 101, 116, 77, 81, 32, 51], transactionId='null'}] BODY: Hel
lo RocketMQ 3
MSGID: 000000000000000000000000000000001000018B4AAC23D3B35710000 MessageExt [queueId=2, storeSize=243, queueOffset=1, sysFlag=0, bornTimestamp=1584019290482, bornHost=/192.
168.0.101:54481, storeTimestamp=1584019288093, storeHost=/192.168.0.166:10911, msgId=C0A800A600002A9F0000000000001971, commitLogOffset=6513, bodyCRC=1963542861, reconsumeT
imes=0, preparedTransactionOffset=0, toString()=Message{topic='TopicTest', flag=0, properties={MIN_OFFSET=0, MAX_OFFSET=2, KEYS=0D2020031221210301, UNIQ_KEY=00000000000000
000000000000000001000018B4AAC23D3B35710000, CLUSTER=DefaultCluster, WAIT=true}, body=[72, 101, 108, 108, 111, 32, 82, 111, 99, 107, 101, 116, 77, 81, 32, 116, 101, 115, 11
6, 49], transactionId='null'}] BODY: Hello RocketMQ test1
minOffset=0, maxOffset=0, MessageQueue [topic=TopicTest, brokerName=broker-b, queueId=3]minOffset=0, maxOffset=0, MessageQueue [topic=TopicTest, brokerName=broker-b, queue
Id=0]minOffset=1, maxOffset=1, MessageQueue [topic=TopicTest, brokerName=broker-a, queueId=1]minOffset=2, maxOffset=2, MessageQueue [topic=TopicTest, brokerName=broker-b,
queueId=2]minOffset=0, maxOffset=0, MessageQueue [topic=TopicTest, brokerName=broker-a, queueId=0]minOffset=2, maxOffset=2, MessageQueue [topic=TopicTest, brokerName=broke
r-b, queueId=1][root@localhost bin]#
```

图 11-21　printMsg 示例返回结果

返回消息的列表，主要会返回当前消息所在消息消费队列的最小偏移量、最大偏移量、消息 ID，以及消息的全量信息（MessageExt）和消息体字符串（通过 -c 编码成字符串）。

15. 根据消息队列打印消息

根据消息队列打印消息的实现类为 org.apache.rocketmq.tools.command.message.PrintMessageByQueueCommand，参数说明如表 11-20 所示。

表 11-20 printMsgByQueue 命令参数一览表

参数名称	是否必填	说 明
-n	是	NameServer 地址
-h	否	打印命令帮助信息
-t	是	消息主题
-a	是	Broker 名称
-i	是	消息队列 ID
-c	否	字符编码，可选值为 UTF-8、GBK
-s	否	消息过滤表达式
-b	否	开始时间戳，支持 long 或 yyyy-MM-dd#HH:mm:ss:SSS
-e	否	结束时间戳，支持 long 或 yyyy-MM-dd#HH:mm:ss:SSS
-p	否	是否打印消息，可选值为 true 或 false，默认为 false
-d	否	是否打印消息 body，可选值为 true 或 false
-f	否	是否打印 tag 信息，可选值为 true 或 false，默认为 fasle

根据主题、Broker 名称、消息消费队列构建 MessageQueue 对象，从消息服务器根据拉取偏移量循环从服务器拉取消息，如果使用 -b、-e 参数，则基于时间戳进行消息查询。

使用示例为 sh ./mqadmin printMsgByQueue -n 127.0.0.1:9876 -t TopicTest -a broker-a -i 2 -c UTF-8 -b 2020-01-01#00:00:00:000 -e 2020-03-12#00:00:00:000 -d true -p true。

示例返回结果如图 11-22 所示。

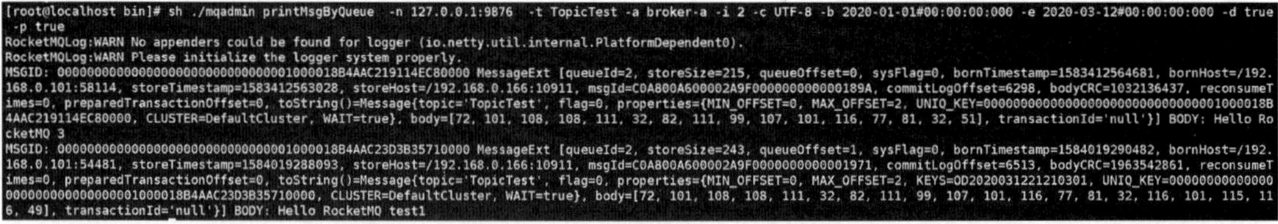

图 11-22 printMsgByQueue 示例返回结果

返回结果与 printMsg 相同，该命令主要是根据消息消费队列进行查询。

16. 发送消息

发送消息的实现类为 org.apache.rocketmq.tools.command.message.SendMessageCommand，参数说明如表 11-21 所示。

表 11-21 sendMessage 命令参数一览表

参数名称	是否必填	说 明
-n	是	NameServer 地址
-h	否	打印命令帮助信息
-t	是	消息主题
-k	否	消息 key
-p	是	消息体
-c	否	消息 tag
-b	否	发送到指定 Broker 上
-i	否	发送到指定 Broker 的指定队列上

该命令的实现比较简单，就是调用消息发送 API 发送消息。

使用示例为 sh ./mqadmin sendMessage -n 127.0.0.1:9876 -t TopicTest -p 'Hello send Msg1' -k 'testKey'。

示例返回结果如图 11-23 所示。

```
[root@localhost bin]# sh ./mqadmin sendMessage -n 127.0.0.1:9876  -t TopicTest -p 'Hello send Msg1' -k 'testKey'
RocketMQLog:WARN No appenders could be found for logger (io.netty.util.internal.PlatformDependent0).
RocketMQLog:WARN Please initialize the logger system properly.
#Broker Name                      #QID  #Send Result            #MsgId
broker-b                          3     SEND_OK                 FE800000000000000A0027FFFE039D5C00001B6D3586448D8EEB0000
```

图 11-23 sendMessage 示例返回结果

返回消息存储 Broker 名称、消息队列、发送结果和全局唯一消息 ID。

17. 检测消息发送响应时间

检测消息发送响应时间的实现类为 org.apache.rocketmq.tools.command.message.CheckMsgSendRTCommand，参数说明如表 11-22 所示。

表 11-22 checkMsgSendRT 命令参数一览表

参数名称	是否必填	说 明
-n	是	NameServer 地址
-t	是	主题名称
-a	否	运行次数，默认 100 次
-s	否	测试消息长度默认 128 个字节

构建测试消息，默认测试消息长度为 128 个字节，然后循环调用消息发送 API 向 Broker 服务端发送消息，记录每次消息的响应时间，最终算出一个平均响应时间（剔除第一次消息发送的响应时间）。

使用示例为 sh ./mqadmin checkMsgSendRT -n 127.0.0.1:9876 -t TopicTest -a 10 -s 128。

示例返回结果如图 11-24 所示。

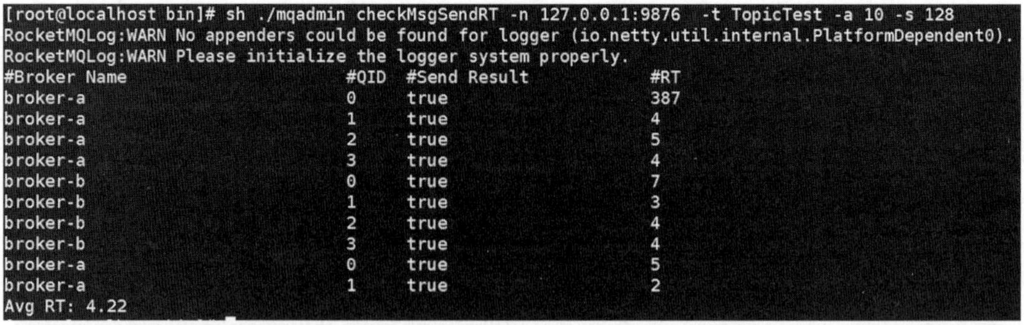

```
[root@localhost bin]# sh ./mqadmin checkMsgSendRT -n 127.0.0.1:9876  -t TopicTest -a 10 -s 128
RocketMQLog:WARN No appenders could be found for logger (io.netty.util.internal.PlatformDependent0).
RocketMQLog:WARN Please initialize the logger system properly.
#Broker Name                     #QID  #Send Result          #RT
broker-a                         0     true                  387
broker-a                         1     true                  4
broker-a                         2     true                  5
broker-a                         3     true                  4
broker-b                         0     true                  7
broker-b                         1     true                  3
broker-b                         2     true                  4
broker-b                         3     true                  4
broker-a                         0     true                  5
broker-a                         1     true                  2
Avg RT: 4.22
```

图 11-24 checkMsgSendRT 示例返回结果

18. 查询消息消费队列

查询消息消费队列的实现类为 org.apache.rocketmq.tools.command.queue.QueryConsumeQueueCommand，参数说明如表 11-23 所示。

表 11-23 queryCq 命令参数一览表

参数名称	是否必填	说　明
-n	是	NameServer 地址
-t	是	主题名称
-q	是	队列 ID，从 0 开始
-i	是	从消息队列开始位置
-c	否	消息队列最大偏移量，默认为 10
-b	否	Broker 地址，即 IP 和端口号
-g	否	消息消费组名称

查询消息消费队列的信息，建议指定 -b 参数，否则会选择路由表中的第一个 broker。向消息服务器发送 QUERY_CONSUME_QUEUE 命令，broker 返回该消息消费队列的最大、最小偏移量，如果指定了消费组，则返回消费组的订阅信息。

使用示例为 sh ./mqadmin queryCq -n 127.0.0.1:9876 -t TopicTest -q 1 -i 1 -b 192.168.0.166:10911 -c 2 -g CID_CONSUMER_TEST。

示例返回结果如图 11-25 所示。

返回结果主要包含如下 3 部分。

1）Subscription Data：如果指定了 -g 参数，则返回消费组的订阅信息。

2）Filter Data：如果订阅信息为空，则尝试返回消费组的消息过滤配置信息。

3）Queue data：消费队列信息，主要返回该消息消费队列的最新偏移量、最大偏移量和消息条目的信息，默认会返回 10 条，可以通过 -c 参数指定返回调试，通过 -i 参数指定从哪条消息开始返回，主题包含其该消息的物理偏移量、消息长度、消息 tag 的哈希码等数据。

```
[root@localhost bin]# sh ./mqadmin queryCq -n 127.0.0.1:9876  -t TopicTest -q 1 -i 1 -b 192.168.0.166:10911 -c 2 -g CID_CONSUMER_TEST
RocketMQLog:WARN No appenders could be found for logger (io.netty.util.internal.PlatformDependent0).
RocketMQLog:WARN Please initialize the logger system properly.
Subscription data:
{
        "classFilterMode":false,
        "codeSet":[],
        "expressionType":"TAG",
        "subString":"*",
        "subVersion":1584198633521,
        "tagsSet":[],
        "topic":"TopicTest"
}
====================================
Filter data:
null
====================================
Queue data:
max: 52, min: 0
====================================
idx: 1
ConsumeQueueData{physicOffset=2627, physicSize=235, tagsCode=0, extendDataJson='null', bitMap='null', eval=false, msg='null'}
====================================
idx: 2
ConsumeQueueData{physicOffset=7083, physicSize=327, tagsCode=0, extendDataJson='null', bitMap='null', eval=false, msg='null'}
====================================
[root@localhost bin]# 
```

图 11-25　queryCq 示例返回结果

19. 重置消费进度（resetOffsetByTime）

实现类为 org.apache.rocketmq.tools.command.offset.ResetOffsetByTimeCommand，参数说明如表 11-24 所示。

表 11-24　resetOffsetByTime 命令参数一览表

参数名称	是否必填	说　明
-n	是	NameServer 地址
-g	是	消息消费组名称
-t	是	主题名称
-s	是	时间戳，可选值为 now、时间戳（ms）、yyyy-MM-dd#HH:mm:ss:SSS
-f	否	是否强制刷新
-c	否	是否是 C++ 客户端消费组

根据主题的路由信息找出所有 Master broker 地址，逐一发送 INVOKE_BROKER_TO_RESET_OFFSET 命令，Broker 服务端收到请求后，首先根据指定的时间找到待重置时间点的消息所在的位置信息，然后向该消费组所有在线的客户端发送 RESET_CONSUMER_CLIENT_OFFSET 命令。客户端在收到命令后，更新服务端返回的待重置位点信息，并将原处理队列丢弃，将位点信息存入客户端内存，下次消息拉取将从重置后的位点开始消费，从而更新服务端的信息，实现重置位点。如果消费组没有在线的消费者，则会使用 resetOffsetByTimeOld 命令更新位点。

使用示例为 sh ./mqadmin resetOffsetByTime -n 127.0.0.1:9876 -g CID_CONSUMER_TEST -t TopicTest -s now。

示例返回结果如图 11-26 所示。

```
[root@localhost bin]# sh ./mqadmin resetOffsetByTime -n 127.0.0.1:9876  -g CID_CONSUMER_TEST -t TopicTest -s now
RocketMQLog:WARN No appenders could be found for logger (io.netty.util.internal.PlatformDependent0).
RocketMQLog:WARN Please initialize the logger system properly.
rollback consumer offset by specified group[CID_CONSUMER_TEST], topic[TopicTest], force[true], timestamp(string)[now], timestamp(long)[1584200352426]
#brokerName                         #queueId                          #offset
broker-a                            3                                 49
broker-b                            3                                 54
broker-a                            2                                 50
broker-b                            0                                 51
broker-b                            2                                 55
broker-a                            1                                 51
broker-b                            1                                 55
broker-a                            0                                 52
[root@localhost bin]#
```

图 11-26 resetOffsetByTime 示例返回结果

20. 重置消费进度（resetOffsetByTimeOld）

实现类为 org.apache.rocketmq.tools.command.offset.ResetOffsetByTimeOldCommand，参数说明如表 11-25 所示，在客户端不在线情况使用。

表 11-25 resetOffsetByTimeOld 命令参数一览表

参数名称	是否必填	说 明
-n	是	NameServer 地址
-g	是	消息消费组名称
-t	是	主题名称
-s	是	时间戳，可选值：now、时间戳（ms）、yyyy-MM-dd#HH:mm:ss:SSS
-f	否	是否强制刷新

旧版本的重置消费位点命令先根据时间戳查询该主题下对应的消费进度，然后向 Broker 发送 UPDATE_CONSUMER_OFFSET 命令直接更新服务端的消费进度。

使用示例为 sh ./mqadmin resetOffsetByTimeOld -n 127.0.0.1:9876 -g CID_CONSUMER_TEST -t TopicTest -s now。

返回结果与 resetOffsetByTime 命令类似，在 RocketMQ4.6 版移除了该命令，将其整合到 resetOffsetByTime 命令中。

注意 对应低版本的 RocketMQ，如果 resetOffsetByTime 无法重置消费位点，可以停掉消费者，然后执行 resetOffsetByTimeOld 命令继续执行重置位点。

21. 复制消费组进度

复制消费组进度的实现类为 org.apache.rocketmq.tools.command.offset.CloneGroupOffsetCommand，参数如表 11-26 所示。

表 11-26 cloneGroupOffset 命令参数一览表

参数名称	是否必填	说 明
-n	是	NameServer 地址
-s	是	原消息消费组

（续）

参数名称	是否必填	说　明
-d	是	目的消息消费组
-t	是	主题名称

将源消息消费组的消费进度复制到目的消息组中，就是用源消息消费组的消息消费进度更新目的消息消费组的消息进度。

使用示例为 sh ./mqadmin cloneGroupOffset -n 127.0.0.1:9876 -s CID_CONSUMER_TEST -t TopicTest -d CID_CONSUMER_TEST_CP。

示例返回结果如图 11-27 所示。

```
[root@localhost bin]# sh ./mqadmin resetOffsetByTimeOld  -n 127.0.0.1:9876  -g CID_CONSUMER_TEST -t TopicTest -s now
The sub command resetOffsetByTimeOld not exist.
[root@localhost bin]# sh ./mqadmin cloneGroupOffset -n 127.0.0.1:9876  -s CID_CONSUMER_TEST -t TopicTest -d CID_CONSUMER_TEST_CP
RocketMQLog:WARN No appenders could be found for logger (io.netty.util.internal.PlatformDependent0).
RocketMQLog:WARN Please initialize the logger system properly.
clone group offset success. srcGroup[CID_CONSUMER_TEST], destGroup=[CID_CONSUMER_TEST_CP], topic[TopicTest][root@localhost bin]#
```

图 11-27　cloneGroupOffset 示例返回结果

22. 创建或更新消费组配置信息

创建或更新消费组配置信息的实现类为 org.apache.rocketmq.tools.command.consumer.UpdateSubGroupSubCommand，参数说明如表 11-27 所示。

表 11-27　updateSubGroup 命令参数一览表

参数名称	是否必填	说　明
-n	是	NameServer 地址
-h	否	打印命令帮助信息
-b	-b、-c 必须有一个不为空	Broker 地址，表示主题只在指定的 Broker 服务器上创建
-c	-b、-c 必须有一个不为空	Broker 集群名称，如果 -b 不为空，该参数不生效。会根据集群名称依次从 NameServer 中获取集群下所有的主节点
-g	是	消费组名称
-s	否	设置消息组是否允许消费消息。参数值为 true 或 false
-m	否	设置消费组是否可以从最小偏移量开始消费消息，参数值为 true 或 false
-d	否	设置消息消费组是否可以开启广播模式进行消费，参数值为 true 或 false
-q	否	消息消费组重试队列个数，默认为 1
-r	否	消息消费组的最大重试次数，默认为 16
-w	否	主服务器消息消费的速度缓慢时由哪个从服务器承担读请求，默认为 1
-i	否	brokerId，设置该消费组默认拉取主服务器 ID，默认为 0
-a	否	当消息消费者的个数发生变化时，是否立即通知客户端重新进行消息队列分配，参数值为 true 或 false，默认为 true

根据 -b、-c 定位 Broker 地址，发送 UPDATE_AND_CREATE_SUBSCRIPTIONGROUP 命令，消息消费组订阅信息在 Broker 端默认的存储路径为 ${ROCKETMQ_HOME}/store/config/subscriptionGroup.json。

使用示例为 sh ./mqadmin updateSubGroup -n 127.0.0.1:9876 -g CID_CONSUMER_TEST2 -c DefaultCluster。

示例返回结果如图 11-28 所示。

```
[root@localhost bin]# sh ./mqadmin updateSubGroup -n 127.0.0.1:9876  -g CID_CONSUMER_TEST2 -c DefaultCluster
RocketMQLog:WARN No appenders could be found for logger (io.netty.util.internal.PlatformDependent0).
RocketMQLog:WARN Please initialize the logger system properly.
create subscription group to 192.168.0.168:10911 success.
create subscription group to 192.168.0.166:10911 success.
SubscriptionGroupConfig [groupName=CID_CONSUMER_TEST2, consumeEnable=true, consumeFromMinEnable=false, consumeBroadcastEnable=false, re
tryQueueNums=1, retryMaxTimes=16, brokerId=0, whichBrokerWhenConsumeSlowly=1, notifyConsumerIdsChangedEnable=true][root@localhost bin]#
```

图 11-28 updateSubGroup 示例返回结果

最后返回成功创建该消费订阅关系的 Broker 地址以及消费组的配置信息。

23. 删除消费组配置信息

删除消费组配置信息的实现类为 org.apache.rocketmq.tools.command.consumer.DeleteSubscriptionGroupCommand，参数说明如表 11-28 所示。

表 11-28 deleteSubGroup 命令参数一览表

参数名称	是否必填	说 明
-n	是	NameServer 地址
-h	否	打印命令帮助信息
-b	-b、-c 必须有一个不为空	Broker 地址，表示主题只在指定的 Broker 服务器上创建
-c	-b、-c 必须有一个不为空	Broker 集群名称，如果 -b 不为空，该参数不生效。会根据集群名称依次从 NameServer 中获取集群下所有的主节点
-g	是	消费组名称

根据 -b、-c 定位 Broker 地址并发送 DELETE_SUBSCRIPTIONGROUP 命令，在 Broker 的内存中删除该消费组的订阅关系，后续会持久化更新到消费组配置信息。

使用示例为 sh ./mqadmin deleteSubGroup -n 127.0.0.1:9876 -g CID_CONSUMER_TEST2 -c DefaultCluster。

示例返回结果如图 11-29 所示。

```
[root@localhost bin]# sh ./mqadmin deleteSubGroup -n 127.0.0.1:9876  -g CID_CONSUMER_TEST2 -c DefaultCluster
RocketMQLog:WARN No appenders could be found for logger (io.netty.util.internal.PlatformDependent0).
RocketMQLog:WARN Please initialize the logger system properly.
delete subscription group [CID_CONSUMER_TEST2] from broker [192.168.0.168:10911] in cluster [DefaultCluster] success.
delete subscription group [CID_CONSUMER_TEST2] from broker [192.168.0.166:10911] in cluster [DefaultCluster] success.
delete topic [%RETRY%CID_CONSUMER_TEST2] from cluster [DefaultCluster] success.
delete topic [%RETRY%CID_CONSUMER_TEST2] from NameServer success.
delete topic [%DLQ%CID_CONSUMER_TEST2] from cluster [DefaultCluster] success.
delete topic [%DLQ%CID_CONSUMER_TEST2] from NameServer success.
[root@localhost bin]#
```

图 11-29 deleteSubGroup 示例返回结果

24. 查看消息消费组内部线程状态

查看消息消费组内部线程状态的实现类为 org.apache.rocketmq.tools.command.consumer.ConsumerStatusSubCommand，参数说明如表 11-29 所示。

表 11-29 consumerStatus 命令参数一览表

参数名称	是否必填	说 明
-n	是	NameServer 地址
-g	是	消息消费组名称
-i	否	消息消费者 ID
-s	否	是否打印 jstack 命令

首先根据消费组的名称构建重试主题，从 NameServer 中获取任意一个 Broker，向其发送 GET_CONSUMER_CONNECTION_LIST 命令获取该 Broker 上的所有消费者信息（包含 clientId），然后向 Broker 发送 GET_CONSUMER_RUNNING_INFO 命令，Broker 服务端在收到命令后，会使用 Broker 与消费端的 TCP 连接发送命令 GET_CONSUMER_RUNNING_INFO 到具体的消费客户端，最后查看消费端内存中的消费处理队列、线程栈等运行时信息。可通过 Thread.getAllStackTraces() 方法获取 JAVA 线程栈。

使用示例为 sh ./mqadmin consumerStatus -n 127.0.0.1:9876 -g CID_CONSUMER_TEST_NEW -s。

示例返回结果如图 11-30 所示。

```
[root@localhost bin]# sh ./mqadmin consumerStatus -n 127.0.0.1:9876  -g CID_CONSUMER_TEST_NEW -s
RocketMQLog:WARN No appenders could be found for logger (io.netty.util.internal.PlatformDependent0).
RocketMQLog:WARN Please initialize the logger system properly.
001  10.0.2.15@2897                    V4_6_0          1584252945928/10.0.2.15@2897
002  192.168.0.101@13060               V4_6_0          1584252945928/192.168.0.101@13060


Same subscription in the same group of consumer

Rebalance OK
```

图 11-30 consumerStatus 示例返回结果

该列表的第三列表示 jstack 相关信息的输出文件名，使用的是相对路径，其根目录在 RocketMQ Bin 目录，如图 11-31 所示。

```
drwxr-xr-x. 2 root root   27 Mar 15 01:47 1584251230956
drwxr-xr-x. 2 root root   27 Mar 15 01:48 1584251323082
drwxr-xr-x. 2 root root   53 Mar 15 01:49 1584251362649
drwxr-xr-x. 2 root root   53 Mar 15 02:15 1584252945928
```

图 11-31 consumerStatus 详情文件信息

文件中主要包含的内容如图 11-32 所示。

```
#Consumer Properties#
maxReconsumeTimes                          : -1
adjustThreadPoolNumsThreshold              : 100000
unitMode                                   : false
consumerGroup                              : CID_CONSUMER_TEST_NEW
messageModel                               : CLUSTERING
allocateMessageQueueStrategy               : org.apache.rocketmq.client.consumer.rebalance.AllocateMessageQueueAveragely@46e051f1
pullThresholdSizeForTopic                  : -1
suspendCurrentQueueTimeMillis              : 1000
pullThresholdSizeForQueue                  : 100
PROP_CLIENT_VERSION                        : V4_6_0
offsetStore                                : org.apache.rocketmq.client.consumer.store.RemoteBrokerOffsetStore@17727b60
consumeConcurrentlyMaxSpan                 : 2000
log                                        : org.apache.rocketmq.logging.InnerLoggerFactory$InnerLogger@775d842f
postSubscriptionWhenPull                   : false
consumeTimestamp                           : 20200315131834
consumeMessageBatchMaxSize                 : 1
PROP_CONSUME_TYPE                          : CONSUME_PASSIVELY
consumeTimeout                             : 15
defaultMQPushConsumerImpl                  : org.apache.rocketmq.client.impl.consumer.DefaultMQPushConsumerImpl@74427143
PROP_THREADPOOL_CORE_SIZE                  : 20
consumeFromWhere                           : CONSUME_FROM_FIRST_OFFSET
pullThresholdForTopic                      : -1
pullThresholdForQueue                      : 1000
pullInterval                               : 0
PROP_NAMESERVER_ADDR                       : 192.168.0.166:9876;
pullBatchSize                              : 32
consumeThreadMin                           : 20
PROP_CONSUMER_START_TIMESTAMP              : 1584251314469
consumeThreadMax                           : 20
subscription                               : {}
PROP_CONSUMEORDERLY                        : false
messageListener                            : org.apache.rocketmq.example.quickstart.Consumer$1@c15fa31
#Consumer Subscription#
001 Topic: %RETRY%CID_CONSUMER_TEST_NEW            ClassFilter: false    SubExpression: *
002 Topic: TopicTest                               ClassFilter: false    SubExpression: *


#Consumer Offset#
#Topic                          #Broker Name                  #QID  #Consumer Offset
%RETRY%CID_CONSUMER_TEST_NEW    broker-b                      0     0
TopicTest                       broker-b                      0     65

#Consumer MQ Detail#
#Topic                          #Broker Name                  #QID  #ProcessQueueInfo
%RETRY%CID_CONSUMER_TEST_NEW    broker-b                      0     ProcessQueueInfo [commitOffset=0, cachedMsgMinOffset=0, cachedMsgMaxOffset=0,
TopicTest                       broker-b                      0     ProcessQueueInfo [commitOffset=65, cachedMsgMinOffset=0, cachedMsgMaxOffset=0,


#Consumer RT&TPS#
#Topic                              #Pull RT     #Pull TPS    #Consume RT #ConsumeOK TPS #ConsumeFailed TPS  #ConsumeFailedMsgsInHour
%RETRY%CID_CONSUMER_TEST_NEW           0.00         0.00          0.00          0.00            0.00                     0
TopicTest                             10.50         5.46          0.00          0.00            0.00                     0


#Consumer jstack#
ConsumeMessageThread_9              TID: 47 STATE: WAITING
ConsumeMessageThread_9              sun.misc.Unsafe.park(Native Method)
ConsumeMessageThread_9              java.util.concurrent.locks.LockSupport.park(LockSupport.java:175)
ConsumeMessageThread_9              java.util.concurrent.locks.AbstractQueuedSynchronizer$ConditionObject.await(AbstractQueuedSynchronizer.java:2039
ConsumeMessageThread_9              java.util.concurrent.LinkedBlockingQueue.take(LinkedBlockingQueue.java:442)
ConsumeMessageThread_9              java.util.concurrent.ThreadPoolExecutor.getTask(ThreadPoolExecutor.java:1074)
ConsumeMessageThread_9              java.util.concurrent.ThreadPoolExecutor.runWorker(ThreadPoolExecutor.java:1134)
ConsumeMessageThread_9              java.util.concurrent.ThreadPoolExecutor$Worker.run(ThreadPoolExecutor.java:624)
```

图 11-32　consumerStatus 详情

25. 查看消费组消息消费进度

查看消费组消息消费进度的实现类为 org.apache.rocketmq.tools.command.consumer.ConsumerProgressSubCommand，参数说明如表 11-30 所示。

表 11-30　consumerProgress 命令参数一览表

参数名称	是否必填	说　明
-n	是	NameServer 地址
-g	否	消息消费组名称
-s	否	只显示指定客户端 IP

通过 -g 选项查看指定消息消费组的消息消费进度，如果不指定 -g 选项，则从 NameServer

中获取所有的主题，从中找出重试主题，然后提前消息消费组，最后根据消息消费组查看该组的消息消费进度。

使用示例为 sh ./mqadmin consumerProgress -n 127.0.0.1:9876 -g CID_CONSUMER_TEST_NEW。

示例返回结果如图 11-33 所示。

请注意，LastTime 这一列表示上一次消费的消息存储在 Broker 的时间戳，而不是客户端上一次消费的时间。如果没有消费一条消息或消费的消息由于过期而被删除，该列的值就会显示为 N/A，在 rocketmq-console 等可视化界面则显示为 1970 年。

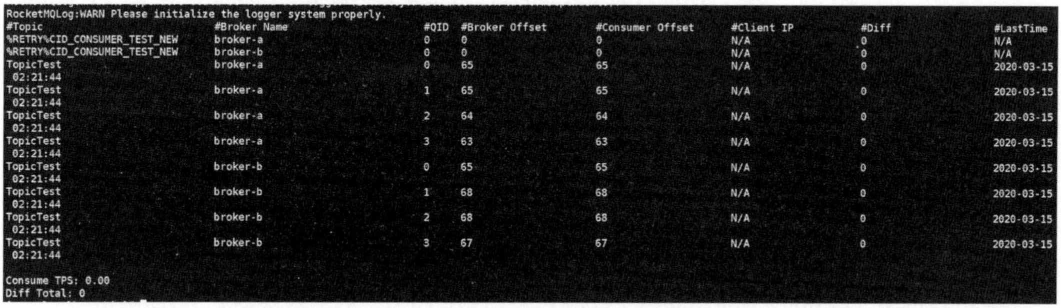

```
RocketMQLog:WARN Please initialize the logger system properly.
#Topic                          #Broker Name          #QID  #Broker Offset     #Consumer Offset     #Client IP      #Diff          #LastTime
%RETRY%CID_CONSUMER_TEST_NEW    broker-a              0     0                  0                    N/A             0              N/A
%RETRY%CID_CONSUMER_TEST_NEW    broker-b              0     0                  0                    N/A             0              N/A
TopicTest                       broker-a              0     65                 65                   N/A             0              2020-03-15
 02:21:44
TopicTest                       broker-a              1     65                 65                   N/A             0              2020-03-15
 02:21:44
TopicTest                       broker-a              2     64                 64                   N/A             0              2020-03-15
 02:21:44
TopicTest                       broker-a              3     63                 63                   N/A             0              2020-03-15
 02:21:44
TopicTest                       broker-b              0     65                 65                   N/A             0              2020-03-15
 02:21:44
TopicTest                       broker-b              1     68                 68                   N/A             0              2020-03-15
 02:21:44
TopicTest                       broker-b              2     68                 68                   N/A             0              2020-03-15
 02:21:44
TopicTest                       broker-b              3     67                 67                   N/A             0              2020-03-15
 02:21:44

Consume TPS: 0.00
Diff Total: 0
```

图 11-33　consumerProgress 示例返回结果

26. 更新 Broker 配置信息

更新 Broker 配置信息的实现类为 org.apache.rocketmq.tools.command.broker.UpdateBrokerConfigSubCommand，参数说明如表 11-31 所示。

表 11-31　updateBrokerConfig 命令参数一览表

参数名称	是否必填	说　明
-n	是	NameServer 地址
-h	否	打印命令帮助信息
-b	-b、-c 必须有一个不为空	Broker 地址，表示主题只在指定的 Broker 服务器上创建
-c	-b、-c 必须有一个不为空	Broker 集群名称，如果 -b 不为空，该参数不生效。会根据集群名称依次从 NameServer 获取集群下所有的主节点
-k	是	配置项参数名
-v	是	配置项属性值名

根据 -b、-c 定位 Broker 地址，然后发送 UPDATE_BROKER_CONFIG 命令到 Broker 服务器上，如果 -k 指定的配置项已经配置，则更新，否则忽略本次更新动作。该命令更新后的配置属性将持久化到配置文件中，该命令会更新 Broker 配置文件中的配置，最常用的场景是更新 Broker 的读写权限。

使用示例为 sh ./mqadmin updateBrokerConfig -b 192.168.0.166:10911 -n 127.0.0.1:9876 -k brokerPermission -v 4。

示例返回结果如图 11-34 所示。

```
[root@localhost bin]# sh ./mqadmin updateBrokerConfig -b 192.168.0.166:10911 -n 127.0.0.1:9876 -k brokerPermission -v 4
RocketMQLog:WARN No appenders could be found for logger (io.netty.util.internal.PlatformDependent0).
RocketMQLog:WARN Please initialize the logger system properly.
update broker config success, 192.168.0.166:10911
```

图 11-34 updateBrokerConfig 示例返回结果

27. 测试 Broker 消息发送性能

测试 Broker 消息发送性能的实现类为 org.apache.rocketmq.tools.command.broker.SendMsgStatusCommand，参数说明如表 11-32 所示。

表 11-32 sendMsgStatus 命令参数一览表

参数名称	是否必填	说 明
-n	是	NameServer 地址
-b	是	Broker 名称
-s	否	每次消息发送字节数，默认 128
-c	否	默认运行 50 次后结束

模拟消息发送，向主题名为 Broker 的主题发送消息，测试消息发送的时间。

使用示例为 sh ./mqadmin sendMsgStatus -n 127.0.0.1:9876 -b broker-a -c 10。

示例返回结果如图 11-35 所示。

```
rt:5ms, SendResult=SendResult [sendStatus=SEND_OK, msgId=FE800000000000000A0027FFFE039D5C00001B6D3586488AE91A0001, offsetMsgId=C0A800A800002A9F0000000000010720, messageQue
ue=MessageQueue [topic=broker-a, brokerName=broker-b, queueId=0], queueOffset=1]rt:3ms, SendResult=SendResult [sendStatus=SEND_OK, msgId=FE800000000000000A0027FFFE039D5C00
001B6D3586488AE91F0002, offsetMsgId=C0A800A800002A9F0000000000010860, messageQueue=MessageQueue [topic=broker-a, brokerName=broker-b, queueId=0], queueOffset=2]rt:3ms, Sen
dResult=SendResult [sendStatus=SEND_OK, msgId=FE800000000000000A0027FFFE039D5C00001B6D3586488AE9220003, offsetMsgId=C0A800A800002A9F00000000000109A0, messageQueue=MessageQ
ueue [topic=broker-a, brokerName=broker-b, queueId=0], queueOffset=3]rt:3ms, SendResult=SendResult [sendStatus=SEND_OK, msgId=FE800000000000000A0027FFFE039D5C00001B6D35864
88AE9260004, offsetMsgId=C0A800A800002A9F0000000000010AE0, messageQueue=MessageQueue [topic=broker-a, brokerName=broker-b, queueId=0], queueOffset=4]rt:3ms, SendResult=Sen
dResult [sendStatus=SEND_OK, msgId=FE800000000000000A0027FFFE039D5C00001B6D3586488AE9280005, offsetMsgId=C0A800A800002A9F0000000000010C20, messageQueue=MessageQueue [topic
=broker-a, brokerName=broker-b, queueId=0], queueOffset=5]rt:3ms, SendResult=SendResult [sendStatus=SEND_OK, msgId=FE800000000000000A0027FFFE039D5C00001B6D3586488AE92B0006
, offsetMsgId=C0A800A800002A9F0000000000010D60, messageQueue=MessageQueue [topic=broker-a, brokerName=broker-b, queueId=0], queueOffset=6]rt:6ms, SendResult=SendResult [se
ndStatus=SEND_OK, msgId=FE800000000000000A0027FFFE039D5C00001B6D3586488AE92E0007, offsetMsgId=C0A800A800002A9F0000000000010EA0, messageQueue=MessageQueue [topic=broker-a,
brokerName=broker-b, queueId=0], queueOffset=7]rt:2ms, SendResult=SendResult [sendStatus=SEND_OK, msgId=FE800000000000000A0027FFFE039D5C00001B6D3586488AE9340008, offsetMsg
Id=C0A800A800002A9F0000000000010FE0, messageQueue=MessageQueue [topic=broker-a, brokerName=broker-b, queueId=0], queueOffset=8]rt:2ms, SendResult=SendResult [sendStatus=SE
ND_OK, msgId=FE800000000000000A0027FFFE039D5C00001B6D3586488AE9360009, offsetMsgId=C0A800A800002A9F0000000000011120, messageQueue=MessageQueue [topic=broker-a, brokerName=
broker-b, queueId=0], queueOffset=9]rt:2ms, SendResult=SendResult [sendStatus=SEND_OK, msgId=FE800000000000000A0027FFFE039D5C00001B6D3586488AE938000A, offsetMsgId=C0A800A8
00002A9F0000000000011260, messageQueue=MessageQueue [topic=broker-a, brokerName=broker-b, queueId=0], queueOffset=10][root@localhost bin]#
```

图 11-35 sendMsgStatus 示例返回结果

28. 获取 Broker 运行时统计信息

获取 Broker 运行时统计信息的实现类为 org.apache.rocketmq.tools.command.broker.BrokerStatusSubCommand，参数说明如表 11-33 所示。

表 11-33 brokerStatus 命令参数一览表

参数名称	是否必填	说 明
-n	是	NameServer 地址
-h	否	打印命令帮助信息
-b	-b、-c 必须有一个不为空	Broker 地址，表示主题只在指定的 Broker 服务器上创建
-c	-b、-c 必须有一个不为空	Broker 集群名称，如果 -b 不为空，该参数不生效。会根据集群名称依次从 NameServer 中获取集群下所有的主节点

根据 -b 或 -c 定位到 Broekr 地址并发送 GET_BROKER_RUNTIME_INFO 命令获取 Broker

的运行状态。

使用示例为 sh ./mqadmin brokerStatus -n 127.0.0.1:9876 -b broker-a。

示例返回结果如图 11-36 所示。

返回字段说明如表 11-34 所示。

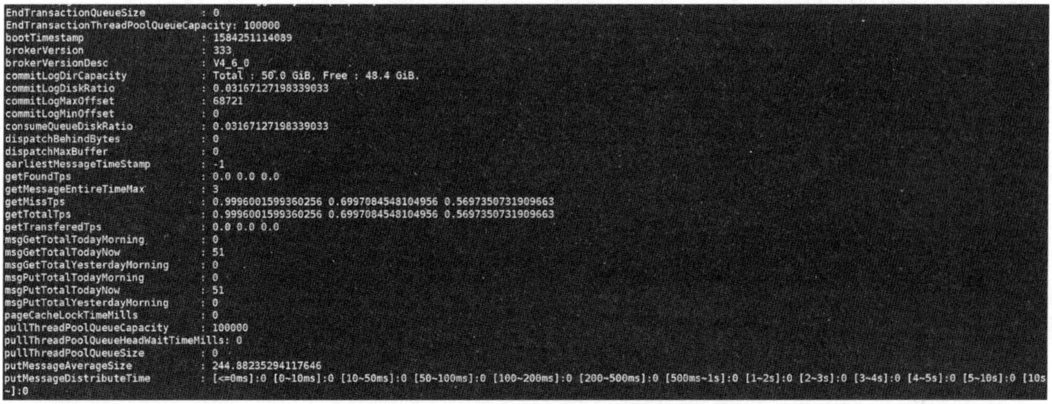

```
EndTransactionQueueSize            : 0
EndTransactionThreadPoolQueueCapacity: 100000
bootTimestamp                      : 1584251114089
brokerVersion                      : 333
brokerVersionDesc                  : V4_6_0
commitLogDirCapacity               : Total : 50.0 GiB, Free : 48.4 GiB.
commitLogDiskRatio                 : 0.03167127198339033
commitLogMaxOffset                 : 68721
commitLogMinOffset                 : 0
consumeQueueDiskRatio              : 0.03167127198339033
dispatchBehindBytes                : 0
dispatchMaxBuffer                  : 0
earliestMessageTimeStamp           : -1
getFoundTps                        : 0.0 0.0 0.0
getMessageEntireTimeMax            : 3
getMissTps                         : 0.9996001599360256 0.6997084548104956 0.5697350731909663
getTotalTps                        : 0.9996001599360256 0.6997084548104956 0.5697350731909663
getTransferedTps                   : 0.0 0.0 0.0
msgGetTotalTodayMorning            : 0
msgGetTotalTodayNow                : 51
msgGetTotalYesterdayMorning        : 0
msgPutTotalTodayMorning            : 0
msgPutTotalTodayNow                : 51
msgPutTotalYesterdayMorning        : 0
pageCacheLockTimeMills             : 0
pullThreadPoolQueueCapacity        : 100000
pullThreadPoolQueueHeadWaitTimeMills: 0
pullThreadPoolQueueSize            : 0
putMessageAverageSize              : 244.88235294117646
putMessageDistributeTime           : [<=0ms]:0 [0~10ms]:0 [10~50ms]:0 [50~100ms]:0 [100~200ms]:0 [200~500ms]:0 [500ms~1s]:0 [1~2s]:0 [2~3s]:0 [3~4s]:0 [4~5s]:0 [5~10s]:0 [10s
~]:0
```

图 11-36　brokerStatus 示例返回结果

表 11-34　brokerStatus 命令参数一览表

属性名称	描　述
EndTransactionQueueSize	取值为 0，表示 END_TRANSACTION 线程池队列当前排队请求的个数
EndTransactionThreadPoolQueueCapacity	取值为 100000，表示 END_TRANSACTION 线程池队列的长度
bootTimestamp	Broker 服务启动时间戳
brokerVersion	Broker 版本号
brokerVersionDesc	Broker 版本号描述
commitLogDirCapacity	总计 50.0 GiB，空闲 48.4 GiB，表示 CommitLog 目录容量使用情况
commitLogDiskRatio	取值为 0.03167127198339033，表示 CommitLog 目录当前的使用率
commitLogMaxOffset	Broker 服务器当前最大的物理偏移量
commitLogMinOffset	Broker 服务器当前最小的物理偏移量
consumeQueueDiskRatio	ConsumeQueue 文件磁盘盘分区使用率
dispatchBehindBytes	已存储在 CommitLog 文件但还未转发到 ConsumeQueue 文件的消息总字节
getFoundTps	取值为 0.0 0.0 0.0，分别表示前 10s、60s、10min 内的拉取消息命中的 TPS
getMessageEntireTimeMax	查找一条消息花费的最大时间，单位为 ms
getMissTps	取值为 0.9996001599360256、0.6997084548104956、0.5697350731909663，分别表示前 10s、60s、10min 内的拉取消息未命中的 TPS
getTotalTps	分别表示前 10s、60s、10min 内拉取消息总 TPS
getTransferedTps	分别表示前 10s、60s、10min 内客户端发起的拉取请求及服务端传输数据的请求 TPS

（续）

属性名称	描　述
msgGetTotalTodayMorning	今天上午获取消息总条数
msgGetTotalTodayNow	今天获取消息总条数
msgGetTotalYesterdayMorning	昨天上午获取消息总条数
msgPutTotalTodayMorning	今天上午写入消息总条数
msgPutTotalTodayNow	今天写入消息总条数
msgPutTotalYesterdayMorning	昨天上午写入消息总条数
pageCacheLockTimeMills	如果当前 PageCache 被锁定，返回当前的锁定时间
pullThreadPoolQueueCapacity	用于消息拉取的线程池队列长度，默认为 100000
pullThreadPoolQueueHeadWaitTimeMills	消息拉取队列头部节点已等待时间
pullThreadPoolQueueSize	消息拉取线程池队列当前的容量
putMessageAverageSize	平均发送消息的大小
putMessageDistributeTime	消息写入各个耗时阶段的分布
putMessageEntireTimeMax	消息写入 PageCache 最大的锁定时长
putMessageSizeTotal	消息写入总大小
putMessageTimesTotal	消息发送总次数
putTps	分别表示前 10s、60s、10min 内的消息写入 TPS
queryThreadPoolQueueCapacity	用于消息查询相关命令线程池队列的容量
queryThreadPoolQueueHeadWaitTimeMills	消息查询队列中头部节点当前已等待时长
queryThreadPoolQueueSize	消息查询命令线程池当前积压的数量
remainHowManyDataToFlush	当前未刷盘的总字节
remainTransientStoreBufferNumbs	如果启用 transientStorePoolEnable 机制，当前剩余可写的 ByteBuffer 个数
runtime	Broker 已运行的时长
sendThreadPoolQueueCapacity	消息发送线程池队列总长度
sendThreadPoolQueueHeadWaitTimeMills	消息发送线程池队列中头部节点已等待的时长
sendThreadPoolQueueSize	消息发送线程池队列中当前积压的请求数量

29. 查看 Broker 消费状态

查看 Broker 消费状态的实现类为 org.apache.rocketmq.tools.command.broker.BrokerConsumeStatsSubCommad，参数说明如表 11-35 所示。

表 11-35　brokerConsumeStats 命令参数一览表

参数名称	是否必填	说　明
-n	是	NameServer 地址
-b	是	Broker 地址
-t	否	请求超时时间，默认为一直等待，单位为 ms
-l	否	延迟条数，如果未消费消息条数小于该值则不显示
-o	否	是否是顺序消息，可选值为 true 或 false，默认为 false

根据 Broker 上的订阅消息组反推出所有消息组订阅的主题，然后统计各消费组在该 Broker 上消息消费队列的消息消费进度。

使用示例为 sh ./mqadmin brokerConsumeStats -n 127.0.0.1:9876 -b 192.168.0.166:10911。

示例返回结果如图 11-37 所示。

```
#Topic                      #Group                    #Broker Name    #QID #Broker Offset   #Consumer Offset  #Diff
   #LastTime
TopicTest                   CID_CONSUMER_TEST_CP      broker-a        0    65               53                12
   2020-03-14 11:10:47
TopicTest                   CID_CONSUMER_TEST_CP      broker-a        1    65               52                13
   2020-03-14 11:10:47
TopicTest                   CID_CONSUMER_TEST_CP      broker-a        2    64               51                13
   2020-03-14 11:10:47
TopicTest                   CID_CONSUMER_TEST_CP      broker-a        3    63               50                13
   2020-03-14 11:10:47
TopicTest                   CID_CONSUMER_TEST         broker-a        0    65               53                12
   2020-03-14 11:10:47
TopicTest                   CID_CONSUMER_TEST         broker-a        1    65               52                13
   2020-03-14 11:10:47
TopicTest                   CID_CONSUMER_TEST         broker-a        2    64               51                13
   2020-03-14 11:10:47
TopicTest                   CID_CONSUMER_TEST         broker-a        3    63               50                13
   2020-03-14 11:10:47
TopicTest                   CID_CONSUMER_TEST_NEW     broker-a        0    65               65                0
   2020-03-15 02:21:44
TopicTest                   CID_CONSUMER_TEST_NEW     broker-a        1    65               65                0
   2020-03-15 02:21:44
TopicTest                   CID_CONSUMER_TEST_NEW     broker-a        2    64               64                0
   2020-03-15 02:21:44
TopicTest                   CID_CONSUMER_TEST_NEW     broker-a        3    63               63                0
   2020-03-15 02:21:44
TopicTest                   CID_JODIE_1               broker-a        1    65               2                 63
   2020-01-16 10:49:01
TopicTest                   CID_JODIE_1               broker-a        3    63               1                 62
   2020-01-16 10:49:39

Diff Total: 356
```

图 11-37　brokerConsumeStats 示例返回结果

返回结果解读如下。

1）Topic：主题名称。

2）Group：消息消费组。

3）Broker Name：Broker 名称。

4）Broker Offset：Broker 消息消费队列当前的偏移量。

5）Consume Offset：该消息消费组当前消息的消费进度。

6）Diff：Brokeroffset-ConsumeOffset，消息滞留条数。

30. 获取 Broker 配置信息

获取 Broker 配置信息的实现类为 org.apache.rocketmq.tools.command.broker.GetBrokerConfigCommand，参数说明如表 11-36 所示。

表 11-36　getBrokerConfig 命令参数一览表

参数名称	是否必填	说　明
-n	是	NameServer 地址
-b	-b、-c 不能同时为空	Broker 地址
-c	-b、-c 不能同时为空	集群名称

首先根据 -b、-c 参数定位 Broker 地址，然后发送 GET_BROKER_CONFIG 命令获取 Broker 配置属性。

使用示例为 sh ./mqadmin getBrokerConfig -n 127.0.0.1:9876 -b 192.168.0.166:10911。

示例返回结果如图 11-38 所示。

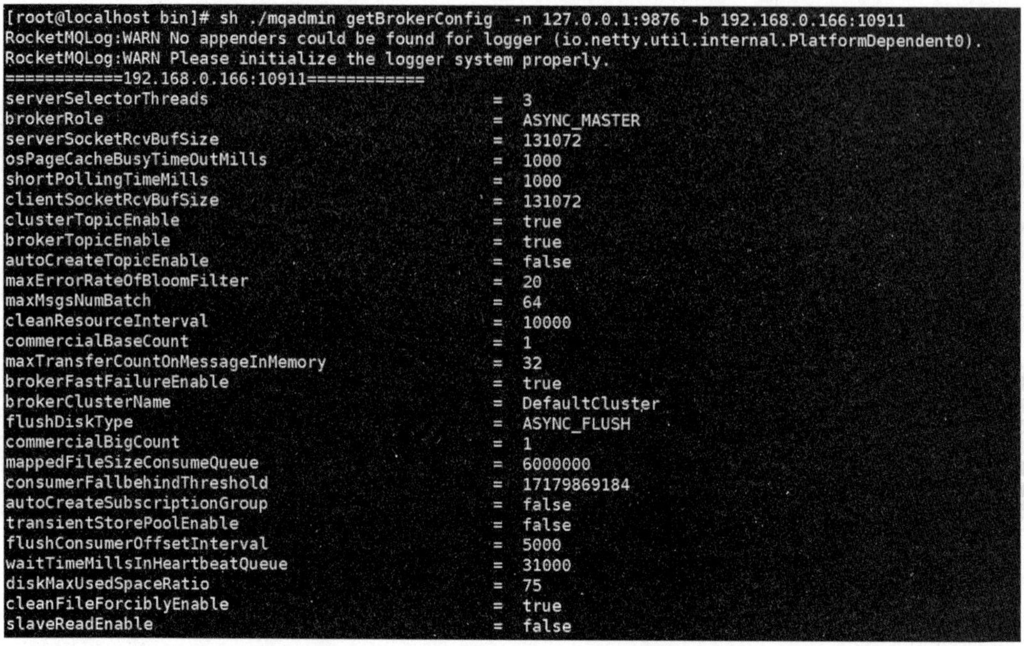

```
[root@localhost bin]# sh ./mqadmin getBrokerConfig  -n 127.0.0.1:9876 -b 192.168.0.166:10911
RocketMQLog:WARN No appenders could be found for logger (io.netty.util.internal.PlatformDependent0).
RocketMQLog:WARN Please initialize the logger system properly.
============192.168.0.166:10911============
serverSelectorThreads                             =  3
brokerRole                                        =  ASYNC_MASTER
serverSocketRcvBufSize                            =  131072
osPageCacheBusyTimeOutMills                       =  1000
shortPollingTimeMills                             =  1000
clientSocketRcvBufSize                            =  131072
clusterTopicEnable                                =  true
brokerTopicEnable                                 =  true
autoCreateTopicEnable                             =  false
maxErrorRateOfBloomFilter                         =  20
maxMsgsNumBatch                                   =  64
cleanResourceInterval                             =  10000
commercialBaseCount                               =  1
maxTransferCountOnMessageInMemory                 =  32
brokerFastFailureEnable                           =  true
brokerClusterName                                 =  DefaultCluster
flushDiskType                                     =  ASYNC_FLUSH
commercialBigCount                                =  1
mappedFileSizeConsumeQueue                        =  6000000
consumerFallbehindThreshold                       =  17179869184
autoCreateSubscriptionGroup                       =  false
transientStorePoolEnable                          =  false
flushConsumerOffsetInterval                       =  5000
waitTimeMillsInHeartbeatQueue                     =  31000
diskMaxUsedSpaceRatio                             =  75
cleanFileForciblyEnable                           =  true
slaveReadEnable                                   =  false
```

图 11-38　getBrokerConfig 示例返回结果

Broker 配置在本书附录部分有详细介绍，在这里就不再展开了。

31. 删除过期消息消费队列文件

删除过期消息队列文件的实现类为 org.apache.rocketmq.tools.command.broker.CleanExpiredCQSubCommand，参数说明如表 11-37 所示。

表 11-37　cleanExpiredCQ 命令参数一览表

参数名称	是否必填	说　明
-n	是	NameServer 地址
-b	否	Broker 地址
-c	否	Broker 集群名称

根据 -b 或 -c 参数定位本次需要处理的 Broker，然后发送 CLEAN_EXPIRED_CONSUMEQUEUE 命令触发一次清除消息消费队列的过期文件，其主要逻辑是消息消费队列中存储的最大条目对应的物理偏移量小于当前 CommitLog 文件的最小偏移量，则删除该消息消费队列。

使用示例为 sh ./mqadmin cleanExpiredCQ -n 127.0.0.1:9876 -b 192.168.0.166:10911。

示例返回结果如图 11-39 所示。

```
[root@localhost bin]# sh ./mqadmin cleanExpiredCQ  -n 127.0.0.1:9876 -b 192.168.0.166:10911
RocketMQLog:WARN No appenders could be found for logger (io.netty.util.internal.PlatformDependent0).
RocketMQLog:WARN Please initialize the logger system properly.
success
```

图 11-39　cleanExpiredCQ 示例返回结果

32. 查看所有集群下 Broker 运行状态

查看所有集群 Broker 运行状态的实现类为 org.apache.rocketmq.tools.command.cluster.ClusterListSubCommand，参数说明如表 11-38 所示。

表 11-38　clusterList 命令参数一览表

参数名称	是否必填	说　明
-n	是	NameServer 地址
-m	否	是否打印 Broker 的统计信息
-i	否	循环打印间隔，单位为 s

向 Broker 服务端发送 GET_BROKER_CLUSTER_INFO 命令，从路由表中返回路由信息，如果使用 -m 参数，则只输出其统计信息。

使用示例为 sh ./mqadmin clusterList -n 127.0.0.1:9876。

示例返回结果如图 11-40 所示。

```
[root@localhost bin]# sh ./mqadmin clusterList  -n 127.0.0.1:9876
RocketMQLog:WARN No appenders could be found for logger (io.netty.util.internal.PlatformDependent0).
RocketMQLog:WARN Please initialize the logger system properly.
#Cluster Name     #Broker Name            #BID  #Addr                  #Version                #InTPS(LOAD)       #OutTPS(LOAD) #PCWait(ms) #Hour #SPACE
DefaultCluster    broker-a                0     192.168.0.166:10911    V4_6_0                   0.00(0,0ms)         0.00(0,0ms)          0 440072.70 0.0317
DefaultCluster    broker-b                0     192.168.0.168:10911    V4_6_0                   0.00(0,0ms)         0.00(0,0ms)          0 440072.70 0.0303
[root@localhost bin]# sh ./mqadmin clusterList  -n 127.0.0.1:9876 -m
RocketMQLog:WARN No appenders could be found for logger (io.netty.util.internal.PlatformDependent0).
RocketMQLog:WARN Please initialize the logger system properly.
#Cluster Name     #Broker Name                  #InTotalYest  #OutTotalYest  #InTotalToday #OutTotalToday
DefaultCluster    broker-a                                 0              0            51             51
DefaultCluster    broker-b                                 0              0           111             49
```

图 11-40　clusterList 示例返回结果

33. 测试所有集群消息发送响应时间

测试所有集群消息发送响应时间的实现类为 org.apache.rocketmq.tools.command.cluster.CLusterSendMsgRTCommand，参数说明如表 11-39 所示。

表 11-39　clusterRT 命令参数一览表

参数名称	是否必填	说　明
-n	是	NameServer 地址
-a	否	运行次数，默认为 100 次
-s	是	发送测试消息长度，默认为 128 字节
-c	否	集群名称，默认打印全部集群
-p	否	是否打印日志，默认为 false
-m	否	机器名
-i	否	运行间隔时间，默认为 10s

与 checkMsgSendRT 实现类似，构建消息调用消息发送 API 发送消息，写入主题名为集群的名称。

使用示例为 sh ./mqadmin clusterRT -n 127.0.0.1:9876 -s 128 -i 1。

示例返回结果如图 11-41 所示。

```
RocketMQLog:WARN No appenders could be found for logger (io.netty.util.internal.PlatformDependent0).
RocketMQLog:WARN Please initialize the logger system properly.
#Cluster Name              #Broker Name              #RT    #successCount  #failCount
DefaultCluster             broker-b                  4.44       10              0
DefaultCluster             broker-a                  3.56       10              0
DefaultCluster             broker-b                  1.44       10              0
DefaultCluster             broker-a                  3.22       10              0
DefaultCluster             broker-b                  1.33       10              0
DefaultCluster             broker-a                  1.67       10              0
DefaultCluster             broker-b                  2.56       10              0
DefaultCluster             broker-a                  1.67       10              0
DefaultCluster             broker-b                  1.56       10              0
DefaultCluster             broker-a                  1.78       10              0
DefaultCluster             broker-b                  1.89       10              0
DefaultCluster             broker-a                  1.89       10              0
DefaultCluster             broker-b                  1.22       10              0
DefaultCluster             broker-a                  1.00       10              0
DefaultCluster             broker-b                  2.44       10              0
```

图 11-41 clusterRT 示例返回结果

34. 查看消费组连接信息（消息消费者）

消息消费者查看消费组连接信息的实现类为 org.apache.rocketmq.tools.command.connection.ConsumerConnectionSubCommand，参数说明如表 11-40 所示。

表 11-40 consumerConnection 命令参数一览表

参数名称	是否必填	说 明
-n	是	NameServer 地址
-g	是	消息消费组名称

构建消息消费组的重试主题（%RETRY%+ 消息消费组名），从 NameServer 中获取该主题的路由信息，从中选择一个 Broker，返回消息消费组内所有与该 Broker 建立的长连接信息。

使用示例为 sh ./mqadmin consumerConnection -n 127.0.0.1:9876 -g CID_CONSUMER_TEST_NEW。

示例返回结果如图 11-42 所示。

```
[root@localhost bin]# sh ./mqadmin consumerConnection  -n 127.0.0.1:9876 -g CID_CONSUMER_TEST_NEW
RocketMQLog:WARN No appenders could be found for logger (io.netty.util.internal.PlatformDependent0).
RocketMQLog:WARN Please initialize the logger system properly.
001  10.0.2.15@2897                  192.168.0.168:34761    JAVA     V4_6_0
002  192.168.0.101@13060             192.168.0.101:62659    JAVA     V4_6_0

Below is subscription:001  Topic: %RETRY%CID_CONSUMER_TEST_NEW         SubExpression: *
002  Topic: TopicTest                             SubExpression: *
ConsumeType: CONSUME_PASSIVELY
MessageModel: CLUSTERING
ConsumeFromWhere: CONSUME_FROM_FIRST_OFFSET
[root@localhost bin]# 
```

图 11-42 consumerConnection 示例返回结果

35. 查看消费组连接信息（消息生产者）

消息生产者查看消费组连接信息的实现类为 org.apache.rocketmq.tools.command.connection.ProducerConnectionSubCommand，参数说明如表 11-41 所示。

表 11-41 producerConnection 命令参数一览表

参数名称	是否必填	说 明
-n	是	NameServer 地址
-g	是	生产者组名称
-t	是	主题名称

根据主题名从 NameServer 获取该主题的路由信息，从中随机选择一个 Broker，然后发送 GET_PRODUCER_CONNECTION_LIST 命令，客户端返回与 Broker 建立的长连接信息。

使用示例为 sh ./mqadmin producerConnection -n 127.0.0.1:9876 -g PG_OMS_GROUP -t TopicTest。

示例返回结果如图 11-43 所示。

```
[root@localhost bin]# sh ./mqadmin producerConnection  -n 127.0.0.1:9876 -g PG_OMS_GROUP -t TopicTest
RocketMQLog:WARN No appenders could be found for logger (io.netty.util.internal.PlatformDependent0).
RocketMQLog:WARN Please initialize the logger system properly.
0001  192.168.0.101@9040             192.168.0.101:52596    JAVA      V4_6_0
[root@localhost bin]#
```

图 11-43 producerConnection 示例返回结果

36. 打印主题与消费组的 TPS 统计信息

打印主题与消费组的 TPS 统计信息的实现类为 org.apache.rocketmq.tools.command.stats.StatsAllSubCommand，参数说明如表 11-42 所示。

表 11-42 statsAll 命令参数一览表

参数名称	是否必填	说 明
-n	是	NameServer 地址
-a	否	当前激活的主题
-t	否	指定主题名称

如果未指定 topic，则先查询所有的 topic 列表，然后逐一查询每个主题的消费者列表，最后向 Broker 发送获取统计信息的相关命令，Broker 端返回相关的统计数据。

使用示例为 sh ./mqadmin statsAll -n 127.0.0.1:9876。

示例返回结果如图 11-44 所示。

主要字段含义如下。

1）Topic：主题名称。

2）Consume Group：消息消费组。

3）Accumulation：消息消费堆积总条数。

4）InTPS：Broker 每分钟发送消息到该 Broker 的 TPS。

```
[root@localhost bin]# sh ./mqadmin statsAll -n 127.0.0.1:9876
RocketMQLog:WARN No appenders could be found for logger (io.netty.util.internal.PlatformDependent0).
RocketMQLog:WARN Please initialize the logger system properly.
#Topic                          #Consumer Group             #Accumulation     #InTPS    #OutTPS   #InMsg24Hour  #OutMsg24Hour
RMQ_SYS_TRANS_HALF_TOPIC                                                0       0.00                         0    NO_CONSUMER
BenchmarkTest                                                           0       0.00                         0    NO_CONSUMER
OFFSET_MOVED_EVENT                                                      0       0.00                         0    NO_CONSUMER
SELF_TEST_TOPIC                                                         0       0.00                         0    NO_CONSUMER
DefaultCluster                                                          0       0.00                         0    NO_CONSUMER
RMQ_SYS_TRACE_TOPIC                                                     0       0.00                         0    NO_CONSUMER
DefaultCluster_REPLY_TOPIC                                              0       0.00                         0    NO_CONSUMER
broker-b                                                                0       0.00                         0    NO_CONSUMER
TopicTest                       CID_CONSUMER_TEST                     200       0.00       0.00            100              0
TopicTest                       CID_CONSUMER_TEST_NEW                   0       0.00       0.00            100            100
TopicTest                       CID_JODIE_1                           618       0.00       0.00            100              0
TopicTest                       CID_CONSUMER_TEST_CP                    0       0.00       0.00            100              0
broker-a                                                                0       0.00                       615    NO_CONSUMER
PRS_PRE_BILL                                                            0       0.00                         0    NO_CONSUMER
[root@localhost bin]#
```

图 11-44 statsAll 示例返回结果

5）OutTPS：Broker 每分钟消息消费组消息拉取 TPS。

6）InMsg24Hour：Broker 一天发送消息的总数量。

7）OutMsg24Houre：Broker 一天拉取消息总条数。

37. 获取集群各 Broker 的 ACL 配置版本信息

获取集群各 Broker 的 ACL 配置版本信息的实现类为 org.apache.rocketmq.tools.command.stats.ClusterAclConfigVersionListSubCommand，参数说明如表 11-43 所示。

表 11-43 clusterAclConfigVersion 命令参数一览表

参数名称	是否必填	说 明
-n	是	NameServer 地址
-b	否	Broker 的地址信息，-b、-c 不能同时为空
-c	否	集群名称，-b、-c 不能同时为空

向集群内的 Broker 发送 GET_BROKER_CLUSTER_ACL_INFO，Broker 返回相关信息即可。

使用示例为 sh ./mqadmin clusterAclConfigVersion -n 127.0.0.1:9876 -c DefaultCluster。

示例返回结果如图 11-45 所示。

```
[root@localhost bin]# sh ./mqadmin clusterAclConfigVersion -n 127.0.0.1:9876 -c DefaultCluster
RocketMQLog:WARN No appenders could be found for logger (io.netty.util.internal.PlatformDependent0).
RocketMQLog:WARN Please initialize the logger system properly.
#Cluster Name     #Broker Name          #Broker Addr            #AclConfigVersionNum   #AclLastUpdateTime
DefaultCluster    broker-b              192.168.0.168:10911     0                      2020-03-15 05:18:09
DefaultCluster    broker-a              192.168.0.166:10911     0                      2020-03-15 05:17:32
get cluster's plain access config version success.
[root@localhost bin]#
```

图 11-45 clusterAclConfigVersion 示例返回结果

38. 获取 ACL 配置信息

获取 ACL 配置信息的实现类为 org.apache.rocketmq.tools.command.stats.GetAccess

ConfigSubCommand，参数说明如表 11-44 所示。

表 11-44 getAccessConfigSubCommand 命令参数一览表

参数名称	是否必填	说 明
-n	是	NameServer 地址
-b	否	Broker 的地址信息，-b、-c 不能同时为空
-c	否	集群名称，-b、-c 不能同时为空

向集群内的 Broker 发送 GET_BROKER_CLUSTER_ACL_CONFIG 命令，Broker 返回相关信息即可。

使用示例为 sh ./mqadmin getAccessConfigSubCommand -n 127.0.0.1:9876 -b 192.168.0.166:10911。

示例返回结果如图 11-46 所示。

```
[root@localhost bin]# sh ./mqadmin getAccessConfigSubCommand -n 127.0.0.1:9876 -b 192.168.0.166:10911
RocketMQLog:WARN No appenders could be found for logger (io.netty.util.internal.PlatformDependent0).
RocketMQLog:WARN Please initialize the logger system properly.

globalWhiteRemoteAddresses: [10.10.103.*, 192.168.0.*]

accounts:
  accessKey          : RocketMQ
  secretKey          : 12345678
  whiteRemoteAddress:
  admin              : false
  defaultTopicPerm   : DENY
  defaultGroupPerm   : SUB
  topicPerms         : [topicA=DENY, topicB=PUB|SUB, topicC=SUB]
  groupPerms         : [groupA=DENY, groupB=PUB|SUB, groupC=SUB]

  accessKey          : rocketmq2
  secretKey          : 12345678
  whiteRemoteAddress: 192.168.1.*
  admin              : true
  defaultTopicPerm   :
  defaultGroupPerm   :
  topicPerms         :
  groupPerms         :
```

图 11-46 getAccessConfigSubCommand 示例返回结果

39. 新增或更新 ACL 配置信息

新增或更新 ACL 配置信息的实现类为 org.apache.rocketmq.tools.command.stats.UpdateAccessConfigSubCommand，参数说明如表 11-45 所示。

表 11-45 updateAclConfig 命令参数一览表

参数名称	是否必填	说 明
-n	是	NameServer 地址
-b	否	Broker 的地址信息，-b、-c 不能同时为空
-c	否	集群名称，-b、-c 不能同时为空
-a	是	访问 key，即用户名

（续）

参数名称	是否必填	说　明
-s	否	访问密钥，即密码
-w	否	设置当前用户的白名单
-i	否	设置 topic 的默认权限
-u	否	设置消费组默认权限
-t	否	设置 topic 的权限列表，例如 topicA = DENY, topicD = SUB
-g	否	设置消费组的权限列表，例如 groupD = DENY, groupD = SUB
-m	否	是否是 admin 角色

向集群内的 Broker 发送 UPDATE_AND_CREATE_ACL_CONFIG 命令，Broker 更新相关配置。

使用示例为 sh ./mqadmin updateAclConfig -n 127.0.0.1:9876 -c DefaultCluster -a RocketMQ -t 'PRS_PRE_BILL=PUB,TopicTest=PUB'。其中 -t、-g 等参数是直接覆盖的，在添加新的条目时要包含原先的列表，建议先使用 getAccessConfigSubCommand 命令查询已配置的结果。

示例返回结果如图 11-47 所示。

```
[root@localhost bin]# sh ./mqadmin updateAclConfig  -n 127.0.0.1:9876 -c DefaultCluster -a RocketMQ -t 'PRS_PRE_BILL=PUB,TopicTest=PUB'
RocketMQLog:WARN No appenders could be found for logger (io.netty.util.internal.PlatformDependent0).
RocketMQLog:WARN Please initialize the logger system properly.
create or update plain access config to 192.168.0.168:10911 success.
create or update plain access config to 192.168.0.166:10911 success.
org.apache.rocketmq.common.PlainAccessConfig@5f9b2141[root@localhost bin]#
```

图 11-47　updateAclConfig 示例返回结果

40. 删除 ACL 配置信息

删除 ACL 配置信息的实现类为 org.apache.rocketmq.tools.command.stats.DeleteAccessConfigSubCommand，参数说明如表 11-46 所示。

表 11-46　deleteAccessConfig 命令参数一览表

参数名称	是否必填	说　明
-n	是	NameServer 地址
-b	否	Broker 的地址信息，-b、-c 不能同时为空
-c	否	集群名称，-b、-c 不能同时为空
-a	是	访问 key，即用户名

使用示例为 sh ./mqadmin deleteAccessConfig-n 127.0.0.1:9876 -c DefaultCluster -a RocketMQ。

41. 更新全局 ACL IP 白名单

更新全局 ACL IP 白名单的实现类为 org.apache.rocketmq.tools.command.stats.UpdateGlobalWhiteAddrSubCommand，参数说明如表 11-47 所示。

表 11-47　updateGlobalWhiteAddr 命令参数一览表

参数名称	是否必填	说　明
-n	是	NameServer 地址
-b	否	Broker 的地址信息，-b、-c 不能同时为空
-c	否	集群名称，-b、-c 不能同时为空
-g	是	IP 白名单

向集群内的 Broker 发送 UPDATE_GLOBAL_WHITE_ADDRS_CONFIG 命令，Broker 更新相关配置。

使用示例为 sh ./mqadmin updateGlobalWhiteAddr -n 127.0.0.1:9876 -c DefaultCluster -g '192.168.0.*'。

示例返回结果如图 11-48 所示。

```
[root@localhost bin]# sh ./mqadmin updateGlobalWhiteAddr  -n 127.0.0.1:9876 -c DefaultCluster  -g '192.168.0.*'
RocketMQLog:WARN No appenders could be found for logger (io.netty.util.internal.PlatformDependent0).
RocketMQLog:WARN Please initialize the logger system properly.
update global white remote addresses to 192.168.0.168:10911 success.
update global white remote addresses to 192.168.0.166:10911 success.
```

图 11-48　updateGlobalWhiteAddr 示例返回结果

42. 获取 NameServer 配置

获取 NameServer 配置的实现类为 org.apache.rocketmq.tools.command.namesrv.GetNamesrvConfigCommand，参数说明如表 11-48 所示。

表 11-48　getNamesrvConfig 命令参数一览表

参数名称	是否必填	说　明
-n	是	NameServer 地址

向所有 NameServer 发送 GET_NAMESRV_CONFIG 命令，服务端返回 NameServer 的配置。

使用示例为 sh ./mqadmin getNamesrvConfig -n 127.0.0.1:9876。

示例返回结果如图 11-49 所示。

NameServer 端的配置信息在附录部分详细介绍。

43. 更新 NameServer 配置

更新 NameServer 配置的实现类为 org.apache.rocketmq.tools.command.namesrv.UpdateNamesrvConfigCommand，参数说明如表 11-49 所示。

向 NameServer 发送 UPDATE_NAMESRV_CONFIG 命令，NameServer 收到命令后将指定的参数更新至 ServerConfig 运行时实例，并持久化到 NameServer 配置文件中。因为 Broker 服务端并未对这些参数进行实时更新，所以通常使用不多，不过如果要通过自己开发的界面维护 Broker 集群，该功能就可以派上用场了。

```
[root@localhost bin]# sh ./mqadmin getNamesrvConfig  -n 127.0.0.1:9876
RocketMQLog:WARN No appenders could be found for logger (io.netty.util.internal.PlatformDependent0).
RocketMQLog:WARN Please initialize the logger system properly.
============127.0.0.1:9876============
serverChannelMaxIdleTimeSeconds                          =  120
listenPort                                               =  9876
serverCallbackExecutorThreads                            =  0
serverAsyncSemaphoreValue                                =  64
serverSocketSndBufSize                                   =  65535
rocketmqHome                                             =  /opt/rocketmq-all-4.6.0-bin-release
clusterTest                                              =  false
serverSelectorThreads                                    =  3
useEpollNativeSelector                                   =  false
orderMessageEnable                                       =  false
serverPooledByteBufAllocatorEnable                       =  true
kvConfigPath                                             =  /root/namesrv/kvConfig.json
serverWorkerThreads                                      =  8
serverSocketRcvBufSize                                   =  65535
productEnvName                                           =  center
serverOnewaySemaphoreValue                               =  256
configStorePath                                          =  /root/namesrv/namesrv.properties
[root@localhost bin]#
```

图 11-49 getNamesrvConfig 示例返回结果

表 11-49 updateNamesrvConfig 命令参数一览表

参数名称	是否必填	说 明
-n	是	NameServer 地址
-k	是	配置参数名称
-v	是	配置参数值

使用示例为 sh ./mqadmin updateNamesrvConfig -n 127.0.0.1:9876 -k serverWorkerThreads -v 12。示例返回结果如图 11-50 所示。

```
[root@localhost bin]# sh ./mqadmin updateNamesrvConfig  -n 127.0.0.1:9876 -k serverWorkerThreads -v 12
RocketMQLog:WARN No appenders could be found for logger (io.netty.util.internal.PlatformDependent0).
RocketMQLog:WARN Please initialize the logger system properly.
update name server config success![127.0.0.1:9876]
serverWorkerThreads : 12
[root@localhost bin]#
```

图 11-50 updateNamesrvConfig 示例返回结果

44. 更新 NameServer KV 配置

更新 NameServer KV 配置的实现类为 org.apache.rocketmq.tools.command.namesrv.UpdateKvConfigCommand，参数说明如表 11-50 所示。

表 11-50 updateKvConfig 命令参数一览表

参数名称	是否必填	说 明
-n	是	NameServer 地址
-s	是	配置命名空间，例如 ORDER_TOPIC_CONFIG，表示顺序主题配置信息

（续）

参数名称	是否必填	说　明
-k	是	配置 key
-v	是	配置 value

向 NameServer 发送 PUT_KV_CONFIG 命令，更新 KV 配置项并默认持久化到 ${user.home}/namesrv/kvconfig.json 中，可通过在 NameServer 配置文件中设置 kvConfigPath 改变其路径。

45. 删除 NameServer KV 配置

删除 NameServer KV 配置的实现类为 org.apache.rocketmq.tools.command.namesrv.DeleteKvConfigCommand，参数说明如表 11-51 所示。

表 11-51　deleteKvConfig 命令参数一览表

参数名称	是否必填	说　明
-n	是	NameServer 地址
-s	是	配置命名空间，例如 ORDER_TOPIC_CONFIG，表示顺序主题配置信息
-k	是	配置 key

向 NameServer 发送 DELETE_KV_CONFIG 命令，删除配置命名空间下键为 key 的配置项。

11.8　应用场景分析

随着互联网技术的蓬勃发展和微服务架构思想的兴起，系统架构开始追求小型化、轻量化，原有的大型集中式的 IT 系统通常需要进行垂直拆分，孵化出颗粒度更小的众多小型系统，因此对系统间松耦合的要求越来越高。目前 RPC、服务治理、消息中间件逐渐成为互联网架构的标配。

引入消息中间件，使得服务之间实现可靠的异步调用，从而降低系统之间的耦合度，提高系统的可用性。消息中间件的一个重要的应用场景是解决系统之间数据的一致性（最终一致性）。消息中间件的两大核心点是异步与解耦，经典应用场景是数据同步。下面通过示例进行应用场景分析。

某公司的 IT 系统由多个子系统构成，例如基础数据平台、社交平台、订单平台。各个子系统之间使用单独的数据库，这样就需要进行基础数据的管理，比如用户信息表、行政区域表。如果按照职责划分，这些数据是在基础数据平台上进行维护，各个子系统的业务表需要关联这些基础数据，所有基础数据的表结构也会同时存在于各个子系统之间，此时数据的同步如何解决呢？

解决方案 1：基础平台数据发生变化后，通过调用社交平台、订单平台提供的数据同步接口完成数据同步。

该方案的缺点是基础平台必须依赖各个业务子系统，当业务系统增加时，需要修改基础平台同步代码或配置文件，基础平台与各个业务子系统强耦合。

解决方案 2：引入消息中间件，基础平台在数据发生变化后，发送一条消息到消息服务器，同步更新至各子系统。

各个业务系统订阅数据同步消息主题，自己负责消息消费，依靠 Rocket MQ 提供的消息重试机制，便于进行异常处理。

11.9 实战案例

11.9.1 RocketMQ 集群线上故障缩容实战案例

1. 背景

现有一套 RocketMQ 的四主集群，其中 1 台机器经常发生消息积压，其他 3 台相同配置的机器不会有积压。增加机器和消费者的处理方式，效果改善并不明显。进一步查看机器性能指标发现 I/O 等待居高不下，通过和 IT 部门沟通并最终确认，该机器存在硬件问题，是电池故障导致的，因此需要停机更换机器电池。

因为该集群属于核心系统，在正式线上操作之前需要在本地预先演练，同时为了让一线用户无感知，我们避开业务高峰期，定于夜间低峰期执行。(理论上可以在任何时间操作，但为了规避风险，选择业务低峰期操作。)

2. 现状分析

线上 RocketMQ 集群采取四主的部署架构，并部署两台 NameSrv，其具体信息如表 11-52 所示。

表 11-52　线上机器列表

机器 IP	端　口	服　务
10.*x*.*x*.111	10935	broker-1
	9876	namesrv-1
10.*x*.*x*.16	10935	broker-2
	9876	namesrv-2
10.*x*.*x*.56	10935	broker-3
10.*x*.*x*.91	10935	broker-4

本次发生故障的机器 IP 为 10.x.x.16。

3. 操作步骤

（1）关闭目标 Broker 写权限

```
bin/mqadmin updateBrokerConfig -b 10.x.x.16:10935 -n
'10.x.x.16:9876;10.x.x.111:9876' -k brokerPermission -v 4
```

出现 update broker config success 提示，表示 10.x.x.16:10935 指令执行成功。

这里需要注意如下内容。

1）将 Broker 的写权限关闭后，非顺序消息不会立即拒绝，而是等客户端路由信息更新后，不会再向该 Broker 发送消息。

2）updateBrokerConfig 指令是针对 broker.properties 做在线修改，会在修改 Broker 内存参数的同时将最新的参数值同步写入 broker.properties 配置文件。

3）brokerPermission 的可选值为 2（只写权限）、4（只读权限）、6（读写权限）。我们在处理完毕后一定要记得开放写权限，否则会降低集群的生产消费能力。因为 Broker 关闭写权限之后，其对应的消费者并不会触发重平衡，导致关联到了只读 Broker 的这一部分消费者永远不能消费集群中的消息。

（2）节点下线

通过 rocketmq-console 或者执行 mqadmin 命令监测节点流量。观察 InTPS 和 OutTPS 流量，理想情况都为 0 且不再变化时，该节点就可以写下线了。

在 rocketmq-console 的查询界面如图 11-51 所示。

分片	编号	地址	版本	生产消息TPS	消费消息TPS	昨日生产总数	昨日消费总数	今天生产总数	今天消费总数
broker-4	0(master)	91:10935	V4_4_0	8,560.44	12,132.49	428434906	591024534	382837484	525652719
broker-2	0(master)	16:10935	V4_4_0	193.28	160.58	433820967	593529624	384645046	523732158
broker-3	0(master)	56:10935	V4_4_0	9,236.48	12,779.62	430157790	591815081	384617756	526634239
broker-1	0(master)	111:10935	V4_4_0	9,234.28	12,879.01	433578239	593484072	386854737	527114498

图 11-51　查询界面

也可通过如下命令查询节点流量。

```
bin/mqadmin clusterList -n '10.x.x.16:9876;10.x.x.111:9876'
```

运维人员在关闭了 Broker 写权限之后等了半个小时，发现依然有 100 个左右的生产和消费 TPS，导致他不敢继续操作，此时我们查看 Broker 全部队列情况，发现这个异常 TPS 来自重试队列。

我们可以通过如下操作判断流量来自哪些 topic，效果如图 11-52 所示。

```
bin/mqadmin brokerConsumeStats -b 10.x.x.16:10935 -n
```

```
'10.x.x.16:9876;10.x.x.111:9876' >> broker16ConsumeStats.tmp_1// 可隔几秒多拉取几次做对比
```

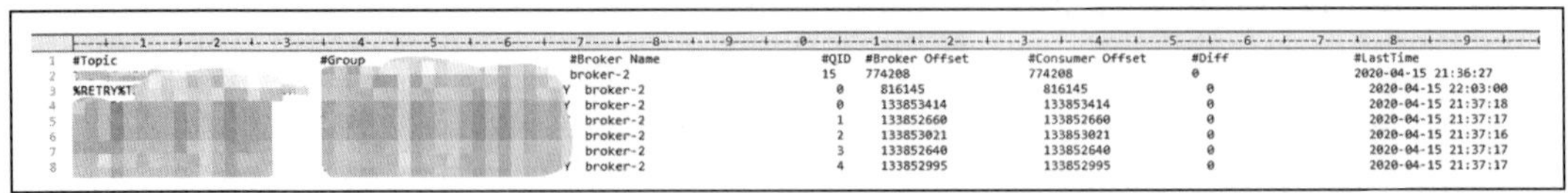

#Topic	#Group	#Broker Name	#QID	#Broker Offset	#Consumer Offset	#Diff	#LastTime
[illegible]	[illegible]	broker-2	15	774208	774208	0	2020-04-15 21:36:27
%RETRY%T[illegible]	[illegible]	broker-2	0	816145	816145	0	2020-04-15 22:03:00
[illegible]	[illegible]	broker-2	0	133853414	133853414	0	2020-04-15 21:37:18
[illegible]	[illegible]	broker-2	1	133852660	133852660	0	2020-04-15 21:37:17
[illegible]	[illegible]	broker-2	2	133853021	133853021	0	2020-04-15 21:37:16
[illegible]	[illegible]	broker-2	3	133852640	133852640	0	2020-04-15 21:37:17
[illegible]	[illegible]	broker-2	4	133852995	133852995	0	2020-04-15 21:37:17

图 11-52　diff 消息延迟已经为 0，没有消息生产和消费

通过上面的命令主要是查看 #LastTime 和 #Diff。发现 %RETRY% 重试类队列 #Diff 有部分数据，而其他 topic 均为 0。LastTime 也储存在 %RETRY% 队列中，这个数据证明了此 Broker 的确没有接收新的业务消息，也没有有效的业务消费了，此时可以让该节点下线操作。

（3）停止 Broker

使用如下命令停止 Broker。

```
ps -ef | grep broker
Kill pid
```

注意，这里不能使用 kill -9 命令强制关闭 Broker 进程。

观察 console，发现节点已经成功下线，如图 11-53 所示，broker-2 已经下线，目前只有 3 个 broker 实例在运行。

Broker	NO.	Address	Version	Produce Massage TPS	Consumer Massage TPS	Yesterday Produce Count	Yesterday Consume Count	Today Produce Count	Today Consume Count
broker-4	0(master)	[illegible]91:10935	V4_4_0	10,057.99	16,714.43	428434906	591024534	401786859	552586760
broker-3	0(master)	[illegible]56:10935	V4_4_0	9,993.10	17,357.96	430157790	591815081	403988414	553769747
broker-1	0(master)	[illegible].111:10935	V4_4_0	10,038.49	16,159.97	433578239	593484072	406164573	554216529

图 11-53　节点成功下线

（4）关机换电池，验证硬盘

经运维人员确认，与同集群内另一台 Broker 所在的机器 10.x.x.111 做硬盘 I/O 效率对比，发现 10.x.x.16 写入效率较之前有了很大提升，甚至超越了其他 Broker 实例的机器，确认硬件问题已经解决，如图 11-54 所示，查看机器 IOPS 的读写效率，有大量数据读写，而且读写效率很高。

（5）启动 NameSrv，启动 Broker

执行如下命令启动 NameSrv，启动 Broker。

```
nohup bin/mqbroker -c /conf/broker-2.properties &
```

（6）开启读写权限

```
21:30
.16     R_IOPS:407 R_BW:6.5MB/s W_IOPS:178   W_BW:2.8MB/s

.111    R_IOPS:7808 R_BW:133MB/s    W_IOPS:3349 W_BW:57MB/s


22:52
.16     R_IOPS:3564 R_BW:55.7MB/s    W_IOPS:1531 W_BW:23.9MB/s

22:59
.16     R_IOPS:9589 R_BW:150MB/s    W_IOPS:4104 W_BW:64.2MB/s

23:12
16      R_IOPS:12500 R_BW:195MB/s    W_IOPS:5352 W_BW:83.6MB/s
```

图 11-54 查看机器 IOPS 的读写效率

执行如下命令开启读写权限。

```
bin/mqadmin updateBrokerConfig -b 10.x.x.16:10935 -n
'10.x.x.16:9876;10.x.x.111:9876' -k brokerPermission -v 6
```

观察各节点流量是否恢复正常，如图 11-55 所示，broker-2 生产和消费 TPS 在 4000 左右，Broker 集群也恢复为 4 个实例。

分片	编号	地址	版本	生产消息TPS	消费消息TPS	昨日生产总数	昨日消费总数	今天生产总数	今天消费总数
broker-4	0(master)	.91:10935	V4_4_0	6,729.13	9,154.67	428434906	591024534	430754643	593567374
broker-2	0(master)	.16:10935	V4_4_0	3,421.46	4,977.40	0	0	232766	171352
broker-3	0(master)	.56:10935	V4_4_0	6,636.67	9,080.08	430157790	591815081	433192324	594909860
broker-1	0(master)	111:10935	V4_4_0	6,775.22	9,148.49	433578239	593484072	435469737	595330356

图 11-55 Broker 集群恢复为 4 个实例

此时通过控制台发现 broker-2 重新加入集群，并且因为写权限重新开放，生产消费的 TPS 也逐渐恢复了。通过观察应用日志，我们发现在关闭 NameSrv 以及 Broker 时偶尔会报连接错误，后续逐步恢复正常。

11.9.2 RocketMQ 在线扩容实战

1. 背景

随着业务发展壮大，我们必然会面临一个问题，现有的 RocketMQ 服务集群性能不足以支撑当前的业务需求，急需扩容升级。现有的 MQ 服务投产使用中不能间断，这个时候在线（热）扩容就呼之欲出了，下面为大家分享一次在线扩容的实践。

以快递业务为例，每一个快件在运输的过程中都会经过很多中心、网点，也对应了很多状态的变化，每一次状态变化都会产生大量的操作数据，这些数据又是诸多业务系统必须输入的，因此我们需要一个前置系统接收所有数据的服务，再把数据分发给各业务系统。使用 RocketMQ 集群承担这些大数据量的接收任务，现有的集群结构（四主四从）如图 11-56 所示。

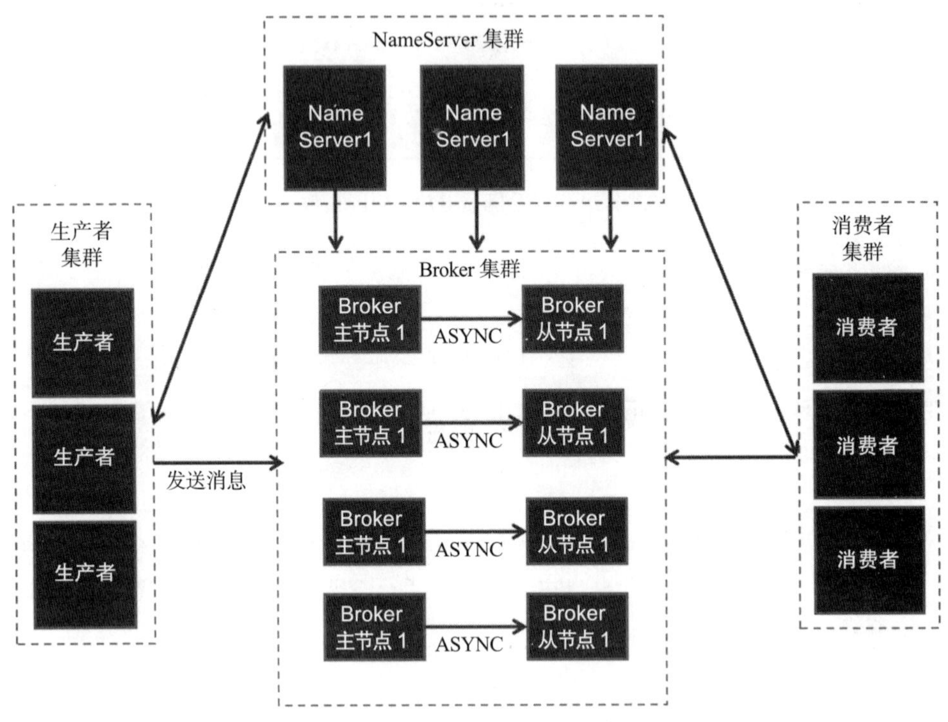

图 11-56 当前线上环境四主四从逻辑部署图

很快现有的四主四从集群就不能支撑了，此处补充性能不足的证据，扩容形式初步有两套方案，扩容到八主或者八主八从，最终决定了八主八从的方案，考量因素如下。

1）八主八从可以满足业务增长需求。

2）二主、四主四从扩容到八主八从可以实现动态无感知扩容，无须下线从节点，保证了线上应用的正常运行。

3）八主八从方案相比八主方案，当主节点宕机时从节点可以继续支撑消费，更好地保障了消息的实时性，部分业务也确实有这个需求。

扩容操作的集群架构演变如图 11-57 所示。

2. 总体思路

1）搭建扩容的四主四从 RocketMQ 实例。

2）更改配置与之前节点保持一致。

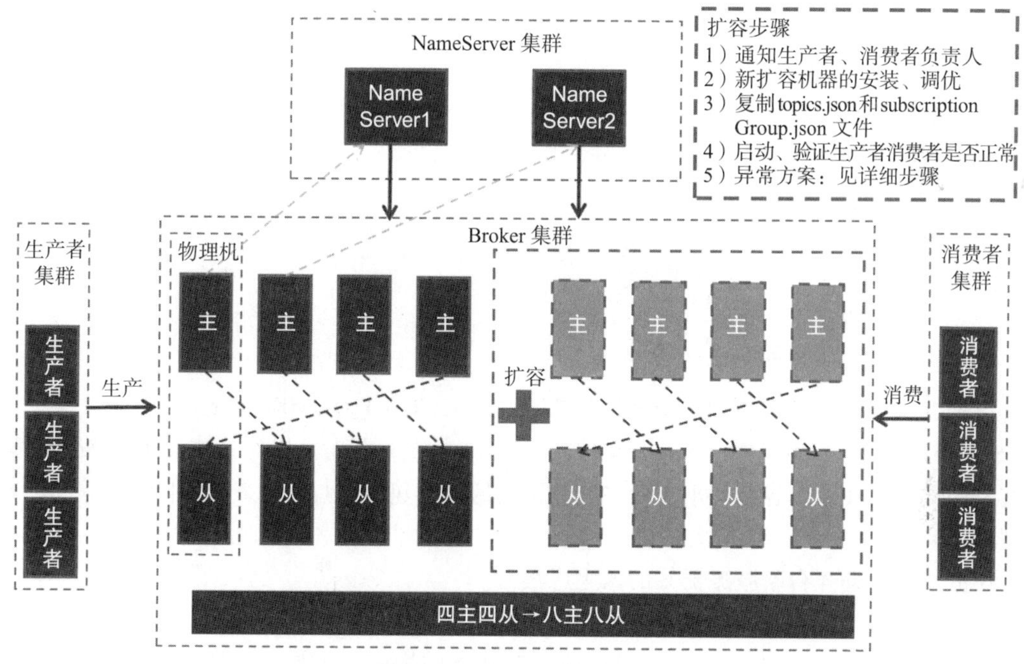

图 11-57 线上的四主四从扩容为八主八从

3）从现有的 Broker 上复制 ${ROCKETMQ_HOME}/store/config/ 目录下的 topics.json 和 subscriptionGroup.json 文件到新的 Broker 服务器上。

4）启动扩容后的节点加入现有生产集群。

3. 执行步骤

第一步：通知所有生产者和消费者应用负责人实时监控应用，及时发现和上报任何异常。

第二步：新加 4 台新服务器。

第三步：新加 4 台新服务器，Linux 内核参数调优，调优脚本如下所示。

```
echo'vm.overcommit_memory=1'>>/etc/sysctl.conf
echo'vm.min_free_kbytes=5000000'>>/etc/sysctl.conf
echo'vm.drop_caches=1'>>/etc/sysctl.conf
echo'vm.zone_reclaim_mode=0'>>/etc/sysctl.conf
echo'vm.max_map_count=655360'>>/etc/sysctl.conf
echo'vm.dirty_background_ratio=50'>>/etc/sysctl.conf
echo'vm.dirty_ratio=50'>>/etc/sysctl.conf
echo'vm.page-cluster=3'>>/etc/sysctl.conf
echo'vm.dirty_writeback_centisecs=360000'>>/etc/sysctl.conf
echo'vm.swappiness=10'>>/etc/sysctl.conf
sysctl-p
```

```
echo"ulimit-n655350">>/etc/profile
echo"$USERhardnofile655350">>/etc/security/limits.conf
echo'deadline'>/sys/block/sda/queue/scheduler
sysctlvm.overcommit_memory
sysctlvm.min_free_kbytes
sysctlvm.drop_caches
sysctlvm.zone_reclaim_mode
sysctlvm.max_map_count
sysctlvm.dirty_background_ratio
sysctlvm.dirty_ratio
sysctlvm.page-cluster
sysctlvm.dirty_writeback_centisecs
sysctlvm.swappiness
su-root-c'ulimit-n'
cat/sys/block/sda/queue/scheduler
```

第四步：从生产者现有 Broker 上复制 ${ROCKETMQ_HOME}/store/config/ 目录下的 topics.json 和 subscriptionGroup.json 文件到新 Broker 服务器上，以保证主题和消费组在新的实例内同步，注意扩容期间不进行主题和消费组的创建（线上环境是关闭自动创建主题和消费组的）。

第五步：启动 4 台新服务器并加入生产集群。

第六步：通知生产者和消费者在控制台观察消息是否分摊到新 Broker 上。

至此，在线扩容完成，需要注意评估好对业务的影响，做好通知工作以及兜底方案，确保在扩容过程中出现任何异常都能不影响当前业务的正常运转。

11.10 本章小结

本章从如何使用 RocketMQ 入手，介绍了 RocketMQ 批量消息发送、发送消息队列选择、消息过滤（基于 TAG、SQL92、类过滤模式）的使用和 RocketMQ 事务消息，并介绍了 RocketMQ 与 Spring、Spring Cloud 的整合，最后详细讲解了 RocketMQ 监控平台的搭建和 RocketMQ 当前支持的 45 个监控命令。

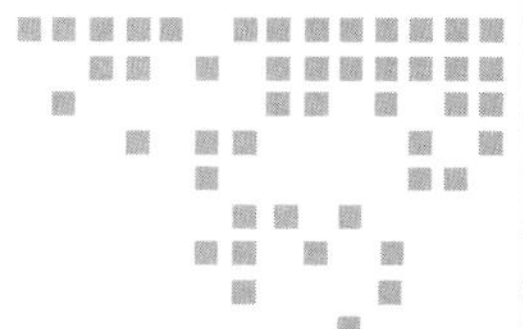

附录 A Appendix A

参数说明

下面分别介绍 NameServer、Broker 配置属性等内容，如表 A-1～表 A-4 所示。

表 A-1　NameServer 配置属性

参数名	参数类型	描　述
rocketmqHome	string	RocketMQ 主目录，默认为用户主目录
namesrvAddr	string	NameServer 地址
kvConfigPath	string	KV 配置文件路径，包含顺序消息主题的配置信息
configStorePath	string	NameServer 配置文件路径，建议使用 -c 参数指定 NameServer 配置文件路径
clusterTest	boolean	是否开启集群测试，默认为 false
orderMessageEnable	boolean	是否支持顺序消息，默认为 false

表 A-2　NameServer、Broker 网络配置属性

参数名	参数类型	描　述
listenPort	int	服务端监听端口
serverWorkerThreads	int	Netty 业务线程池线程个数
serverCallbackExecutorThreads	int	Netty public 任务线程池线程个数，Netty 网络根据业务类型会创建不同的线程池，比如处理发送消息、消息消费、心跳检测等。如果该业务类型（RequestCode）未注册线程池，则由 public 线程池执行
serverSelectorThreads	int	I/O 线程池线程个数，主要是 NameServer、Broker 端解析请求、返回响应的线程个数，这类线程主要用于处理网络请求、解析请求包，然后转发到各个业务线程池中完成具体的业务操作，最后将结果再返回调用方

（续）

参数名	参数类型	描 述
serverOnewaySemaphoreValue	int	发送 oneway 消息请求并发度
serverAsyncSemaphoreValue	int	异步消息发送最大并发度
serverChannelMaxIdleTime Seconds	int	网络连接最大空闲时间，默认 120s，如果连接空闲时间超过该参数设置的值，连接将被关闭
serverSocketSndBufSize	int	网络 socket 发送缓存区大小，默认 64KB
serverSocketRcvBufSize	int	网络 socket 接收缓存区大小，默认 64KB
serverPooledByteBufAllocatorEnable	boolean	ByteBuffer 是否开启缓存，建议开启
useEpollNativeSelector	boolean	是否启用 Epoll I/O 模型，Linux 环境建议开启

表 A-3 Broker 配置属性（服务器属性）

参数名	参数类型	描 述
rocketmqHome	String	RocketMQ 主目录，默认为用户主目录
namesrvAddr	String	NameServer 地址
brokerIP1	String	Broker 服务地址
brokerIP2	String	Broker 高可用 IP 地址，供从节点同步消息的地址
brokerName	String	Broker 服务器名称，默认为服务器 hostname
brokerClusterName	String	Broker 集群名称，默认为 DefaultCluster
brokerId	int	BrokerID，0 表示主节点，大于 0 表示从节点
brokerPermission	Int	Broker 权限，默认为 6，表示可读可写
defaultTopicQueueNums	int	主题在一个 Broker 上创建的队列数量，默认为 8 个
autoCreateTopicEnable	boolean	是否自动创建主题，默认为 true
clusterTopicEnable	boolean	集群名称是否可以用作主题，默认为 true
brokerTopicEnable	boolean	Broker 名称是否可以用作主题，默认为 true
autoCreateSubscriptionGroup	boolean	是否自动创建消费组订阅配置信息
messageStorePlugIn	String	消息存储插件地址，默认为空字符串
sendMessageThreadPoolNums	int	服务端处理消息发送线程池的线程数量，默认为 1
pullMessageThreadPoolNums	int	服务端处理消息拉取线程池的线程数量，默认为 16 加上当前操作系统 CPU 核数的两倍
queryMessageThreadPoolNums	int	服务端处理查询消息线程池的线程数量，默认为 8 加上当前操作系统 CPU 核数
adminBrokerThreadPoolNums	int	服务端处理控制台管理命令线程池的线程数量，默认为 16
clientManageThreadPoolNums	int	服务端处理客户端管理（心跳、注册、取消注册）线程池的线程数量，默认为 32
consumerManageThreadPoolNums	int	服务端处理消费管理（获取消费者列表、更新消费进度、查询消费进度等）线程池的线程数量，默认 32

（续）

参数名	参数类型	描 述
flushConsumerOffsetInterval	int	持久化消息消费进度（consumerOffset.json）文件的频率，默认 5s
flushConsumerOffsetHistoryInterval	int	当前版本未使用
rejectTransactionMessage	boolean	是否拒绝事务消息，默认为 false
fetchNamesrvAddrByAddressServer	boolean	是否支持从服务器获取 NameServer 地址
sendThreadPoolQueueCapacity	int	消息发送线程池任务队列初始大小，默认为 10000
pullThreadPoolQueueCapacity	int	消息拉取线程池任务队列初始大小，默认 100000
queryThreadPoolQueueCapacity	int	查询消息线程池任务队列初始大小，默认 20000
clientManagerThreadPoolQueue Capacity	int	客户端管理线程池任务队列初始大小，默认 1000000
consumerManagerThreadPool QueueCapacity	int	消费管理线程池任务队列初始大小，默认 1000000
filterServerNums	int	Broker 服务器过滤服务器数量，默认为 0
longPollingEnable	boolean	是否开启长轮询，默认 true
shortPollingTimeMills	long	短轮询等待时间，默认 1s
notifyConsumerIdsChangedEnable	boolean	消费者数量变化后是否立即通知 RebalanceService 线程，以便进行消息队列重新负载，默认为 true
highSpeedMode	boolean	当前版本未使用
transferMsgByHeap	boolean	消息传输是否使用堆内存，默认为 true
maxDelayTime	int	当前版本未使用
regionId	String	消息区域，默认为 DefaultRegion
registerBrokerTimeoutMills	int	注册 Broker 超时时间，默认为 6s
slaveReadEnable	boolean	从节点是否可读，默认为 false
disableConsumeIfConsumer ReadSlowly	boolean	如果消费组消息消费堆积是否禁用该消费组继续消费消息，默认为 false
consumerFallbehindThreshold	long	消息消费堆积阈值，默认为 16GB，在 disableConsumeIfConsumerReadSlowly 为 true 时生效
brokerFastFailureEnable	boolean	是否支持 Broker 快速失败，如果为 true 表示会立即清除发送消息线程池、消息拉取线程池中排队的任务，直接返回系统错误，默认为 true
waitTimeMillsInSendQueue	long	清除发送线程池任务队列的等待时间，如果系统时间减去任务放入队列中的时间小于 waitTimeMillsInSendQueue，本次请求任务暂不移除该任务，默认为 200ms
waitTimeMillsInPullQueue	long	清除消息拉取线程池任务队列的等待时间，如果系统时间减去任务放入队列中的时间小于 waitTimeMillsInPullQueue，本次请求任务暂不移除该任务，默认为 5s

（续）

参数名	参数类型	描 述
filterDataCleanTimeSpan	long	清除过滤数据的时间间隔，默认为 24h
filterSupportRetry	boolean	消息过滤是否支持重试，默认为 false
enablePropertyFilter	boolean	是否支持根据属性过滤，默认为 false，如果使用基于表达式 SQL92 模式过滤消息，则该参数必须设置为 true

表 A-4 Broker 配置属性（存储相关属性）

参数名	参数类型	描 述
storePathRootDir	String	Broker 存储目录，默认为用户的主目录 /store，建议配置
storePathCommitLog	String	CommitLog 存储目录，默认为 ${ storePathRootDir }/ commitlog
mapedFileSizeCommitLog	int	单个 CommitLog 文件的大小，默认为 1GB
mapedFileSizeConsumeQueue	int	单个 ConsumeQueue 文件的大小，默认为 $3\times10^5\times20$ 字节。表示单个 ConsumeQueue 文件中存储 30 万个 ConsumeQueue 条目
enableConsumeQueueExt	boolean	是否启用 ConsumeQueue 扩展属性，默认为 false
mappedFileSizeConsumeQueueExt	int	ConsumeQueue 扩展文件大小，默认为 48MB
bitMapLengthConsumeQueueExt	int	ConsumeQueue 扩展过滤 bitmap 大小，默认为 64KB
flushIntervalCommitLog	int	CommitLog 文件刷盘频率，默认 500ms
commitIntervalCommitLog	int	CommitLog 文件提交频率，默认 200ms
useReentrantLockWhenPutMessage	boolean	消息存储到 CommitLog 文件时获取锁类型，如果为 true，使用 ReentrantLock，否则使用自旋锁，默认为 false
flushCommitLogTimed	boolean	默认为 false，表示 await() 方法等待 flushIntervalCommitLog，如果为 true，表示使用 Thread.sleep() 方法等待
flushIntervalConsumeQueue	int	consumeQueue 文件刷盘频率，默认为 1s
cleanResourceInterval	int	清除过期文件线程调度频率，默认每 10s 检测一次是否需要清除过期文件
deleteCommitLogFilesInterval	int	删除 CommitLog 文件的间隔时间，删除一个文件后，等一下再删除下一个文件，默认为 100ms
deleteConsumeQueueFilesInterval	int	删除 ConsumeQueue 文件的时间间隔，默认为 100ms
destroyMapedFileIntervalForcibly	int	销毁 MappedFile 被拒绝的最大从存活时间，默认为 120s。清除过期文件线程在初次销毁 MappedFile 时，如果该文件被其他线程引用（引用次数大于 0），则设置 MappedFile 的可用状态为 false，并设置第一次删除时间，下一次清理任务到达时，如果系统时间大于初次删除时间加上 destroyMapedFileIntervalForcibly，则将 ref 次数一次减 1000，直到引用次数小于 0，释放物理资源
redeleteHangedFileInterval	int	重试删除文件间隔，默认为 120s，配合 destroyMapedFileInterval Forcibly 使用
deleteWhen	String	在磁盘文件充足的情况下，默认每天的某一时刻删除过期文件。默认为 04，表示凌晨 4 点

（续）

参数名	参数类型	描　述
diskMaxUsedSpaceRatio	int	CommitLog 目录所在分区的最大使用比例，如果 CommitLog 目录所在的分区使用比例大于该值，则触发过期文件删除，默认 75
fileReservedTime	int	文件保留时间，默认 72 小时，表示非当前写文件最后一次更新时间加上 fileReservedTime 小于当前时间，该文件将被清理
putMsgIndexHightWater	int	当前版本未使用
maxMessageSize	int	默认允许的最大消息体，默认为 4MB
checkCRCOnRecover	boolean	文件恢复时是否校验 CRC，默认为 true
flushCommitLogLeastPages	int	一次刷盘至少需要脏页的数量，默认 4 页，针对 CommitLog 文件

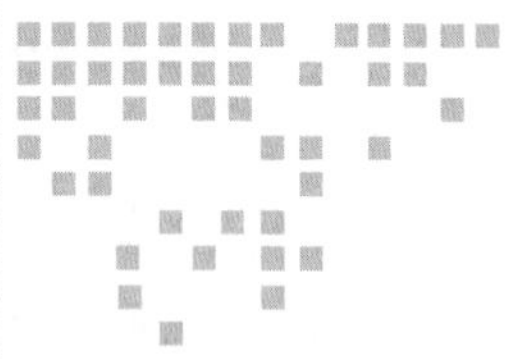

Appendix B 附录 B

RocketMQ 各版本概述与升级建议

下面简单介绍 RocketMQ 各版本，并提出升级建议。

1. Apache RocketMQ-4.0.0-incubating

（1）BUG

[ROCKETMQ-5]：避免在 UtilAll#getDiskPartitionSpaceUsedPercent() 中创建目录。

[ROCKETMQ-19]：修复 MQAdminImpl 中相关操作的线程安全性。

[ROCKETMQ-22]：修复 3.5.8(4.0.0) 版本中的 printWaterMark 方法导致 ClassCastException 错误。

[ROCKETMQ-25]：修复按 key 查询消息可能并发访问 LinkedList。

[ROCKETMQ-33]：修复 CPU 占用率 100%。

[ROCKETMQ-34]：修复 NettyConnetManageHandler 中 connect 方法中的潜在 NPE。

[ROCKETMQ-35]：修复消费者客户端无法将消息消费进度持久化到 Broker。

[ROCKETMQ-45]：修复删除消费队列导致文件挂起。

[ROCKETMQ-47]：修复 Broker 在启动时更新 NameServer 地址列表两次。

[ROCKETMQ-59]：修复 RocketMQSerializable 中的字符集使用错误。

[ROCKETMQ-74]：修复 DataVersion 未按预期工作。

（2）改进

[ROCKETMQ-8]：使用 maven 包装器标准化构建脚本。

[ROCKETMQ-18]：Repackage com.alibaba 到 org.apache 并更改 maven 坐标。

[ROCKETMQ-29]：org.apache.ROCKETMQ.common.help.FAQUrl 引用中文文档。

2. Apache RocketMQ-4.1.0-incubating

（1）新功能

[ROCKETMQ-80]：添加消息批量发送。

[ROCKETMQ-121]：支持基于 SQL92 的消息过滤。

[ROCKETMQ-194]：使用 ROCKETMQ 的日志追加器。

[ROCKETMQ-186]：实现 OpenMessaging 规范 0.1.0-alpha 版本。

（2）改进

[ROCKETMQ-67]：增加一致性哈希队列负载策略。

[ROCKETMQ-99]：为 Windows 平台添加脚本。

[ROCKETMQ-36]：改进 Broker 的 GC 日志存储。

[ROCKETMQ-90]：在 consumerProgress 命令输出中每个消费队列分配的客户端 IP。

[ROCKETMQ-139]：将客户端相关模块的 JDK 版本降级为 1.6。

[ROCKETMQ-172]：ROCKETMQ 客户端的日志改进。

（3）BUG

[ROCKETMQ-98]：消除无法永久释放 putMessage 锁的风险。

[ROCKETMQ-101]：修复异步发送重试时可能出现的 NullPointerException。

[ROCKETMQ-107]：修复 start()、shutdown() 方法中服务状态的线程安全性。

[ROCKETMQ-119]：正确关闭 PullMessageService。

[ROCKETMQ-140]：针对旧名称服务器注册更高版本的代理。

[ROCKETMQ-143]：将 fastjson 从 1.2.12 版更新到 1.2.29。

[ROCKETMQ-145]：修复 doWaitTransfer 中的 ConcurrentModificationException。

[ROCKETMQ-153]：修复无法动态获取 NameServer 地址。

[ROCKETMQ-165]：消息消费一次拉取最大消息大小可配置。

[ROCKETMQ-200]：修复从 NameServer 获取 ClusterInfo 时缺少集群名称。

[ROCKETMQ-208]：修复客户端在 JDK1.7 中不兼容问题。

3. Apache RocketMQ-4.2.0

（1）新功能

[ROCKETMQ-28]：支持传输层安全。

[ROCKETMQ-224]：客户端日志支持 log4j。

[ROCKETMQ-294]：支持按消息数量和消息大小两个维度对 PushConsumer 进行流控。

（2）改进

[ROCKETMQ-266]：当 consumerThreadMax 小于 consumerThreadMin 时，抛出异常消息。

[ROCKETMQ-279]：在启动 Broker 时添加对 CommitLog、ConsumeQueue 文件进行一致性检测。

[ROCKETMQ-281]：添加检查以防止重复启动 Broker。

ROCKETMQ-307]：在启动脚本中更改 Java 8 JVM 相关参数。

[ROCKETMQ-308]：通过增加名 NameServer 的套接字缓冲区大小来提高 Broker 注册速度。

[ROCKETMQ-311]：为 Broker 的拉取请求队列添加快速失败机制。

[ROCKETMQ-312]：对 QueryMessageProcessor 使用独立线程池。

[ROCKETMQ-315]：增强 TLS 的默认设置。

[ROCKETMQ-323]：在异步进程中完成回调后释放信号量。

[ROCKETMQ-324]：为客户端公开一个接口，以指定异步回调执行器。

[ROCKETMQ-327]：添加一个接口来支持解密加密的私钥文件。

（3）BUG

[ROCKETMQ-231]：修复拉取结果大小。

[ROCKETMQ-234]：修复批量场景中的双返回错误。

[ROCKETMQ-238]：确保在 ScheduledExecutorService 的周期性任务中捕获异常。

[ROCKETMQ-242]：确保客户端可以定期获取 namervaddr。

[ROCKETMQ-254]：修复 LoggerAppender 的随机测试失败，减少成本时间。

[ROCKETMQ-260]：在销毁 IndexService 时修复错误的锁。

[ROCKETMQ-270]：如果主代理清除了提交日志，确保从代理可以正常启动。

[ROCKETMQ-277]：修复 getLocalHost 中服务器主机名不在主机中时的异常。

[ROCKETMQ-284]：确保 SQL 过滤器与旧的标记过滤器不冲突。

[ROCKETMQ-292]：修复 args 解析问题时主线程中的退出问题。

[ROCKETMQ-320]：关闭时确保没有消息丢失。

[ROCKETMQ-321]：确保不要删除中间的映射文件。

4. Apache RocketMQ-4.3.0

（1）新功能

[ISSUE-203]：添加支持 IDC 的消费者队列负载算法。

[ISSUE-292]：增加对事务消息的支持。

（2）改进

[ISSUE-184]：在主 Broker 崩溃且只有从 Broker 可用时优化消息消费性能。

[ISSUE-316]：心跳处理使用专用线程池。

[ISSUE-324]：使生产者客户端的异步回调执行器可插入。

[ISSUE-325]：提高 Broker 注册性能，减少内存占用。

[ISSUE-353]：向 mqadmin 工具带添加发送和使用消息命令。

[ISSUE-367]：重构日志组件以支持 log4j、log4j2 和 logback 库。

（3）BUG

[ISSUE-66]：修复重发消息时消息体多次压缩的问题。

[ISSUE-260]：修复 StoreStatsService 中的并发问题，以获得更准确的统计信息。

[ISSUE-276]：在调度新的拉取请求之前，修复缺少拉取消息服务状态验证的问题。

[ISSUE-290]：修复 WaitNotifyObject#waitingThreadTable 中的内存泄漏问题。

[ISSUE-314]：修复消息处理超时时消息队列大小未同步的问题。

[ISSUE-323]：修复异步调用回调完成后未释放信号量的问题。

[ISSUE-332]：修复 MappedFileQueue 中的并发问题 #findMappedFileByOffset。

[ISSUE-355]：修复异步发送方法的超时语义。

5. Apache RocketMQ-4.3.1

（1）改进

[ISSUE-395]：增强事务生产者 API 的兼容性，并将默认主题更改为 TBW102，确保服务器可以向后兼容较旧的客户端。

[ISSUE-396]：增强事务消息实现，为 EndTransactionProcessor 添加管理工具和独立线程池。

[ISSUE-430]：删除与 mqfilter 服务器相关的脚本。

（2）BUG

[ISSUE-392]：修复生产者关闭过程中发生的空指针异常。

[ISSUE-408]：恢复合并过程中丢失的代码。

6. Apache RocketMQ-4.3.2

（1）改进

[ISSUE-411]：修复获取存储实例时的 ClassCasteException。

[ISSUE-461]：清除客户端中与 filterserv 相关的代码。

（2）BUG

[ISSUE-406]：修复使用管理工具获取 storehost 时出现的 NPE 问题。

[ISSUE-433]：修复运行“mvn clean install”命令时无法执行集成测试的问题。

[ISSUE-439]：修复 ConsumeMessageCommand -g 选项的问题。

[ISSUE-447]：修复 checkLocalTransaction 方法无效的问题。

7. Apache RocketMQ-4.4.0

（1）新功能

[ISSUE-403]：支持 rocketmq 的 ACL 标准。

[ISSUE-502]：在 pull consumer 中支持 SQL92 过滤器。

[ISSUE-525]：支持消息轨迹（message trace）。

（2）改进

[ISSUE-536]：将 fastjson 版本更新到 1.2.51。

[ISSUE-693]：添加实例名以允许向不同集群发送消息跟踪信息。

（3）BUG

[ISSUE-512]：修复 RocketMQ 无法使用 -p 选项打印配置项的问题。

[ISSUE-544]：修复在极端情况下事务消息将丢失。

[ISSUE-556]：修复代理中 epoll 本机选择器启动错误的问题。

[ISSUE-604]：修复 asyn invoke 超时时未释放信号量的问题。

8. Apache RocketMQ-4.5.0

（1）新功能

[ISSUE-1046]：支持 RocketMQ 多副本机制（主从切换）。

（2）BUG

[ISSUE-762]：修复默认 MQProducerlmpl 没有关闭的问题。

[ISSUE-789]：修复 PlainAccessValidator#parse() 中的 NullPointerException。

9. Apache RocketMQ-4.5.1

（1）新功能

[ISSUE-1174]：支持 NameSever 域主机。

（2）BUG

[ISSUE-1078]：修复如果用户不将 tool.yml 文件复制到相关的 fold 并关闭 acleable 标志，则无法正常使用 mqadmin 命令的问题。

[ISSUE-1147]：修复同时打开 aclEable 和 enableDLegerCommitLog 标志时代理将报告异常的问题。

[ISSUE-1164]：修复当主节点被终止时，使用者实例不能使用从节点消息的问题。

10. Apache RocketMQ-4.5.2

（1）改进

[ISSUE-1156]：为 ACL 配置添加新的 mqadmin API。

[ISSUE-598]：通过将超过最大检查时间的消息放入系统主题来增强事务。

[ISSUE-1315]：为 MQPullConsumerScheduleService 添加 RPCHook 构造方法。

（2）BUG

[ISSUE-1140]：如果 JAVA_HOME 设置为 JRE，则找不到 FIX HmacSHA1。

[ISSUE-1253]：添加事务命名空间支持。

11. Apache RocketMQ-4.6.0

（1）新功能

[ISSUE-1388]：为 RocketMQ 添加 LitePullConsumer 消费者。

[RIP-15]：添加对 RocketMQ 的 IPv6 支持。

[RIP-16]：添加对 RocketMQ 的请求 – 应答支持。

（2）改进

[ISSUE-1483]：只将 QueryMsgByIdSubCommand 打印一次 offsetID。

[ISSUE-1519]：优化事务消息的性能 / 稳定性。

[ISSUE-1531]：升级 fastjson 版本。

（3）BUG

[ISSUE-1082]：修复高可用的断开连接。

[ISSUE-1456]：修复副本异常恢复缓慢问题。

[ISSUE-1108]：修复客户端连接创建的并发问题。

[ISSUE-1464]：修复当节点以 DLedger 模式加入组时主节点路由信息丢失的问题。

[ISSUE-1470]：修复 lite 拉取消费者丢失消息的问题。

[ISSUE-1491]：删除关闭挂钩时忽略 IllegalStateException。

[ISSUE-1535]：修复主从同步传输超时。

[ISSUE-1568]：解决事务消息的重复压缩问题。

[ISSUE-1564]：修复 IPv6/IPv4 共存环境中的 IP 过滤逻辑。

12. Apache RocketMQ-4.6.1

（1）改进

[ISSUE-1612]：添加对 pull consumer 的 begin/end seek 支持。

[ISSUE-1110]：修复 RocketMQ 客户端中的错误主题最大长度。

[ISSUE-1188]：修复同一进程中多个生产者或消费者只能跟踪一个的问题。

[ISSUE-1639]：选择本地 IP 时首先使用 IPv4。

[ISSUE-1701]：删除获取下一个 pullBatchSize 的无效方法。

[ISSUE-1699]：修复 TopicValidator 中的错误主题最大长度。

[ISSUE-1706]：重构使用者偏移量更新逻辑。

[ISSUE-1694]：修复 ProducerManager 中的并发问题。

[ISSUE-1659]：添加 pull-request-sysFlag 并支持从启动位置使用。

[ISSUE-1656]：Fix stats 数据在第一分钟 / 小时 / 天可能不准确。

[ISSUE-1721]：修复 lite pull 使用者的命名空间问题。

[ISSUE-1722]：在调度队列中避免延迟消息进入半消息队列。

（2）BUG

[ISSUE-1648]：修复作为事务消息处理的回发消息。

13. Apache RocketMQ-4.7.0

（1）新功能

[ISSUE-1515]：同步复制更改为管道方式。

（2）改进

[ISSUE-1809]：改进事务检查服务的异常处理。

[ISSUE-1794]：升级 fastjson 版本。

[ISSUE-1774]：防止客户端提交太频繁。

[ISSUE-1771]：启用 MessageExt 获取 brokername 信息。

（3）BUG

[ISSUE-1805]：在 MQPullConsumerScheduleService 中找不到回调。

[ISSUE-1787]：mqadmin 的 queryCq 命令返回的数据不正确。

[ISSUE-1751]：修复 MessageClientSetter 注入错误 pid 的错误。

[ISSUE-1409]：打开 ACL 时，使用 queryMsgByKey 或 queryMsgByUniqueKey 命令修复错误。

[ISSUE-1781]：使用异步重试修复错误。

[ISSUE-1821]：修复 MessageClientDSetter#getIPFromID 返回错误 pid 的错误。

14. Apache RocketMQ-4.7.1

（1）改进

[ISSUE-2088]：优化 RocketMQ Clinet 关于 RT 的统计精度。

[ISSUE-2085]：push consumer 支持优雅关闭。

[ISSUE-2065]：升级 fastjson 版本。

[ISSUE-1988]：优化 updateBrokerConfig 会错误的更新消息的 messageDelay 属性。

[ISSUE-1976]：提高系统主题操作的安全性。

[ISSUE-1912]：优化 lite pull 消费者的消费偏移量的提交逻辑。

[ISSUE-1895]：在消息发送时如果出现刷盘超时错误将会向客户端抛出错误。

（2）BUG

[ISSUE-2078]：修复 HmacSHA1 算法在 openjdk 中无法使用。

[ISSUE-1901]：修复使用请求 / 应答模式时，创建应答消息失败。

[ISSUE-2044]：修复 DefaultLitePullConsumerImpl 中可能抛出的 NPL。

[ISSUE-2042]：修复将某一个 Nameserver 从 NameServer 列表中移除但客户端还会持有其连接。

[ISSUE-1978]：修复 getBornHostString 方法可能引发的 NPL。

[ISSUE-1950]：修复消息生产者关闭后线程依然存在的问题。

[ISSUE-1931]：修复 processRequestCommand 中 doAfterRpcHooks 方法会调用两次的问题。

[ISSUE-1879]：修复 GroupTransferService 在 SYNC_MASTER 模式下可能被阻塞。

[ISSUE-1400]：修复磁盘空间检测时如果需要删除大量文件时可能会被阻塞的问题。

[ISSUE-729]：修复 wipeWritePermOfBroker 方法可能引发的 NPL。

[ISSUE-1807]：修正索引文件中关于 hashSlotCount 的统计错误。

15. Apache RocketMQ-4.8.0

（1）新功能

[ISSUE-1846]：更改为管道方式以提高账本模型的性能。

[ISSUE-690]：支持分类账模式下的批处理消息。

（2）改进

[ISSUE-1678]：将线程安全的 CopyOnWriteArrayList 用作 registerBrokerResultList。

[ISSUE-1904]：刷新超时时打印警告日志。

[ISSUE-2082]：使用 StringBuilder 而不是 StringBuffer。

[ISSUE-2067]：收集磁盘空间使用情况时添加日志。

[ISSUE-2146]：添加基准测试关闭脚本并完善基准测试。

[ISSUE-2162]：抛光描述 getBrokerConfig 帮助信息。

[ISSUE-2180]：抛光名称服务器启动脚本。

[ISSUE-2170]：在 BrokerOuterAPI 中使用线程安全向量。

[ISSUE-1870]：添加了对 Java 9+ 的支持，并与以前的 Java 版本兼容。

[ISSUE-2217]：升级分类账版本。

[ISSUE-2233]：在 MQBrokerException 中添加代理信息以进行故障排除。

[ISSUE-2245]：公开 DefaultLitePullConsumer 的配置 defaultBrokerId 和 connectBrokerByUser。

[ISSUE-2223]：抛光 selectOneMessageQueue 方法。

[ISSUE-2239]：在 MQClientInstance 的警告日志中添加 clientId。

[ISSUE-2300]：在基准测试中支持 ACL 和 MSG 跟踪。

[ISSUE-2152]：在 DefaultLitePullConsumer 中添加 isRunning() 方法。

[ISSUE-1770]：在 mqadmin 工具中添加查询消息跟踪命令。

[ISSUE-2152]：在单元测试中使用模拟风格非常耗时。

[ISSUE-2219]：为批处理消息添加一些异步 API。

[ISSUE-2334]：当服务不可用时，擦亮日志和响应备注。

[ISSUE-2325]：使用 CopyOnWriteArrayList 以避免可能的线程安全问题。

[ISSUE-2366]：基准中的波兰交易生产者启动脚本。

[ISSUE-2412]：支持在基准测试中生成消息时添加标签。

[ISSUE-2468]：抛光 DefaultLayout SimpleDateFormat 模式。

[ISSUE-2491]：当 pid 大于 short 类型的最大值时，Mac OS 上的临时修复程序。

（3）BUG

[ISSUE-1473]：修复错误的跟踪消息的 clientHost。

[ISSUE-1576]：修复了 selectMessageQueue 中的错误逻辑。

[ISSUE-2165]：当群集以 DLedger 模式部署时，有时无法启用从站读取。

[ISSUE-2172]：当使用 getRemoteAddressStrategy 方法时，可能会引发 ArrayIndexOutOfBoundsException。

[ISSUE-2280]：当集群以 DLedger 模式部署时，磁盘比率返回 -1.0。

[ISSUE-2330]：使用批消息时，使用者无法提取用户定义的属性。

[ISSUE-2338]：从不使用参数 commitLeastPages。

[ISSUE-2374]：修复了 IP 检查中的错误。

[ISSUE-2378]：当客户在 ClientRemotingProcessor 中关闭时，NPE 可能会抛出。

[ISSUE-2421]：当哈希码为 Integer.MIN 时，SelectMessageQueueByHash 引发异常。

[ISSUE-2477]：AllocateMessageQueueByMachineRoom 返回错误结果的分配方法。

通过仔细浏览 RocketMQ 的版本变更记录我们不难发现，RocketMQ 客户端非常稳定，即与用户关系紧密的消息发送、消息消费这部分的代码非常稳定，基本不存在兼容方面的问题。

通过实践也证明了，即使 4.1.0-incubating 版本的客户端向 4.5.*x*、4.6.*x*、4.7.*x* 版本的 Broker 发送消息，消费消息都能表现正常，故 RocketMQ 的使用者可以放心地升级 RocketMQ，当然升级之前内部做一定的测试还是有必要的。

笔者在写本书时，RocketMQ 的最高版本是 4.7.1，如果要升级 RocketMQ，建议大家采用该版本，因为 RocketMQ 4.7 版本只是对以前的版本进行了优化，并没有引入新的功能。

接下来再简单介绍一下 RocketMQ 几个具有里程碑意义的版本。

RocketMQ4.3.0 正式引入了事务消息，如果大家希望使用事务消息，其版本最低建议为 4.6.1。

RocketMQ4.4.0 引入了 ACL、消息轨迹，如果需要使用这些功能，其版本最低建议为 4.7.0。

RocketMQ4.5.0 引入了多副本（主从切换），其版本建议使用 4.7.0。

RocketMQ4.6.0 引入了请求 – 响应模型。